复杂流体的高效数值计算

陈 锐 著

北京邮电大学出版社
www.buptpress.com

内 容 简 介

本书是关于复杂流体的学术专著，主要介绍了向列相液晶和近晶相(Smectic-A)液晶模型、相场囊泡薄膜模型、相场移动接触线模型、相场磁流体模型、相场达西流模型，以及可压流体的柱对称模型。本书给出了每个模型的数学物理方程，分析了相关的离散数值格式，并通过数值模拟实验验证了离散数值格式的合理性和高效性。本书层次分明，深入浅出，可供理工科学生自学，也可供从事科学计算的科技工作者参考。

图书在版编目(CIP)数据

复杂流体的高效数值计算 / 陈锐著. -- 北京 ：北京邮电大学出版社，2021.7
ISBN 978-7-5635-6440-8

Ⅰ. ①复… Ⅱ. ①陈… Ⅲ. ①流体—数值计算 Ⅳ. ①O351

中国版本图书馆 CIP 数据核字(2021)第 145511 号

策划编辑： 彭 楠 **责任编辑：** 王小莹 **封面设计：** 七星博纳

出版发行： 北京邮电大学出版社
社 址： 北京市海淀区西土城路 10 号
邮政编码： 100876
发 行 部： 电话：010-62282185 传真：010-62283578
E-mail： publish@bupt.edu.cn
经 销： 各地新华书店
印 刷： 北京九州迅驰传媒文化有限公司
开 本： 720 mm×1 000 mm 1/16
印 张： 14.5
字 数： 290 千字
版 次： 2021 年 7 月第 1 版
印 次： 2021 年 7 月第 1 次印刷

ISBN 978-7-5635-6440-8 **定价：** 68.00 元

前　言

复杂流体广泛地存在于人们的生活当中，如人们喝的牛奶、吃的果酱以及人身体中的血液等。这些流体往往具有很多复杂性质以及多尺度性质。针对用偏微分方程组来描述的复杂流体数学模型，我们设计满足能量关系的数值计算格式，分析格式的稳定性，计算并分析数值结果。书中数据都是经数学模型无量纲化处理的，所以没有单位。

本书中研究的内容主要包含以下三点。

(1) 向列相液晶：对向列相液晶分子的微观缺陷问题，应用多尺度复杂流体模型，用有限差分做离散，构建半隐格式，该格式满足一定的离散能量关系，得到了与实验相吻合的数值结果。在数值实验中，研究了两个重要参数对整个系统的影响，并应用复值函数描述了液晶分子中的缺陷，探索了这些缺陷在剪切流作用下的动力学特性，这和实验观察的结论一致。应用能量不变二次型(IEQ)方法，构造出满足能量递减的数值格式，并且通过若干数值实验验证了 IEQ 方法的收敛性。

(2) 红细胞-囊泡：针对红细胞在血管中运动的相场囊泡的多尺度耦合模型，构建了解耦的能量稳定的数值计算格式，在空间的离散上运用了有限元方法，把一个复杂四阶的微分方程问题转化为两个解耦的二阶椭圆问题求解，同时证明该计算格式满足严格的能量关系。在数值模拟上也得到了和实验结果相一致的数值结果。

(3) 两相不相融流体：对两相不相融流体之间的移动接触线问题，运用相场近似的方法构建了数学模型，针对这个模型建立了有效的数值格式，并且证明了该数值格式是能量稳定的。利用两相不相融流体加上不可压磁流体，得到了两个新的复杂流体模型。针对这两个流体模型，分别采用能量不变二次型方法和尺度辅助函数(SAV)方法，设计出了时间二阶的数值格式，这些格式都是能量稳定的。通过大量的数值实验，验证出这些格式的收敛性和能量稳定性。针对相场方程，使用了一套新的方法〔改进的能量不变二次型(IIEQ)方法〕来构造能量稳定的数值格式。该方法能够保证原始能量的稳定性。通过数值实验，我们验证出该方法的能量稳定性和收敛性。

本书在空间的离散上对向列相液晶运用了有限差分方法，对 Smectic-A 液晶模型(包含红细胞的血液和两相不相融流体)运用了有限元方法。由于两种方法得到的系数矩阵大部分都是对称的、稀疏的，所以在本书模型计算中采用的是共轭梯度法和预条件共轭梯度法。本书中的不可压复杂流体有一个共同点：都具有能量递减的规律。为了保证计算结果的合理性，在设计数值格式时，务必满足对应的能量关系。针对这些数值格式，我们给出了分析和数值计算，得到了一些与实验相吻合的数值结果。而针对柱对称区域上可压流体的欧拉方程，我们使用广义黎曼问题(GRP)格式，运用守恒性质来提出理论上的数值边界条件，并且在几何源项上运用界面方法来离散。若干数值案例说明了 GRP 格式的精度、高效性和可行性，并且说明了在中心处所提出的数值边界条件是非常有效的。

作　者

目　　录

第1章 绪 论

1.1 复杂流体

20世纪以前，人们针对经典的流体力学主要研究了牛顿流体的运动规律和应用，而在近代，人们已经开始从事新的流体力学的研究，其主要标志之一便是把研究对象从牛顿流体拓展到复杂流体。在生活中我们经常见到复杂流体(Complex Fluids)，如工业生产的钢水、火山喷发的岩浆、人们刷门用的油漆等。复杂流体有很多不同于经典牛顿流体的独特特性。复杂流体不再是单一的物质，流体中往往有很多介质或者其他流体。复杂流体是在两相或者多相之间共存的混合物。在学术上和现代工业上人们对复杂流体做了大量的研究，主要包括质量的传输过程、流体的动力特性，以及复杂流体的物理特性。复杂流体有很多的物理特性：

(1) 流体内部颗粒的碰撞和悬浮；

(2) 润湿和反润湿的界面现象；

(3) 多相流和相变过程。

复杂流体也有多尺度性质，复杂流体的宏观行为不仅仅取决于流体的本身，还取决于流体内部其他介观物质的作用。在现代学术和现代工业等领域上，构建数学模型，给出合适的计算方法，进而描述复杂流体的宏观行为，有着非常重要的科学意义。

本书研究的重点是针对前人建立好的复杂流体模型，设计满足能量关系的计算方法。以下主要介绍三种复杂流体：向列相液晶(Nematic Liquid Crystal)、红细胞-囊泡(Red Blood Cell-Vesicle)和两相不相融流体(Two Phase Immiscible Fluids)。这三种复杂流体将作为本书的研究和数值计算的对象。

1.1.1 向列相液晶

向列相液晶(Nematic Liquid Crystal)也叫作丝状相液晶，是液晶中最常见的液晶相。Nematic 这个词源于希腊语 nema，意思是线或者丝。向列相液晶中的分子排列方向取决于指向矢，指向矢可以是任何物质，如磁场、电场或者流场。向列相液晶还可以按照分子之间的相对取向来做进一步的分类，如近晶相液晶和胆甾相液晶（Cholesteric Liquid Crystal），如图 1.1 所示。近晶相液晶也叫作层状相液晶，其液晶分子一层一层地排列。根据每一层液晶分子排列相对上一层的倾斜角度的不同，近晶相液晶又可以分为近晶 A 相和近晶 C 相两种[8]。胆甾相液晶也叫作手性向列相液晶。由于这种类型的液晶是首先在胆固醇衍生物里发现的，所以叫作胆甾相液晶。此类液晶分子也是层状相，层内分子相互平行，沿层的法线方向排列成螺旋状结构。

液晶具有特殊的物理化学性质，尤其对电磁场、温度都很有敏感性。液晶既有流体的动力学性质，又有结晶的光学性质，所以在 20 世纪中期开始被广泛地应用在电子产品的显示技术上。

液晶缺陷（Defects）是液晶分子中常见的一种排列方式。其主要表现在液晶分子的排列在某些位置上出现了不连续现象，也就是有奇异点的出现。这就如同人的指纹、头顶的发丝都会出现一些奇异点。液晶缺陷存在着不同强度，现在能够观察到的稳定的液晶缺陷是强度为 $s=\pm 1$ 和 $s=\pm 1/2$ 的缺陷，如图 1.2 所示。

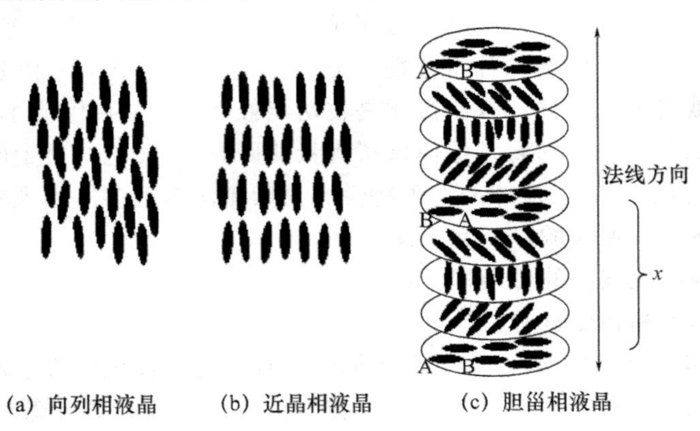

图 1.1　液晶实例

（本图摘自网页 http://www.doitpoms.ac.uk/tlplib/anisotropy/liquidcrystals.php。）

在 20 世纪，针对液晶动力的理论研究许多科学家已经有了很多成果。这里包括 Ericksen-Leslie(EL) 理论[66,110]、张量模型[17,167,168]和棒状模型[54,87,190]。根据 Erikcsen-Lesilie 理论，可以推导出含有能量规律的非线性耦合方程。该模型有很好的适定性，许多数学家研究该模型的解，包括数值解[57,70,144,147,150,153,154,226,227,246,249,255]和理论分析[143,145,152]。张树鹏[255]等人对于该模型给出了一个简化的模型——“1＋2”模型，用谱方法对该模型进行离散计算，得出了空间是一维的数值结果，探究了相关参数对整个系统的影响。白奇川[249]等人对该模型设计了满足能量关系的 Crank-Nicolson 有限差分格式，得出了一些数值结果。本书的部分计算是以简化的“1＋2”模型为基础的。

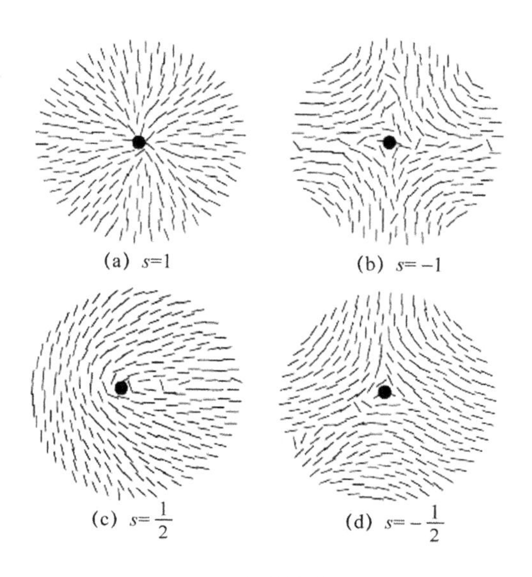

图 1.2 液晶缺陷示例

（本图摘自网页 http://www.doitpoms.ac.uk/tlplib/liquid-crystals/defects.php。）

1.1.2 红细胞-囊泡

红细胞是动物和人的血液中最常见的细胞之一，不仅具有免疫功能，还是通过血液运输氧气和二氧化碳的最主要媒介。红细胞既没有细胞核，也没有线粒体，只能通过葡萄糖合成能量。红细胞在运输二氧化碳时呈暗紫色，而在运输氧气时呈鲜红色。红细胞在老化之后，会被体内的白细胞分解掉。

囊泡是由生物膜组成的囊状结构，而生物膜由具有双层结构的脂质分子构成。该脂质分子有亲水端和疏水端，由于疏水端具有疏水性，可尽量避免与水溶液接触，因此这些大量的脂质分子在水溶液中自动组装成封闭的结构。生物膜在生物中有着很重要的作用，具有离子迁移，免疫识别等生物功能。所以在医学上，囊泡可以用来作为药物的载体。由于囊泡存在亲水微区和疏水微区，所以囊泡具有同时运载水溶药物和水不溶药物的能力。针对囊泡的这一生物特性，人们常常用它作为缓释剂，以更好地发挥药效。本书所研究的红细胞就属于囊泡，囊泡是一个封闭系统，如果只考虑其表面的张力作用，那囊泡在呈球状结构时达到表面积最小，从而表面能达到最低。然而，实验观察到的囊泡结构并非我们所预想的那样，最具有代表性的便是人类红细胞的双凹蝶形结构，如图 1.3 所示。

很多科学家对此问题进行不断地探索研究。在 20 世纪 70 年代，物理学家通过实验观察和理论分析得出，决定囊泡结构的主要因素是囊泡的自然曲率。1973 年，物理学家 Helfrich 根据向列相液晶与类脂膜的相似性，从 Frank 弹性自由能出发，得到了囊泡结构的自发曲率模型。杜强等人[58-61]基于这种模型，通过相场近似的一套办法，推导出关于相场的弯曲弹性能（Bending Elastic Energy），然后通过能量变分和一般的 Fick 定律，得到了一个相场模型，最后将其和不可压流体耦合，来模拟简单囊泡的变形。本书的部分工作是以该相场囊泡模型为基础的。

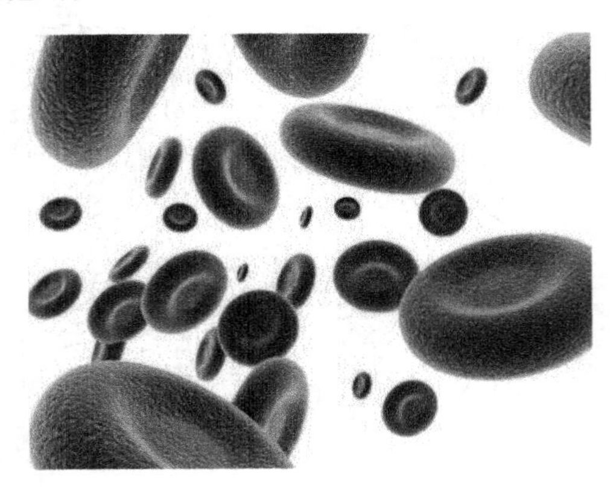

图 1.3　实验中观察到的人类红细胞的双凹蝶形结构

（本图摘自网页 http://www.mdhealth.com/Low-Red-Blood-Cell-Count.html。）

1.1.3　两相不相融流体

两相不相融流体（Two Phase Immiscible Fluids）是指一个系统拥有两种流体，且互不相融。两相不相融流体之间会形成一个分层界面，当流体的分层界面接触到固体界面时，由于张力的作用，流体分层界面和固体界面会形成一个夹角，我们把它叫作接触角（Contact Angle），而对于连接流体分层界面和固体界面的线，我们把它叫作接触线（Contact Line），如图 1.4 所示。由于在这个系统中，存在着三种相——流体 1、流体 2 和固体，所以每两种相之间都会存在着应力 γ、γ_1、γ_2。其中 γ 是流体 1 和流体 2 之间的应力，γ_1 是流体 1 与固体之间的应力，γ_2 是流体 2 与固体之间的应力。根据力的平衡，在水平方向有 Young's 方程成立[47-48]：

$$\gamma\cos\theta_s + \gamma_2 - \gamma_1 = 0 \tag{1-1}$$

其中 θ_s 为接触角。

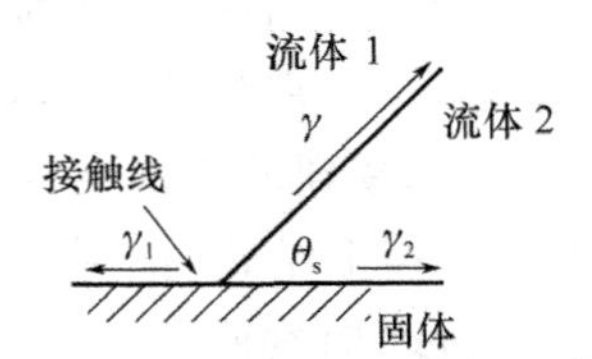

图 1.4　两相不相融流体与固体界面的接触线和 Young's 方程

在自然界中，存在着很多关于接触线的现象，如荷叶上液滴的润湿现象、在玻璃上水银的反润湿现象等。当接触角$\theta_s=0°$时，这就是完全润湿现象；当$\theta_s=\pi$时，这就是反润湿现象；当$0°<\theta_s<\pi$时，这就是微润湿现象。上述三种现象示意图如图1.5所示。

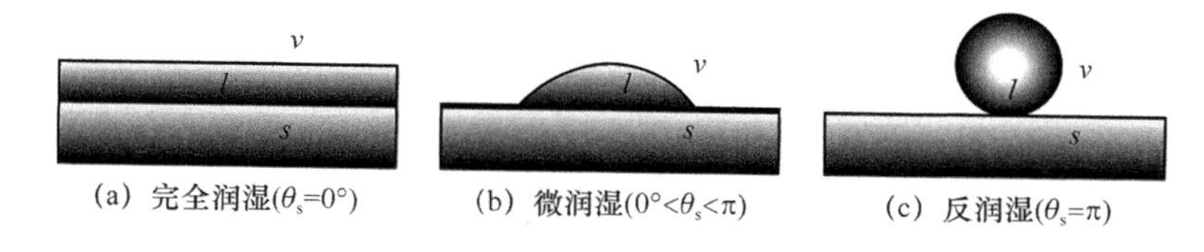

(a) 完全润湿($\theta_s=0°$)　(b) 微润湿($0°<\theta_s<\pi$)　(c) 反润湿($\theta_s=\pi$)

图1.5　完全润湿、微润湿和反润湿现象

很多科学家对这个问题做了很多研究工作。其中钱铁铮等人[181-183]对这个问题提出了两个模型：分子水动力模型和连续性水动力模型。分子水动力模型是从分子的角度出发，考虑各个分子之间的相互作用力得到的模型。而连续性水动力模型是从相场近似的角度出发，通过经典的相场方程（Allen-Cahn 型和 Cahn-Hilliard 型）和 Navier-Stokes 方程的耦合，得到的一个满足能量关系的非线性耦合模型。但是在这个模型里面，不能再对 Navier-Stokes 方程应用无滑动边界条件，否则会在接触线上出现非物理不连续的速度。因此，研究者们对接触线问题提出了更精确的边界条件：一般的 Navier 边界条件和关于相场函数的动态边界条件。

1.2　本书采用的主要计算方法

本书对一些满足能量关系的不可压复杂流体模型都构造了满足能量关系的数值格式，对向列相液晶模型、相场方程采用了有限差分格式，对近晶相液晶模型、相场囊泡模型和关于接触线的连续性水动力模型以及磁流体模型采用了有限元逼近。在整个离散中，大部分会产生一个对称正定的稀疏矩阵。在本书模型的计算中，主要用到了两种迭代方法：共轭梯度法（Conjugate Gradient Method）和预条件共轭梯度法（Preconditioned Conjugate Gradient Method）。

1.2.1　共轭梯度法

共轭梯度法通常解决的系数矩阵是大型的、稀疏的、对称正定的矩阵。考虑这样一个方程$\boldsymbol{Ax}=\boldsymbol{b}$，其中矩阵$\boldsymbol{A}\in\mathbf{R}^{n\times n}$是一个对称正定的矩阵，$\boldsymbol{b}\in\mathbf{R}^n$是一个已知向量。因此，求解这个方程相当于求解如下的极小值问题：

$$\boldsymbol{A}\bar{\boldsymbol{x}}=\boldsymbol{b}\Leftrightarrow J(\bar{\boldsymbol{x}})=\min_{\boldsymbol{x}\in\mathbf{R}^n}\frac{1}{2}\boldsymbol{x}^{\mathrm{T}}\boldsymbol{Ax}-\boldsymbol{x}^{\mathrm{T}}\boldsymbol{b}\tag{1-2}$$

让我们来考虑极小化过程。假设已知 $\boldsymbol{x}_k$、搜索方向 $\boldsymbol{p}_k$ 和残差 $\boldsymbol{r}_k$，那么 $\boldsymbol{x}_{k+1}$ 可以通过式(1-3)得到：

$$\boldsymbol{x}_{k+1}=\boldsymbol{x}_k+\boldsymbol{\alpha}_k\boldsymbol{p}_k \tag{1-3}$$

其中 $\boldsymbol{\alpha}_k$ 是步长因子。$\boldsymbol{\alpha}_k$ 是这样选取的，为了让 $f(\boldsymbol{x}_k+\boldsymbol{\alpha}_k\boldsymbol{p}_k)=\min_\alpha J(\boldsymbol{x}_k+\boldsymbol{\alpha}_k\boldsymbol{p}_k)$，经过简单的计算，得到了

$$\boldsymbol{\alpha}_k=\frac{\boldsymbol{p}_k^{\mathrm{T}}\boldsymbol{r}_k}{\boldsymbol{p}_k^{\mathrm{T}}\boldsymbol{A}\boldsymbol{p}_k} \tag{1-4}$$

并且在这一步的残差可以由式(1-5)得到：

$$\boldsymbol{r}_{k+1}=\boldsymbol{b}-\boldsymbol{A}\boldsymbol{x}_{k+1}=\boldsymbol{r}_k-\boldsymbol{\alpha}_k\boldsymbol{A}\boldsymbol{p}_k \tag{1-5}$$

下一个搜索方向 $\boldsymbol{p}_{k+1}$ 满足 $(\boldsymbol{p}_{k+1},\boldsymbol{A}\boldsymbol{p}_k)=0$，

$$\boldsymbol{p}_{k+1}=\boldsymbol{r}_{k+1}+\boldsymbol{\beta}_k\boldsymbol{p}_k \tag{1-6}$$

其中

$$\boldsymbol{\beta}_k=-\frac{\boldsymbol{r}_{k+1}^{\mathrm{T}}\boldsymbol{A}\boldsymbol{p}_k}{\boldsymbol{p}_k^{\mathrm{T}}\boldsymbol{A}\boldsymbol{p}_k} \tag{1-7}$$

可以验证 $\boldsymbol{r}_i^{\mathrm{T}}\boldsymbol{r}_j=0,\boldsymbol{p}_i^{\mathrm{T}}\boldsymbol{A}\boldsymbol{p}_j=0,i\neq j$ 。

共轭梯度法的主要运算法则如下。

第一步：选取初值 $\boldsymbol{x}_0$，计算初始残差 $\boldsymbol{r}_0=\boldsymbol{b}-\boldsymbol{A}\boldsymbol{x}_0$，并令初始搜索方向 $\boldsymbol{p}_0=\boldsymbol{r}_0,k=0$。

第二步：计算 $\boldsymbol{\alpha}_k=(\boldsymbol{r}_k^{\mathrm{T}}\boldsymbol{r}_k)/(\boldsymbol{p}_k^{\mathrm{T}}\boldsymbol{A}\boldsymbol{p}_k),\boldsymbol{x}_{k+1}=\boldsymbol{x}_k+\boldsymbol{\alpha}_k\boldsymbol{p}_k,\boldsymbol{r}_{k+1}=\boldsymbol{r}_k-\boldsymbol{\alpha}_k\boldsymbol{A}\boldsymbol{p}_k,\boldsymbol{\beta}_k=(\boldsymbol{r}_{k+1}^{\mathrm{T}}\boldsymbol{r}_{k+1})/(\boldsymbol{r}_k^{\mathrm{T}}\boldsymbol{r}_k),\boldsymbol{p}_{k+1}=\boldsymbol{r}_{k+1}+\boldsymbol{\beta}_k\boldsymbol{p}_k$。

第三步：如果 $\|\boldsymbol{r}_{k+1}\|_2\geqslant\varepsilon,k=k+1$，则返回第二步；否则输出 $\boldsymbol{x}_{k+1}$。

1.2.2 预条件共轭梯度法

预条件共轭梯度法是针对非对称的大型稀疏矩阵的一种计算方法。假设有这样的矩阵方程 $\boldsymbol{A}\boldsymbol{x}=\boldsymbol{b}$，矩阵 $\boldsymbol{A}$ 是非对称的稀疏矩阵，需要找到一个预条件矩阵 $\boldsymbol{M}$，其满足：①对称正定容易求出逆矩阵；②矩阵 $\boldsymbol{M}^{-1}\boldsymbol{A}$ 的条件数很小。这样的话，预条件系统 $\boldsymbol{M}^{-1}\boldsymbol{A}\boldsymbol{x}=\boldsymbol{M}^{-1}\boldsymbol{b}$ 就能很快地用迭代方法计算出来。

这就是预条件共轭梯度法的基本思想，以下是该迭代方法的计算步骤。

第一步：选取初值 $\boldsymbol{x}_0$，计算初始残差 $\boldsymbol{r}_0=\boldsymbol{b}-\boldsymbol{A}\boldsymbol{x}_0$，求解 $\boldsymbol{M}\bar{\boldsymbol{r}}_0=\boldsymbol{r}_0$，并令初始搜索方向 $\boldsymbol{p}_0=\bar{\boldsymbol{r}}_0,k=0$ 。

第二步：计算搜索步长 $\boldsymbol{\alpha}_k=(\bar{\boldsymbol{r}}_k^{\mathrm{T}}r_k)/(\boldsymbol{p}_k^{\mathrm{T}}\boldsymbol{A}\boldsymbol{p}_k),\boldsymbol{x}_{k+1}=\boldsymbol{x}_k+\boldsymbol{\alpha}_k\boldsymbol{p}_k,\boldsymbol{r}_{k+1}=\boldsymbol{r}_k-\boldsymbol{\alpha}_k\boldsymbol{A}\boldsymbol{p}_k,\overline{\boldsymbol{M}\boldsymbol{r}}_{k+1}=\boldsymbol{r}_{k+1},\boldsymbol{\beta}_k=(\boldsymbol{r}_{k+1}^{\mathrm{T}}\boldsymbol{r}_{k+1})/(\boldsymbol{r}_k^{\mathrm{T}}\boldsymbol{r}_k),\boldsymbol{p}_{k+1}=\boldsymbol{r}_{k+1}+\boldsymbol{\beta}_k\boldsymbol{p}_k$。

第三步：如果 $\|\boldsymbol{r}_{k+1}\|_2\geqslant\varepsilon,k=k+1$，则返回第二步；否则输出 $\boldsymbol{x}_{k+1}$。

在上面的计算步骤中，由 $\boldsymbol{M}$ 的对称正定性可知，计算 $\boldsymbol{M}\bar{\boldsymbol{r}}_{k+1}=\boldsymbol{r}_{k+1}$ 时可以用预条件共轭梯度法求解。

1.3 本书的主要工作

本书的贡献之一是针对向列相液晶简化的"1＋2"模型给出了满足能量关系的高效格式。本书针对该模型采用了半隐的有限差分格式，也就是对线性项做隐式处理，而对非线性项做显式处理。该计算格式在运算上有很高的效率，每一步都是用预条件共轭梯度法去计算对称正定的线性系统。由于 Crank-Nicolson 格式在非线性项采用隐式处理，直接求解比较困难，需要用到不动点迭代，所以半隐格式比 Crank-Nicolson 数值格式在计算上更高效，更容易执行。

本书的贡献之二是针对向列相液晶简化的"1＋2"模型做出了二维的数值模拟。在数值实验中，本书探究了两个相关参数对整个系统的影响。本书发现，剪切率影响系统能量的稳定性，而翻转参数影响最后系统稳定能量的大小。除此之外，本书还研究了液晶缺陷在剪切流作用下的动力学性质，经过实验发现，强度的模 $|s|=1$ 时的缺陷是稳定的，而且两个带不同符号的缺陷会相互吸引，直到消失，而两个带相同符号的缺陷会相互排斥，直到稳定为止。本书的数值模拟与实验结果是吻合的。

本书的贡献之三是针对相场囊泡模型设计了满足能量关系的有限元格式。本书通过添加稳定项，把一个非线性的耦合系统离散成为一个解耦的、稳定的、线性的多步数值格式。本书还系统地证明了该数值格式满足对应的能量递减规律。除此之外，本书还解决了相场囊泡模型中的四阶方程。四阶方程如果直接用有限元计算将非常困难。本书通过加一项、减一项的技巧，把一个四阶的相场方程转化为两个二阶的椭圆问题，并且问题是解耦的，容易执行运算。

本书的贡献之四是针对相场囊泡模型给出了数值模拟。为了让计算结果合理，本书设计了该模型满足能量关系的数值格式。本书首先测试了该格式关于时间的精度，其结果是满足一阶精度的。本书还给出了在非规则区域上的囊泡的数值模拟，经过观察得出，囊泡在流体的作用下，经过管道的狭窄部位时，能够改变自己的形态，最后通过。本书还给出了离散的能量图，能量都是递减稳定的。本书最后模拟了红细胞穿过非规则区域的数值实验，结果与其他实验相吻合。

本书的贡献之五是针对连续性水动力模型设计了满足能量关系的有限元格式。本书用的是 Allen-Cahn 型的非守恒的相场方程，但是通过拉格朗日乘子的添加，让该相场方程守恒。本书通过稳定项的添加，把一个非线性的耦合系统离散成解耦的、稳定的、线性的多步数值格式，并证明该数值格式满足对应的能量递减规律。本书还给出了该格式的一阶精度测试。

本书的贡献之六是针对 Smectic-A 液晶模型、两相磁流体模型、相场达西方程等采用能量不变二次型方法（IEQ）和尺度辅助函数方法（SAV）设计了满足能量关系的数值格式。本书通过大量的数值实验验证了该方法的高效性和对应的收敛精度，并且数值模拟了一些有趣的实验现象。

本书的贡献之七是针对二维柱对称区域下的欧拉方程设计了 GRP 格式。其中本书运用了守恒性质来提出理论上的数值边界条件，在几何源项上运用了界面方法来离散。本书通过若干数值算例来说明 GRP 格式的精度、高效性和可行性，并且说明了在中心处所提出的数值边界条件是非常有效的。

1.4 本书的章节安排

除了第 1 章以外，其余各章的安排如下。

第 2 章，研究向列相液晶中缺陷的运动效应。首先根据 Ericsen-Leslie 理论导出向列相液晶在流场下的非线性耦合系统；然后给出简化的“1＋2”模型和对应的半隐差分格式；最后给出数值结果，研究两个重要参数对整个系统的影响，并研究液晶缺陷在剪切流作用下的运动特性。

第 3 章，研究层状相 Smectic-A 液晶水动力模型的数值格式设计。通过 IEQ 方法，引进辅助变量，得到等价的模型系统，对其构造满足能量关系的数值格式。我们不仅在理论上严格证明该格式的能量稳定性，而且通过数值实验验证了格式的稳定性。

第 4 章，研究相场囊泡模型的数值格式设计和数值计算。首先，介绍了前人应用的相场囊泡模型；其次，通过稳定项的添加，给出了该模型的解耦的、稳定的、线性的数值格式，系统地证明了该格式满足一定的能量关系；再次，介绍了四阶方程怎样转化两个二阶问题；最后，给出了实验结果并进行讨论。

第 5 章，研究连续性水动力相场模型的数值格式设计。首先介绍了接触线(MCL)问题，给出了经典的 Allen-Cahn 相场方程和流体方程的耦合系统；然后设计了解耦的、稳定的、线性的数值格式，并证明了该格式满足一定的能量关系；最后给出了该格式关于时间的一阶精度测试。

第 6 章，研究两相磁流体新模型(CHiMHD 模型)的数值格式设计。该模型描述了在磁场作用下导电流体的界面动力学。与尖锐界面方法相比，CHiMHD 模型有利于开发高阶数值格式和计算机程序。我们基于 IEQ 方法提出了两个线性的、解耦的、能量稳定的、时间二阶的数值格式。若干数值实验也验证了该格式的时间收敛精度和能量稳定性。

第 7 章，研究不可压磁流体相场耦合模型的数值格式设计。该模型包含了磁流体方程(MHD)和相场方程(Cahn-Hilliard)。该模型满足能量递减规律。因此我们通过 SAV 方法构造了能量稳定的数值格式。最后通过展示若干数值案例来验证所提出方法的绝对稳定性和收敛性。

第 8 章，研究相场达西方程(CHD)的数值格式设计。该模型包含了相场方程(Cahn-Hilliard)和达西方程。我们设计了两个基于 IEQ 方法的线性、解耦、能量稳定的二阶时间离散格式和基于 SAV 方法的二阶时间推进格式。最后我们进行了数值计算，以说明所提出方案的准确性，并研究了两相流体中粗粒化过程和界面不稳定性的模拟。

第 9 章，运用新的方法研究相场方程(Cahn-Hilliard)的数值格式设计。我们采用 IIEQ 方法来构造数值格式。这是因为传统的 IEQ 方法得出的数值格式只能保证修正能量稳定，但不能保证原始能量稳定。因此我们基于 IIEQ 方法设计了两个线性的、能量稳定的一阶和二阶时间离散格式。最后我们用数值结果来说明所提出格式的精度和能量稳定性。

第 10 章，研究在二维柱对称区域下欧拉方程的 GRP 格式。我们运用守恒性质来提出理论上的数值边界条件；并且在几何源项上运用界面方法来离散。我们严格推导了在中心处的数值边界条件。最后我们给出了若干案例来说明 GRP 格式的精度、高效性和可行性，并且说明了在中心处所提出的数值边界条件是非常有效的。

第 2 章　液晶动力中缺陷的运动效应

在本章中我们用数值实验去研究向列相液晶中缺陷的运动效应。向列相液晶模型来源于 Ericksen-Leslie 系统，是黏弹性模型中的剪切流模型。用有限差分去计算数值实验，能在离散形式上保证能量关系。基于这些数值实验我们发现了液晶动力中一些有趣且重要的关系和流体的特性。我们展示了一些缺陷的发展规律和关系。这些数值结果和实验上的发现是一致的。

2.1　背景介绍

向列相液晶分子有规律地排序而且很容易受外力的影响而重新排列。这些会影响到液晶分子中的缺陷、结构，以及其他重要现象，如各种交错[31,54,87,190]。在理论上对液晶动力的研究已经有了很多成果。著名的是 Ericksen-Leslie（EL）理论[66,110]、张量模型[17,167,168]、棒状模型[54,87,190]。许多数学家沉迷于研究模型的解，包括数值解[57,70,144,147,150,153,154,226,227,246,249,255]和理论分析[143,145,152]。

在 Ericsen-Leslie 理论中，向量场 $\boldsymbol{d}$ 用来描述液晶分子的排列方向，也可以表示液晶分子相对于邻近液晶分子参考方向的方向。$\boldsymbol{d}$ 的变化可以表示液晶分子的运动情况。根据 Ericksen 和 Leslie 的理论，在流场中，可以导出向列相液晶的非线性耦合系统[147,152]：

$$\begin{cases} \boldsymbol{u}_t+(\boldsymbol{u}\cdot\nabla)\boldsymbol{u}+\nabla p=\mu\Delta\boldsymbol{u}+\lambda\,\nabla\cdot\boldsymbol{\sigma} \\ \nabla\cdot\boldsymbol{u}=0 \\ \boldsymbol{\sigma}=(\nabla\boldsymbol{d})^{\mathrm{T}}\,\nabla\boldsymbol{d}+\beta(\Delta\boldsymbol{d}-f(\boldsymbol{d}))\boldsymbol{d}^{\mathrm{T}}+(\beta+1)\boldsymbol{d}(\Delta\,\boldsymbol{d}-f(\boldsymbol{d}))^{\mathrm{T}} \\ \boldsymbol{d}_t+(\boldsymbol{u}\cdot\nabla)\boldsymbol{d}+D_\beta(\boldsymbol{u})\boldsymbol{d}=\gamma(\Delta\boldsymbol{d}-f(\boldsymbol{d})) \end{cases} \tag{2-1}$$

其中，$\boldsymbol{u}$ 表示向列相液晶流体的速度，p 是压力，$\boldsymbol{d}$ 是分子方向，μ,λ,γ 是非负常数。$\boldsymbol{u},\boldsymbol{d}:\Omega\times\mathbf{R}^+\to\mathbf{R}^3$，$p:\Omega\times\mathbf{R}^+\to\mathbf{R}$，$\Omega\subset\mathbf{R}^2$ 是欧拉空间坐标。在式(2-1)中 $f(\boldsymbol{d})=(4/\varepsilon^2)(|\boldsymbol{d}|^2-1)\boldsymbol{d}$ 是一个罚函数，为了使分子处于相近的大小，用这个罚函数去近似 $|\boldsymbol{d}|=1$。相关的能量密度是 $F(\boldsymbol{d})=(1/\varepsilon^2)(|\boldsymbol{d}|^2-1)^2$ 而且显然有 $f(\boldsymbol{d})=\nabla F(\boldsymbol{d})$，$D_\beta(\boldsymbol{u})=\beta\,\nabla\boldsymbol{u}+(1+\beta)(\nabla\boldsymbol{u})^{\mathrm{T}}$，对于任意 $\beta\in\mathbf{R}$，$D_\beta(\boldsymbol{u})$ 可以写成

$$D_\beta(\boldsymbol{u})=-\frac{\nabla\boldsymbol{u}-(\nabla\boldsymbol{u})^{\mathrm{T}}}{2}-(-2\beta-1)\frac{\nabla\boldsymbol{u}+(\nabla\boldsymbol{u})^{\mathrm{T}}}{2} \tag{2-2}$$

参数 β 依赖于于分子的形状，在式(2-1)中，$\boldsymbol{d}$ 的动态传输是 $\frac{\mathrm{d}}{\mathrm{d}t}\boldsymbol{d}=\boldsymbol{d}_t+(\boldsymbol{u}\cdot\nabla)\boldsymbol{d}+D_\beta(\boldsymbol{u})\boldsymbol{d}$。当分子的大小比宏观流体的尺度还要小时，$\boldsymbol{d}$ 就会随着流体的轨道而运动。然而 $\boldsymbol{d}$ 的动态传输 $\frac{\mathrm{d}}{\mathrm{d}t}\boldsymbol{d}=\boldsymbol{d}_t+(\boldsymbol{u}\cdot\nabla)\boldsymbol{d}$ 没有拉伸的效应项 $D_\beta(\boldsymbol{u})\boldsymbol{d}$[143,145,150,153,154]。当分子的大小足够大时，流体对 $\boldsymbol{d}$ 的拉伸效应就会被考虑。在大分子案例中，和分子形状相关的参数是非常重要的。在原始的 EL 理论中这个参数叫作翻转参数。Chono 等人[44]研究了不同的翻转参数和 Ericksen 数对分子方向的影响。在式(2-2) 中参数 $-2\beta-1$ 叫作活性参数，在 EL 理论中[135]叫作翻转参数。第一种情况：当向列相液晶充满棒状分子时我们有 $\beta<-0.5$。第二种情况：当充满圆盘状分子时我们有 $\beta>-0.5$。在文献[147]和[151]中，β 被限制在区间[-1，0]。事实上 β 可以是任意实数，第三种情况：当 $|2\beta+1|<1$ 时，向列相液晶正在翻转。第四种情况：当 $|2\beta+1|>1$ 时，液晶正在随流体重排。这是因为 β 依赖于向列相液晶分子方向分布的第二种和第四种情况，这在 EL 理论中没有涉及。当向列相液晶在随流体重排时，它在简单的剪切流中会有稳定状态，并且会有一个与 β 有关的随流体重排的角度。

在数学家的观点中，交错线和缺陷都是奇异解。对于上面的系统加上合适的边界条件，我们可以证明它满足能量关系。因此我们所探寻的物理奇性在能量上是允许的。针对这个原因，解决这个系统的关键性问题是保证能量关系。因此有必要用能保证能量关系的离散格式去做数值模拟。在文献[147]中选取了 C^0 有限元格式去模拟动态效果。许多的水动力液晶例子被计算而且用来说明参数的影响和方法的效果。针对这个事实我们用修正的 Crank-Nicolson 有限差分格式发现了翻转现象[249]，这个格式在平面压力流中满足离散的能量关系，其中分子方向被限制在剪切平面里。在数值上我们发现分子方向会在边界层翻转，过了较长时间，内部也会翻转。黏弹性流体在整个复杂流体中扮演了加速器的角色。比较理论分析的结果，我们发现流体的梯度对翻转现象有直接的影响。在文献[255]中，我们在数值上得到了运动传输的效应，在理论分析上得到一种精确和有效率的 Legendre-Galerkin 方法，该方法在离散形式上保证能量关系。当系统有稳定解时，分子的形状参数 β 和剪切率 ξ 决定了许多的空间涡旋。理论分析解释了这些结果。针对翻转流体我们证实了翻转周期和两种重要参数的关系。我们还研究了随流体重排的向列相液晶。

在这个工作中我们会研究数值格式在剪切流中向列相液晶动力中缺陷的运动效应。这里在二维欧氏空间会用有限差分方法来模拟“1＋2”模型。我们采用半隐格式，对线性项用隐格式，对非线性项用显格式。我们计算了若干案例，展示出了不

同强度的缺陷的动力和关系。数值结果指出，强度的模 $|s|=1$ 时的缺陷是稳定的，而且当给出初始强度为 $\sum_{i=1}^{N} s_i$ 的缺陷时，系统会发展出新的强度为 $s'(=\sum_{i=1}^{N} s_i)$ 的缺陷。在文献[31]和[87]中我们发现了这些现象。这些告诉我们来源于 Ericksen-Leslie 理论的模型也可以描述缺陷的动态效应。

本章大体安排如下：首先在 2.2 节介绍“1＋2”模型的简单案例，在 2.3 节用有限差分方法导出半隐格式，然后在 2.4 节给出数值结果和讨论，最后在 2.5 节得出结论。

2.2 “1＋2”模型的简单案例

在这一节中，我们首先针对整个模型给出适当的边界条件以得到能量关系，然后针对简单案例给出初边值条件。

这里我们对系统(2-1)给出 u 的边界条件：

$$\begin{cases} \boldsymbol{u}\cdot\boldsymbol{n}=0 \\ \dfrac{\partial(\boldsymbol{u}\cdot\boldsymbol{\tau})}{\partial\boldsymbol{n}}=\boldsymbol{g}_u(\boldsymbol{\tau}), \quad \text{on} \quad \partial\Omega \end{cases} \tag{2-3}$$

其中 $\boldsymbol{n}$ 是单位外法向量，$\boldsymbol{\tau}$ 是边界$\partial\Omega$ 的切向分量。对于方向 $\boldsymbol{d}$，给出 Robin 边界条件：

$$\frac{\partial\boldsymbol{d}}{\partial\boldsymbol{n}}=-\frac{2}{\delta}(\boldsymbol{d}-\boldsymbol{d}^0), \quad \text{on} \quad \partial\Omega \tag{2-4}$$

其中参数 $\delta>0$ 代表锚定的强度，而且 Robin 边界条件比 Dirichlet 边界条件更合理。现在我们可以证实，式(2-1)加上式(2-3)和式(2-4)能满足如下的能量关系[65]：

$$\begin{aligned} &\frac{\mathrm{d}}{\mathrm{d}t}\Big(\frac{1}{2}\|\boldsymbol{u}\|^2_{L^2(\Omega)}+\frac{\lambda}{2}\|\nabla\boldsymbol{d}\|^2_{L^2(\Omega)}+\lambda\int_\Omega F(\boldsymbol{d})\mathrm{d}x+\frac{\lambda}{\delta}\int_{\partial\Omega}|\boldsymbol{d}-\boldsymbol{d}_0|^2\mathrm{d}S\Big)n \\ &=-\Big(\mu\|\nabla\boldsymbol{u}\|^2_{L^2(\Omega)}+\frac{\lambda}{\gamma}\|\boldsymbol{d}_t+(\boldsymbol{u}\cdot\nabla\boldsymbol{d})\boldsymbol{d}+D_\beta(\boldsymbol{u})\boldsymbol{d}\|^2_{L^2(\Omega)}\Big)+ \\ &\int_{\partial\Omega}(\boldsymbol{g}_u\cdot\boldsymbol{u})\mathrm{d}S+\int_{\partial\Omega}(\sigma_1:\boldsymbol{u}\otimes\boldsymbol{n})\mathrm{d}S \end{aligned} \tag{2-5}$$

其中 $\sigma_1=\beta(\Delta\boldsymbol{d}-f(\boldsymbol{d}))\boldsymbol{d}^{\mathrm{T}}+(\beta+1)\boldsymbol{d}(\Delta\boldsymbol{d}-f(\boldsymbol{d}))^{\mathrm{T}}$。这个能量关系理论[152]上和数值模拟[147,249]上都起着重要作用。我们会在导出能量关系式(2-5)的离散式。

针对整个系统的简单案例，我们可以把它叫作“1＋2”模型，假设 $\boldsymbol{u}=(0,v(z,x),0)^{\mathrm{T}}$，$p=p(z,x)$，$\boldsymbol{d}=(0,d_2(z,x),d_3(z,x))^{\mathrm{T}}$，$(z,x)\in\Omega=[-1,1]\times[-1,1]$，如图 2.1 所示。

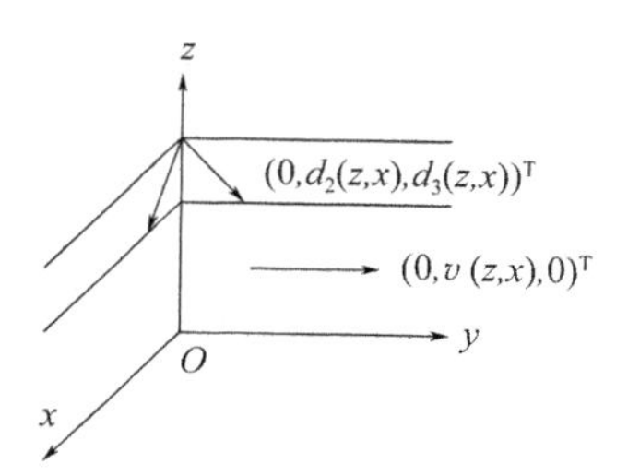

图 2.1 “1+2”模型

但是在文献[249]和[254]中“1+2”模型选择的是 $\boldsymbol{u}=(0,v(z),0)^{\mathrm{T}}$，$p=p(z)$，$\boldsymbol{d}=(0,d_2(z),d_3(z))^{\mathrm{T}}$，$z\in\Omega=[-1,1]$，而且初值 $v^0(z)=\xi z$，$z\in\Omega$。这里我们也选取初值 $v^0(z,x)=\xi z$，$(z,x)\in\Omega$，剪切速率依赖于 z，而不依赖于 x。在图 2.1 中我们知道 $\boldsymbol{d}(z,x)$ 是在 y-z 平面。为了方便画和看方向向量 $\boldsymbol{d}$，我们改变 $\boldsymbol{d}$ 的顺序，投影到 z-x 平面，也就是 $\hat{\boldsymbol{d}}=(d_2(z,x),0,d_3(z,x))^{\mathrm{T}}$。对于剪切流案例，整个模型可以简化成

$$\begin{cases}v_t=\mu\Delta v+\lambda\tau_z\\ \tau=\beta d_3(\Delta d_2-f_2)+(\beta+1)d_2(\Delta d_3-f_3)\\ d_{2t}+\beta d_3v_z=\gamma(\Delta d_2-f_2)\\ d_{3t}+(1+\beta)d_2v_z=\gamma(\Delta d_3-f_3)\end{cases}\tag{2-6}$$

其中 $f_i=(4/\varepsilon^2)(d_2^2+d_3^2-1)d_i$，$i=2,3$；初值为 $v^0=\xi z$，d_2^0，d_3^0，边界条件为

$$\begin{cases}\dfrac{\partial v}{\partial z}\Big|_{z=\pm1}=\xi\\ \dfrac{\partial v}{\partial x}\Big|_{x=\pm1}=0\\ \dfrac{\partial d_i}{\partial \boldsymbol{n}}=-\dfrac{2}{\delta}(d_i-d_i^0),\ i=2,3,\quad \text{on}\quad \partial\Omega\end{cases}\tag{2-7}$$

在这个系统里有参数 $\mu,\lambda,\gamma,\varepsilon,\beta,\xi$。在 2.4 节中我们会讨论分子的形状参数 β 和剪切率 ξ 对整个系统的影响。

2.3 数值方法

在这一节中讨论数值近似。与文献[147]中的方法作比较后我们选择差分格式。对空间上的离散选取半隐格式，对时间上的离散选取向前差分格式，具体如下。

$$\begin{cases}\dfrac{d_{2j,i}^{n+1}-d_{2j,i}^{n}}{\delta t}+\beta d_{j3,i}^{n}\dfrac{\delta_{0z}v_{j,i}^{n}}{2h}=\gamma\left(\dfrac{\delta_z^2 d_{2j,i}^{n+1}+\delta_x^2 d_{2j,i}^{n+1}}{h^2}-f_{3j,i}^{n}\right)\\ \dfrac{d_{3j,i}^{n+1}-d_{3j,i}^{n}}{dt}+(1+\beta)d_{2j,i}^{n}\dfrac{\delta_{0z}v_{j,i}^{n}}{2h}=\gamma\left(\dfrac{\delta_z^2 d_{3j,i}^{n+1}+\delta_x^2 d_{3j,i}^{n+1}}{h^2}-f_{3j,i}^{n}\right)\\ \tau_{j,i}^{n}=\beta d_{3j,i}^{n}\dfrac{1}{\gamma}\left(\dfrac{d_{2j,i}^{n+1}-d_{2j,i}^{n}}{\delta t}+\beta d_{3j,i}^{n}\dfrac{\delta_{0z}v_{j,i}^{n}}{2h}\right)+\\ \qquad(\beta+1)d_{2j,i}^{n}\dfrac{1}{\gamma}\left(\dfrac{d_{3j,i}^{n+1}-d_{3j,i}^{n}}{dt}+(1+\beta)d_{2j,i}^{n}\dfrac{\delta_{0z}v_{j,i}^{n}}{2h}\right)\\ \dfrac{v_{j,i}^{n+1}-v_{j,i}^{n}}{\delta t}=\mu\left(\dfrac{\delta_z^2 v_{j,i}^{n+1}+\delta_x^2 v_{j,i}^{n+1}}{h^2}\right)+\lambda\dfrac{\delta_{0z}\tau_{ji}^{n}}{2h}\end{cases}\tag{2-8}$$

其中 $\delta_{0z}v_{j,i}^{n}=v_{j,i+1}^{n}-v_{j,i-1}^{n}$，$\delta_z d_{2j,i}=d_{j,i+1}+d_{j,i-1}-2d_{j,i}$，$\delta_x^2 d_{j,i}=d_{j+1,i}+d_{j-1,i}-2d_{j,i}$，$f_{kj,i}^{n}=(4/\varepsilon^2)[(d_{2j,i}^{n})^2+(d_{3j,i}^{n})^2-1]d_{kj,i}^{n}$，$k=2,3$，$h=2/M$。我们离散区域 Ω 的网格为 $M\times M$。在式(2-1)中，为了减少导数的阶数，我们用式(2-1)中的 $\boldsymbol{d}_t+(\nabla\boldsymbol{u})\boldsymbol{d}+D_\beta(\boldsymbol{u})\boldsymbol{d}$ 去替换 $\gamma(\Delta\boldsymbol{d}-f(\boldsymbol{d}))$。边界条件的离散如下：

$$\begin{cases}\dfrac{d_{kj,M}^{n+1}-d_{kj,M-1}^{n+1}}{h}=-\dfrac{2}{\delta}(d_{kj,M}^{n+1}-d_{kj,M}^{0})\\ \dfrac{d_{kj,1}^{n+1}-d_{kj,0}^{n+1}}{h}=\dfrac{2}{\delta}(d_{kj,0}^{n+1}-d_{kj,0}^{0})\\ \dfrac{d_{kM,i}^{n+1}-d_{kM-1,i}^{n+1}}{h}=-\dfrac{2}{\delta}(d_{kM,i}^{n+1}-d_{kM,i}^{0})\\ \dfrac{d_{k1,i}^{n+1}-d_{k0,i}^{n+1}}{h}=\dfrac{2}{\delta}(d_{k0,i}^{n+1}-d_{k0,i}^{0})\\ \dfrac{v_{j,M}^{n+1}-v_{j,M-1}^{n+1}}{h}=\xi\\ \dfrac{v_{j,1}^{n+1}-v_{j,0}^{n+1}}{h}=\xi\\ v_{M,i}^{n+1}=v_{M-1,i}^{n+1}\\ v_{0,i}^{n+1}=v_{1,i}^{n+1}\end{cases}\tag{2-9}$$

文献[249]采用了修正的 Crank-Nicolson 格式来保证离散的能量关系，采用不动点迭代来解决非线性项，但是它比半隐格式要花更多的时间，而且两种方法的结果没有什么差异。因此我们继续用半隐格式去计算。现在我们可以定义能量关系的离散能量函数：

$$\begin{aligned}E^n=&\frac{1}{2}\|v^n\|_{L^2(\Omega)}^2+\frac{\lambda}{2}\sum_{i=2,3}\|\nabla d_i^n\|_{L^2(\Omega)}^2+\\ &\lambda\int_\Omega F(d_2^n,d_3^n)\mathrm{d}x+\frac{\lambda}{\delta}\left(\sum_{i=2,3}\int_{\partial\Omega}(d_i^n(x)-d_i^0(x))^2\mathrm{d}x\right)\end{aligned}\tag{2-10}$$

其中 $F(d_2^n, d_3^n) = 1/(\varepsilon^2)(d_2^{n2} + d_3^{n2} - 1)^2$。我们会在接下来的数值模拟中去计算并验证它的数值稳定性。

2.4 数值结果和讨论

在这一节中我们会通过若干数值案例来说明关键参数对系统和缺陷的影响。所有的结果由 C++计算得到,所有的图由 MATLAB 和TECPLOT画出。

2.4.1 关键参数对系统的影响

我们在文献[255]中已经研究了关键参数对整个系统的影响。在这里我们选取差分格式来替代谱方法[255]。所以我们希望再次验证关键参数剪切率 ξ 和形状参数 β 对系统的影响。我们离散空间网格为 $M \times M = 40 \times 40$,时间步长为 $\delta t = 10^{-4}$。

我们主要研究 β 和 ξ 的影响,其他参数取值是 $\gamma = 1, \mu = 1, \lambda = 1, \varepsilon = 0.1, \delta = 5 \times 10^{-5}$。

令 $\beta = -0.5, \xi = 10, 30, 40, 50$,初值为

$$v^0(z,x) = \xi z, d_2^0(z,x) = -1, d_3^0(z,x) = 0, (z,x) \in [-1,1] \times [-1,1] \quad (2\text{-}11)$$

将离散能量函数式(2-10)的数值结果展示在图 2.2 中。我们可以看出,当 $\xi = 10, 30$ 时,系统会走向稳定态;当 $\xi = 40, 50$ 时,系统会出现周期性的扰动。事实上,当 $\xi = 40, 50$ 时,在文献[249]和[255]中分子的稳定解是在翻转;当 $\xi = 10, 30$ 时,在文献[255]中稳定解是在随流体重排。这个说明了来自流体的力和粒子之间的力存在竞争,也能说明当我们研究缺陷的关系时,不能把剪切率 ξ 选得太大,太大的剪切率会破坏整个系统的稳定性。

现在我们要研究不同 β 对系统的影响。我们选择的剪切率为 $\xi = 30$,初值选取和上述一样。

在图 2.3 中,对不同的形状参数 $\beta = -0.1, -0.2, -0.3, -0.4, -0.6, -0.7, -0.8, -0.9$,我们计算出离散能量。在所有的数值模拟中当 ξ 确定时系统都会最终达到稳定态。因此我们可以得出系统的稳定仅依赖于剪切率 ξ,而稳定后的总能量依赖于 ξ 和 β。在图 2.3 中我们还可以看出,在 $\beta \sim -1$ 处的能量比在 $\beta \sim 0$ 处的能量小。这些结果都与我们用谱方法[255]的结果是一致的。

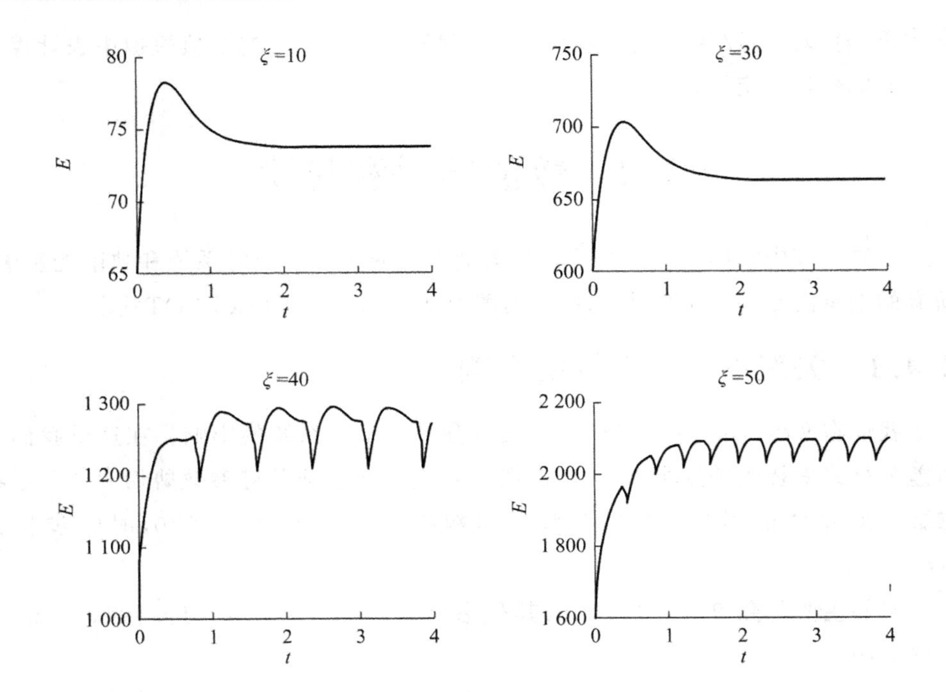

图 2.2　$\beta=-0.5$ 时，不同 ξ 下的离散能量函数

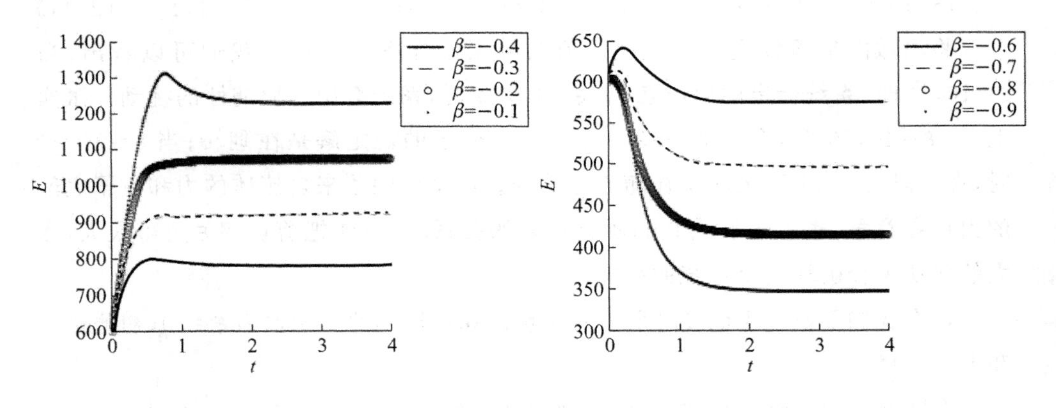

图 2.3　$\xi=30$ 时，不同 β 下的离散能量函数

2.4.2　关键参数对缺陷的影响

下面我们用数值模拟缺陷的运动传输。液晶中的缺陷是液晶的一种排列方式，类似于流体、风暴的旋涡，其中心是一个奇异点。在文献[31]中我们用参数 s 来表示缺陷的强度。现在可以把单位向量写成$(\cos\phi, \sin\phi)$，其中向量夹角 ϕ 与极角 α 有关，如图 2.4 所示，并有如下关系：

$$\phi = s\alpha + c \tag{2-12}$$

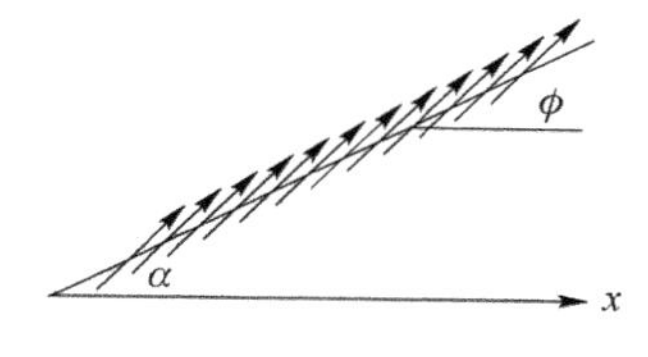

图 2.4　$\phi = s\alpha + c$

其中 α 是由向量的源头位置沿着极线(x 轴)所走的夹角,而 ϕ 是由向量的末端位置沿着极线(x 轴)所走的夹角,c 是常数。当 $s=1, c=0$ 时,向量就在极线上,当 $s=1$, $c=\pi/2$ 时,向量就在圆上。如要在细节上知道为什么是缺陷的强度,可以参考文献[31]。现在在文献[31]和[87]中已经发现了强度为 $s=+\frac{1}{2}, -\frac{1}{2}, +1, -1$ 的缺陷。两个相邻的缺陷有可能相互吸引在一起而变成没有缺陷,或者形成一个新的缺陷。相关的强度表示为 $s_1+s_2=0$ 或者 $s_1+s_2=s'$。下一步我们会数值模拟若干个不同强度缺陷的运动传输,以及说明这些缺陷的关系。

设 N 是缺陷的总数,s_j 是第 j 个缺陷的强度,$\boldsymbol{X}=(z,x)\in\Omega$ 和 $\boldsymbol{X}_j^0=(z_j^0, x_j^0)$ 表示第 j 个奇异点。现在我们定义复值函数 $g_{s_j}(\boldsymbol{X}-\boldsymbol{X}_j^0)$,与文献[1]、[32]、[64]中的类似:

$$g_{s_j}(\boldsymbol{X}-\boldsymbol{X}_j^0) = \|\boldsymbol{X}-\boldsymbol{X}_j^0\|(\cos\phi_j + i\sin\phi_j) = \|\boldsymbol{X}-\boldsymbol{X}_j^0\| e^{i\phi_j} \tag{2-13}$$

$$\phi_j = s_j\alpha_j + c \tag{2-14}$$

其中 α_j 表示向量 $\boldsymbol{X}-\boldsymbol{X}_j^0$ 的复角,$\|\boldsymbol{X}-\boldsymbol{X}_j^0\|$ 表示从点 X 到点 X_0 的欧氏距离。把所有的复值函数乘起来:

$$g_0(X) = \begin{cases} \prod_{j=1}^{N} \dfrac{g_{s_j}(\boldsymbol{X}-\boldsymbol{X}_j^0)}{\|\boldsymbol{X}-\boldsymbol{X}_j^0\|}, & X\in\Omega\backslash\{X_j^0, j=1,\cdots,N\} \\ 0, & X\in\{X_j^0, j=1,\cdots,N\}. \end{cases} \tag{2-15}$$

因此我们可以从复值函数 $g_0(X)$ 中得到初值 $d_2^0(X)$ 和 $d_3^0(X)$:

$$d_2^0(X) = \mathrm{Im}(g_0(X)) \tag{2-16}$$

$$d_3^0(X) = \mathrm{Re}(g_0(X)) \tag{2-17}$$

接下来我们会通过若干数值案例来说明缺陷的运动效应。

案例 1:

(1) $N=2, \boldsymbol{X}_1^0=(-0.2,0), \boldsymbol{X}_2^0=(0.2,0), s_1=s_2=1, \xi=3$;

(2) $N=2, \boldsymbol{X}_1^0=(-0.85,0), \boldsymbol{X}_2^0=(0.85,0), s_1=1, s_2=-1, \xi=3$。

案例 2:

(1) $N=3, \boldsymbol{X}_1^0=(-0.2,0), \boldsymbol{X}_2^0=(0,0), \boldsymbol{X}_3^0=(0.2,0), s_1=s_2=s_3=1, \xi=3$;

(2) $N=3, \boldsymbol{X}_1^0=(-0.85,0), \boldsymbol{X}_2^0=(0,0), \boldsymbol{X}_3^0=(0.85,0), s_1=s_3=1, s_2=-1$,

$\xi=3$；

(3) $N=3$，$\boldsymbol{X}_1^0=(-0.1\times\sqrt{3},-0.1)$，$\boldsymbol{X}_2^0=(0,0.2)$，$\boldsymbol{X}_3^0=(0.1\times\sqrt{3},-0.1)$，$s_1=s_2=s_3=1$，$\xi=3$；

(4) $N=3$，$\boldsymbol{X}_1^0=(-0.4\times\sqrt{3},-0.4)$，$\boldsymbol{X}_2^0=(0,0.8)$，$\boldsymbol{X}_3^0=(0.4\times\sqrt{3},-0.4)$，$s_1=s_3=1$，$s_2=-1$，$\xi=3$。

案例 3：

(1) $N=4$，$\boldsymbol{X}_1^0=(-0.1\times\sqrt{3},-0.1)$，$\boldsymbol{X}_2^0=(0,0.2)$，$\boldsymbol{X}_3^0=(0.1\times\sqrt{3},-0.1)$，$\boldsymbol{X}_0^0=(0,0)$，$s_0=s_1=s_2=s_3=1$，$\xi=3$；

(2) $N=4$，$\boldsymbol{X}_1^0=(-0.4\times\sqrt{3},-0.4)$，$\boldsymbol{X}_2^0=(0,0.8)$，$\boldsymbol{X}_3^0=(0.4\times\sqrt{3},-0.4)$，$\boldsymbol{X}_0^0=(0,0)$，$s_1=s_2=s_3=1$，$s_0=-1$，$\xi=3$。

案例 4：

(1) $N=5$，$\boldsymbol{X}_1^0=(-0.2,0)$，$\boldsymbol{X}_2^0=(0,0.2)$，$\boldsymbol{X}_3^0=(0.2,0)$，$\boldsymbol{X}_4^0=(0,-0.2)$，$\boldsymbol{X}_0^0=(0,0)$，$s_0=s_1=s_2=s_3=s_4=1$，$\xi=3$；

(2) $N=5$，$\boldsymbol{X}_1^0=(-0.4,0)$，$\boldsymbol{X}_2^0=(0,0.4)$，$\boldsymbol{X}_3^0=(0.4,0)$，$\boldsymbol{X}_4^0=(0,-0.4)$，$\boldsymbol{X}_0^0=(0,0)$，$s_1=s_2=s_3=s_4=1$，$s_0=-1$，$\xi=3$。

在图 2.5 和图 2.6 中，我们可以看出两个相同强度为＋1 的缺陷会相互排斥并且在区域上旋转，而一对强度为＋1 和－1 的缺陷会相互吸引直到融合在一起。这个过程发生在 $T=1.5$ 到 $T=2$ 之间。在图 2.6 中我们知道两个例子中的系统都会达到稳定状态。当强度为＋1 和－1 的缺陷融合在一起时能量会急剧下降。

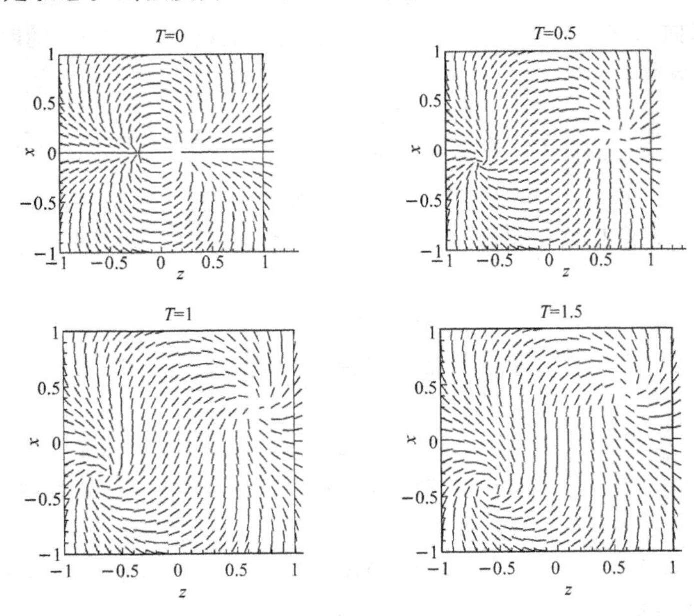

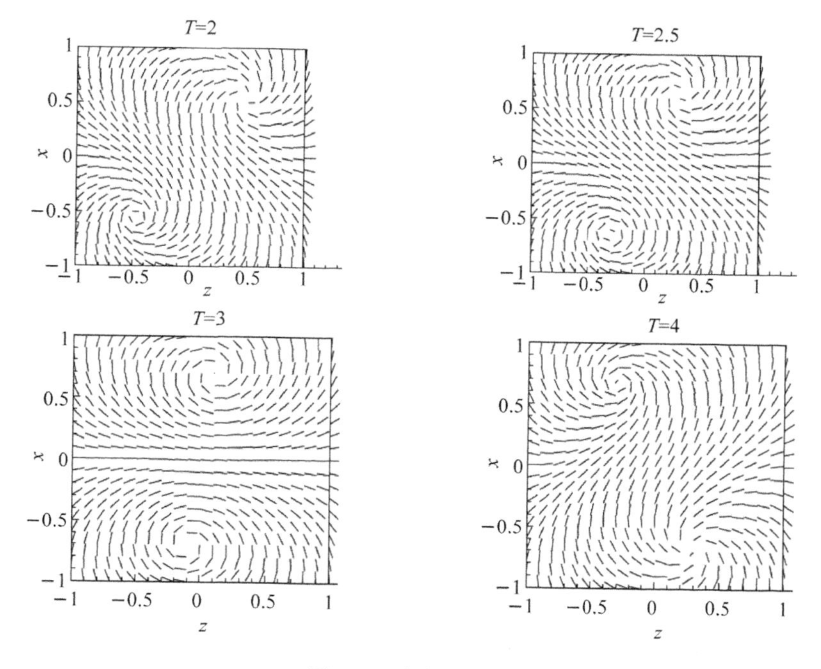

图 2.5 案例 1-(1)

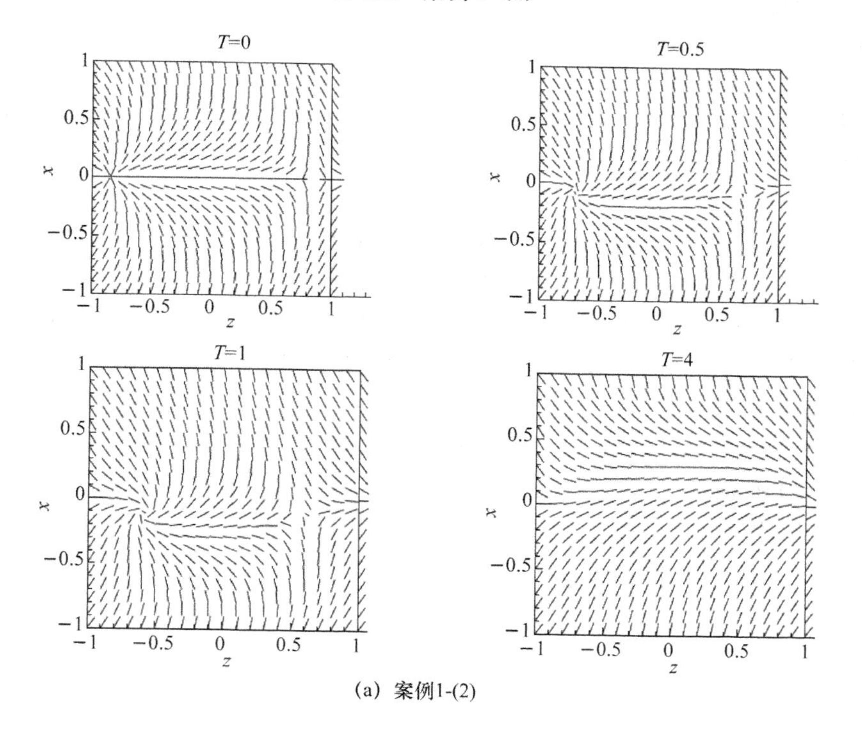

(a) 案例1-(2)

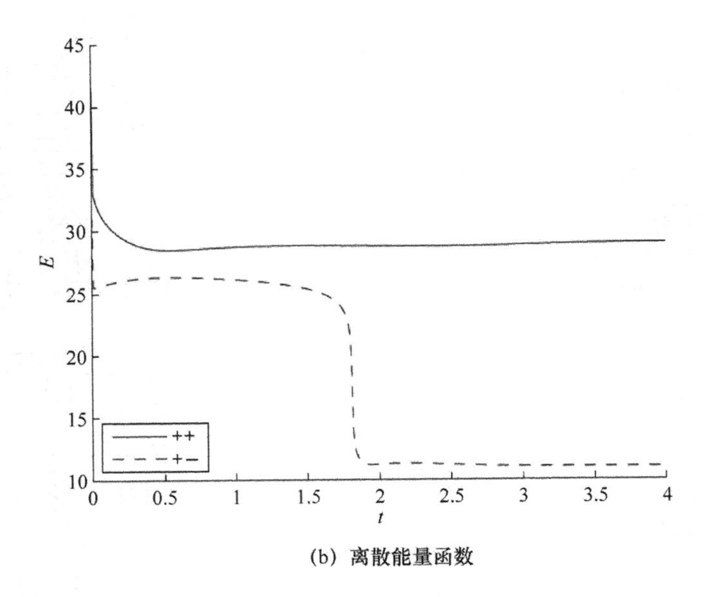

(b) 离散能量函数

图 2.6 案例 1-(2)和其离散能量函数

在图 2.7 和图 2.8 中我们知道三个相同强度的缺陷也会相互排斥直到系统达到稳定状态。在图 2.7 中我们还发现在中心的带+1 强度的缺陷会朝着区域的边界上移动。在图 2.8 中我们可以得出的结论是处于濒临边缘的缺陷的能量小于处在中心的缺陷的能量。在图 2.8 和图 2.10 中,如果其中的一个缺陷带有相反符号强度时,它会与其他两个缺陷中的一个相互吸引。我们可以看出这个吸引过程发生在图 2.8 中 $T=1.5$ 和图 2.10 中 $T=0.75$ 的时候。从图 2.8 和图 2.10 中还可以看出所有系统都会达到稳定状态。

如果区域有四个带有相同强度的缺陷,在图 2.11 中我们可以看出它们也会相互排斥并且旋转。处于中心的缺陷会朝着区域的边界移动并且在图 2.12 中系统的能量是下降的。类似地,当中心的缺陷带相反符号的强度时,在图 2.12 中它会与其他三个中的一个相互吸引并且融合。这个过程发生在 $T=2$,在图 2.12 中系统会达到稳定状态。

在第四个案例中,在图 2.13 中带有相同强度的缺陷会相互排斥并且在区域上旋转。类似地,如果中心缺陷带相反符号强度,其他四个缺陷对称分布,中间带-1 强度的缺陷也会与其他四个中的一个相互吸引,并最终融合。这个过程发生在图 2.14 中的 $T=3$。最后只剩下三个带+1 强度的缺陷。在图 2.14 中所有系统都达到稳定状态。

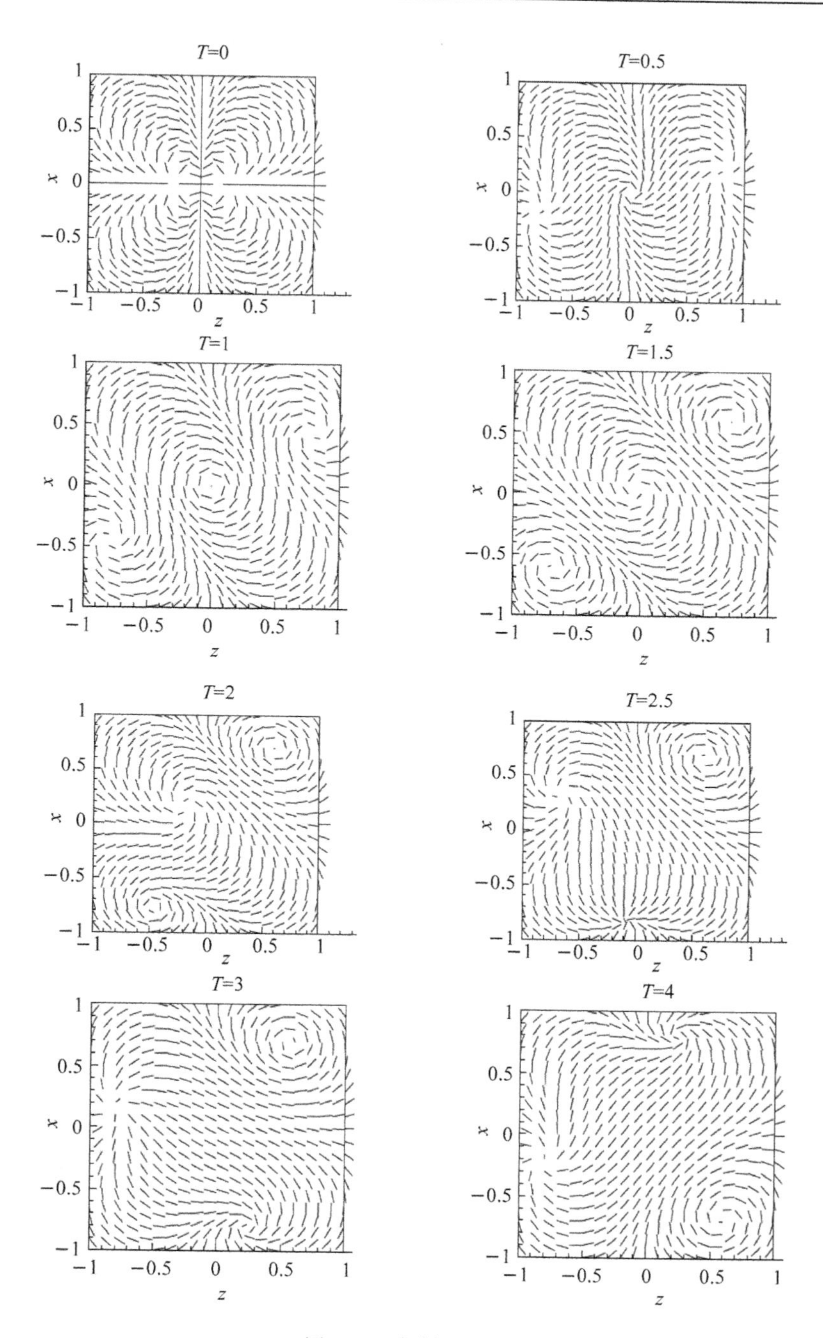

图 2.7　案例 2-(1)

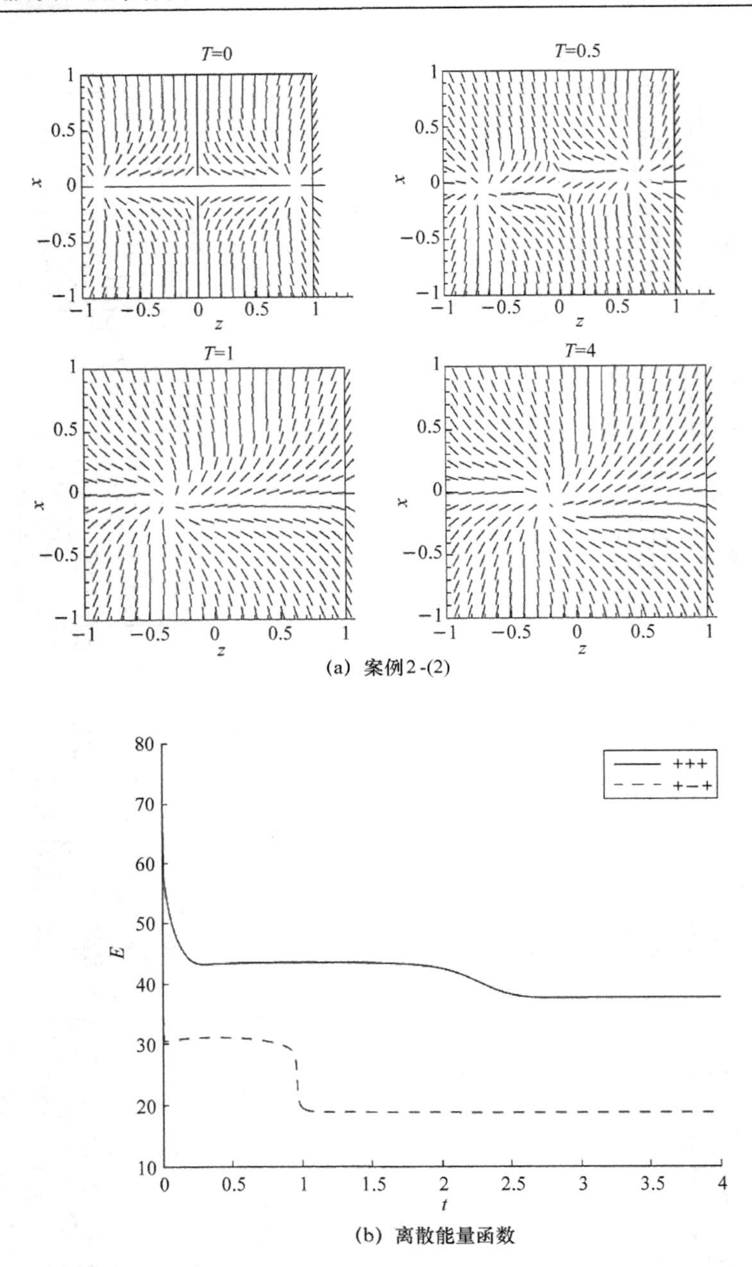

(a) 案例2-(2)

(b) 离散能量函数

图 2.8　案例 2-(2)和其离散能量函数

以上的研究的都是强度 $s=\pm 1$ 的缺陷。接下来我们会模拟强度为 $s=\pm\frac{1}{2}$ 的缺陷并研究系统中的这些缺陷会有什么关联。在图 2.15(a)中，上面两图强度

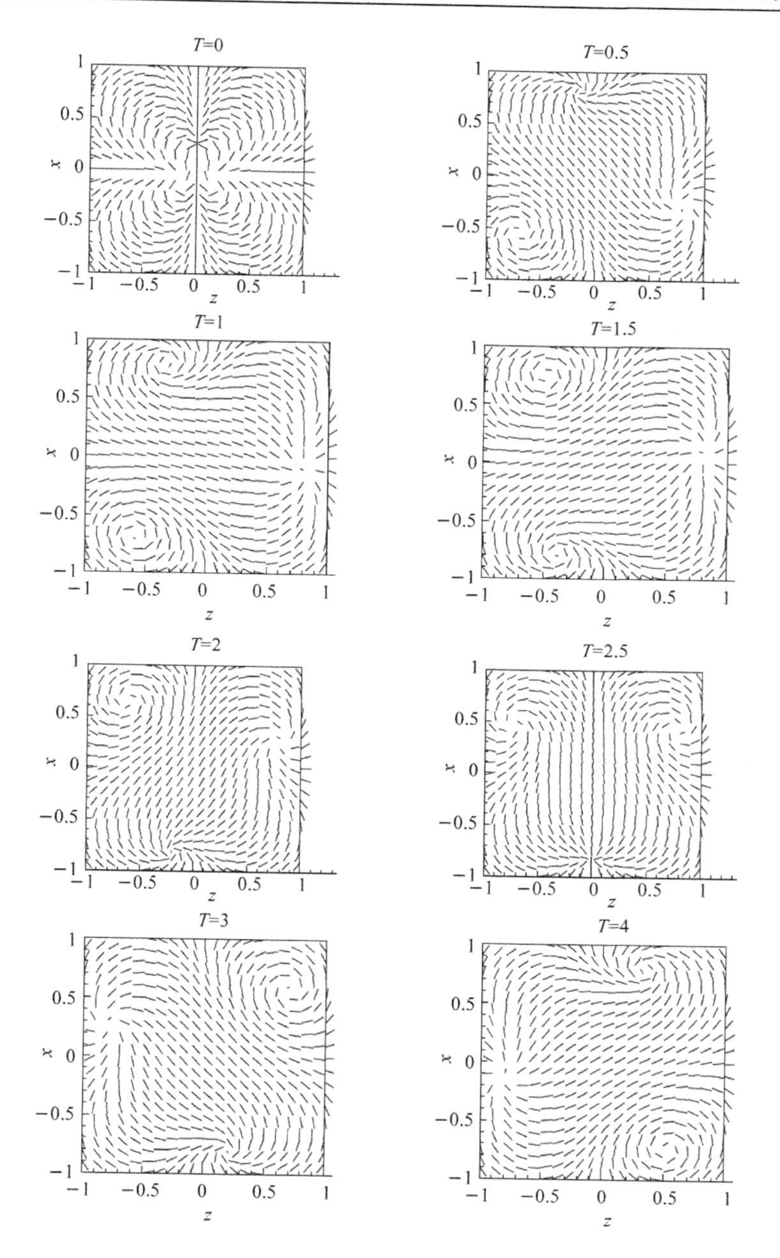

图 2.9 案例 2-(3)

为 $s=+\frac{1}{2}$，下面两图强度为 $s=-\frac{1}{2}$。从图 2.15 中我们可以看出，强度为 $|s|=\frac{1}{2}$ 的缺陷会朝着区域的边界上移动，然后系统是稳定的。

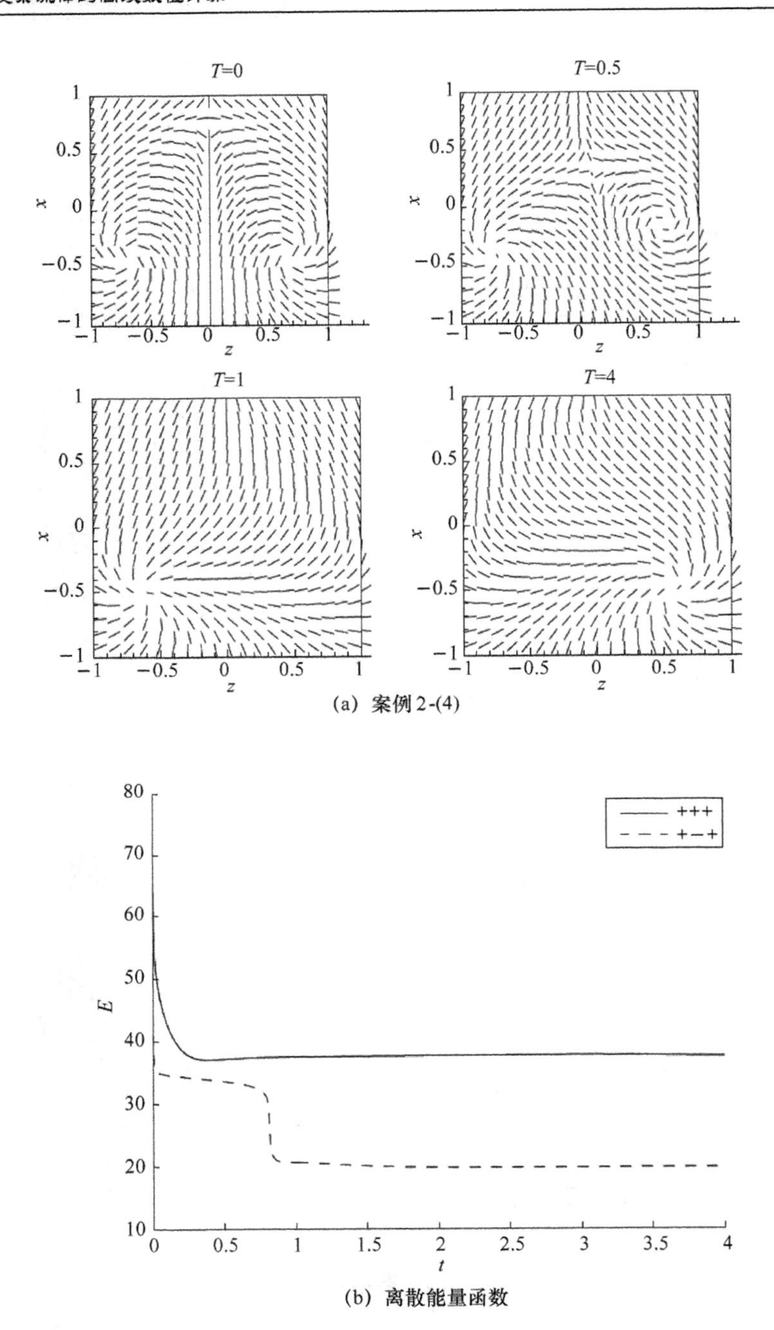

(a) 案例 2-(4)

(b) 离散能量函数

图 2.10　案例 2-(4)和其离散能量函数

在图 2.16(a)中，上面两图强度为 $s_1=s_2=+\frac{1}{2}$，下面两图强度分别为 $s_1=+\frac{1}{2}$，

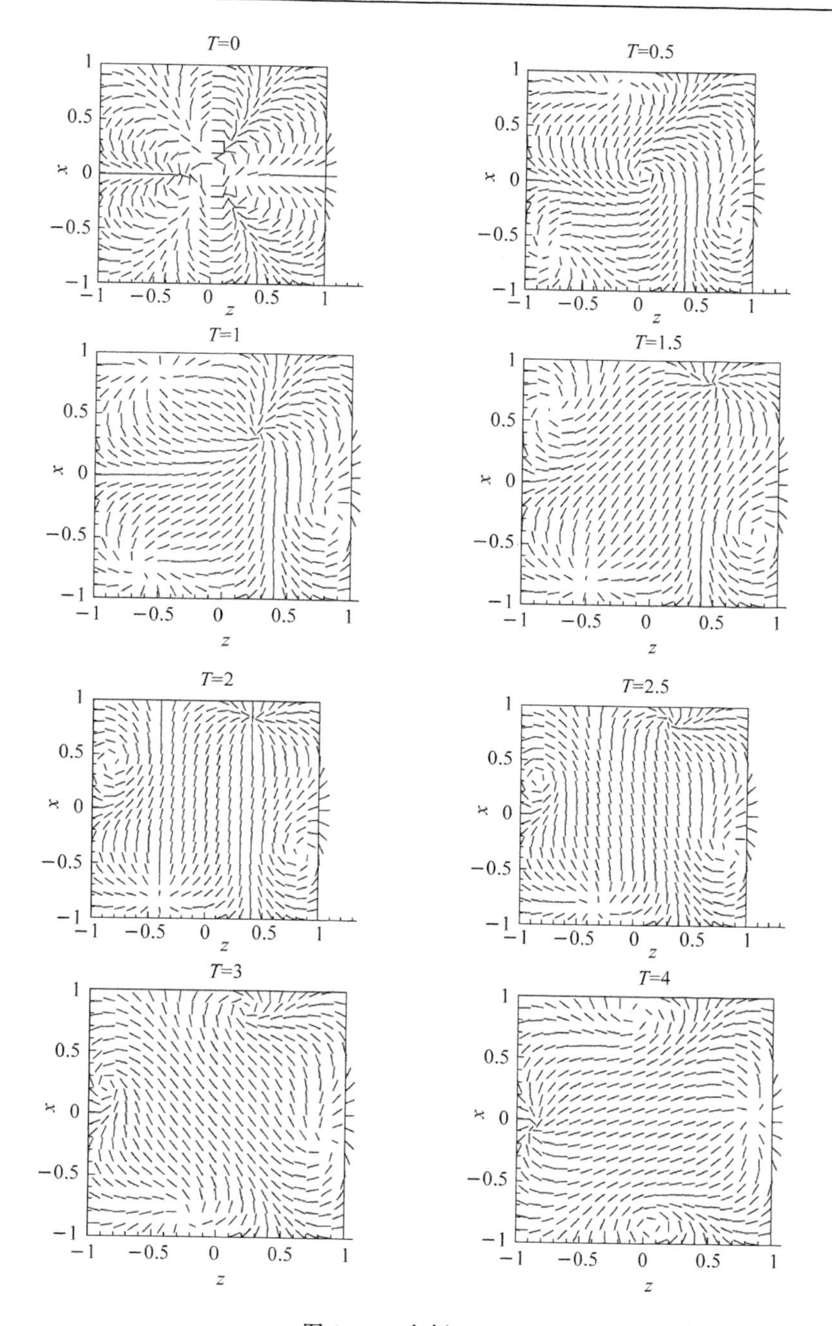

图 2.11　案例 3-(1)

$s_2=-\dfrac{1}{2}$。从图 2.16 中我们可以看出，强度为 $s=+\dfrac{1}{2}$ 的缺陷会与强度为 $s=+\dfrac{1}{2}$ 的

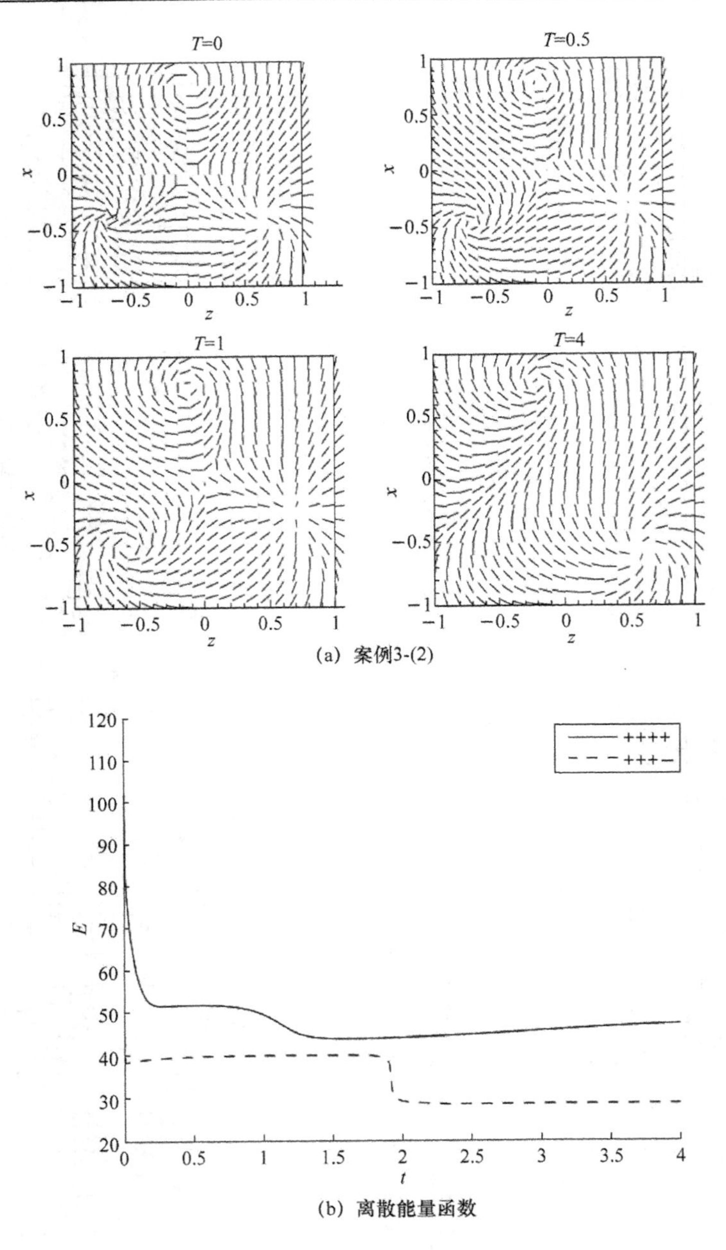

(a) 案例3-(2)

(b) 离散能量函数

图 2.12　案例 3-(2)和其离散能量函数

缺陷相互吸引，并且形成一个新的强度为 $s=+1$ 的缺陷。而当初始给定一个强度为 $s=+\frac{1}{2}$ 的缺陷和另一个强度为 $s=-\frac{1}{2}$ 的缺陷时，两个缺陷会相互融合，最后没有缺陷形成。

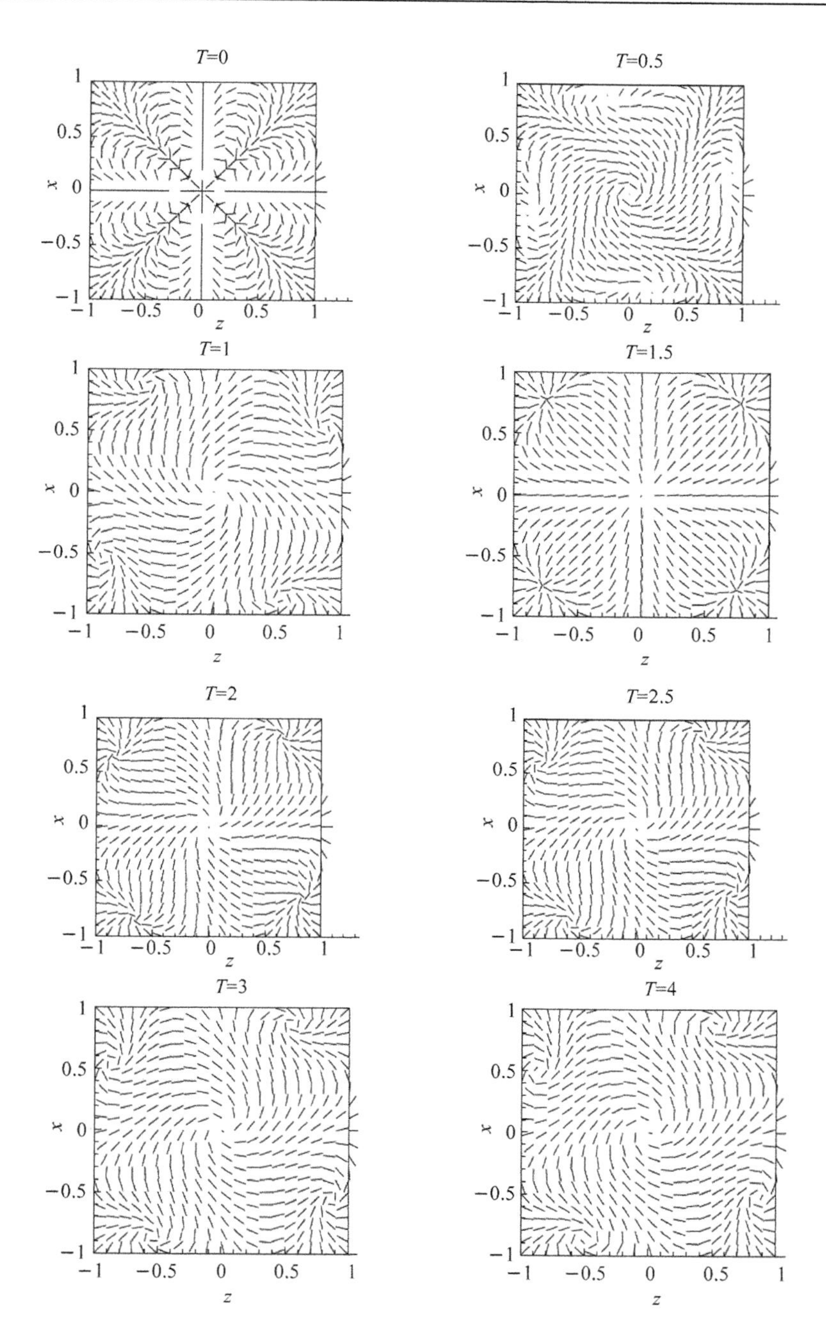

图 2.13　案例 4-(1)

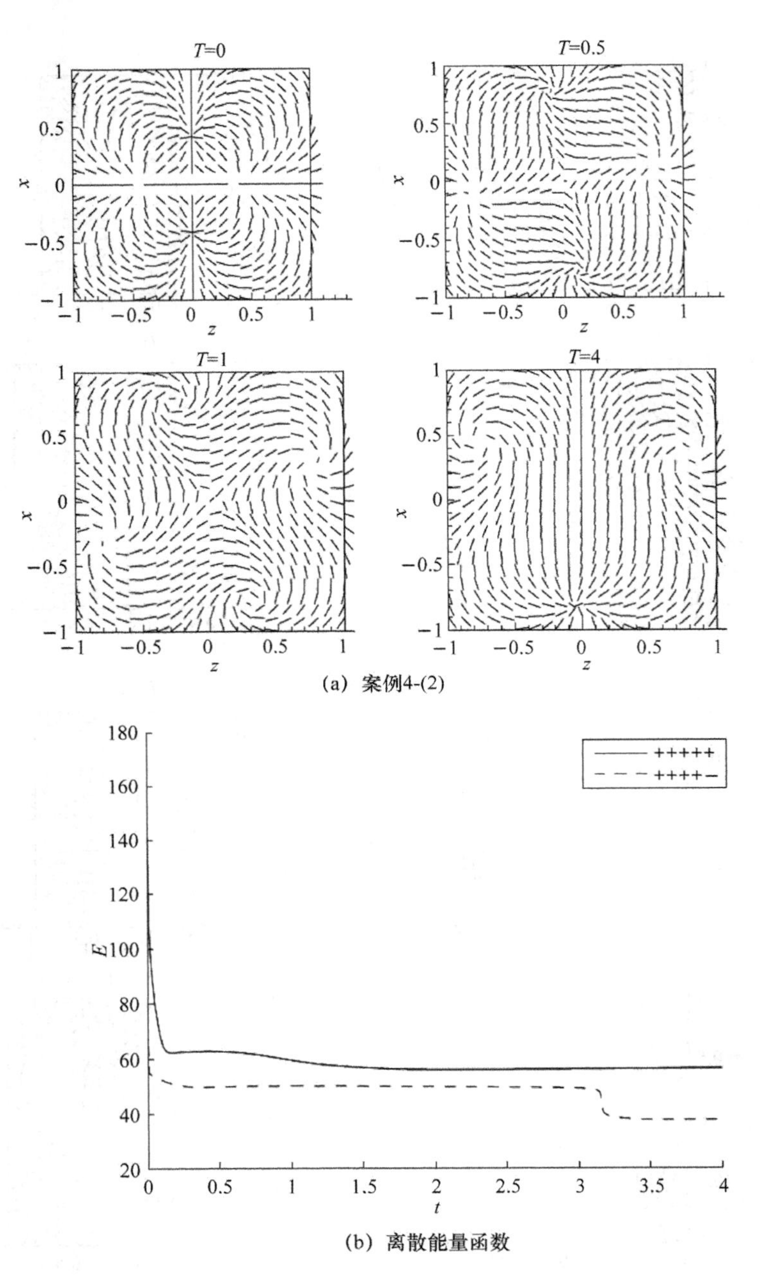

(a) 案例4-(2)

(b) 离散能量函数

图 2.14 案例 4-(2)和其离散能量函数

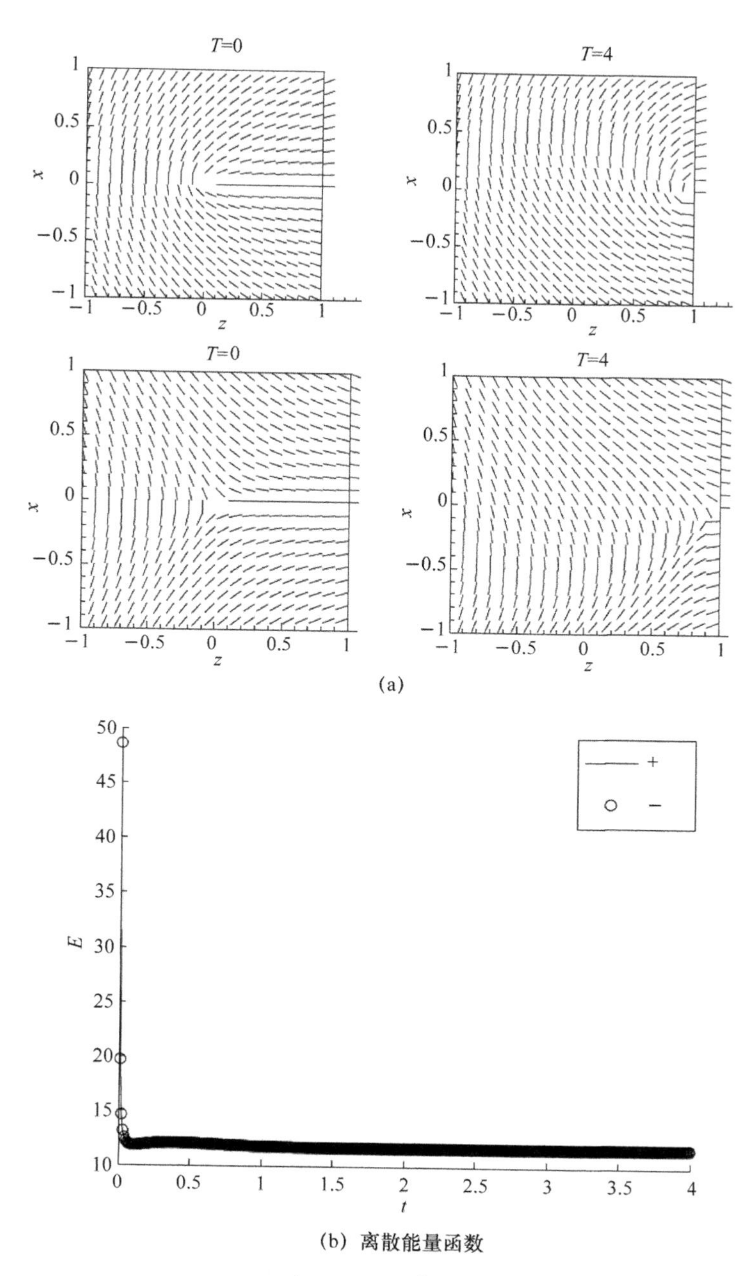

(b) 离散能量函数

图 2.15 单个$+\frac{1}{2}$和单个$-\frac{1}{2}$的液晶缺陷的变化

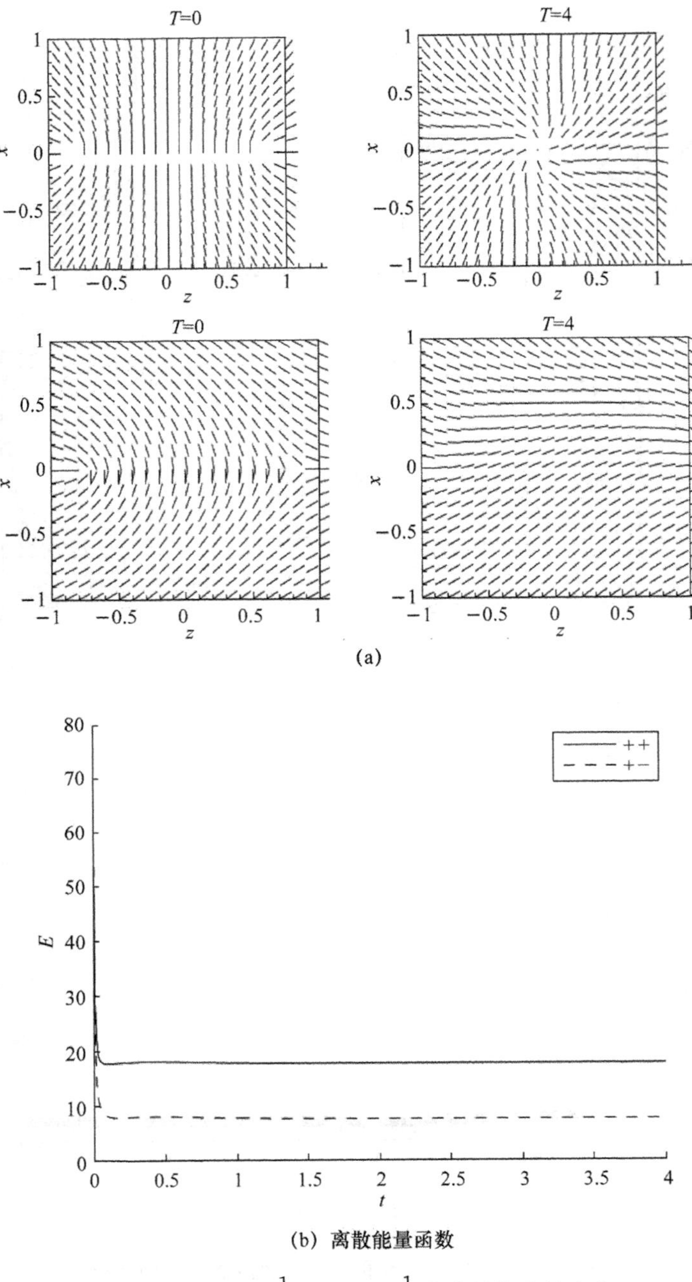

(b) 离散能量函数

图 2.16 两个$+\frac{1}{2}$和两个$-\frac{1}{2}$的液晶缺陷的变化

2.5 小　　结

我们应用“1 + 2”模型去研究向列相液晶在流体中缺陷的运动效应。我们用有限差分方法去数值模拟“1+2”模型。我们做了一些数值案例来研究两个参数β和ξ对系统的影响。然后我们做了一些数值案例去探索不同强度的缺陷之间的关联以及缺陷之间的动力。数值结果告诉我们，强度为$|s|=1$的缺陷是稳定的并且系统也是稳定的。当初始强度$\sum_{i=1}^{N} s_i = s'$给出时，整个系统的s'就会不变。

第3章 Smectic-A液晶模型的无条件能量稳定格式

3.1 背景介绍

液晶是自然界中存在的一种重要的中间态,性质介于固体与流体之间。它流动起来像流体,同时,重排序列的话又像固体。因此它通常被看作除了气体、流体、固体之外物质的第四种状态。在含热液晶中存在两种主要相:丝状项(nematic)和层状相(smectic)。在丝状相中,棒状分子会自发排列,排列的方向会大致与长轴平行。在保持排列方向的同时,分子会自由移动并且它们的质量中心位置会在流体中自由分布,可参见文献[31]、[33]、[65]、[66]、[67]、[76]、[78]、[79]、[82]、[83]、[84]、[85]、[87]、[149]、[184]、[231]。在层状相中,分子会保持丝状相分子的大体方向,也会在各层、各平面重排。因此,在这个状态下的分子会展示改变方向的角度,这种情况在丝状相中不会发生。运动情况仅限制在这些分层的平面中,并且各层会互相流动,可参考文献[27]、[31]、[33]、[48]、[49]、[63]、[82]、[83]、[84]、[85]、[92]、[123]、[124]、[149]、[174]。注意到存在着不同的层状相,由排列方向角度区分。在本章中我们考虑的是层状A相的数值模拟,其中分子方向垂直于层状平面,并且在层中没有其他特殊的分子方向。

针对液晶系统流,现在已经有了大量的建模与数值研究。其中一个最著名的连续性理论是Ericksen-Leslie理论[65,66,67,123],该理论描述了各向异性结构、无量纲的单位向量,可用来描述分子的偏转方向。相关的数学模型通常由符合现象的Oseen-Frank能量的变分近似得到,并且是一个适定的非线性梯度流系统。针对Smectic-A相液晶的第一个数学模型是由de Gennes等人[87]提出的,其中Oseen-Frank能量通过加入向量方向场合复杂的方向参数来修正。在de Genes等人提出模型后,许多层状相模型得到了发展,可参见文献[7]、[33]、[63]、[82]、[92]、[153]、[194]。在本章中,我们考虑的是鄂维南[63]提出的模型,其中假设了方向场严格等于层的梯度,因此总的自由能退化为一个简单的只有方向参数的形式。除此之外,我们运用Ginzburg-Landau型的罚函数逼近来修正自由能,而不是直接在层变量的梯度做非凸限制。用罚函数逼近的好处是在数值上能有效地解决单位模限制，但同时给系统带来了刚度问题[18,49,92,247]，如果用完全隐式或者显式[74,203]，就会导致数值不稳定。

从数值角度来看，针对刚度PDE系统，我们期望构造的数值格式能够在离散的情况下保证能量稳定性质，也就是说，能量稳定性质不依赖于时间步长。因此，这些规则称为无条件能量稳定或者热力学一致。带有这种性质的格式得到关注是因为它不仅能很好抓住系统长时间动力行为，而且能对刚度项提供足够的灵活性。但是，我们注意到，层状相模型不像丝状相模型[53,116,144,150,153,163,205,257,258,259,260,261,262]发展很快，对层状相模型很少做能量稳定格式。我们还注意到，Guillen等[92]构造了一个线性的二阶格式，其中由Ginzburg-Landau推导出的非线性项由Hermite二次形式来近似。该格式被看作规则设计的一个重要进步，但是，它是条件能量稳定的，也就是说，存在着时间步长的限制，其依赖罚参数，因此在实际应用中并不高效。

因此，在本章中，我们的主要目的是针对鄂维南的Smectic-A模型来设计更高效、更有效的数值格式。我们期望我们的格式能具有以下三个性质：

(1) 精确(在时间上是二阶精度)；

(2) 稳定(无条件能量递减规律成立)；

(3) 易实现并且高效(只需要在每一个时间步求解完全线性的方程)。

为了达到这个目的，我们对非线性项不采用传统方法，如简单隐式[74]、稳定显式[34,150,201,203,204,206,208,235,237,245,257]、凸分裂[232,260,261]或者其他带技巧的泰勒展开[93,219]，采用的是IEQ方法，这是一个新颖的方法，已经成功地应用在杨霄锋提出的梯度流模型上[42,236,238,239,240,242,243,258]。该方法的本质思想是通过新变量的引进把自由能转换成二次形式(因为非线性势通常在这种形式是有界的)。得到新的等价系统依然满足等价的能量递减规律。通过这样的改变，在每一个时间步对非线性项作半显处理，从而得到一个适定线性系统。

根据这样的逼近，我们在本章中针对与不可压的Navier-Stokes方程耦合的Smectic模型设计两种高效数值格式，该格式是精确的(在时间上是二阶精度)、容易实现的(线性)、无条件能量稳定的(满足离散能量递减规律)。我们应用投影方法来解决不可压Navier-Stokes方程，对流项和应力项巧妙地应用显隐式处理。我们严格地证明了两种格式是无条件能量稳定的。我们通过若干基准模拟实验来说明这两个格式的稳定性和高效性。本章针对Smectic模型设计的二阶无条件能量稳定格式是第一次被提出。

本章的安排如下：在3.2节中，我们给出了Smectic-A模型并且在连续意义下给出了能量规律；在3.3节中，我们设计了数值格式，并且证明了其适定性和无条件稳定性；在3.4节中，我们展示了若干二维数值实验以说明该格式的精度和稳定性，并且模拟了在剪切流和磁场作用下液晶的振荡情形；在3.5节中，我们给出了小结。

3.2 Smectic-A 模型

现在我们简单介绍文献[63]和[92]中的 Smectic-A 模型。令 $\Omega \subset \mathbf{R}^d$，$d=2,3$ 是一个有界区域，边界是$\partial\Omega$。

标准的 Oseen-Frank 自由能具有以下的形式：

$$E(\boldsymbol{d}) = \int_{\Omega} \left(\frac{K_1}{2} (\nabla \cdot \boldsymbol{d})^2 + \frac{K_2}{2} (\boldsymbol{d} \cdot (\nabla \times \boldsymbol{d}))^2 + \frac{K_3}{2} \mid \boldsymbol{d} \times (\nabla \times \boldsymbol{d}) \mid^2 \right) \mathrm{d}\boldsymbol{x} \tag{3-1}$$

其中单位向量 $\boldsymbol{d}$ 代表液晶分子的平均方向，弹性系数 K_1, K_2, K_3 分别代表三种权威扭曲方式——展开、旋转、弯曲。为了简单，我们假设 $K_1=K_2=K_3=K$，不考虑各向异性扭曲情形。那么 Oseen-Frank 自由能就会退化为 Dirichlet 泛函：

$$E(\boldsymbol{d}) = K\int_{\Omega} \frac{1}{2} \mid \nabla \boldsymbol{d} \mid^2 \mathrm{d}\boldsymbol{x} \tag{3-2}$$

对于单轴 Smectic 液晶，在层平面的分子会以单位向量 $\boldsymbol{n}$ 的形式排列。更确切地说，对于 Smectic-A 相，$\boldsymbol{d}$ 是严格垂直于层平面，因此 $\boldsymbol{d}=\boldsymbol{n}$。由于层平面的不可压性质，有$\nabla \boldsymbol{n}=0$，因此存在一个层函数 $\phi(\boldsymbol{x},t)$，使得$\nabla\phi=\boldsymbol{n}$。那么 Dirichlet 泛函就会退化为

$$E(\phi) = K\int_{\Omega} \frac{1}{2} (\Delta\phi)^2 \mathrm{d}\boldsymbol{x}, \quad \mid \nabla\phi \mid = 1 \tag{3-3}$$

对$|\nabla\phi|$模 1 的限制会在规则设计上带来额外的数值挑战。一个常见克服它的方法是引进一个 Ginzburg-Landau 型的罚函数 $F(\nabla\phi)=\frac{1}{4\epsilon^2}(|\nabla\phi|^2-1)^2$，其中 $\epsilon \ll 1$ 是一个罚参数，与缺陷核心的大小成比例，用来规范缺陷核心处的弯曲能量。该规范允许在缺陷核心的自由能是有限的，这就把经典 Ericksen-Leslie 模型扩展到可操控的液晶流，其中在时间和空间上会创造出缺陷，或者会让缺陷消失。然后，规范化的弹性体积能量密度为

$$E(\phi) = K\int_{\Omega} \left(\frac{1}{2} \mid \Delta\phi \mid^2 + \frac{(\mid \nabla\phi \mid^2 - 1)^2}{4\epsilon^2} \right) \mathrm{d}\boldsymbol{x} \tag{3-4}$$

假设 $\boldsymbol{u}$ 是流体的速度场，在此基础上应用广义的 Fick's 关系，也就是质量通量与化学势[23,26,155]的梯度成比例，我们就会得到以下的 Smectic-A 相液晶系统[63,92]：

$$\phi_t + \nabla \cdot (\boldsymbol{u}\phi) = -Mw \tag{3-5}$$

$$w = \frac{\delta E}{\delta\phi} = K(\Delta^2\phi - \frac{1}{\epsilon^2}\nabla \cdot ((|\nabla\phi|^2 - 1)\nabla\phi)) \tag{3-6}$$

$$u_t + (\boldsymbol{u} \cdot \nabla)\boldsymbol{u} - \nabla \cdot \sigma(\boldsymbol{u},\phi) + \nabla p + \phi\,\nabla w = 0 \tag{3-7}$$

$$\nabla\cdot\boldsymbol{u}=0 \tag{3-8}$$

其中 p 是压力；M 是弹性松弛系数；σ 是耗散(对称)应力张量系数，定义为

$$\sigma(\boldsymbol{u},\phi)=\mu_1(\nabla\phi^{\mathrm{T}}D(\boldsymbol{u})\nabla\phi)\nabla\phi\otimes\nabla\phi+\mu_4 D(\boldsymbol{u})+ \\ \mu_5(D(\boldsymbol{u})\nabla\phi\otimes\nabla\phi+\nabla\phi\otimes D(\boldsymbol{u})\nabla\phi) \tag{3-9}$$

其中 μ_1,μ_4,μ_5 是非负参数，$D(\boldsymbol{u})=\dfrac{1}{2}(\nabla\boldsymbol{u}+\nabla\boldsymbol{u}^{\mathrm{T}})$ 是形变张量。我们对 $\boldsymbol{u}$ 应用无滑动边界条件，对 ϕ 应用下面的边界条件：

$$\begin{cases}\boldsymbol{u}|_{\partial\Omega}=0\\ \partial_{\boldsymbol{m}}(\Delta\phi)|_{\partial\Omega}=0\\ \partial_{\boldsymbol{m}}\phi|_{\partial\Omega}=0\end{cases} \tag{3-10}$$

其中 $\boldsymbol{m}$ 是边界上的单位外法向量。容易看出方程(3-5)关于层函数 ϕ 是体积守恒的，也就是 $\dfrac{\mathrm{d}}{\mathrm{d}t}\int_\Omega\phi\,\mathrm{d}\boldsymbol{x}=0$。注意到我们在方程(3-5)的对流项和方程(3-7)的应力项用的是守恒形式。

对式(3-5)关于 w 作 L^2 内积，对式(3-6)关于 ϕ_t 作内积，对式(3-7)关于 $\boldsymbol{u}$ 作内积，联立这些结果，我们就能得到

$$\frac{\mathrm{d}}{\mathrm{d}t}\int_\Omega\left(\frac{1}{2}|\boldsymbol{u}|^2+K\left(\frac{1}{2}|\Delta\phi|^2+\frac{(|\nabla\phi|^2-1)^2}{4\epsilon^2}\right)\right)\mathrm{d}\boldsymbol{x}= \\ -\int_\Omega(\mu_1(\nabla\phi^{\mathrm{T}}D(\boldsymbol{u})\nabla\phi)^2+\mu_4|D(\boldsymbol{u})|^2+2\mu_5|D(\boldsymbol{u})\nabla\phi|^2+M|w|^2)\mathrm{d}\boldsymbol{x}\leqslant 0 \tag{3-11}$$

虽然得到了上述的PDE能量关系，但是变量 w 含有四阶导数 $\Delta^2\phi$，这在数值上把它用作测试函数是不方便的。这就导致在离散情形下很难证明能量递减规律。为了克服它，我们把动量方程变成一个在数值逼近上更适用的等价形式。定义 $\dot{\phi}=\phi_t+\nabla(\boldsymbol{u}\phi)$，$\psi=-\Delta\phi$，并注意到 $w=-\dfrac{\dot{\phi}}{M}$，那么式(3-5)～(3-8)就会改写成

$$\frac{\dot{\phi}}{M}=K\Delta\psi+\frac{K}{\varepsilon^2}\nabla\cdot(|\nabla\phi|^2-1)\nabla\phi)) \tag{3-12}$$

$$\psi=-\Delta\phi \tag{3-13}$$

$$\boldsymbol{u}_t+(\boldsymbol{u}\cdot\nabla)\boldsymbol{u}-\nabla\cdot\sigma(\boldsymbol{u},\phi)+\nabla p-\frac{1}{M}\phi\nabla\dot{\phi}=0 \tag{3-14}$$

$$\nabla\cdot\boldsymbol{u}=0 \tag{3-15}$$

带上边界条件

$$\begin{cases}\boldsymbol{u}|_{\partial\Omega}=0\\ \partial_{\boldsymbol{m}}\psi|_{\partial\Omega}=0\\ \partial_{\boldsymbol{m}}\phi|_{\partial\Omega}=0\end{cases} \tag{3-16}$$

式(3-12)～(3-15)依然满足类似的能量规律。我们对式(3-13)关于时间求导,得到

$$\psi_t = -\Delta\phi_t \tag{3-17}$$

因此对式(3-12)关于 ϕ_t 作 L^2 内积,对式(3-17)关于 $K\psi$ 作内积,对式(3-14)关于 $\boldsymbol{u}$ 作内积,应用不可压条件式(3-15),并将这些式子加起来,我们能够得到一个类似的能量规律:

$$\frac{\mathrm{d}}{\mathrm{d}t}\int_\Omega\left(\frac{1}{2}\mid \boldsymbol{u}\mid^2 + \frac{K}{2}\mid \psi \mid^2 + \frac{K}{4\epsilon^2}(\mid \nabla\phi \mid^2 - 1)^2\right)\mathrm{d}\boldsymbol{x} =$$
$$-\int_\Omega\left(\mu_1(\nabla\phi^{\mathrm{T}} D(\boldsymbol{u})\ \nabla\phi)^2 + \mu_4 \mid D(\boldsymbol{u})\mid^2 + 2\mu_5 \mid D(\boldsymbol{u})\ \nabla\phi\mid^2 + \frac{1}{M}\mid \dot{\phi}\mid^2\right)\mathrm{d}\boldsymbol{x} \leqslant 0 \tag{3-18}$$

注意到上述的推导在有限维逼近中是合适的,这是因为测试函数 ϕ_t、ψ 与 ϕ 属于同一个空间。因此,这就允许我们在离散情形下去设计满足能量递减规律的数值格式。

注释 3.2.1:

在文献[87]中,de Genes 等人给出 Smectic-A 液晶模型的总自由能,其包含了向量场 $\boldsymbol{d}$ 和一个复杂序参数 ψ,这两个量分别代表了分子排列的平均方向以及层结构。Smectic 序参数被写成 $\psi(\boldsymbol{x}) = \rho(\boldsymbol{x})\mathrm{e}^{\mathrm{i}q\omega(x)}$,其中 $\omega(\boldsymbol{x})$是一个序参数,用来描述层结构,因此$\nabla\omega$ 垂直于层平面,并且 Smectic 层密度 $\rho(\boldsymbol{x})$ 代表层的质量密度。因此 de Genes 等人提出的总自由能具有如下形式:

$$E(\psi,\boldsymbol{d}) = \int_\Omega\left(C\mid \nabla\psi - \mathrm{i}q\boldsymbol{d}\psi\mid^2 + k\mid \nabla\boldsymbol{d}\mid^2 + \frac{g}{2}\left(\mid\psi\mid^2 - \frac{r}{g}\right)^2\right)\mathrm{d}\boldsymbol{x} \tag{3-19}$$

其中参数 C,k,g,r 均是非负常数。假设密度为 $\rho(x) = r/g$,$\phi(\boldsymbol{x}) = \dfrac{\omega(\boldsymbol{x})}{d}$,并对其他参数作尺度处理,我们就会得到单位化能量[82]:

$$E(\phi,\boldsymbol{d}) = \int_\Omega\left(\frac{\mid \nabla\phi - \boldsymbol{d}\mid^2}{2\eta^2} + \frac{\mid \nabla\boldsymbol{d}\mid^2}{2}\right)\mathrm{d}\boldsymbol{x} \tag{3-20}$$

其中 η 是一个常数,由区域大小和其他参数确定。因此当 $\eta\to 0$ 时,自由能可以看作 de Genes 能量的一种近似。

3.3 二阶数值格式

现在我们来对模型系统构造两个时间二阶的格式。我们的目标是所构造的格式不仅容易实现,而且无条件能量稳定。在这里容易实现的意思是线性和解耦,其反面是非线性和耦合。因此我们对双势阱用 IEQ 方法来实现高效线性化,对

Navier-Stokes 方程用投影方法[90,91,218]，这是因为该方法能解耦压力和速度。IEQ 方法的关键是让非线性势变成二次型。更确切地说，我们定义辅助函数 U 为

$$U=|\nabla\phi|^2-1 \tag{3-21}$$

因此式(3-4)变成新的形式：

$$E(\phi,\ U)=K\int_{\Omega}\left(\frac{1}{2}(\Delta\phi)^2+\frac{1}{4\epsilon^2}U^2\right)\mathrm{d}\boldsymbol{x} \tag{3-22}$$

然后我们通过对新变量 U 关于时间求导得到等价的 PDE 系统：

$$\frac{\dot{\phi}}{M}=K\Delta\psi+\frac{K}{\epsilon^2}\nabla\cdot(U\ \nabla\phi)) \tag{3-23}$$

$$\psi=-\Delta\phi \tag{3-24}$$

$$U_t=2\ \nabla\phi\cdot\nabla\phi_t \tag{3-25}$$

$$\boldsymbol{u}_t+(\nabla\boldsymbol{u})\boldsymbol{u}-\nabla\cdot\sigma(\boldsymbol{u},\phi)+\nabla p-\frac{1}{M}\phi\ \nabla\dot{\phi}=0 \tag{3-26}$$

$$\nabla\boldsymbol{u}=0 \tag{3-27}$$

因为关于新变量 U 的式(3-25)是关于时间的 ODE，因此对新系统的边界条件依然是式(3-10)。初值条件为

$$\begin{cases}\boldsymbol{u}|_{(t=0)}=\boldsymbol{u}_0\\ p|_{(t=0)}=p_0\\ \phi|_{(t=0)}=\phi_0\\ U|_{(t=0)}=|\nabla\phi_0|^2-1\end{cases} \tag{3-28}$$

可以确定的是新的等价系统(3-23)～(3-27)依然具有类似的能量规律。对式(3-23)关于 ϕ_t 作 L^2 内积，对式(3-24)关于时间求导并与 $K\psi$ 作 L^2 内积，对式(3-25)关于$\frac{K}{2\epsilon^2}U$ 作内积，对式(3-26)关于 $\boldsymbol{u}$ 作内积，运用不可压条件式(3-27)，并把它们加起来，我们可得到类似的能量规律：

$$\frac{\mathrm{d}}{\mathrm{d}t}E(\boldsymbol{u},\psi,U)=-\int_{\Omega}(\mu_1(\nabla\phi^{\mathrm{T}}D(\boldsymbol{u})\ \nabla\phi)^2+\mu_4\ |\ D(\boldsymbol{u})\ |^2+$$
$$2\mu_5\ |\ D(\boldsymbol{u})\ \nabla\phi\ |^2+\frac{1}{M}\ |\ \dot{\phi}\ |^2)\mathrm{d}\boldsymbol{x}\leqslant 0 \tag{3-29}$$

其中，

$$E(\boldsymbol{u},\psi,U)=\int_{\Omega}\left(\frac{1}{2}\ |\ \boldsymbol{u}\ |^2+\frac{K}{2}\ |\ \psi\ |^2+\frac{K}{4\epsilon^2}U^2\right)\mathrm{d}\boldsymbol{x} \tag{3-30}$$

注释 3.3.1：

我们再次强调新的系统与原来的系统是完全等价的，这是因为式(3-12)可以通过对式(3-25)关于时间求积分所得。对于时间连续的情况，新的自由能的势与原始自由能中的 Lyapunov 泛函是相同的。我们将对新的系统构造关于时间离散

的无条件能量稳定数值格式，该格式应当在离散的意义下满足新的能量递减规律，而不是原始系统中的能量规律。

3.3.1 Crank-Nicolson 格式

$\delta t>0$ 代表时间步长并且 $t^n=n\delta t, 0\leqslant n\leqslant N$，最终时间为 $T=N\delta t$。我们首先构造基于 Crank-Nicolson 的二阶格式，其细节如下。

假设已得到 ϕ^n、U^n、$\boldsymbol{u}^n$、p^n，我们根据以下步骤来更新 ϕ^{n+1}、U^{n+1}、$\boldsymbol{u}^{n+1}$、p^{n+1}（在初始步我们假设已知道 $\phi^{-1}=\phi^0, \psi^{-1}=\psi^0=-\Delta\phi^0, U^{-1}=U^0, \boldsymbol{u}^{-1}=\boldsymbol{u}^0, p^{-1}=p^0$，然后计算 ϕ^1、U^1、$\boldsymbol{u}^1$、p^1：

步骤一：

$$\frac{1}{M}\dot{\phi}^{n+1}=K\Delta\psi^{n+\frac{1}{2}}+\frac{K}{\epsilon^2}\nabla(U^{n+\frac{1}{2}}\nabla\phi^{*,n+\frac{1}{2}}) \tag{3-31}$$

$$\psi^{n+1}=-\Delta\phi^{n+1} \tag{3-32}$$

$$U^{n+1}-U^n=2\nabla\phi^{*,n+\frac{1}{2}}\cdot(\nabla\phi^{n+1}-\nabla\phi^n) \tag{3-33}$$

$$\frac{\tilde{\boldsymbol{u}}^{n+1}-\boldsymbol{u}^n}{\delta t}+B(\boldsymbol{u}^{*,n+\frac{1}{2}},\tilde{\boldsymbol{u}}^{n+\frac{1}{2}})-\nabla\cdot\sigma(\tilde{\boldsymbol{u}}^{n+1},\phi^{*,n+\frac{1}{2}})+\nabla p^n-\frac{1}{M}\phi^{*,n+\frac{1}{2}}\nabla\dot{\phi}^{n+1}=0 \tag{3-34}$$

边界条件：

$$\tilde{\boldsymbol{u}}^{n+1}|_{\partial\Omega}=0,\quad \partial_{\boldsymbol{m}}\phi^{n+1}|_{\partial\Omega}=\partial_{\boldsymbol{m}}\psi^{n+1}|_{\partial\Omega}=0 \tag{3-35}$$

其中

$$\begin{cases}B(\boldsymbol{u},\boldsymbol{v})=(\boldsymbol{u}\cdot\nabla)\boldsymbol{v}+\frac{1}{2}(\nabla\cdot\boldsymbol{u})\boldsymbol{v}\\ \phi^{*,n+\frac{1}{2}}=\frac{3}{2}\phi^n-\frac{1}{2}\phi^{n-1}\\ \boldsymbol{u}^{*,n+\frac{1}{2}}=\frac{3}{2}\boldsymbol{u}^n-\frac{1}{2}\boldsymbol{u}^{n-1}\\ \psi^{n+\frac{1}{2}}=\frac{\psi^{n+1}+\psi^n}{2}\\ \tilde{\boldsymbol{u}}^{n+\frac{1}{2}}=\frac{\tilde{\boldsymbol{u}}^{n+1}+\boldsymbol{u}^n}{2}\\ U^{n+\frac{1}{2}}=\frac{U^{n+1}+U^n}{2}\\ \dot{\phi}^{n+1}=\frac{\phi^{n+1}-\phi^n}{\delta t}+\nabla\cdot(\tilde{\boldsymbol{u}}^{n+\frac{1}{2}}\phi^{*,n+\frac{1}{2}})\end{cases} \tag{3-36}$$

步骤二：

$$\frac{\boldsymbol{u}^{n+1}-\tilde{\boldsymbol{u}}^{n+1}}{\delta t}+\frac{1}{2}\nabla(p^{n+1}-p^n)=0 \tag{3-37}$$

$$\nabla \cdot \boldsymbol{u}^{n+1}=0, \ \boldsymbol{u}^{n+1} \cdot \boldsymbol{m}|_{\partial\Omega}=0 \tag{3-38}$$

注释 3.3.2:

求解 Navier-Stokes 方程时,我们用二阶压力校正格式[223]来解耦压力与速度。

在文献[195]中分析了投影方法,并且验证了该格式对速度 $\ell^2(0,T;L^2(\Omega))$ 是二阶精度的,但是对压力 $\ell^\infty(0,T;L^2(\Omega))$ 只有一阶精度,压力精度的缺失是由于在压力[64]上应用二维人工边界条件(3-37)。我们注意到带线性插值的 Crank-Nicolson格式是常见的。针对这种离散可以参考文献[114]。

式(3-31)～(3-34)是完全线性的,这是因为我们把对流项和应力项用了 Crank-Nicolson 格式和二阶外插离散。虽然新的变量 U 带来了额外的计算,但是我们在每一步并不需要计算 U^{n+1}。重写式(3-33),我们得到

$$\frac{U^{n+1}+U^n}{2}=S^n+\nabla\phi^{*,n+\frac{1}{2}} \cdot \nabla\phi^{n+1} \tag{3-39}$$

其中 $S^n=U^n-\nabla\phi^{*,n+\frac{1}{2}} \cdot \nabla\phi^n$。

然后式(3-31)和式(3-34)可以写成关于$(\phi,\boldsymbol{u})$的系统,其中 ϕ^{n+1} 和 $\tilde{\boldsymbol{u}}^{n+1}$ 是该系统的解:

$$\phi+\frac{\delta t}{2}\nabla \cdot (\boldsymbol{u}\phi^{*,n+\frac{1}{2}})+\frac{KM\delta t}{2}\Delta^2\phi-$$

$$\frac{KM\delta t}{\epsilon^2}\nabla \cdot (\nabla\phi^{*,n+\frac{1}{2}} \cdot \nabla\phi)\nabla\phi^{*,n+\frac{1}{2}})=f_1 \tag{3-40}$$

$$\frac{\delta t M}{2}\boldsymbol{u}+\frac{\delta t^2 M}{4}B(\boldsymbol{u}^{*,n+\frac{1}{2}},\boldsymbol{u})-\frac{M\delta t^2}{4}\nabla \cdot \sigma(\boldsymbol{u},\phi^{*,n+\frac{1}{2}})-$$

$$\frac{\delta t}{2}\nabla(\phi+\frac{\delta t}{2}\nabla \cdot (\boldsymbol{u}\phi^{*,n+\frac{1}{2}}))\phi^{*,n+\frac{1}{2}}=f_2 \tag{3-41}$$

其中 f_1 和 f_2 是由前一时间步所得。

$$\begin{cases} f_1=\phi^n-\dfrac{\delta t}{2}\nabla \cdot (\boldsymbol{u}^n\phi^{*,n+\frac{1}{2}})+\dfrac{KM\delta t}{2}\Delta^2\phi^n+\dfrac{KM\delta t}{\epsilon^2}\nabla \cdot (S^n\ \nabla\phi^{*,n+\frac{1}{2}}) \\ f_2=\dfrac{M\delta t}{2}\boldsymbol{u}^n-\dfrac{M\delta t^2}{4}B(\boldsymbol{u}^{*,n+\frac{1}{2}},\boldsymbol{u}^n)+\dfrac{\delta t^2 M}{4}\nabla \cdot \sigma(\boldsymbol{u}^n,\nabla\phi^{*,n+\frac{1}{2}})- \\ \qquad \dfrac{M\delta t^2}{2}\nabla p^n-\dfrac{\delta t}{2}\phi^{*,n+\frac{1}{2}}\nabla\left(\phi^n-\dfrac{\delta t}{2}\nabla \cdot (\boldsymbol{u}^n\phi^{*,n+\frac{1}{2}})\right) \end{cases} \tag{3-42}$$

我们首先来展示上述线性系统(3-40)～(3-41)的适定性。

定理 3.3.1 式(3-40)～(3-41)〔或者式(3-31)～(3-34)〕存在唯一解$(\phi,\boldsymbol{u})\in(H^2,H^1)(\Omega)$。

证明: 对式(3-31)关于 1 作 L^2 内积,我们得到

$$\int_\Omega \phi^{n+1}\,\mathrm{d}\boldsymbol{x}=\int_\Omega \phi^n\,\mathrm{d}\boldsymbol{x}=\cdots=\int_\Omega \phi^0\,\mathrm{d}\boldsymbol{x} \tag{3-43}$$

令 $v_\phi=\dfrac{1}{|\Omega|}\int_\Omega \phi^0\,\mathrm{d}\boldsymbol{x}$,并且定义 $\hat{\phi}=\phi-v_\phi$。然后 $\int_\Omega \hat{\phi}\,\mathrm{d}\boldsymbol{x}=0$,并且$(\hat{\phi},\boldsymbol{u})$ 是以下线性

系统的解，定义为$(\phi,\boldsymbol{u})$：

$$\phi+\frac{\delta t}{2}\nabla\cdot(\boldsymbol{u}\phi^{*,n+\frac{1}{2}})+\frac{KM\delta t}{2}\Delta^2\phi-\frac{KM\delta t}{\epsilon^2}\nabla\cdot(\nabla\phi^{*,n+\frac{1}{2}}\cdot\nabla\phi)\nabla\phi^{*,n+\frac{1}{2}})=f_1-v_\phi \tag{3-44}$$

$$\frac{\delta tM}{2}\boldsymbol{u}+\frac{\delta t^2M}{4}B(\boldsymbol{u}^{*,n+\frac{1}{2}},\boldsymbol{u})-\frac{M\delta t^2}{4}\nabla\cdot\sigma(\boldsymbol{u},\phi^{*,n+\frac{1}{2}})-$$

$$\frac{\delta t}{2}\nabla\left(\phi+\frac{\delta t}{2}\nabla\cdot(\boldsymbol{u}\phi^{*,n+\frac{1}{2}})\right)\phi^{*,n+\frac{1}{2}}=f_2 \tag{3-45}$$

我们定义上述系统式(3-44)～式(3-45)为

$$\boldsymbol{A}x=\boldsymbol{B} \tag{3-46}$$

其中 $\boldsymbol{x}=(\phi,\boldsymbol{u})^{\mathrm{T}},\boldsymbol{B}=(f_1-v_\phi,f_2)^{\mathrm{T}}$。

对于任意的$\boldsymbol{x}_1=(\phi_1,\boldsymbol{u}_1)^{\mathrm{T}},\boldsymbol{x}_2=(\phi_2,\boldsymbol{u}_2)^{\mathrm{T}}$(其中$\int_\Omega\phi_1\mathrm{d}\boldsymbol{x}=\int_\Omega\phi_2\mathrm{d}\boldsymbol{x}=0$) 和边界条件 (3-35)，我们有

$$\boldsymbol{x}_1^{\mathrm{T}}\boldsymbol{A}\,\boldsymbol{x}_2\leqslant C_1(\|\phi_1\|_{H^2}+\|\boldsymbol{u}_1\|_{H^1})(\|\phi_2\|_{H^2}+\|\boldsymbol{u}_2\|_{H^1}) \tag{3-47}$$

其中 $C_1=C(\delta t,M,\epsilon^2,K,\boldsymbol{u}^{*,n+\frac{1}{2}},\phi^{*,n+\frac{1}{2}},\phi^n,\mu_1,\mu_4,\mu_5)$ 。对任意的 $\boldsymbol{x}=(\phi,\boldsymbol{u})^{\mathrm{T}}$，$\int_\Omega\phi\mathrm{d}\boldsymbol{x}=0$，我们得到

$$\boldsymbol{x}^{\mathrm{T}}\boldsymbol{A}\boldsymbol{x}=\|\phi+\frac{\delta t}{2}\boldsymbol{u}\,\nabla\phi^{*,n+\frac{1}{2}}\|^2+\frac{KM\delta t}{2}\|\Delta\phi\|^2+\frac{KM\delta t}{\epsilon^2}\|\nabla\phi^{*,n+\frac{1}{2}}\nabla\phi\|^2+$$

$$\frac{\delta tM}{2}\|\boldsymbol{u}\|^2+\frac{M\delta t^2}{4}(\mu_1\|(\nabla\phi^{*,n+\frac{1}{2}})^{\mathrm{T}}D(\boldsymbol{u})\nabla\phi^{*,n+\frac{1}{2}}\|^2+\mu_4\|D(\boldsymbol{u})\|^2+$$

$$2\mu_5\|D(\boldsymbol{u})\nabla\phi^{*,n+\frac{1}{2}}\|^2)\geqslant C_2(\|\phi\|_{H^2}+\|\boldsymbol{u}\|_{H^1}^2) \tag{3-48}$$

其中 $C_2=C(\delta t,M,\epsilon^2,K,\boldsymbol{u}^{*,n+\frac{1}{2}},\phi^{*,n+\frac{1}{2}},\phi^n,\mu_4)$。然后根据 Lax-Milgram 定理，我们推出式(3-46)存在唯一解$(\phi,\boldsymbol{u})\in(H^2,H^1)(\Omega)$。

格式(3-31)～(3-38)的能量稳定性展示如下。

定理 3.3.2 格式(3-31)～(3-38)是无条件能量稳定的，满足以下的离散能量递减规律：

$$E_{\mathrm{cn2}}^{n+1}+\frac{\delta t^2}{8}\|\nabla p^{n+1}\|^2=E_{\mathrm{cn2}}^n+\frac{\delta t^2}{8}\|\nabla p^n\|^2-\frac{\delta t}{M}\|\dot{\phi}^{n+1}\|^2-\delta tR_1 \tag{3-49}$$

其中

$$E_{\mathrm{cn2}}^{n+1}=\frac{1}{2}\|\boldsymbol{u}^{n+1}\|^2+\frac{K}{2}\|\psi^{n+1}\|^2+\frac{K}{4\epsilon^2}\|U^{n+1}\|^2 \tag{3-50}$$

并且

$$R_1=\mu_1\|(\nabla\phi^{*,n+\frac{1}{2}})^{\mathrm{T}}D(\widetilde{\boldsymbol{u}}^{n+\frac{1}{2}})\nabla\phi^{*,n+\frac{1}{2}}\|^2+\mu_4\|D(\widetilde{\boldsymbol{u}}^{n+\frac{1}{2}})\|^2+$$

$$2\mu_5\|D(\widetilde{\boldsymbol{u}}^{n+\frac{1}{2}})\nabla\phi^{*,n+\frac{1}{2}}\|^2\geqslant0 \tag{3-51}$$

证明：对式(3-31)关于$\frac{\phi^{n+1}-\phi^n}{\delta t}$作$L^2$内积，应用分部积分，我们得到

$$\begin{aligned}&\frac{1}{M}\|\dot{\phi}^{n+1}\|^2+\frac{1}{M}(\nabla\dot{\phi}^{n+1},\widetilde{\boldsymbol{u}}^{n+\frac{1}{2}}\phi^{*,n+\frac{1}{2}})\\&=\frac{K}{\delta t}(\Delta\psi^{n+\frac{1}{2}},\phi^{n+1}-\phi^n)-\frac{K}{\delta t\epsilon^2}(U^{n+\frac{1}{2}}\nabla\phi^{*,n+\frac{1}{2}},\nabla(\phi^{n+1}-\phi^n))\end{aligned}\tag{3-52}$$

我们将式(3-32)的$n+1$步和n步相减，得到

$$\psi^{n+1}-\psi^n=-\Delta(\phi^{n+1}-\phi^n)\tag{3-53}$$

对式(3-53)关于$\frac{K}{\delta t}\psi^{n+\frac{1}{2}}$作$L^2$内积，应用分部积分，我们得到

$$\begin{aligned}&\frac{K}{2\delta t}(\|\psi^{n+1}\|^2-\|\psi^n\|^2)=-\frac{K}{\delta t}(\Delta(\phi^{n+1}-\phi^n),\psi^{n+\frac{1}{2}})\\&=-\frac{K}{\delta t}(\phi^{n+1}-\phi^n,\Delta\psi^{n+\frac{1}{2}})\end{aligned}\tag{3-54}$$

对式(3-33)关于$\frac{K}{2\epsilon^2\delta t}U^{n+\frac{1}{2}}$作$L^2$内积，我们得到

$$\frac{K}{4\epsilon^2\delta t}(\|U^{n+1}\|^2-\|U^n\|^2)=\frac{K}{\epsilon^2\delta t}(\nabla\phi^{*,n+\frac{1}{2}}(\nabla\phi^{n+1}-\nabla\phi^n),U^{n+\frac{1}{2}})\tag{3-55}$$

对式(3-34)关于$\widetilde{\boldsymbol{u}}^{n+\frac{1}{2}}$作$L^2$内积，我们得到

$$\begin{aligned}&\frac{1}{2\delta t}(\|\widetilde{\boldsymbol{u}}^{n+1}\|^2-\|\boldsymbol{u}^n\|^2)+(\sigma(\widetilde{\boldsymbol{u}}^{n+\frac{1}{2}},\phi^{*,n+\frac{1}{2}}),\nabla\widetilde{\boldsymbol{u}}^{n+\frac{1}{2}})+(\nabla p^n,\widetilde{\boldsymbol{u}}^{n+\frac{1}{2}})-\\&\frac{1}{M}(\phi^{*,n+\frac{1}{2}}\nabla\dot{\phi}^{n+1},\widetilde{\boldsymbol{u}}^{n+\frac{1}{2}})=0\end{aligned}\tag{3-56}$$

对式(3-37)关于$\boldsymbol{u}^{n+1}$作L^2内积，应用分部积分，我们有

$$\frac{1}{2\delta t}(\|\boldsymbol{u}^{n+1}\|^2-\|\widetilde{\boldsymbol{u}}^{n+1}\|^2+\|\boldsymbol{u}^{n+1}-\widetilde{\boldsymbol{u}}^{n+1}\|^2)=0\tag{3-57}$$

其中我们对$\boldsymbol{u}^{n+1}$用散度为零的条件。

$$(\nabla(p^{n+1}-p^n),\boldsymbol{u}^{n+1})=-((p^{n+1}-p^n),\nabla\cdot\boldsymbol{u}^{n+1})=0\tag{3-58}$$

我们重写投影步：

$$\frac{1}{\delta t}(\boldsymbol{u}^{n+1}+\boldsymbol{u}^n-2\widetilde{\boldsymbol{u}}^{n+\frac{1}{2}})+\frac{1}{2}\nabla(p^{n+1}-p^n)=0\tag{3-59}$$

对式(3-59)关于$\frac{\delta t}{2}\nabla p^n$作内积，可以得到

$$\frac{\delta t}{8}(\|\nabla p^{n+1}\|^2-\|\nabla p^n\|^2-\|\nabla(p^{n+1}-p^n)\|^2)=(\nabla p^n,\widetilde{\boldsymbol{u}}^{n+\frac{1}{2}})\tag{3-60}$$

另外，可以直接从式(3-37)得到

$$\frac{\delta t}{8}\|\nabla(p^{n+1}-p^n)\|^2=\frac{1}{2\delta t}\|\boldsymbol{u}^{n+1}-\widetilde{\boldsymbol{u}}^{n+1}\|^2\tag{3-61}$$

最后，联立式(3-52)、式(3-54)、式(3-55)～(3-57)、式(3-60)和式(3-61)，我们得到

$$\frac{1}{M}\|\dot{\phi}^{n+1}\|^2+\frac{K}{2\delta t}(\|\psi^{n+1}\|^2-\|\psi^n\|^2)+\frac{K}{4\epsilon^2\delta t}(\|U^{n+1}\|^2-\|U^n\|^2)+$$
$$\frac{\delta t}{8}(\|\nabla p^{n+1}\|^2-\|\nabla p^n\|^2)+\frac{1}{2\delta t}(\|\boldsymbol{u}^{n+1}\|^2-\|\boldsymbol{u}^n\|^2)+$$
$$(\sigma(\widetilde{\boldsymbol{u}}^{n+\frac{1}{2}},\phi^{*,n+\frac{1}{2}}),\nabla\widetilde{\boldsymbol{u}}^{n+\frac{1}{2}})=0 \tag{3-62}$$

注释 3.3.5：

我们可以验证能量规律是连续能量规律在时间 $t^{n+\frac{1}{2}}$ 上的二阶逼近。

注释 3.3.6：

IEQ 方法的思路是非常简单的，并且与传统的离散格式是非常不同的。例如，它并不像凸分裂方法[68]要求势函数是凸的，也不像线性稳定因子方法[202,203,204,230]要求势函数的二阶导数是有界的。通过一个简单的新变量的引进，复杂的非线性势函数就能转化成二次形式。我们总结该方法的优点：

(1) 二次方法对复杂非线性项处理得很好，这是因为相关的非线性势函数是有界的；

(2) 复杂的非线性势函数转化成二次形式，使得在计算上更容易处理；

(3) 二次形式的导数是线性的，这对线性化方法提供了基本的支持；

(4) 关于新变量的二次形式可以自动保持非线性势函数的正性(或者有界)。

注释 3.3.7：

我们注意到非线性势函数具有四次多项式形式 $F(\psi)=(\psi^2-1)^2$，其中 $\psi=\phi$ 针对的是 Cahn-Hilliard 方程，$\psi=|\nabla\phi|$ 针对的是 Smectic 模型或者 MBE 模型[242]，IEQ 方法与文献[93]和[219]中的 Lagrange 乘子方法是一样的。但是 Lagrange乘子方法只对四次多项式形式的势函数有效，这是因为其导数中的 ψ^3 可以展成 $\lambda(\psi)\psi$，其中 $\lambda(\psi)=|\psi|^2$ 可以看作 Lagrange 乘子。但是对于其他形式的势函数，Lagrange 乘子方法就不再适用。关于 IEQ 方法处理其他形式的势函数，如 Flory-Huggins 势、各向异性梯度熵，我们可参考其他工作[236,239,240,242,258,259]。

3.3.2 Adam-Bashforth 格式

接下来我们来构造基于 Adam-Bashforth(BDF2)的另一个二阶格式，其细节如下。

假设已知在时间步 t^n 和 t^{n-1} 的数值解$(\phi,U,\boldsymbol{u},p)$，我们根据以下步骤来更新 ϕ^{n+1}、U^{n+1}、$\boldsymbol{u}^{n+1}$、p^{n+1}。

步骤一：

$$\frac{1}{M}\dot{\phi}^{n+1}=K\Delta\psi^{n+1}+\frac{K}{\epsilon^2}\nabla\cdot(U^{n+1}\nabla\phi^{*,n+1}) \tag{3-63}$$

$$\psi^{n+1} = -\Delta\phi^{n+1} \tag{3-64}$$

$$3U^{n+1} - 4U^n + U^{n-1} = 2\nabla\phi^{*,n+1} \cdot (3\nabla\phi^{n+1} - 4\nabla\phi^n + \nabla\phi^{n-1}) \tag{3-65}$$

$$\frac{3\widetilde{\boldsymbol{u}}^{n+1} - 4\boldsymbol{u}^n + \boldsymbol{u}^{n-1}}{2\delta t} + B(\boldsymbol{u}^{*,n+1}, \widetilde{\boldsymbol{u}}^{n+1}) - \nabla\cdot\sigma(\widetilde{\boldsymbol{u}}^{n+1}, \phi^{*,n+1}) + \nabla p^n - \frac{1}{M}\phi^{*,n+1}\nabla\dot{\phi}^{n+1} = 0 \tag{3-66}$$

边界条件：

$$\widetilde{\boldsymbol{u}}^{n+1}|_{\partial\Omega} = 0, \partial_{\boldsymbol{m}}\phi^{n+1}|_{\partial\Omega} = \partial_{\boldsymbol{m}}\psi^{n+1}|_{\partial\Omega} = 0 \tag{3-67}$$

其中

$$\begin{cases} \boldsymbol{u}^{*,n+1} = 2\boldsymbol{u}^n - \boldsymbol{u}^{n-1},\ \phi^{*,n+1} = 2\phi^n - \phi^{n-1} \\ \dot{\phi}^{n+1} = \dfrac{3\phi^{n+1} - 4\phi^n + \phi^{n-1}}{2\delta t} + \nabla\cdot(\widetilde{\boldsymbol{u}}^{n+1}\phi^{*,n+1}) \end{cases} \tag{3-68}$$

步骤二：

$$3\frac{\boldsymbol{u}^{n+1} - \widetilde{\boldsymbol{u}}^{n+1}}{2\delta t} + \nabla(p^{n+1} - p^n) = 0 \tag{3-69}$$

$$\nabla\cdot\boldsymbol{u}^{n+1} = 0,\ \boldsymbol{u}^{n+1}\cdot\boldsymbol{m}|_{\partial\Omega} = 0 \tag{3-70}$$

与 Crank-Nicolson 格式类似，我们把式(3-65)改写成如下形式：

$$U^{n+1} = Z^n + 2\nabla\phi^{*,n+1}\cdot\nabla\phi^{n+1} \tag{3-71}$$

其中 $Z^n = \dfrac{4U^n - U^{n-1}}{3} - 2\nabla\phi^{*,n+1}\cdot\dfrac{4\nabla\phi^n - \nabla\phi^{n-1}}{3}$。然后 ϕ^{n+1} 和 $\widetilde{\boldsymbol{u}}^{n+1}$ 是以下系统的解，记成$(\phi, \boldsymbol{u})$。

$$\phi + \frac{2\delta t}{3}\nabla\cdot(\boldsymbol{u}\phi^{*,n+1}) + \frac{2KM\delta t}{3}\Delta^2\phi - \frac{4KM\delta t}{3\varepsilon^2}\nabla\cdot((\nabla\phi^{*,n+1}\cdot\nabla\phi)\nabla\phi^{*,n+1}) = g_1 \tag{3-72}$$

$$\frac{2\delta tM}{3}\boldsymbol{u} + \frac{4\delta t^2 M}{9}B(\boldsymbol{u}^{*,n+1}, \boldsymbol{u}) - \frac{4M\delta t^2}{9}\nabla\cdot\sigma(\boldsymbol{u}, \phi^{*,n+1}) - \frac{2\delta t}{3}\phi^{*,n+1}\nabla\left(\phi + \frac{2\delta t}{3}\nabla\cdot(\boldsymbol{u}\phi^{*,n+1})\right) = g_2 \tag{3-73}$$

其中

$$\begin{cases} g_1 = \dfrac{4\phi^n - \phi^{n-1}}{3} + \dfrac{2KM\delta t}{3\epsilon^2}\nabla\cdot(Z^n\nabla\phi^{*,n+1}) \\ g_2 = \dfrac{2M\delta t}{9}(4\boldsymbol{u}^n - \boldsymbol{u}^{n-1}) - \dfrac{4M\delta t^2}{9}\nabla p^n - \dfrac{2\delta t}{9}\phi^{*,n+1}\nabla(4\phi^n - \phi^{n-1}) \end{cases} \tag{3-74}$$

定理 3.3.3 式(3-63)～(3-66)〔或式 (3-72)～(3-73)〕存在唯一解$(\phi, \boldsymbol{u}) \in (H^2, H^1)(\Omega)$。

证明： 适定性的证明与定理 3.3.1 是类似的，因此我们在这里省略证明。

定理 3.3.4 格式(3-63)～(3-70)是无条件能量稳定的，满足离散能量递减规律：

$$E_{\text{tot-bdf2}}^{n+1}+\frac{\delta t^2}{3}\|\nabla p^{n+1}\|^2\leqslant E_{\text{tot-bdf2}}^{n}+\frac{\delta t^2}{3}\|\nabla p^{n}\|^2-\frac{\delta t}{M}\|\dot{\phi}^{n+1}\|^2-\delta t R_2 \tag{3-75}$$

其中

$$E_{\text{tot-bdf2}}^{n+1}=\frac{1}{2}\left(\frac{\|\boldsymbol{u}^{n+1}\|^2}{2}+\frac{\|2\boldsymbol{u}^{n+1}-\boldsymbol{u}^{n}\|^2}{2}\right)+\frac{K}{2}\left(\frac{\|\psi^{n+1}\|^2}{2}+\frac{\|2\psi^{n+1}-\psi^{n}\|^2}{2}\right)+\frac{K}{4\varepsilon^2}\left(\frac{\|U^{n+1}\|^2}{2}+\frac{\|2U^{n+1}-U^{n}\|^2}{2}\right) \tag{3-76}$$

并且

$$R_2=\mu_1\|(\nabla\phi^{*,n+1})^{\mathrm{T}}D(\tilde{\boldsymbol{u}}^{n+\frac{1}{2}}u)\nabla\phi^{*,n+1}\|^2+\mu_4\|D(\tilde{\boldsymbol{u}}^{n+\frac{1}{2}}u)\|^2+2\mu_5\|D(\tilde{\boldsymbol{u}}^{n+\frac{1}{2}}u)\nabla\phi^{*,n+1}\|^2\geqslant 0 \tag{3-77}$$

证明：对式(3-63)关于$\dfrac{3\phi^{n+1}-4\phi^{n}+\phi^{n-1}}{2\delta t}$作 L^2 内积，我们得到

$$\frac{1}{M}\|\dot{\phi}^{n+1}\|^2+\frac{1}{M}(\nabla\dot{\phi}^{n+1},\tilde{\boldsymbol{u}}^{n+1}\phi^{*,n+1})=\frac{K}{2\delta t}(\Delta\psi^{n+1},3\phi^{n+1}-4\phi^{n}+\phi^{n-1})-\frac{K}{2\delta t\epsilon^2}(U^{n+1}\nabla\phi^{*,n+1},\nabla(3\phi^{n+1}-4\phi^{n}+\phi^{n-1})) \tag{3-78}$$

我们将式(3-64)的第 n 步和 $n-1$ 步相减，得到

$$3\psi^{n+1}-4\psi^{n}+\psi^{n-1}=-\Delta(3\phi^{n+1}-4\phi^{n}+\phi^{n-1}) \tag{3-79}$$

对式(3-79)关于$\dfrac{K}{2\delta t}\psi^{n+1}$作 L^2 内积，应用分部积分和以下性质：

$$2(3a-4b+c,a)=|a|^2-|b|^2+|2a-b|^2-|2b-c|^2+|a-2b+c|^2 \tag{3-80}$$

我们得到

$$\frac{K}{4\delta t}(\|\psi^{n+1}\|^2-\|\psi^{n}\|^2+\|2\psi^{n+1}-\psi^{n}\|^2-\|2\psi^{n}-\psi^{n-1}\|^2+\|\psi^{n+1}+2\psi^{n}-\psi^{n-1}\|^2)=-\frac{K}{2\delta t}(3\phi^{n+1}-4\phi^{n}+\phi^{n-1},\Delta\psi^{n+1}) \tag{3-81}$$

对式(3-65)关于$\dfrac{K}{4\delta t\epsilon^2}U^{n+1}$作 L^2 内积，并应用式(3-80)，我们得到

$$\frac{K}{8\epsilon^2\delta t}(\|U^{n+1}\|^2-\|U^{n}\|^2+\|2U^{n+1}-U^{n}\|^2-\|2U^{n}-U^{n-1}\|^2+\|U^{n+1}-2U^{n}+U^{n-1}\|^2)=\frac{K}{2\delta t\epsilon^2}(\nabla\phi^{*,n+1}(3\nabla\phi^{n+1}-4\nabla\phi^{n}+\nabla\phi^{n-1}),U^{n+1}) \tag{3-82}$$

对式(3-66)关于$\tilde{\boldsymbol{u}}^{n+1}$作 L^2 内积，我们得到

$$(\frac{3\tilde{\boldsymbol{u}}^{n+1}-4\boldsymbol{u}^n+\boldsymbol{u}^{n-1}}{2\delta t},\tilde{\boldsymbol{u}}^{n+1})+(\sigma(\tilde{\boldsymbol{u}}^{n+1},\phi^{*,n+1}),\nabla\tilde{\boldsymbol{u}}^{n+1})+(\nabla p^n,\tilde{\boldsymbol{u}}^{n+1})-$$

$$\frac{1}{M}(\phi^{*,n+1}\nabla\dot{\phi}^{n+1},\tilde{\boldsymbol{u}}^{n+\frac{1}{2}}u)=0 \tag{3-83}$$

在式(3-69)中，对于任意的 $\boldsymbol{v}$ 满足 $\nabla\cdot\boldsymbol{v}=0$，我们能推导出

$$(\boldsymbol{u}^{n+1},\boldsymbol{v})=(\tilde{\boldsymbol{u}}^{n+1},\boldsymbol{v}) \tag{3-84}$$

后针对式(3-83)的第一项,我们有

$$(\frac{3\tilde{\boldsymbol{u}}^{n+1}-4\boldsymbol{u}^n+\boldsymbol{u}^{n-1}}{2\delta t},\tilde{\boldsymbol{u}}^{n+1})$$

$$=\frac{3}{2\delta t}(\tilde{\boldsymbol{u}}^{n+1}-\boldsymbol{u}^{n+1},\tilde{\boldsymbol{u}}^{n+1}+\boldsymbol{u}^{n+1})+\frac{1}{2\delta t}(3\boldsymbol{u}^{n+1}-4\boldsymbol{u}^n+\boldsymbol{u}^{n-1},\boldsymbol{u}^{n+1})$$

$$=\frac{3}{2\delta t}(\|\tilde{\boldsymbol{u}}^{n+1}\|^2-\|\boldsymbol{u}^{n+1}\|^2)+\frac{1}{4\delta t}(\|\boldsymbol{u}^{n+1}\|^2-\|\boldsymbol{u}^n\|^2+\|2\boldsymbol{u}^{n+1}-\boldsymbol{u}^n\|^2-$$

$$\|2\boldsymbol{u}^n-\boldsymbol{u}^{n-1}\|^2+\|\boldsymbol{u}^{n+1}-2\boldsymbol{u}^n+\boldsymbol{u}^{n-1}\|^2) \tag{3-85}$$

我们把式(3-69)改写为

$$\frac{3}{2\delta t}\boldsymbol{u}^{n+1}+\nabla p^{n+1}=\frac{3}{2\delta t}\tilde{\boldsymbol{u}}^{n+1}+\nabla p^n \tag{3-86}$$

将式(3-86)两边作平方,我们得到

$$\frac{9}{4\delta t^2}\|\boldsymbol{u}^{n+1}\|^2+\|\nabla p^{n+1}\|^2=\frac{9}{4\delta t^2}\|\tilde{\boldsymbol{u}}^{n+1}\|^2+\|\nabla p^n\|^2+\frac{3}{\delta t}(\tilde{\boldsymbol{u}}^{n+1},\nabla p^n) \tag{3-87}$$

也就是我们有

$$\frac{3}{4\delta t}(\|\boldsymbol{u}^{n+1}\|^2-\|\tilde{\boldsymbol{u}}^{n+1}\|^2)+\frac{\delta t}{3}(\|\nabla p^{n+1}\|^2-\|\nabla p^n\|^2)=(\tilde{\boldsymbol{u}}^{n+1},\nabla p^n) \tag{3-88}$$

对式(3-69)关于 $\boldsymbol{u}^{n+1}$ 作 L^2 内积，我们有

$$\frac{3}{4\delta t}(\|\boldsymbol{u}^{n+1}\|^2-\|\tilde{\boldsymbol{u}}^{n+1}\|^2+\|\boldsymbol{u}^{n+1}-\tilde{\boldsymbol{u}}^{n+1}\|^2)=0 \tag{3-89}$$

最后联立式(3-78)、式(3-79)、式(3-92)、式(3-83)、式(3-85)、式(3-88)和式(3-89)，我们有

$$\frac{1}{M}\|\dot{\phi}^{n+1}\|^2+\frac{3}{4\delta t}\|\boldsymbol{u}^{n+1}-\tilde{\boldsymbol{u}}^{n+1}\|^2+\frac{\delta t}{3}(\|\nabla p^{n+1}\|^2-\|\nabla p^n\|^2)+$$

$$\frac{K}{4\delta t}(\|\psi^{n+1}\|^2-\|\psi^n\|^2+\|2\psi^{n+1}-\psi^n\|^2-\|2\psi^n-\psi^{n-1}\|^2+$$

$$\|\psi^{n+1}-2\psi^n+\psi^{n-1}\|^2)+$$

$$\frac{K}{8\epsilon^2\delta t}(\|U^{n+1}\|^2-\|U^n\|^2+\|2U^{n+1}-U^n\|^2-\|2U^n-U^{n-1}\|^2+$$

$$\|U^{n+1}-2U^n+U^{n-1}\|^2)+$$

$$\frac{1}{4\delta t}(\| \boldsymbol{u}^{n+1} \|^2 - \| \boldsymbol{u}^n \|^2 + \| 2\boldsymbol{u}^{n+1} - \boldsymbol{u}^n \|^2 - \| 2\boldsymbol{u}^n - \boldsymbol{u}^{n-1} \|^2 + \| \boldsymbol{u}^{n+1} - 2\boldsymbol{u}^n + \boldsymbol{u}^{n-1} \|^2) + (\sigma(\widetilde{\boldsymbol{u}}^{n+1}, \phi^{*,n+1}), \nabla \widetilde{\boldsymbol{u}}^{n+1}) = 0 \tag{3-90}$$

因此得出定理 3.3.4 的结论。

注释 3.3.10：

我们可以看出，$\frac{1}{\delta t}(E_{\text{tot-bdf2}}^{n+1} - E_{\text{tot-bdf2}}^{n})$是$\frac{\mathrm{d}}{\mathrm{d}t}E(\phi,U)$在 $t=t^{n+1}$的二阶逼近。例如，对于任意关于时间光滑的变量 S，我们可得到

$$\begin{aligned}
&\left(\frac{\| S^{n+1} \|^2 + \| 2S^{n+1} - S^n \|^2}{2\delta t}\right) - \left(\frac{\| S^n \|^2 + \| 2S^n - S^{n-1} \|^2}{2\delta t}\right) \\
&\cong \left(\frac{\| S^{n+2} \|^2 - \| S^n \|^2}{2\delta t}\right) + O(\delta t^2) \\
&\cong \frac{\mathrm{d}}{\mathrm{d}t} \| S(t^{n+1}) \|^2 + O(\delta t^2)
\end{aligned} \tag{3-91}$$

注释 3.3.11：

虽然我们在本章中只考虑时间离散格式，但这些结果可以适用于任意相容的有限 Galerkin 型逼近，这是因为所有的分析都基于变分形式，并且所有的测试函数与实验函数属于一样的空间。需要小心注意的是，当选择 C^0 有限元方法时，我们要引进新的辅助变量 $\psi=\Delta\phi$。针对完全离散格式的细节留给感兴趣的读者。

注释 3.3.12：

本章已经推导出了能量稳定性。当没有速度场时，针对层函数的二阶格式的误差估计是明确的。这是因为从 Poincare 不等式能得出 ϕ 的 H^2 有界性，相关的收敛性分析可以进一步得出。针对流体动力的耦合模型，我们可以联系投影方法的分析工作，可参考文献[195]和[223]，并可跟随文献[71]中对非线性对流项和应力项相同的处理，其中运用不同 Banach 空间的 sobolev 嵌入定理。我们将在未来的工作中严格地讨论误差分析。

3.4 数值模拟

现在我们展示若干数值案例来验证上一部分所给的数值格式的稳定性和精度。在所有数值案例中，我们对速度和压力用 inf-sup 稳定 Iso-P2/P1 有限元[215]，对相场函数 ϕ 和 ψ 用线性元。如果没有特别说明，模型的参数默认选择为

$$\epsilon = 0.05,\ \mu_4 = 0.02,\ \mu_1 = \mu_5 = 0,\ M = 10^{-6},\ K = 0.01 \tag{3-92}$$

3.4.1 案例 1：精度测试

我们首先展示数值结果，以测试两种数值格式即（CN2 和 BDF2）关于时间的收

敛阶。

1. 给定精确解

在该数值案例中，我们设置计算区域 $\Omega=[0,2]^2$ 并且假定

$$\begin{cases}u(t,x,y)=\pi\sin(2\pi y)\sin^2(\pi x)\sin t\\ v(t,x,y)=-\pi\sin(2\pi x)\sin^2(\pi y)\sin t\\ \phi(t,x,y)=2+\cos(\pi x)\cos(\pi y)\sin t\\ p(t,x,y)=\cos(\pi x)\sin(\pi y)\sin t\end{cases} \tag{3-93}$$

是精确解，并强加一些合适的力场，使得给出的解满足该系统。我们用 10 145 个节点和 19 968 个三角单元来离散空间。在表 3.1 和表 3.2 中，我们分别给出了 CN2 格式和 BDF2 格式不同时间步长下在 $t=1$ 时的数值解与解析解的 L^2 误差，其中 Order 表示收敛阶，Error 表示误差。我们发现 CN2 格式和 BDF2 格式都能对 $\boldsymbol{u}$ 和 ϕ 达到二阶精度，对 p 达到一阶精度。

表 3.1 速度场 $\boldsymbol{u}=(u,v)$，相函数 ϕ 和压力 p 在 $t=1$ 的 L^2 误差

δt	$Error_u$	$Order_u$	$Error_v$	$Order_v$	$Error_p$	$Order_p$	$Error_\phi$	$Order_\phi$
1×10^{-2}	4.61×10^{-4}		4.75×10^{-4}		1.18×10^{-1}		1.81×10^{-4}	
5×10^{-3}	1.15×10^{-4}	2.003	1.19×10^{-4}	1.997	5.87×10^{-2}	1.007	4.53×10^{-5}	1.998
2.5×10^{-3}	2.88×10^{-5}	1.997	2.97×10^{-5}	2.002	2.94×10^{-2}	0.997	1.13×10^{-5}	2.003
1.25×10^{-3}	7.21×10^{-6}	1.998	7.43×10^{-6}	1.999	1.47×10^{-2}	1.000	2.83×10^{-6}	1.997
6.25×10^{-4}	1.80×10^{-6}	2.002	1.86×10^{-6}	1.998	7.30×10^{-3}	1.009	7.08×10^{-7}	1.999

该误差由 CN2 格式的数值解与解析解组成。

表 3.2 速度场 $\boldsymbol{u}=(u,v)$，相函数 ϕ 和压力 p 在 $t=1$ 的 L^2 误差

δt	$Error_u$	$Order_u$	$Error_v$	$Order_v$	$Error_p$	$Order_p$	$Error_\phi$	$Order_\phi$
1×10^{-2}	4.00×10^{-3}		4.12×10^{-3}		3.92×10^{-1}		1.57×10^{-3}	
5×10^{-3}	9.62×10^{-4}	2.055	9.91×10^{-4}	2.055	1.96×10^{-1}	1.000	3.78×10^{-4}	2.054
2.5×10^{-3}	2.36×10^{-4}	2.027	2.43×10^{-4}	2.027	9.92×10^{-2}	0.982	9.26×10^{-5}	2.029
1.25×10^{-3}	5.83×10^{-5}	2.017	6.00×10^{-5}	2.017	4.91×10^{-2}	1.014	2.29×10^{-5}	2.015
6.25×10^{-4}	1.45×10^{-5}	2.007	1.49×10^{-5}	2.009	2.46×10^{-2}	0.997	5.69×10^{-6}	2.008

该误差由 BDF2 格式的数值解与解析解组成。

2. 时间上的加密

我们现在展示更多的加密实验，以测试时间上的收敛阶。我们设置初始条

件为

$$\phi_0=2,\ \boldsymbol{u}_0=(u_0,v_0)=0,\ p_0=0 \tag{3-94}$$

我们对时间步长进行加密。由于不知道精确解，我们选择由 CN2 格式，时间步长为 $\delta t=1\mathrm{e}-6$ 所得出的数值解为近似的精确解。我们在表 3.3 和 3.4 上分别给出了 CN2 格式和 BDF2 格式在不同时间步长下的 L^2 误差。和上一个数值案例一样，我们发现 $\boldsymbol{u}$ 和 ϕ 都能达到二阶精度，压力 p 能达到一阶精度。

表 3.3　速度场 $\boldsymbol{u}=(u,v)$，相函数 ϕ 和压力 p 在 $t=1$ 的 L^2 误差

δt	Error_u	Order_u	Error_v	Order_v	Error_p	Order_p	Error_ϕ	Order_ϕ
1×10^{-2}	4.16×10^{-4}		4.75×10^{-4}		1.18×10^{-1}		2.01×10^{-4}	
5×10^{-3}	1.18×10^{-4}	1.966	1.21×10^{-4}	1.972	5.87×10^{-2}	1.007	5.12×10^{-5}	1.973
2.5×10^{-3}	3.12×10^{-5}	1.919	3.21×10^{-5}	1.914	2.94×10^{-2}	0.997	1.23×10^{-5}	2.057
1.25×10^{-3}	8.14×10^{-6}	1.938	8.21×10^{-6}	1.967	1.47×10^{-2}	1.000	2.97×10^{-6}	2.050
6.25×10^{-4}	2.09×10^{-6}	1.961	2.16×10^{-6}	1.926	7.33×10^{-3}	1.003	7.92×10^{-7}	1.901

误差由 CN2 格式的数值解与解析解组成。

表 3.4　速度场 $\boldsymbol{u}=(u,v)$，相函数 ϕ 和压力 p 在 $t=1$ 的 L^2 误差

δt	Error_u	Order_u	Error_v	Order_v	Error_p	Order_p	Error_ϕ	Order_ϕ
1×10^{-2}	4.00×10^{-3}		4.12×10^{-3}		3.93×10^{-1}		1.56×10^{-3}	
5×10^{-3}	9.64×10^{-4}	2.052	9.93×10^{-4}	2.052	1.96×10^{-1}	1.003	3.71×10^{-4}	2.072
2.5×10^{-3}	2.39×10^{-4}	2.012	2.46×10^{-4}	2.013	9.82×10^{-2}	0.997	9.95×10^{-5}	1.898
1.25×10^{-3}	5.74×10^{-5}	2.057	5.94×10^{-5}	2.050	4.91×10^{-2}	1.000	2.60×10^{-5}	1.936
6.25×10^{-4}	1.49×10^{-5}	1.945	1.57×10^{-5}	1.919	2.46×10^{-2}	0.997	6.42×10^{-6}	2.017

误差由 BDF2 格式的数值解与解析解组成。

3.4.2　案例 2:液晶层的运动

在该案例中，我们用 CN2 格式来计算层的运动。初始条件为

$$\phi_0=\sin x\cos^2 y,\ \boldsymbol{u}_0=(u_0,v_0)=0,\ p_0=0 \tag{3-95}$$

与文献[92]中的条件一样。我们设置计算区域为 $\Omega=[-1,1]^2$，离散为10 145个节点和 19 968 个三角单元。模型参数为式(3-92)。

我们再次强调在计算中允许使用任意时间步长 δt，这是因为本章的数值格式是无条件能量稳定的。但是大时间步长会带来大的数值误差。因此我们需要找出

允许的最大时间步长以达到所需要的精度，并且计算代价越小越好。时间步长的范围估计通过能量曲线展示，如图 3.1 所示，其中我们比较了 5 种时间步长下的能量曲线。我们发现所有 5 种能量曲线都是随时间递减的，这从数值角度上验证了我们的格式是无条件能量稳定的。对于小时间步长 $\delta t=0.000\,1,0.000\,5,0.001,0.005,0.01$，所有 5 种能量曲线都相同，这就意味着我们可以用最大允许的时间步长 $\delta t=0.01$，而不需要担心精度。

在图 3.2 和图 3.3 中，我们分别展示了层函数 ϕ 的运动情况、速度场的变化情况。可以看出的是结果与文献[92]的结果是一致的。

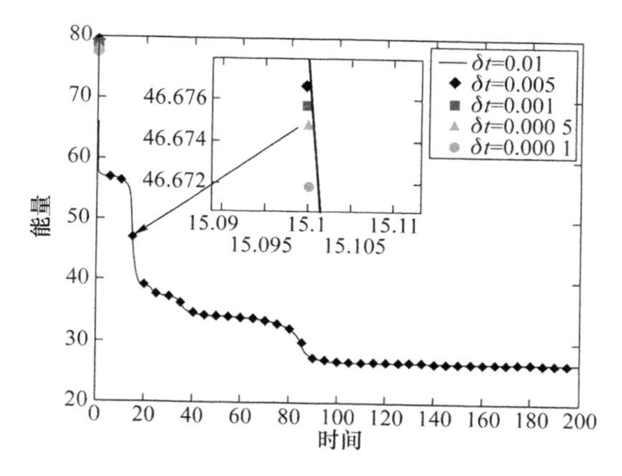

图 3.1　5 种不同时间步长下的能量曲线

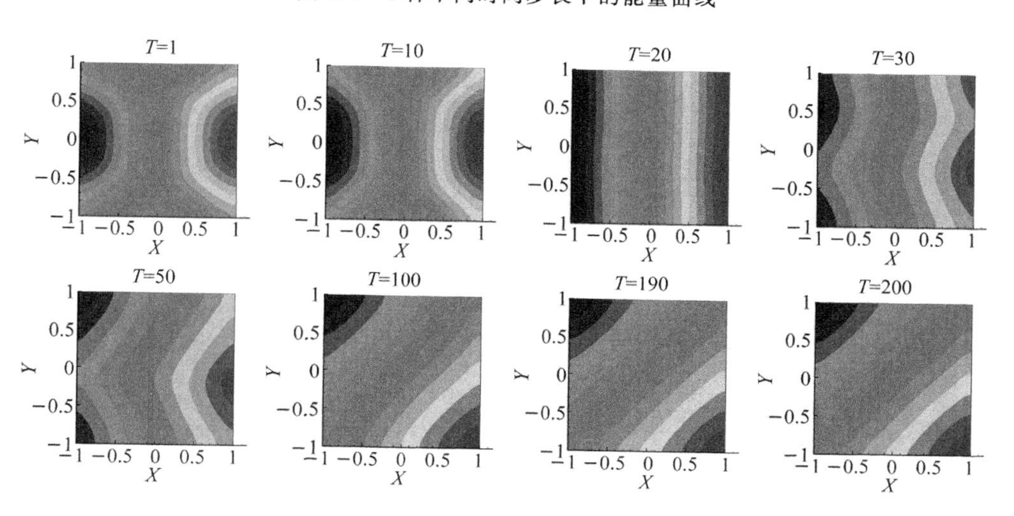

图 3.2　层函数 ϕ 的时间演化 1

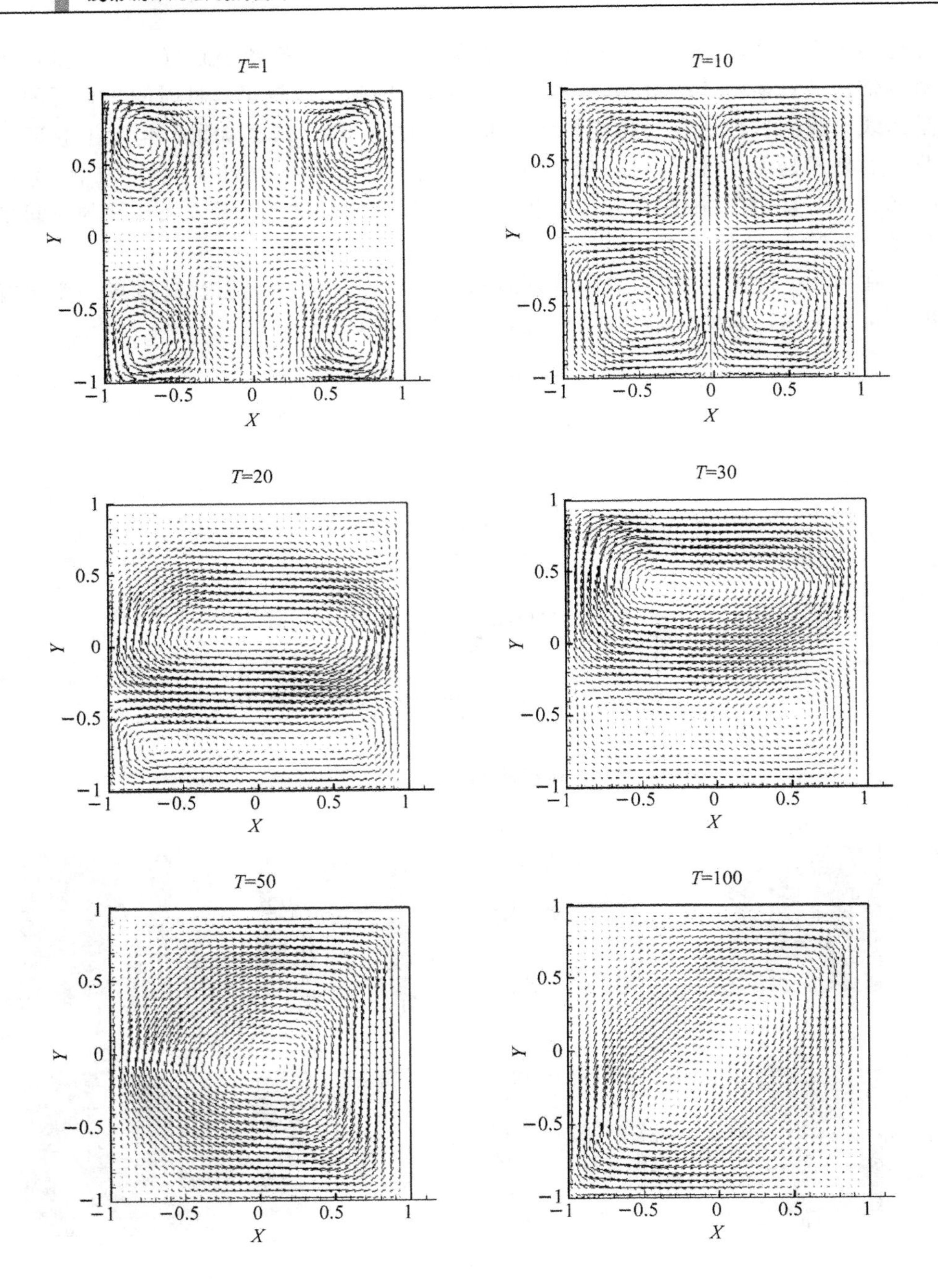
T=1
T=10
T=20
T=30
T=50
T=100
X
Y
−1
−0.5
0
0.5
1

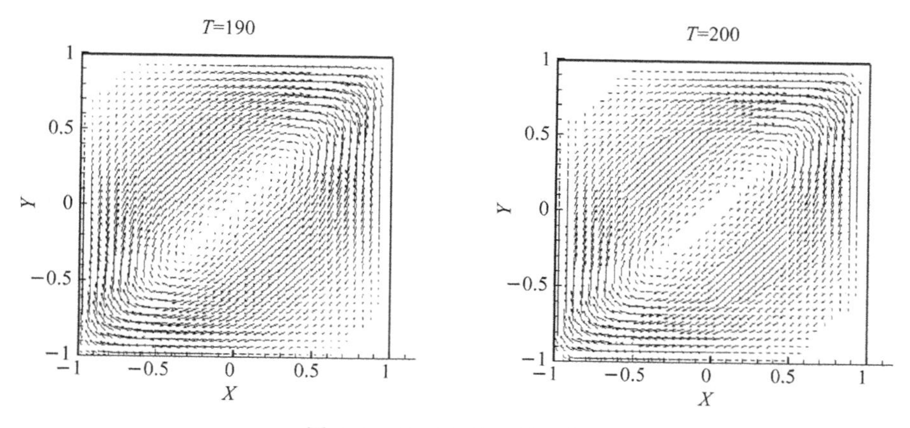

图 3.3 速度场的时间演化 1

3.4.3 案例3:剪切流中液晶层的振荡

在该例子中,我们考虑的是在剪切流的作用下液晶层振荡的数值模拟。我们设置的计算区域是$\Omega=[-1,1]\times[-0.5,0.5]$,离散为10 145个节点和19 968个三角单元。初始条件为

$$\phi_0=Y,\ \boldsymbol{u}_0=(u_0,v_0)=(0,0),\ p_0=0 \tag{3-96}$$

速度场的边界条件设置为

$$\boldsymbol{u}|_{Y=0.5}=(0.2,0),\ \boldsymbol{u}|_{Y=-0.5}=(-0.2,0),\ \boldsymbol{u}|_{X=-1}=(u,v)|_{X=1}=(0,0) \tag{3-97}$$

模型参数仍然如式(3-92)所示。

在图 3.4 和图 3.5 中,我们分别展示了层函数ϕ的时间演化,以及速度场的变化情况。数值结果与理论上的结果[174]、分子动力学的数值结果[209]是一致的。

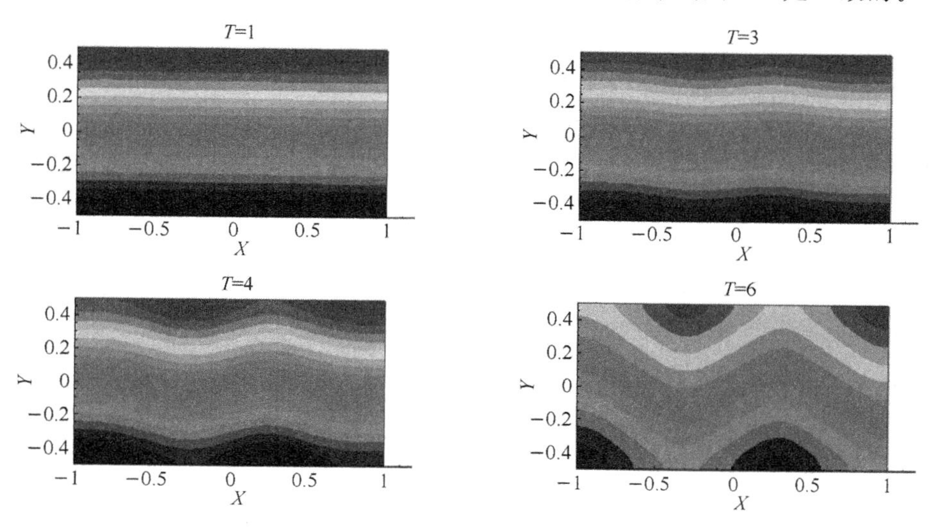

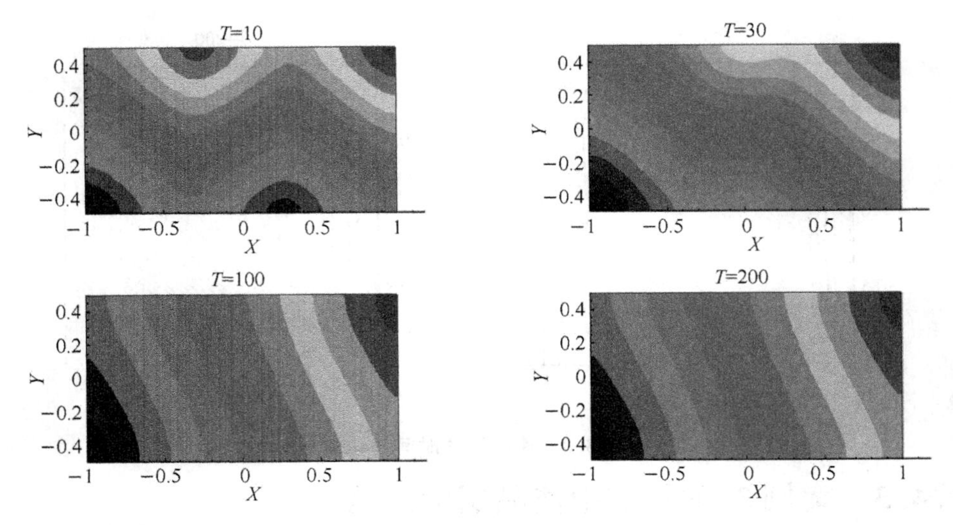

图 3.4　层函数 ϕ 的时间演化 2

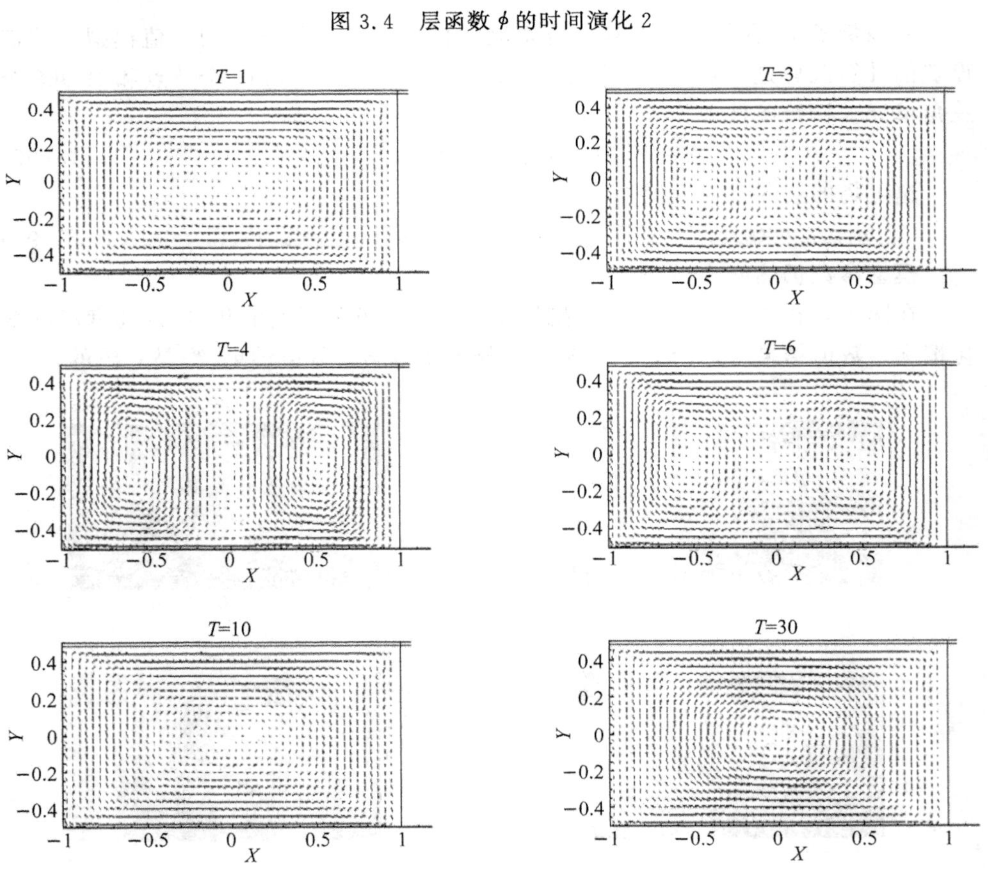

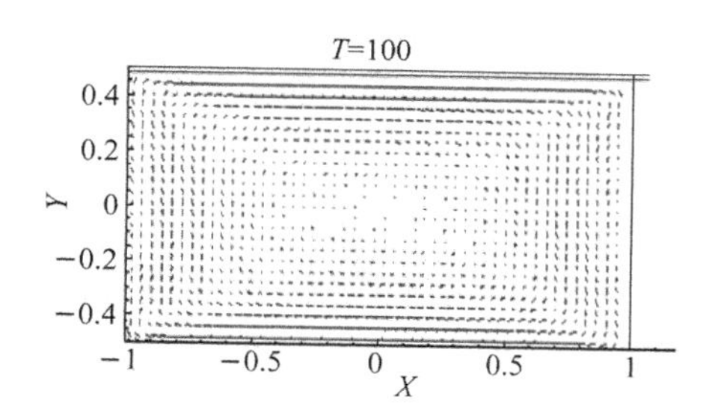

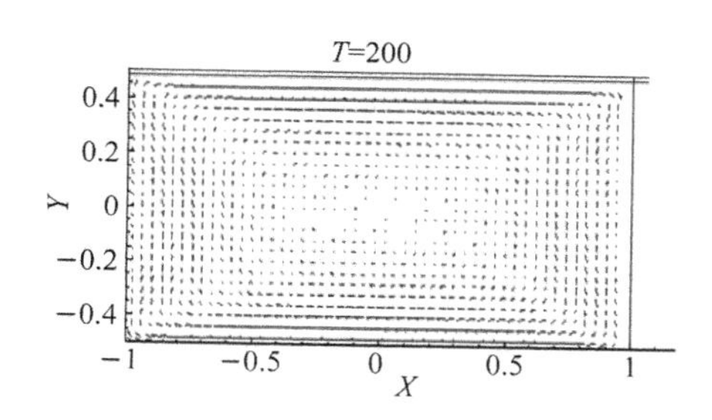

图 3.5　速度场的时间演化 2

3.4.4　案例 4:外加磁场下液晶层的锯齿特性

为了控制和制造不同纳米结构材料,添加外部的磁场是一个有效的方法。该方法在许多实验、建模、数值计算上得到了广泛的研究,可参考文献[82]、[83]、[84]、[85]、[175]、[189]。在最后一个案例当中,我们考虑的是在外加磁场下的 Smectic-A 液晶的动力行为。在添加了外部磁场之后,整个模型系统的自由能就需要额外的一项,表示为

$$E(\phi,\boldsymbol{u}) = \int_{\Omega}\left(\frac{1}{2}\mid\boldsymbol{u}\mid^2+\frac{K}{2}\mid\Delta\phi\mid^2+K\frac{(\mid\nabla\phi\mid^2-1)^2}{4\epsilon^2}-\tau(\nabla\phi\cdot\boldsymbol{h})^2\right)\mathrm{d}\boldsymbol{x} \tag{3-98}$$

其中 $\boldsymbol{h}$ 是一个给定的单位向量,用来代表磁场的方向;τ 是一个非负参数,用来代表外加磁场的强度。

因此关于层函数 ϕ 的新方程就变为

$$\phi_t+\nabla\cdot(\boldsymbol{u}\phi)=-Mw \tag{3-99}$$

$$w=\frac{\delta E}{\delta\phi}=K(\Delta^2\phi-\frac{1}{\epsilon^2}\nabla\cdot(\mid\nabla\phi\mid^2-1)\nabla\phi))+\tau\nabla\cdot(\nabla\phi\cdot\boldsymbol{h})\boldsymbol{h} \tag{3-100}$$

速度场的方程依然是式(3-7)、式(3-8)。磁场项可以看作外加的应力项,我们把这一项用二阶外插处理。

我们令 $\boldsymbol{h}=(1,0)$,$\tau=1$,并且选择和上一个剪切流例子一样的初值条件、计算区域和空间离散。在图 3.6 中我们展示了层函数 ϕ 的时间演化,振荡的情形发生在 $t=17$ 到 $t=30$。锯齿现象与用 de Gennes′ Smectic-A 模型[209]的结果是一致的。最终在 $t=150$ 达到平衡态。我们在图 3.7 展示了速度场的时间演化情况。

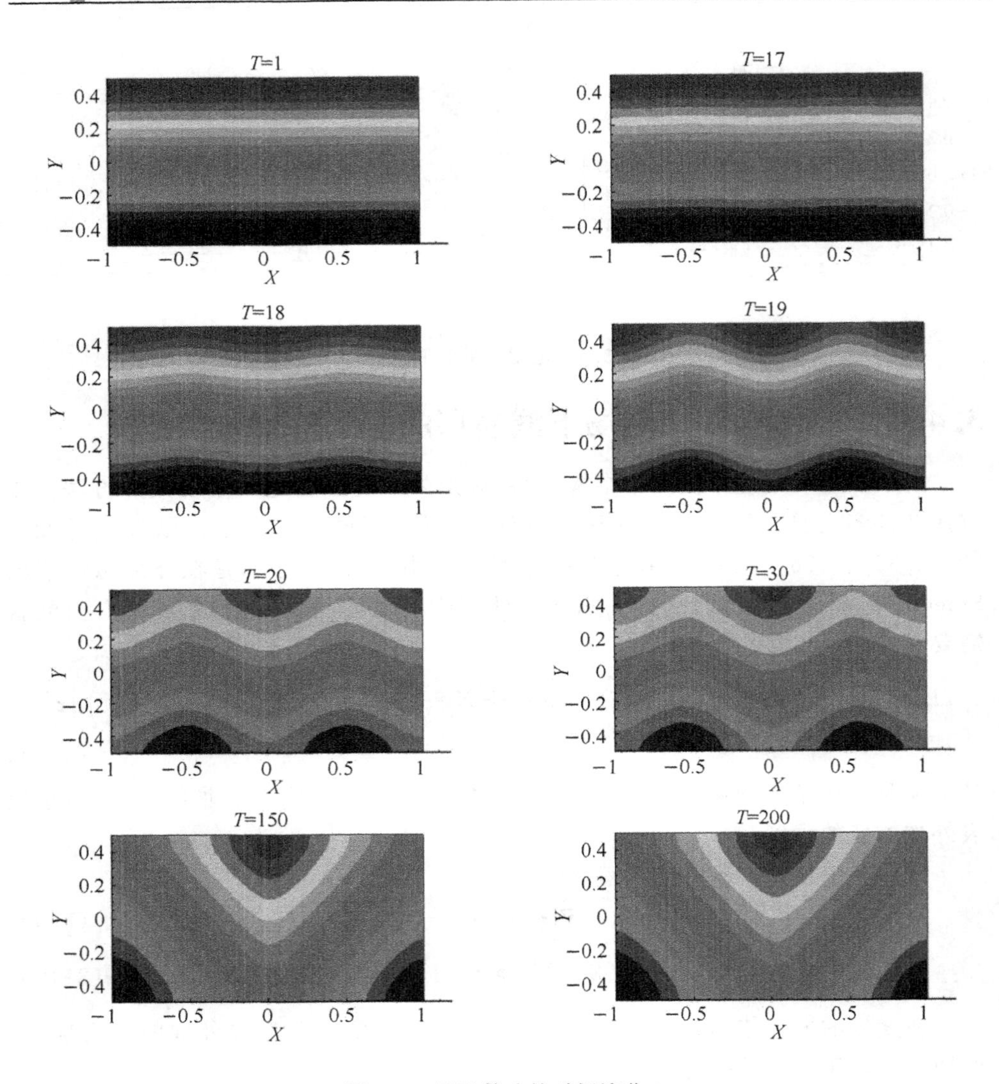

图 3.6　层函数 ϕ 的时间演化 3

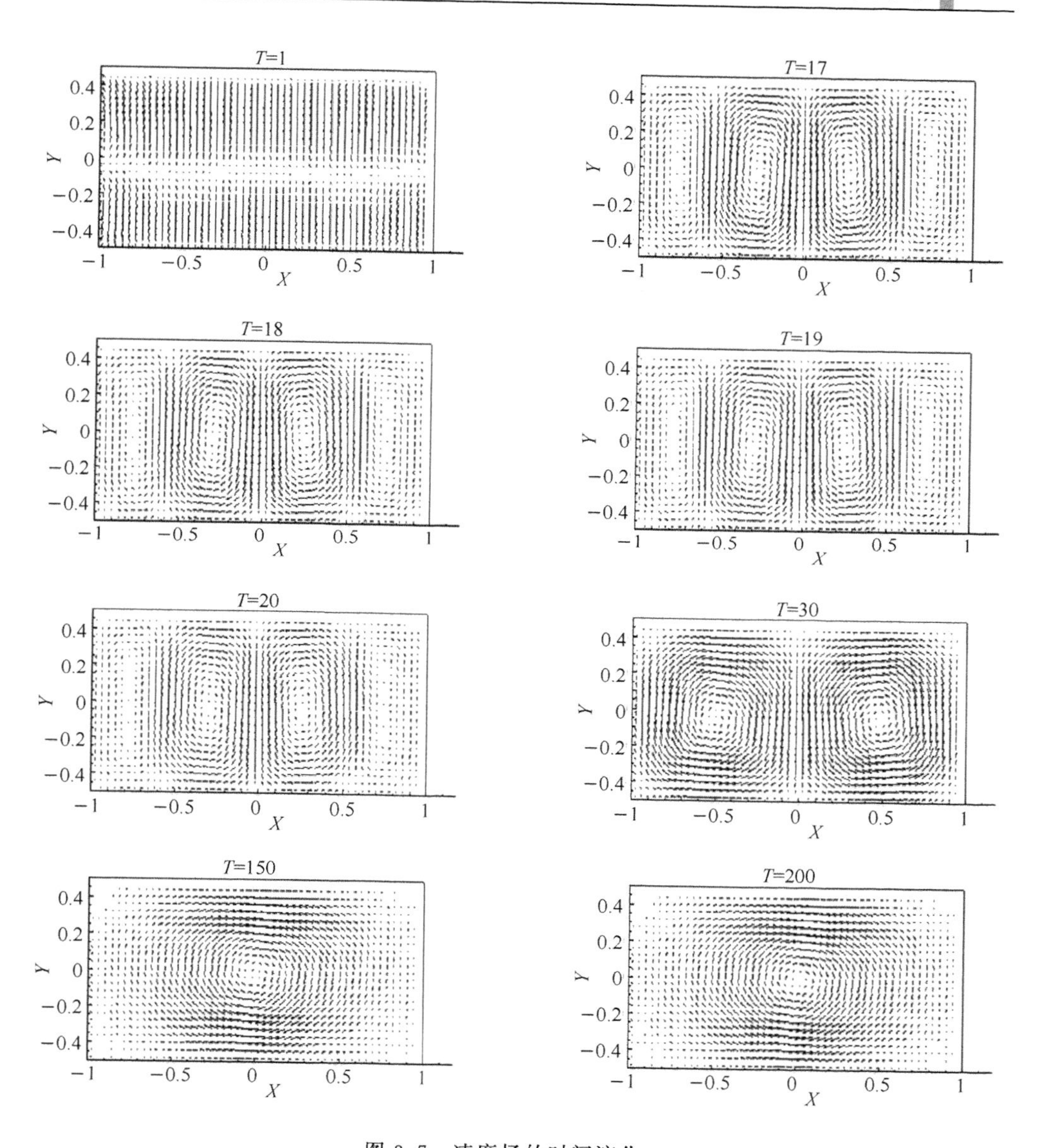

图 3.7 速度场的时间演化 3

3.5 小　　结

在本章中，我们构造了一系列高效的数值格式来解决流体动力耦合的Smectic-A液晶模型。该格式具有如下性质：(1)在时间上有二阶精度；(2)无条件能量稳定；(3)格式是线性的并且容易实现。我们展示了若干的数值案例来说明格式的精度，还展示了一些数值案例来研究液晶形态的演化。

第4章　相场囊泡薄膜模型的解耦能量稳定格式

在本章中我们考虑的是杜强等人[58]提出的古典相场囊泡薄膜模型的数值近似。我们通过能量变分式子得到这个模型的新形式。这个新形式适合数值逼近，并且满足能量递减规律。然后我们针对这个耦合的非线性系统建立了能量稳定的、解耦的、时间上的离散格式。这个格式无条件能量稳定，并且在解每一个时间步时都能得到线性的解耦的椭圆方程。我们还给出了该格式的稳定性分析和数值结果。

4.1　背景介绍

在细胞生物学中，囊泡是在细胞中的一个小的细胞器，里面充满了液体，被一个双层类脂薄膜所包围。迄今为止已经对弹性生物薄膜[25,58,115,140,141,155]的构型和变形做了非常多的实验和理论研究。杜强等人通过用能量变分发散界面的近似，利用一个相场模型和不可压流体[58-61]的耦合，来模拟简单囊泡的变形，其中表面上的 Helfrich 弹性弯曲能量用相场泛函来表示。然后通过这些自由能泛函的变分得到这些演化方程。

这个发散界面/相场模型的来源可以追溯到文献[197]和[247]，其在效率上已经有了很大的成功。相场近似的一个非常有利的地方是它们经常可以通过变分的形式得到，可以推出一个适定的非线性耦合的系统，并且这个系统满足和热动力相容的能量递减规律。因此它特别令人满意的地方是可以设计数值格式，这些数值格式在离散的意义下能够保持能量递减规律。界面附近的流体变化得非常快，如果空间网格和时间步长的大小没有细心地控制[111,180]，不服从能量递减规律，则会导致不精确的数值解出现。能量稳定的数值格式的一个主要有利的地方是它们很容易关联上时间自适应性质[138,139,201]。

为了对经典的相场模型建立数值格式，特别是 Allen-Cahn 或者 Cahn-Hilliard 方程，主要难点包括：①流体速度与相场函数之间的耦合、存在于相场方程中的对流项和在动量方程中的非线性压力项；②在不可压条件限制下的流体速度与压力之间的耦合；③相场方程与界面宽度之间的刚性。对于相场囊泡薄膜模型，一些二阶导数的非线性项会让事情变得更加糟糕。目前对于这个模型的能量稳定格式，已经能够很容易求解。

因此本书的主要目的是建立一个时间上离散的格式：①无条件稳定；②满足离散的能量规律；③在求解每一个时间步都会得到解耦椭圆方程。由于有很多流体速度、压力、相场函数的耦合，所以这并不是一件很容易的事情。

本章主要安排如下：在 4.2 节中，我们介绍了相场囊泡模型和推出了能量递减规律；在 4.3 节中，我们构造了解耦的、能量稳定的数值格式，用来求解耦合的非线性系统，并且给出了稳定性分析；在 4.4 节中，我们用有限元方法来做空间上的离散；在 4.5 节中，我们给出数值结果来说明提出的数值格式的效率，并且做出总结。

4.2 相场囊泡薄膜模型

一个囊泡薄膜的平衡形态是由最小弹性弯曲能量[46,47]决定的：

$$E=\int_{\Gamma}(a_1+a_2(H-c_0)^2+a_3K)\mathrm{d}s \tag{4-1}$$

其中，$H=\dfrac{k_1+k_2}{2}$表示薄膜表面的平均曲率；$K=k_1k_2$ 是高斯曲率；k_1,k_2 是两个基本曲率；a_1 是表面张力；a_2,a_3 是弯曲硬度；c_0 表示自然曲率；Γ 表示区域 $\Omega\in\mathbf{R}^3$ 的光滑紧致表面。

如果我们考虑这个模型是各向同性的，也就是考虑自然曲率为 $c_0=0$，根据 Gauss-Bonnet 公式，忽略常系数 a_1,a_2，然后这个弹性弯曲能量可以写成 $E=\int_{\Gamma}\dfrac{k}{2}H^2\mathrm{d}s$。

在相场模型的架构中，相场函数 $\phi(x)=\tanh\left(\dfrac{d(x)}{\sqrt{2}\epsilon}\right)$定义在 $x\in\Omega$，其中 $d(x)$代表一个点 x 与曲面 Γ 的带符号的距离，当 x 在曲面内部时 $d(x)$为正，在外部时为负；ϵ 是一个过渡参数，可以非常小，也可以代表曲面的厚度。因此在曲面上 $H=-\dfrac{1}{2}\mathrm{tr}(\nabla^2 d(x))$，就可以得到如下的弹性弯曲能量[60]：

$$E_{\mathrm{b}}=\int_{\Omega}\frac{\epsilon}{2}\mid\Delta\phi-f(\phi)\mid^2\mathrm{d}x \tag{4-2}$$

其中 $F(\phi)=\dfrac{(\phi^2-1)^2}{4\epsilon^2}$是 Ginzburg-Landau 双井势，$f(\phi)=F'(\phi)$和 ϵ 是罚参数。

如果我们考虑体积和表面面积的限制，然后这个能量泛函 E_{b} 会额外包含两项[58,61]：

$$E_{\mathrm{b}}=\int_{\Omega}\frac{\epsilon}{2}\mid\Delta\phi-f(\phi)\mid^2\mathrm{d}x+\frac{1}{2}M_1\left(A(\phi)-\alpha\right)^2+\frac{1}{2}M_2\left(B(\phi)-\beta\right)^2 \tag{4-3}$$

其中

$$A(\phi)=\int_{\Omega}\phi(x)\mathrm{d}x \tag{4-4}$$

$$B(\phi)=\int_{\Omega}\epsilon\left(\frac{1}{2}|\nabla\phi|^{2}+F(\phi)\right)\mathrm{d}x \tag{4-5}$$

其中，$A(\phi)$表示相场的体积分数，$B(\phi)$是近似相场的 $2\sqrt{2}/3$ 倍的表面积，M_1 和 M_2 是两个非负的罚参数，α 和 β 分别表示体积和表面积的常数。

假设这个系统是一个囊泡，周围有不可压流体围绕，因此这个水动力系统的总能量 E_{tot} 由动能 E_{k} 和弹性能组成：

$$E_{\mathrm{tot}}=E_{\mathrm{k}}+\lambda E_{\mathrm{b}}=\int_{\Omega}\frac{1}{2}\rho|\boldsymbol{u}|^{2}\mathrm{d}x+\lambda E_{\mathrm{b}} \tag{4-6}$$

其中 ρ 是流体的密度，$\boldsymbol{u}$ 是流体的速度，λ 是表面张力参数。

考虑一般的 Fick 定律，以及质量的流通量与化学势的梯度成比例，因此我们可以得到 Allen-Cahn 型的系统：

$$\phi_t+\boldsymbol{u}\cdot\nabla\phi=-M\lambda\frac{\delta E_{\mathrm{b}}}{\delta\phi} \tag{4-7}$$

$$\rho(\boldsymbol{u}_t+\boldsymbol{u}\cdot\nabla\boldsymbol{u})-\nu\Delta\boldsymbol{u}+\nabla p-\lambda\frac{\delta E_{\mathrm{b}}}{\delta\phi}\nabla\phi=0 \tag{4-8}$$

$$\nabla\cdot\boldsymbol{u}=0 \tag{4-9}$$

其中 p 是压力，ν 是黏度，M 是时间松弛尺度。

变分导数是

$$\begin{aligned}\frac{\delta E_{\mathrm{tot}}}{\delta\phi}=&\lambda\epsilon(\Delta^{2}\phi-\Delta f(\phi)-f'(\phi)\Delta\phi+f'(\phi)f(\phi))+\\&\lambda M_1(A(\phi)-\alpha)-\lambda\epsilon M_2(B(\phi)-\beta)(\Delta\phi-f(\phi))\end{aligned} \tag{4-10}$$

在本章中，我们考虑下面的边界条件：

$$\begin{cases}\boldsymbol{u}|_{\partial\Omega}=0\\ \dfrac{\partial\phi}{\partial\boldsymbol{n}}|_{\partial\Omega}=0\\ \dfrac{\partial\Delta\phi}{\partial\boldsymbol{n}}|_{\partial\Omega}=0\end{cases} \tag{4-11}$$

其中 $\boldsymbol{n}$ 表示边界上的单位外法向量。

对式(4-7)与$\frac{\delta E_{\mathrm{tot}}}{\delta\phi}$作内积，对式(4-8)与 $\boldsymbol{u}$ 作内积，然后将两个式子相加，我们就可以得到如下的能量递减规律：

$$\partial_t E_{\mathrm{tot}}=-\int_{\Omega}\left(\nu|\nabla\boldsymbol{u}|^{2}+M\left|\frac{\delta E_{\mathrm{tot}}}{\delta\phi}\right|^{2}\right)\mathrm{d}x \tag{4-12}$$

这个能量规律可以让我们通过标准的 Galerkin 工序[46]去证明带一点光滑弱

解的存在唯一性。

4.3 可替代的公式及其解耦能量稳定格式

事实上这个耦合非线性系统在数值格式的运算法则、应用和分析上都存在不可避免的挑战。虽然许多的数值格式[60]在应用上表现得很好，但是它们的稳定性问题依然存在。我们的运算法则的重点是设计一种数值格式，其不仅容易实现计算，而且满足离散的能量递减规律。我们已经会设计能够克服以下困难的数值格式：在不可压条件下的流体速度与压力的耦合；相场函数与界面宽度 ϵ 的刚性；流体方程和相场方程之间的非线性耦合；存在于相场方程中的对流项和流体方程中的应力项。我们要做的就是对相场囊泡薄膜模型设计这样的数值格式。

4.3.1 可替代的公式和能量规律

虽然可以通过对式(4-7)与$\frac{\delta E_{\mathrm{tot}}}{\delta\phi}$作内积，对式(4-8)与 $\boldsymbol{u}$ 作内积，直接推导出能量规律，但是在$\frac{\delta E_{\mathrm{b}}}{\delta\phi}$中的非线性项包含了四阶和二阶导数，而且在数值近似中不方便把它们用成试验函数，在离散的情况下也很难证明能量的递减规律。当对空间网格和时间步长[118,196,202]没有很细心地选取时，如果数值格式不满足离散意义下的能量递减规律，那么一些坏的数值解就会出现。

因此，为了克服这些困难，我们不得不把式(4-7)～(4-9)写成一个可替代的形式，这个新形式方便数值近似。在本章中，为了简便假设 $\rho=1$。令 $\dot{\phi}=\phi_t+\boldsymbol{u}\cdot\nabla\phi$，然后式(4-7)～(4-9)可以写成如下形式：

$$\frac{1}{M}\dot{\phi}=-\lambda\frac{\delta E_{\mathrm{b}}}{\delta\phi} \tag{4-13}$$

$$\boldsymbol{u}_t+\boldsymbol{u}\cdot\nabla\boldsymbol{u}-\nu\Delta\boldsymbol{u}+\nabla p+\frac{1}{M}\dot{\phi}\ \nabla\phi=0 \tag{4-14}$$

$$\nabla\cdot\boldsymbol{u}=0 \tag{4-15}$$

我们现在来证明这个系统也满足能量规律。对式(4-13)与 ϕ_t 作内积，对式(4-14)与 $\boldsymbol{u}$ 作内积，我们可以推导出

$$\frac{1}{M}\|\dot{\phi}\|^2-\frac{1}{M}(\dot{\phi},\boldsymbol{u}\cdot\nabla\phi)=-\lambda\partial_t E_{\mathrm{b}} \tag{4-16}$$

和

$$\frac{1}{2}\partial_t\|\boldsymbol{u}|^2+\nu\|\nabla\boldsymbol{u}\|^2+\frac{1}{M}(\dot{\phi}\ \nabla\phi,\boldsymbol{u})=0 \tag{4-17}$$

把式(4-16)和式(4-17)加起来，我们得到相同的能量规律。

$$\partial_t E_{\text{tot}} = \int_\Omega \left(-\nu \mid \nabla \boldsymbol{u} \mid^2 - \frac{1}{M} \mid \dot{\phi} \mid^2\right) \mathrm{d}\boldsymbol{x} \tag{4-18}$$

我们着重强调上面的推导在有限维近似中非常适用，这是因为试验函数 ϕ_t 与 ϕ 都是在相同的子空间上。因此在离散的情况下就允许我们设计满足能量递减规律的数值格式。

4.3.2 解耦能量稳定格式

我们在稳定近似上[203]去构造解耦能量稳定格式。为了这个目的，我们假设函数 $F(\phi)$满足以下条件：存在与 ϵ 有关的常数 L_1 和 L_2，使得

$$\begin{cases} \max_{x\in\mathbf{R}} \mid f'(x) \mid \leqslant L_1 \\ \max_{x\in\mathbf{R}} \mid f''(x) \mid \leqslant L_2 \end{cases} \tag{4-19}$$

我们立即想到的是这个条件针对一般的 Ginzburg-Landau 双井势 $F(\phi)=\frac{1}{4\epsilon^2}(\phi^2-1)^2$是不满足的。但是如果初值条件 ϕ_0 的最大模可以被 N 控制，我们就可以在不影响解的情况下在区间$[-N,N]$外把 $F(\phi)$截断到二次增长。

为了简便，我们考虑弹性弯曲能量没有表面积的限制，也就是说式(4-10)中的 $M_2=0$。

我们的数值格式设计如下。

给出初始值 $\phi^0, \boldsymbol{u}^0, p^0=0$，假设已经计算出了 $\phi^n, \boldsymbol{u}^n, p^n$，对于 $n>0$，我们根据以下步骤去计算 \$ $\phi^{n+1}, \boldsymbol{u}^{n+1}, p^{n+1}$。

第一步：

$$\frac{1}{M}\dot{\phi}^{n+1} + C_1^n(\phi^{n+1}-\phi^n) - C_2^n\Delta(\phi^{n+1}-\phi^n) +$$
$$\lambda\epsilon(\Delta^2\phi^{n+1} - \Delta f(\phi^n) - f'(\phi^n)\Delta\phi^n + f'(\phi^n)f(\phi^n)) + \lambda M_1(A(\phi^n)-\alpha) = 0 \tag{4-20}$$

其中

$$\dot{\phi}^{n+1} = \frac{\phi^{n+1}-\phi^n}{\delta t} + \boldsymbol{u}_*^n \cdot \nabla\phi^n \tag{4-21}$$

$$\boldsymbol{u}_*^n = \boldsymbol{u}^n - \delta t \frac{1}{M}\dot{\phi}^{n+1}\nabla\phi^n \tag{4-22}$$

第二步：

$$\frac{\widetilde{\boldsymbol{u}}^{n+1}-\boldsymbol{u}_*^n}{\delta t} + (\boldsymbol{u}^n \cdot \nabla)\widetilde{\boldsymbol{u}}^{n+1} - \nu\Delta\widetilde{\boldsymbol{u}}^{n+1} + \nabla p^n = 0 \tag{4-23}$$

$$\widetilde{\boldsymbol{u}}^{n+1}\big|_{\partial\Omega} = 0$$

第三步：

$$\begin{cases}\dfrac{\boldsymbol{u}^{n+1}-\widetilde{\boldsymbol{u}}^{n+1}}{\delta t}+\nabla(p^{n+1}-p^{n})=0\\ \nabla\cdot\boldsymbol{u}^{n+1}=0\\ \boldsymbol{u}^{n+1}\cdot\boldsymbol{n}|_{\partial\Omega}=0\end{cases}\tag{4-24}$$

在式(4-20)中，C_1^n 和 C_2^n 是需要待定的两个稳定性参数。

一些注记如下。

(1) 压力校正数值格式用来解耦压力与流体速度的计算。

(2) 我们再来看 $f(\phi)=\frac{1}{\epsilon^2}\phi(\phi^2-1)$，所以当 $\epsilon\ll 1$ 时，我们对这一项显式处理往往会导致对时间步长 δt 的严重依赖[150,151,205]。因此我们在式(4-20)中引进了两个稳定项来提高数值格式的稳定性。该格式允许我们在不需要时间步长的限制下可以对所有的非线性项作显式处理。我们注意到这个稳定项会在界面很小的区域上带来额外的误差，阶数为 $O(\delta t)$，但是这个误差与对 $f(\phi)$ 显式处理所带来的误差是同阶的，因此所有截断误差的阶数和稳定项的阶数是相同的。

(3) 我们在相场方程中引进了一个新的、显式的对流速度 $\boldsymbol{u}_*^n$。它可以通过式(4-21)直接计算出来：

$$\boldsymbol{u}_*^n=\left(I+\frac{\delta t}{M}\nabla\phi^n\ \nabla\phi^n\right)^{-1}\left(\boldsymbol{u}^n-\frac{\phi^{n+1}-\phi^n}{M}\nabla\phi^n\right)\tag{4-25}$$

我们很容易得到 $\det(I+c\ \nabla\phi\ \nabla\phi)=1+c\ \nabla\phi\cdot\nabla\phi$，并且它是可逆的。类似地，对流项运用在文献[21]、[168]、[205]、[206]中，分别是三相牛顿流体的相场模型和两相复杂流体系统。

(4) 式(4-20)～式(4-24)是完全解耦的线性格式。式(4-24)可以写成关于 $p^{n+1}-p^n$ 的 Poisson 方程。因此，在每一个时间步长上，我们只需要求解一系列的解耦椭圆方程，这些方程都能很有效率地求解出来。

(5) 在我们证明之前，上面的数值格式是无条件能量稳定的，这就是我们所需要的囊泡薄膜模型的相场流体的数值格式，这些已经发展了数十年。

下面，我们需要证明该数值格式的稳定性。

定理 4.3.1 在下面的条件下，

$$C_1^n\geqslant\frac{1}{2}L_1\lambda\epsilon+\frac{1}{2}L_2\lambda\|\Delta\phi^n\|_\infty+\frac{1}{2}L_2\lambda\epsilon\|f(\phi^n)\|_\infty+\frac{1}{2}\lambda M_1|\Omega|,\ C_2^n\geqslant L_1\lambda\tag{4-26}$$

式(4-20)～(4-24)存在唯一解，并且满足下面的离散能量递减规律：

$$\frac{1}{2}\|\boldsymbol{u}^{n+1}\|^2+\lambda E_b^{n+1}+\frac{1}{2}\delta t^2\|\nabla p^{n+1}\|^2+\{v\delta t\|\nabla\widetilde{\boldsymbol{u}}^{n+1}\|^2+\delta t\frac{1}{M}\|\dot{\phi}^{n+1}\|^2\}\leqslant$$
$$\frac{1}{2}\|\boldsymbol{u}^n\|^2+\lambda E_b^n+\frac{1}{2}\delta t^2\|\nabla p^n\|^2\tag{4-27}$$

其中 $E_b^n=\frac{1}{2}\epsilon\|\Delta\phi^n-f(\phi^n)\|^2+\frac{M_1}{2}(A(\phi^n)-\alpha)^2$。

证明:因为在式(4-20)～(4-24)中的每一步都含有线性椭圆方程,很容易知道这些数值格式是唯一可解的,并且 $\phi\in H^2(\Omega)$,$\tilde{\boldsymbol{u}}^{n+1}\in H_0^1(\Omega)^{\dim}$, $p^{n+1}\in H^1(\Omega)\backslash\mathbf{R}$,和 $\boldsymbol{u}\in L^2(\Omega)^{\dim}$。

对式(4-23)与 $\delta t\,\tilde{\boldsymbol{u}}^{n+1}$ 作内积,并且用到下面的性质:

$$2(a-b,a)=|a|^2-|b|^2+|a-b|^2 \tag{4-28}$$

我们可以得到

$$\frac{1}{2}\|\tilde{\boldsymbol{u}}^{n+1}\|^2-\frac{1}{2}\|\boldsymbol{u}_*^n\|^2+\frac{1}{2}\|\tilde{\boldsymbol{u}}^{n+1}-\boldsymbol{u}^n\|^2+\nu\delta t\|\nabla\tilde{\boldsymbol{u}}^{n+1}\|^2+\delta t(\nabla p^n,\tilde{\boldsymbol{u}}^{n+1})=0 \tag{4-29}$$

对于压力项,我们可以对式(4-24)与 $\delta t^2\nabla p^n$ 作内积,推导出

$$\frac{1}{2}\delta t^2(\|\nabla p^{n+1}\|^2-\|\nabla p^n\|^2-\|\nabla p^{n+1}-\nabla p^n\|^2)=\delta t(\tilde{\boldsymbol{u}}^{n+1},\nabla p^n) \tag{4-30}$$

我们再对式(4-24)与 $\frac{1}{2}\boldsymbol{u}^{n+1}$ 作内积,得到

$$\frac{1}{2}\|\boldsymbol{u}^{n+1}\|^2+\frac{1}{2}\|\boldsymbol{u}^{n+1}-\frac{1}{2}\tilde{\boldsymbol{u}}^{n+1}\|^2=\frac{1}{2}\|\tilde{\boldsymbol{u}}^{n+1}\|^2 \tag{4-31}$$

我们也可以从式(4-24)中直接推导出

$$\frac{1}{2}\delta t^2\|\nabla p^{n+1}-\nabla p^n\|^2=\frac{1}{2}\|\tilde{\boldsymbol{u}}^{n+1}-\boldsymbol{u}^{n+1}\|^2 \tag{4-32}$$

把上面的式子全部加起来,我们可以得到

$$\frac{1}{2}\|\boldsymbol{u}^{n+1}\|^2-\frac{1}{2}\|\boldsymbol{u}_*^n\|^2+\frac{1}{2}\|\tilde{\boldsymbol{u}}^{n+1}-\boldsymbol{u}^n\|^2+\frac{1}{2}\delta t^2(\|\nabla p^{n+1}\|^2-\|\nabla p^n\|^2)+\nu\delta t\|\nabla\tilde{\boldsymbol{u}}^{n+1}\|^2=0 \tag{4-33}$$

下一步,我们从式(4-22)中得到

$$\frac{\boldsymbol{u}_*^n-\boldsymbol{u}^n}{\delta t}=-\frac{1}{M}\dot{\phi}^{n+1}\nabla\phi^n \tag{4-34}$$

对式(4-34)与 $\delta t\,\boldsymbol{u}_*^n$ 作内积,我们可以得到

$$\frac{1}{2}\|\boldsymbol{u}_*^n\|^2-\frac{1}{2}\|\boldsymbol{u}^n\|^2+\frac{1}{2}\|\boldsymbol{u}^n-\boldsymbol{u}^n\|^2=-\frac{1}{M}\delta t(\dot{\phi}^{n+1}\nabla\phi^n,\boldsymbol{u}_*^n) \tag{4-35}$$

联合式(4-33)和(4-35),我们可得到

$$\frac{1}{2}\|\boldsymbol{u}^{n+1}\|^2-\frac{1}{2}\|\boldsymbol{u}^n\|^2+\frac{1}{2}\|\boldsymbol{u}_*^n-\boldsymbol{u}^n\|^2+\frac{1}{2}\|\tilde{\boldsymbol{u}}^{n+1}-\boldsymbol{u}^n\|^2+\frac{1}{2}\delta t^2(\|\nabla p^{n+1}\|^2-\|\nabla p^n\|^2)+\nu\delta t\|\nabla\tilde{\boldsymbol{u}}^{n+1}\|^2=-\frac{1}{M}\delta t(\dot{\phi}^{n+1}\nabla\phi^n,\boldsymbol{u}_*^n) \tag{4-36}$$

对式(4-20)与$(\phi^{n+1}-\phi^n)$作内积,我们得到

$$C_1^n \| \phi^{n+1}-\phi^n \|^2+C_2^n \| \nabla\phi^{n+1}-\nabla\phi^n \|^2+$$
$$\delta t \frac{1}{M} \| \dot{\phi}^{n+1} \|^2-\delta t \frac{1}{M}(\dot{\phi}^{n+1},(\boldsymbol{u}_*^n \cdot \nabla)\phi^n)+$$
$$\lambda\varepsilon(\Delta^2\phi^{n+1},\phi^{n+1}-\phi^n)(\mathrm{I})-$$
$$\lambda\varepsilon(\Delta f(\phi^n)+f'(\phi^n)\Delta\phi^n,\phi^{n+1}-\phi^n)(\mathrm{II})+$$
$$\lambda\varepsilon(f'(\phi^n)f(\phi^n),\phi^{n+1}-\phi^n)(\mathrm{III})+$$
$$\lambda M_1((A(\phi^n)-\alpha),\phi^{n+1}-\phi^n)(\mathrm{IV})=0 \tag{4-37}$$

对于第Ⅰ项,我们可以得出

$$第\mathrm{I}项=(\Delta^2\phi^{n+1},\phi^{n+1}-\phi^n)=\frac{1}{2}(\| \Delta\phi^{n+1} \|^2-\| \Delta\phi^n \|^2+\| \Delta\phi^{n+1}-\Delta\phi^n \|^2) \tag{4-38}$$

对于第Ⅱ项,展开:

$$\begin{cases} f(\phi^{n+1})-f(\phi^n)=f'(\phi^n)(\phi^{n+1}-\phi^n)+\frac{f''(\xi)}{2}(\phi^{n+1}-\phi^n)^2 \\ f(\phi^n)-f(\phi^{n+1})=f'(\eta)(\phi^{n+1}-\phi^n) \end{cases} \tag{4-39}$$

我们可以得到

$$\begin{aligned} 第\mathrm{II}项&=(\Delta f(\phi^n)+f'(\phi^n)\Delta\phi^n,\phi^{n+1}-\phi^n) \\ &=(f(\phi^n),\Delta\phi^{n+1}-\Delta\phi^n)+(f'(\phi^n)(\phi^{n+1}-\phi^n),\Delta\phi^n) \\ &=(f(\phi^{n+1}),\Delta\phi^{n+1}-\Delta\phi^n)+(f(\phi^n)-f(\phi^{n+1}),\Delta\phi^{n+1}-\Delta\phi^n)+ \\ &\quad (f'(\phi^n)(\phi^{n+1}-\phi^n),\Delta\phi^n) \\ &=(f(\phi^{n+1}),\Delta\phi^{n+1}-\Delta\phi^n)+(f'(\eta)(\phi^{n+1}-\phi^n),\Delta\phi^{n+1}-\Delta\phi^n)+ \\ &\quad (f(\phi^{n+1})-f(\phi^n)-\frac{f''(\xi)}{2}(\phi^{n+1}-\phi^n)^2,\Delta\phi^n) \\ &=(f(\phi^{n+1}),\Delta\phi^{n+1}-\Delta\phi^n)+(f(\phi^{n+1})-f(\phi^n),\Delta\phi^n)+ \\ &\quad (f'(\eta)(\phi^{n+1}-\phi^n),\Delta\phi^{n+1}-\Delta\phi^n)-(\frac{f''(\xi)}{2}(\phi^{n+1}-\phi^n)^2,\Delta\phi^n) \end{aligned} \tag{4-40}$$

对于第Ⅲ项,我们可以推导出

$$\begin{aligned} 第\mathrm{III}项&=(f'(\phi^n)f(\phi^n),\phi^{n+1}-\phi^n) \\ &=(f(\phi^n),f'(\phi^n)(\phi^{n+1}-\phi^n)) \\ &=(f(\phi^n),f(\phi^{n+1})-f(\phi^n)-\frac{f''(\zeta)}{2}(\phi^{n+1}-\phi^n)^2) \\ &=\frac{1}{2}(\| f(\phi^{n+1}) \|^2-\| f(\phi^n) \|^2-\| f(\phi^{n+1})-f(\phi^n) \|^2)- \\ &\quad (f(\phi^n),\frac{f''(\zeta)}{2}(\phi^{n+1}-\phi^n)^2) \end{aligned} \tag{4-41}$$

对于第Ⅳ项,我们推导出

$$\begin{aligned}
\text{第Ⅳ项} &= (A(\phi^n)-\alpha, \phi^{n+1}-\phi^n) \\
&= (A(\phi^n)-\alpha)(\phi^{n+1}-\phi^n, 1) \\
&= (A(\phi^n)-\alpha)(A(\phi^{n+1})-\alpha-(A(\phi^n)-\alpha)) \\
&= \frac{1}{2}((A(\phi^{n+1})-\alpha)^2-(A(\phi^n)-\alpha)^2)-\frac{1}{2}(A(\phi^{n+1})-A(\phi^n))^2
\end{aligned} \tag{4-42}$$

联合式(4-36)、式(4-38)和式(4-40)、式(4-42)，我们可以得到

$$\begin{aligned}
&\frac{1}{2}\|\boldsymbol{u}^{n+1}\|^2-\frac{1}{2}\|\boldsymbol{u}^n\|^2+\frac{1}{2}\|\boldsymbol{u}_*^n-\boldsymbol{u}^n\|^2+\frac{1}{2}\|\tilde{\boldsymbol{u}}^{n+1}-\boldsymbol{u}^n\|^2+ \\
&\frac{1}{2}\delta t^2(\|\nabla p^{n+1}\|^2-\|\nabla p^n\|^2)+\nu\delta t\|\nabla\tilde{\boldsymbol{u}}^{n+1}\|^2+ \\
&C_1^n\|\phi^{n+1}-\phi^n\|^2+C_2^n\|\nabla\phi^{n+1}-\nabla\phi^n\|^2+\delta t\frac{1}{M}\|\dot{\phi}^{n+1}\|^2+ \\
&\lambda\epsilon\frac{1}{2}(\|\Delta\phi^{n+1}-f(\phi^{n+1})\|^2-\|\Delta\phi^n-f(\phi^n)\|^2)+\lambda\frac{1}{2}\|\Delta\phi^{n+1}-\Delta\phi^n\|^2+ \\
&\lambda M_1\frac{1}{2}(A(\phi^{n+1})-\alpha)^2-(A(\phi^n)-\alpha)^2 \\
=&\lambda\epsilon(f'(\eta)(\phi^{n+1}-\phi^n),\Delta\phi^{n+1}-\Delta\phi^n)(\mathrm{AA})- \\
&\lambda\epsilon(\frac{f''(\xi)}{2}(\phi^{n+1}-\phi^n)^2,\Delta\phi^n)(\mathrm{BB})+ \\
&\lambda\epsilon\frac{1}{2}\|f(\phi^{n+1})-f(\phi^n)\|^2(\mathrm{CC})+ \\
&\lambda\epsilon(f(\phi^n),\frac{f''(\zeta)}{2}(\phi^{n+1}-\phi^n)^2)(\mathrm{DD})+ \\
&\frac{1}{2}\lambda M_1(A(\phi^{n+1})-A(\phi^n))^2(\mathrm{EE})
\end{aligned} \tag{4-43}$$

针对式(4-43)，我们可以推导出式(4-44)。

因此，如果 C_1^n 和 C_2^n 满足式(4-26)，那么该数值格式就拥有能量稳定性。

证毕。

$$\begin{cases}
\mathrm{AA}\leqslant L_1\lambda\epsilon\|\nabla\phi^{n+1}-\nabla\phi^n\|^2 \\
\mathrm{BB}\leqslant\frac{1}{2}L_2\lambda\epsilon\|\Delta\phi^n\|_\infty\|\phi^{n+1}-\phi^n\|^2 \\
\mathrm{CC}=\lambda\epsilon\frac{1}{2}\|f'(\theta)(\phi^{n+1}-\phi^n)\|^2\leqslant\frac{1}{2}\lambda L_1\|\phi^{n+1}-\phi^n\|^2 \\
\mathrm{DD}\leqslant\frac{1}{2}\lambda\epsilon\times L_2\|f(\phi^n)\|_\infty\|\phi^{n+1}-\phi^n\|^2 \\
\mathrm{EE}=\frac{1}{2}\lambda M_1(\int_\Omega(\phi^{n+1}-\phi^n)\mathrm{d}x)^2\leqslant\frac{1}{2}\lambda M_1|\Omega|\|\phi^{n+1}-\phi^n\|^2
\end{cases} \tag{4-44}$$

4.4 空间上的离散

对我们提出的数值格式在空间离散上应用有限元方法,去测试该数值格式的近似性质。

4.4.1 弱形式

我们注意到,在式(4-20)当中的四阶算子会在运用 L^2 中的试验函数时,出现二阶导数。为了避免高阶有限元空间,我们可以把式(4-20)转化成两个二阶的方程[55]。

首先,我们把方程(4-20)写成下面的形式:

$$\widetilde{A}\phi^{n+1}-\widetilde{B}\Delta\phi^{n+1}+\widetilde{C}\Delta^2\phi^{n+1}=G \tag{4-45}$$

加上边值条件 $\frac{\partial\phi}{\partial \boldsymbol{n}}|_{\partial\Omega}=0$ 和 $\frac{\partial\Delta\phi}{\partial \boldsymbol{n}}|_{\partial\Omega}=0$。其中 $\widetilde{A}=\frac{1}{M\delta t}+C_1^n+\frac{1}{\delta t(M+\delta t)|\nabla\phi^n|^2}$,

$\widetilde{B}=C_2^n$ 和 $\widetilde{C}=\lambda\epsilon$。$G$ 包含式(4-20)中的所有显式项,具体如下:

$$G=\lambda\epsilon[\Delta f(\phi^n)+f'(\phi^n)\Delta\phi^n-f'(\phi^n)f(\phi^n)-\frac{M_1}{\epsilon}(A(\phi^n)-\alpha)+\frac{\phi^n-\delta t\,\boldsymbol{u}^n\cdot\nabla\phi^n}{\lambda\delta t(M+\delta t|\nabla\phi^n|^2)}]+C_1^n\phi^n-C_2^n\Delta\phi^n \tag{4-46}$$

在改写的方程里我们引进一个参数 a:

$$-(a+\frac{\widetilde{B}}{\widetilde{C}})(\Delta\phi^{n+1}-\frac{\widetilde{A}}{a\widetilde{C}+\widetilde{B}}\phi^{n+1})+\Delta(\Delta\phi^{n+1}+a\phi^{n+1})=\frac{G}{\widetilde{C}} \tag{4-47}$$

令 $-\frac{\widetilde{A}}{a\widetilde{C}+\widetilde{B}}=a$,我们可以得到

$$a=\frac{-\widetilde{B}-\sqrt{\widetilde{B}^2-4\widetilde{A}\widetilde{C}}}{2\widetilde{C}} \tag{4-48}$$

其中要求 $\widetilde{B}\geqslant 2\sqrt{\widetilde{A}\widetilde{C}}$。

令 $\phi^{n+1}+a\phi^{n+1}=\psi^{n+1}$,因此,四阶方程就可以转化为两个二阶的 Helmholtz 型方程:

$$\Delta\psi^{n+1}-(a+\frac{\widetilde{B}}{\widetilde{C}})\psi^{n+1}=\frac{G}{\widetilde{C}} \tag{4-49}$$

$$\Delta\phi^{n+1}+a\phi^{n+1}=\psi^{n+1} \tag{4-50}$$

并且边界条件可以转化成

$$\begin{cases}\dfrac{\partial\psi^{n+1}}{\partial \boldsymbol{n}}|_{\partial\Omega}=0\\ \dfrac{\partial\phi^{n+1}}{\partial \boldsymbol{n}}|_{\partial\Omega}=0\end{cases} \tag{4-51}$$

式(4-49)和式(4-50)的弱形式可以通过在式子的两端同时与试验函数 $\phi\in H(\Omega)$ 作内积。应用分部积分，相应的弱形式如下：

求 $\phi^{n+1}\in H^1(\Omega)$，$\psi^{n+1}\in H^1(\Omega)$，使得对任意的 $\phi\in H^1(\Omega)$，有

$$-(\nabla\psi^{n+1},\nabla\varphi)-(a+\frac{\widetilde{B}}{\widetilde{C}})(\psi^{n+1},\varphi)=(\frac{G}{\widetilde{C}},\varphi) \tag{4-52}$$

$$-(\nabla\phi^{n+1},\nabla\varphi)+a(\phi^{n+1},\varphi)=(\psi^{n+1},\varphi) \tag{4-53}$$

对于动量方程(4-23)，相关的弱形式如下：

求 $\widetilde{\boldsymbol{u}}^{n+1}\in H_0^1(\Omega)^{\dim}$，使得对任意的 $\boldsymbol{v}\in H_0^1(\Omega)^{\dim}$，有

$$(\frac{1}{\delta t}\widetilde{\boldsymbol{u}}^{n+1}+(\boldsymbol{u}^n\cdot\nabla)\widetilde{\boldsymbol{u}}^{n+1},\boldsymbol{v})+\nu(\nabla\widetilde{\boldsymbol{u}}^{n+1},\nabla\boldsymbol{v})=(\frac{1}{\delta t}\boldsymbol{u}_*^n,\boldsymbol{v})-(\nabla p^n,\boldsymbol{v}) \tag{4-54}$$

对于压力方程(4-24)，相关的弱形式如下：

求 $p^{n+1}\in H_c^1(\Omega)=\{p:p\in H^1(\Omega),\int_\Omega p\,\mathrm{d}x=0\}$，使得对任意的 $q\in H_c^1(\Omega)$，有

$$(\nabla(p^{n+1}-p^n),\nabla q)=-\frac{1}{\delta t}(\nabla\cdot\widetilde{\boldsymbol{u}}^n,q) \tag{4-55}$$

4.4.2 有限元近似

$S_h\subset H^1(\Omega)$是有限维的子空间，由分片线性多项式组成。因此，$S_h^0\subset H_0^1(\Omega)$。令 $V_{u_h}=(S_h^0)^{\dim}$ 和 $M_h\subset L_0^2(\Omega)$是两个有限维的空间，并且满足 LBB 条件：

$$\inf_{q_h\in M_h}\sup_{\boldsymbol{u}_h\in V_{u_h}}\frac{\int_\Omega q_h\,\nabla\cdot\boldsymbol{u}_h\,\mathrm{d}x}{\|q_h\|\,\|\boldsymbol{u}_h\|_1}\geqslant C \tag{4-56}$$

其中 $C>0$ 与网格大小 h 无关，并且 $\|\boldsymbol{u}_h\|_1=\|\nabla\boldsymbol{u}_h\|+\|\boldsymbol{u}_h\|$。

因此我们可以把式(4-52)～(4-55)写成有限元形式。

第一步：求 $\phi_h^{n+1}\in S_h$，$\psi_h^{n+1}\in S_h$，使得对任意的 $\varphi\in S_h$，都有

$$-(\nabla\psi_h^{n+1},\nabla\varphi)-(a+\frac{\widetilde{B}}{\widetilde{C}})(\psi_h^{n+1},\varphi)=(\frac{G_h}{\widetilde{C}},\varphi) \tag{4-57}$$

$$-(\nabla\varphi_h^{n+1},\nabla\varphi)+a(\varphi_h^{n+1},\varphi)=(\psi_h^{n+1},\varphi) \tag{4-58}$$

第二步：求 $\widetilde{\boldsymbol{u}}_h^{n+1}\in V_{u_h}$，使得对任意的 $\boldsymbol{v}\in V_{u_h}$，都有

$$(\frac{1}{\delta t}\widetilde{\boldsymbol{u}}_h^{n+1}+(\boldsymbol{u}_h^n\cdot\nabla)\widetilde{\boldsymbol{u}}_h^{n+1},\boldsymbol{v})+\nu(\nabla\widetilde{\boldsymbol{u}}_h^{n+1},\nabla\boldsymbol{v})=(\frac{1}{\delta t}\boldsymbol{u}_{*h}^n,\boldsymbol{v})-(\nabla p_h^n,\boldsymbol{v}) \tag{4-59}$$

第三步：求 $p_h^{n+1}\in M_h$，使得对任意的 $q\in M_h$，都有

$$(\nabla(p_h^{n+1}-p_h^n),\nabla q)=-\frac{1}{\delta t}(\nabla\cdot\tilde{\boldsymbol{u}}_h^{n+1},q) \tag{4-60}$$

第四步：求解$\boldsymbol{u}_h^{n+1}$。

$$\boldsymbol{u}_h^{n+1}=\tilde{\boldsymbol{u}}_h^{n+1}-\delta t\,\nabla(p_h^{n+1}-p_h^n) \tag{4-61}$$

4.4.3 预条件处理

运用有限元方法的线性元时，方程(4-59)中的第一项和第三项会导出稀疏的、对称的矩阵，但是方程(4-59)中的第二项会导出非对称矩阵。在这里我们并没有对第二项显式处理，而是运用了预条件共轭梯度法。方程(4-62)的左端可以用来作为方程(4-59)的预条件。

求 $\tilde{\boldsymbol{u}}_h^{n+1}\in V_{\boldsymbol{u}_h}$，使得对任意的 $\boldsymbol{v}\in V_{\boldsymbol{u}_h}$，都有

$$\frac{1}{\delta t}(\tilde{\boldsymbol{u}}_h^{n+1},\boldsymbol{v})+\nu(\nabla\tilde{\boldsymbol{u}}_h^{n+1},\nabla\boldsymbol{v})=r_1[\boldsymbol{v}] \tag{4-62}$$

其中向量 $r_1[\boldsymbol{v}]$作为方程(4-59)的残留向量。

4.5 数值模拟

我们在这一节中会给出一些数值实验，运用了在 4.3 节中所构造的数值格式。

我们在空间的离散上基于有限元方法。我们对流体速度和压力运用满足 LBB 条件的 Iso-P2/P1 元，而对相场函数运用线性元。

4.5.1 案例 1：精度测试

首先测试我们提出的数值格式关于时间的收敛阶。在区域 $\Omega=[0,2]^2$ 中，我们给出如下光滑解：

$$\begin{cases}\phi(t,x,y)=2+\cos(\pi x)\cos(\pi y)\sin t\\ u(t,x,y)=\pi\sin(2\pi y)\sin^2(\pi x)\sin t\\ v(t,x,y)=-\pi\sin(2\pi x)\sin^2(\pi y)\sin t\\ p(t,x,y)=\cos(\pi x)\sin(\pi y)\sin t\end{cases} \tag{4-63}$$

我们选取参数值 $\epsilon=0.025,\nu=1,M=1,\lambda=10^{-7},M_1=0$。一些合适的应力场可以由给出的光滑解所导出，满足该耦合系统。在这个实验中我们设置了 10 145 个节点和 19 968 个三角单元。

在这个精度测试中，我们在图 4.1 中画了在时刻 $t=1$ 上不同时间步长 $\delta t=0.000\,1,\ 0.000\,5,0.001,0.005,0.01$ 下的流体速度、压力、相场函数的 L^2 模的误

差与精确的时间收敛阶。通过比较我们发现数值格式对所有的函数变量关于时间都是一阶精度的。

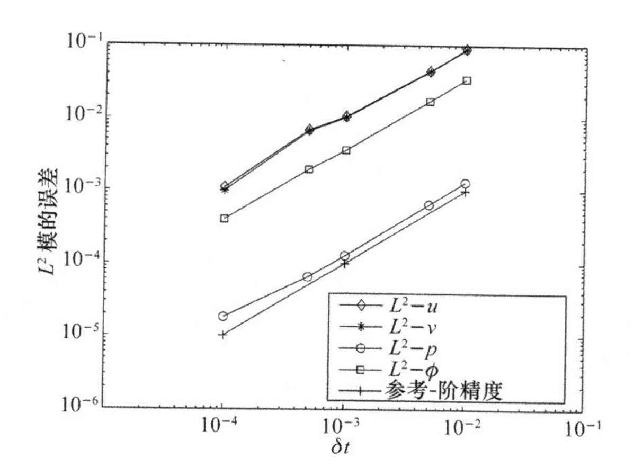

图 4.1 案例 1:流体速度($\boldsymbol{u}=(u,v)$)、压力 p、相场数 ϕ 的 L^2 模的误差关于时间步长 δt 的时间收敛阶

4.5.2 案例 2:小表面应力下的小细胞变形

在这一个案例中,我们模拟了单个红细胞穿过有狭窄区域的毛细血管时细胞的变形,把红细胞的薄膜当成带有弹性的囊泡。整个血液流体假设成牛顿流体。

我们现在把物理区域 Ω 考虑成高为 H,半径为 R 的一个圆柱体,并假设所有的参量都是轴对称的。关于柱坐标(r,θ,z)的应用、系统中的 Navier-Stokes 方程的柱坐标形式可以参考文献[159]和[196]。不考虑极角 θ 的方向,整个系统可以简单地看作二维问题。区域 Ω 大致如图 4.2 所示,其中圆柱区域的边上被挖了一个半圆的洞,用来表示毛细血管的狭窄部分。

区域 Ω 由 MATLAB 划分成 36 608 个三角单元。主要参数值设置如下:$\nu=0.01$,$M=1$,$\in=0.0125$,$\delta t=0.001$,$M_1=10^7$,$M_2=1000$,$\lambda=10^{-7}$。

沿着 r 方向和 z 方向的流场速度的初始值为$\boldsymbol{u}_0=(u_0,w_0)$,其中 $u_0=0$,$w_0=100$。我们选取的细胞大小比圆柱毛细血管的狭窄部分要小一些。

在图 4.2 中,当细胞处在狭窄部分时,在时刻 $T=0.5$,细胞变形。注意到细胞在穿过毛细血管的狭窄部分时,在水平方向变平了。当细胞穿过狭窄部分之后,它开始在垂直方向变平,这发生在时刻 $T=1$ 到 $T=4$。

整个系统的离散能量由图 4.3 给出。我们发现整个系统的离散能量随着时间在下降。

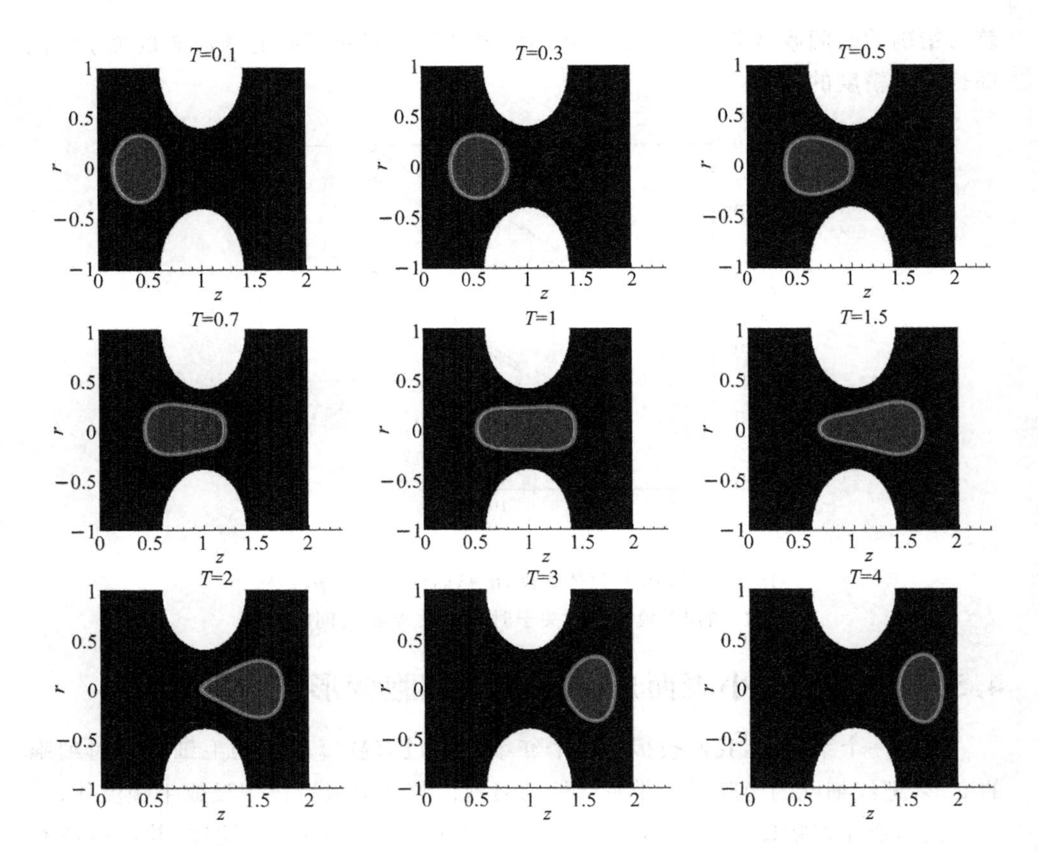

图 4.2　案例 2:$\lambda=10^{-7}$时细胞的运动情况

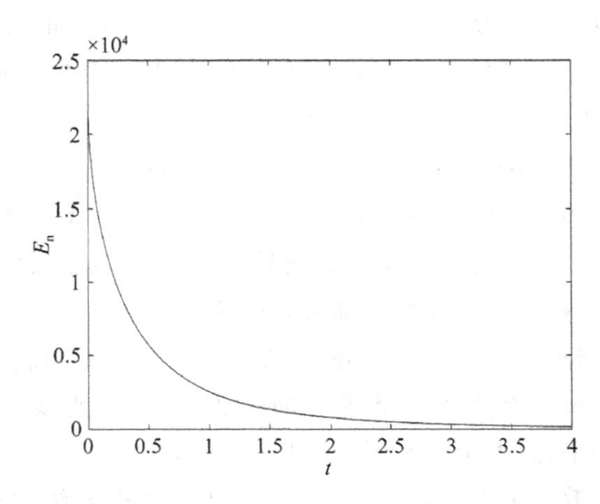

图 4.3　案例 2:离散能量关于时间的演化

4.5.3　案例3:大表面应力下的小细胞变形

在这一个案例中,我们选取不同的参数值 $\lambda=3\times10^{-7}$,其他的参数值与案例2中的相同。在图4.4中,我们发现此时的细胞比在图4.2中的细胞运动得慢一些,也就是说,在图4.4中的细胞在时刻 $T=4$ 时还没有完全穿过毛细血管的狭窄区域。并且从图4.5中看出能量是随时间递增减小的。

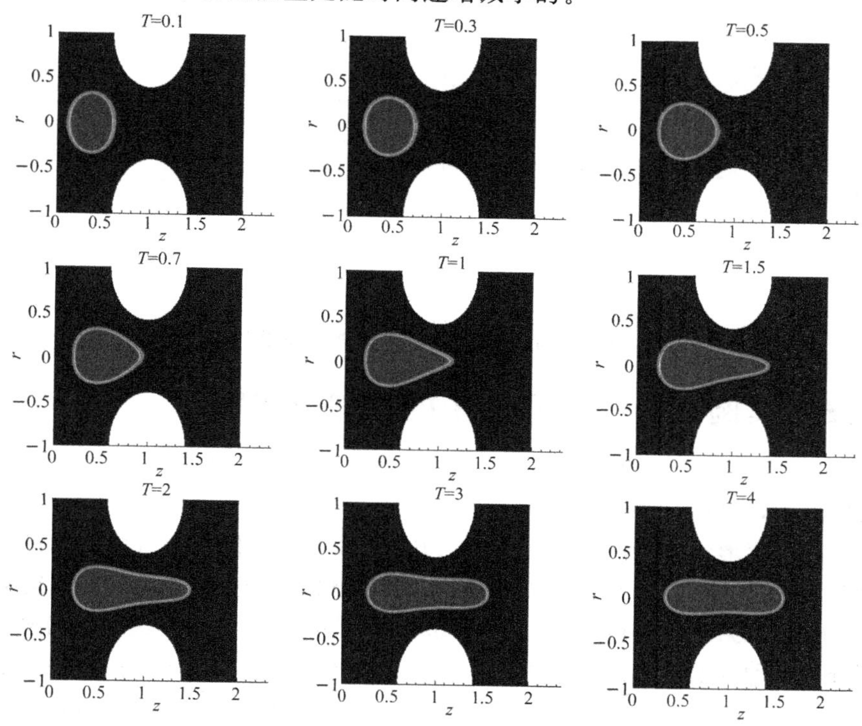

图4.4　案例3:$\lambda=3\times10^{-7}$时的细胞运动情况

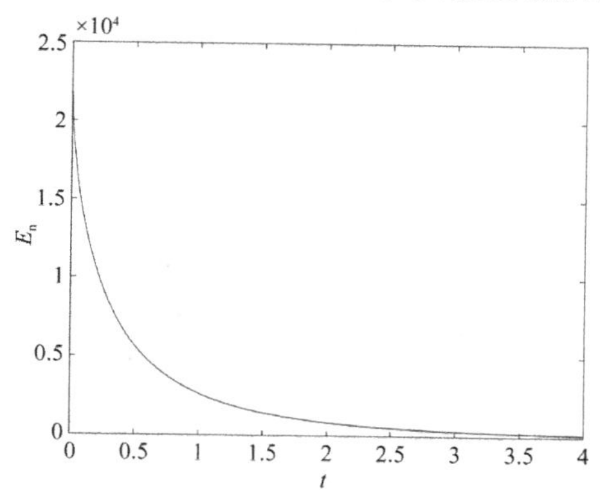

图4.5　案例3:离散能量关于时间的演化

4.5.4 案例 4:不同表面应力下的离散能量

如图 4.6 所示,我们针对不同表面应力参数画出能量递减曲线。

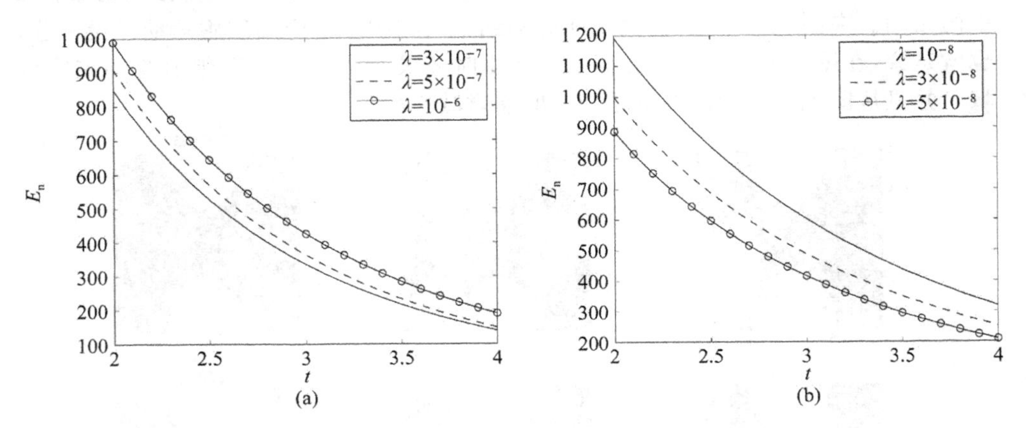

图 4.6 案例 4:在不同 λ 值下离散能量关于时间的演化

4.5.5 案例 5:一些长血管中的大细胞变形

在这个案例中,我们选取两面凹的构型作为在一个长非规则区域 Ω 中红细胞的初始形状,可以参考文献[169]。

细胞的变形动态见图 4.7。在时刻 $T=0.2$,当细胞跑向血管的狭窄部分时细胞就开始变形。从时刻 $T=0.8$ 到 $T=1$,当细胞正穿行在毛细血管的狭窄部分时,由于薄膜的弹性,细胞开始大形变,被拉长为月牙状,然后穿过了毛细血管的狭窄部分。这种变形的性质在本质上是由血液流的力学性质所产生的。我们的数值结果在质量上与文献[169]中的数值模拟是一致的,当然,该文献用的是不同的模型(用的是弹性网络薄膜模型)。

在图 4.8 中,我们引用了生物实验,在该实验中,当红血细胞从毛细血管较宽的一端游走到狭窄的区域时,它将会变成月牙形状。这也是和我们的数值模拟是一致的。

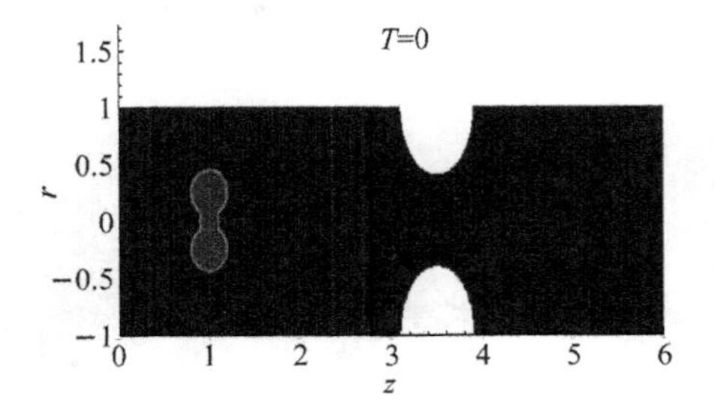

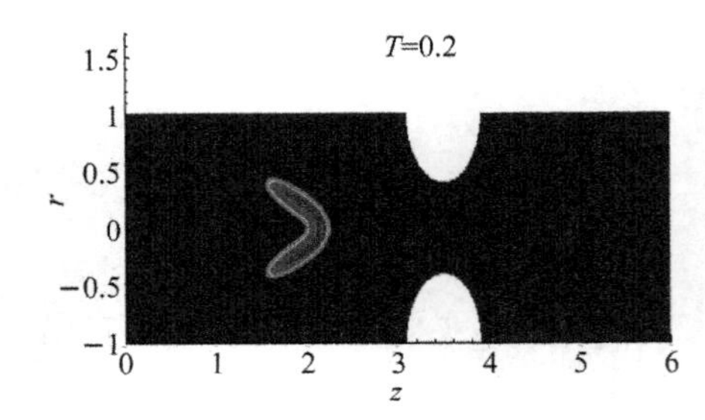

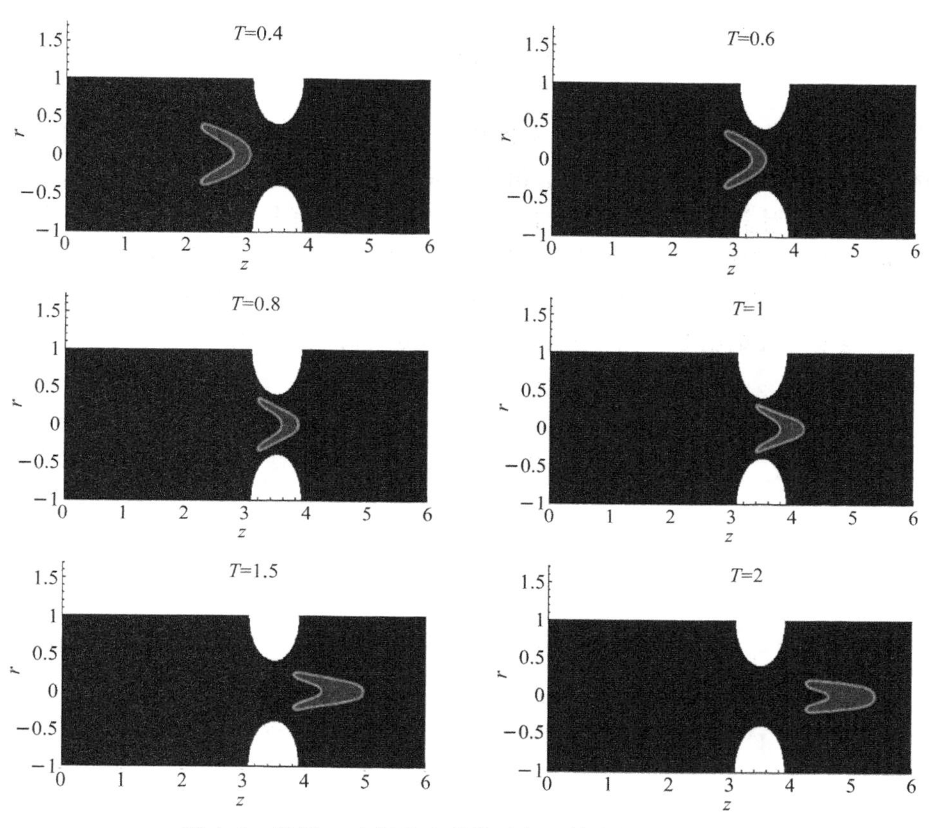

图 4.7　案例 5:大细胞在长的毛细血管中的运动情况

图 4.8　案例 5:生物实验

(图片来源于 http://www.thevisualmd.com/center.php? idg=5216。)

4.6 小　　结

在本章中,我们针对相场囊泡薄膜模型构造了稳定的、解耦的、在时间上离散的数值格式。然后我们证明了该数值格式是无条件能量稳定的,而且在每一个时间层上都容易计算。对于空间上的离散,我们选取了有限元方法。为了克服高阶导数的困难,我们把四阶的相场方程转化为两个二阶方程。最后我们给出了数值结果,说明了我们提出的数值格式中的所有变量关于时间都是一阶的,而且该数值格式也能描述红细胞穿行毛细血管中狭窄部分时的细胞变形。

第5章 移动接触线模型的能量稳定格式

5.1 背景介绍

两相不相融流体在我们的生活当中非常常见，如水中的气泡、水中的油滴、血液中的细胞等。当气泡上升到玻璃杯的内壁时，气泡的界面就会改变自身的形状，然后就会形成移动接触线(MCL)问题。当流体之间的界面触碰到固壁时，就会形成移动接触线，这个问题已经在实验上和理论上得到了广泛的研究。人们对当固壁移动时接触线是怎样演化的很感兴趣。在这种情况下，如果对流体还使用无滑动边界条件，那么就和实际的不符合。从这个观点出发，钱铁铮等人[181-183]根据分子动力学理论广义 Navier 边界条件(GNBC)。为了研究移动接触线的复杂行为，提出了非常多的模型。例如，Koplik 等人[121,122]和钱铁铮等人[181-183]做了分子动力学 MD)模拟；Hadjiconstantinou 等人[98]、任维清等人[187]研究了宏观-介观模型。虽然这些工作非常好，但是计算的代价是非常大的。

有很多方法研究移动接触线问题，如浸入界面方法[133]、流体体积方法[188]、混合原子方法[98]、相场方法[208]等。相场方法被广泛地应用在界面现象中，已经成功地应用在很多领域中[20,34,111,117,119,120,137,148,152,155,167,201,202,205-207,210,211,224,225,228,235,237,241,257,260,261]。在相场模型中，一个连续的相场函数用来代表两种不相融流体，其中流体的界面有一个厚度。在相场近似的框架中，控制系统通常是通过梯度流得到的，也就是通过求解总能量的变分获得的。因此，相场模型[183]通常具有物理上的能量关系。能量关系能够帮助我们给出数学分析，并且进一步设计出高效的数值格式。因此从这个角度来说，我们感兴趣的地方是设计一个简单的、高效的(线性的并且解耦的)、能满足离散能量关系的数值格式。

钱铁铮等人[183]提出了一个 Navier-Stokes Cahn-Hilliard (NSCH)系统来研究移动接触线问题，其中 Navier-Stokes 方程用的是 GNBC 条件，Cahn-Hilliard 方程用的是动态接触线条件(DCLC)。众所周知，Cahn-Hilliard 方程是一个四阶方程，并且体积是守恒的，但是在数值计算中要比 Allen-Cahn 方程(二阶)花费的时间要多。虽然 Allen-Cahn 方程的体积不守恒，但是通过引入拉格朗日乘子就能让该体积守恒。因此在本章中我们用 Allen-Cahn 方程来替换 Cahn-Hilliard 方程。

本章的目的是针对 Navier-Stokes Allen-Cahn(NSAC)系统构造一个线性的、解耦的、完全离散的、一阶的、无条件能量稳定的格式。我们知道 NSAC 系统是一个耦合系统,包含了在对流项和应力项中相场变量与速度在对流项和应力项的耦合,以及动量方程中速度与压力的耦合。在之前有很多方法去设计能量稳定格式,如在时间离散上的算子分裂方法[103]、凸分裂格式[8,198],以及稳定项近似[160,151,152,202-206]。虽然这些格式是能量稳定的,但是它们依然有很多缺陷。首先,由于系统中的耦合项,算子分裂格式和凸分裂格式通常是耦合的、非线性的,这在计算上会带来很多次的迭代,花费大量时间。其次,要证明这些非线性的数值格式是唯一可解的是很困难的。最后,虽然稳定近似格式是线性的、解耦的,但是格式中引入截断误差,在数学上就要求双势井函数是有界的。因此在本章中,我们要克服这些困难来构造一个完全离散的、线性的、解耦的、能量稳定的格式,其中我们运用了"不变能量二次型"近似[99,236,238-240,242,243,245,258]。在文献[160]和[208]中,我们通过对相场方程添加额外的稳定项来构造 NSAC 系统的解耦的、能量稳定的数值格式。因此,在本章中,我们采用新的技术来构造一个线性的、解耦的、无条件能量稳定的数值格式,而不是通过对相场方程添加稳定项的办法来达到要求。

本章的内容安排如下:在 5.2 节中,通过引进辅助函数,我们对这个耦合系统构造了一个线性的、解耦的、能量稳定的数值格式;在 5.3 节中,我们应用了有限元方法来完成空间上的离散,并且证明了整个完全离散格式是能量稳定的;在 5.4 节中,我们展示了数值结果以说明格式的高效性和可行性;在 5.5 节中我们给出了小结。

5.2 Navier-Stokes Allen-Cahn 模型

在文献[181]~[183]中,钱铁铮等人提出了带 GNBC 边界的 Navier-Stokes Cahn-Hilliard 耦合模型来研究两相不可压、不相融流体,其中流体的界面触碰到固壁。该系统的无量纲形式如下。

不可压 Navier-Stokes 方程:

$$\boldsymbol{u}_t+(\boldsymbol{u}\cdot\nabla)\boldsymbol{u}=\nu\Delta\boldsymbol{u}-\nabla p+\lambda\mu\nabla\phi \tag{5-1}$$

$$\nabla\cdot\boldsymbol{u}=0 \tag{5-2}$$

$$\boldsymbol{u}\cdot\boldsymbol{n}=0,\quad \text{on}\quad \partial\Omega \tag{5-3}$$

$$l(\phi)(\boldsymbol{u}_\tau-\boldsymbol{u}_w)+\nu\,\partial_{\boldsymbol{n}}\boldsymbol{u}_\tau-\lambda L(\phi)\nabla_\tau\phi=0,\quad \text{on}\quad \partial\Omega \tag{5-4}$$

Cahn-Hilliard 相场方程:

$$\phi_t+\boldsymbol{u}\cdot\nabla\phi=M\Delta\mu \tag{5-5}$$

$$\mu=-\varepsilon\Delta\phi+f(\phi) \tag{5-6}$$

$$\partial_n\mu=0,\quad \text{on}\quad \partial\Omega \tag{5-7}$$

$$\phi_t + \boldsymbol{u}_\tau \cdot \nabla_\tau \phi = -\gamma L(\phi), \quad \text{on} \quad \partial\Omega \tag{5-8}$$

其中 $\boldsymbol{u}$ 是流体速度，p 是压力，ϕ 是相场变量，μ 是化学势，函数 $L(\phi)$ 定义为

$$L(\phi) = \varepsilon\partial_{\boldsymbol{n}}\phi + g'(\phi) \tag{5-9}$$

其中 $g(\phi)$ 是边界界面能，$l(\phi) \geqslant 0$ 是给定的系数函数。$F(\phi)$ 是 Ginzburg-Landau 体积势，并且 $f(\phi) = F'(\phi)$。更细致地说，$F(\phi)$ 和 $g(\phi)$ 定义为

$$\begin{cases} F(\phi) = \dfrac{1}{4\varepsilon}(\phi^2 - 1)^2 \\ g(\phi) = -\dfrac{\sqrt{2}}{3}\cos\theta_s \sin\left(\dfrac{\pi}{2}\phi\right) \end{cases} \tag{5-10}$$

其中 θ_s 是静止的接触角。

在式(5-1)～(5-8)中，∇代表梯度，$\boldsymbol{n}$ 是边界$\partial\Omega$ 的单位外法向量，τ 是在边界处的切方向，并且向量算子$\nabla_\tau = \nabla - (\boldsymbol{n} \cdot \nabla)\boldsymbol{n}$ 是沿着剪切方向的梯度，$\boldsymbol{u}_w$ 为边界上的固壁速度，$\boldsymbol{u}_\tau$ 是边界上剪切方向的流体速度。从式(5-3)中，我们知道在边界$\partial\Omega$上有 $\boldsymbol{u} = \boldsymbol{u}_\tau$。整个系统有六个无量纲参数。$\nu$ 是黏度，λ 是应力的强度系数，M 是松弛参数，γ 是边界上的松弛参数，$l(\phi)$ 是区域大小与边界滑动参数的比率，ε 代表界面宽度。

当 $\gamma \rightarrow +\infty$时，边界条件 DCLC 就会退化为静止接触线条件(SCLC)：

$$L(\phi) = 0, \quad \text{on} \quad \partial\Omega \tag{5-11}$$

并且条件 GNBC 会退化为 Navier 边界条件(NBC)：

$$l(\phi)(\boldsymbol{u}_\tau - \boldsymbol{u}_w) + \nu\,\partial_{\boldsymbol{n}}\boldsymbol{u}_\tau = 0, \quad \text{on} \quad \partial\Omega \tag{5-12}$$

如果我们进一步令 $g'(\phi) \equiv 0$，条件 SCLC 就会变为 Neumann 边界条件。如果我们在式(5-12)中令 $l(\phi) \rightarrow +\infty$，那么 Navier 滑动边界条件就会退化为经典的无滑动边界条件。

在本章中，我们用带拉格朗日乘子的二阶 Allen-Cahn 方程去替换四阶 Cahn-Hilliard 方程。在这个新的 Navier-Stokes Allen-Cahn (NSAC)系统中，流体方程与式(5-1)～(5-4)是一样的。无量纲的 Allen-Cahn 相场方程如下：

$$\phi_t + \boldsymbol{u} \cdot \nabla\phi = -M\mu \tag{5-13}$$

$$\mu = -\varepsilon\Delta\phi + f(\phi) \tag{5-14}$$

$$\phi_t + \boldsymbol{u}_\tau \cdot \nabla_\tau \phi = -\gamma L(\phi), \quad \text{on} \quad \partial\Omega \tag{5-15}$$

为了保证体积守恒，我们添加了拉格朗日乘子 $\xi(t)$。

$$\mu = -\varepsilon\Delta\phi + f(\phi) + \xi(t) \tag{5-16}$$

$$\frac{\mathrm{d}}{\mathrm{d}t}\int_\Omega \phi \mathrm{d}x = 0 \tag{5-17}$$

注释 5.2.1:

在 Ω 对式(5-13)作积分后,我们能得到依赖于 t 的拉格朗日乘子 $\xi(t)$:

$$\xi(t)=-\frac{1}{|\Omega|}\left(\int_{\Omega}f(\phi)\mathrm{d}x-\int_{\partial\Omega}\varepsilon\partial_{\boldsymbol{n}}\phi\mathrm{d}s\right) \tag{5-18}$$

现在我们来推导式(5-1) ~ (5-4) 和式(5-13)、式(5-15)、式(5-16) 的能量递减规律。从此以往,对任何函数 $f,g\in L^2(\Omega)$,我们用 (f,g) 代表 $\int_{\Omega}fg\mathrm{d}x$,用 $(f,g)_{\partial\Omega}$ 代表 $\int_{\partial\Omega}fg\mathrm{d}x$,$\|f\|^2=(f,f)$,$\|f\|_{\partial\Omega}^2=(f,f)_{\partial\Omega}$。

定理 5.2.1 带边界 GNBC 和边界 DCLC 的 NSAC 系统〔式(5-1)~(5-4)和式(5-13)、式(5-15)、式(5-16)〕是一个耗散系统,满足以下的能量耗散规律:

$$\frac{\mathrm{d}E_{\mathrm{tot}}}{\mathrm{d}t}=-\nu\|\nabla\boldsymbol{u}\|^2-\lambda M\|\mu\|^2-\lambda\gamma\|L(\phi)\|_{\partial\Omega}^2-\left\|l(\phi)\frac{1}{2}\boldsymbol{u}_s\right\|_{\partial\Omega}^2-(l(\phi)\boldsymbol{u}_s,\boldsymbol{u}_w)_{\partial\Omega} \tag{5-19}$$

其中$\boldsymbol{u}_s=\boldsymbol{u}_\tau-\boldsymbol{u}_w$ 是边界$\partial\Omega$ 上的滑动速度,$E_{\mathrm{tot}}=E_{\mathrm{k}}[\boldsymbol{u}]+E_{\mathrm{b}}[\phi]+E_{\mathrm{s}}[\phi]$,并且

$$\begin{cases}E_{\mathrm{k}}[\boldsymbol{u}]=\dfrac{\|\boldsymbol{u}\|^2}{2}\\E_{\mathrm{b}}[\phi]=\lambda\varepsilon\dfrac{\|\nabla\phi\|^2}{2}+\lambda(F(\phi),1)\\E_{\mathrm{s}}[\phi]=\lambda\left(g(\phi),1\right)_{\partial\Omega}\end{cases} \tag{5-20}$$

证明:对式(5-1)关于 $\boldsymbol{u}$ 作内积,应用不可压条件和零通量边界条件,我们有

$$\frac{1}{2}\frac{\mathrm{d}}{\mathrm{d}t}\|\boldsymbol{u}\|^2=\nu\left(\partial_{\boldsymbol{n}}\boldsymbol{u},\boldsymbol{u}\right)_{\partial\Omega}-\nu\|\nabla\boldsymbol{u}\|^2+\lambda(\mu\nabla\phi,\boldsymbol{u}) \tag{5-21}$$

对式(5-13)关于 $\lambda\mu$ 作内积,我们得到

$$\lambda(\phi_t,\mu)+\lambda(\boldsymbol{u}\cdot\nabla\phi,\mu)=-\lambda M\|\mu\|^2 \tag{5-22}$$

对式(5-16)关于 $\lambda\phi_t$ 作内积,我们有

$$\lambda(\mu,\phi_t)=-\lambda\varepsilon\left(\partial_{\boldsymbol{n}}\phi,\phi_t\right)_{\partial\Omega}+\frac{1}{2}\lambda\varepsilon\frac{\mathrm{d}}{\mathrm{d}t}\|\nabla\phi\|^2+\lambda\frac{\mathrm{d}}{\mathrm{d}t}(F(\phi),1) \tag{5-23}$$

联立式(5-21)~(5-23),我们得到

$$\begin{aligned}&\frac{1}{2}\frac{\mathrm{d}}{\mathrm{d}t}\|\boldsymbol{u}\|^2+\frac{1}{2}\lambda\varepsilon\frac{\mathrm{d}}{\mathrm{d}t}\|\nabla\phi\|^2+\lambda\frac{\mathrm{d}}{\mathrm{d}t}(F(\phi),1)\\&=-\nu\|\nabla\boldsymbol{u}\|^2-\lambda M\|\mu\|^2+\nu(\partial_{\boldsymbol{n}}\boldsymbol{u},\boldsymbol{u})_{\partial\Omega}+\lambda\varepsilon(\partial_{\boldsymbol{n}}\phi,\phi_t)_{\partial\Omega}\end{aligned} \tag{5-24}$$

然后,应用式(5-8)、式(5-9)和式(5-4),我们有

$$\begin{aligned}\nu(\partial_{\boldsymbol{n}}\boldsymbol{u},\boldsymbol{u})_{\partial\Omega}&=\nu(\partial_{\boldsymbol{n}}\boldsymbol{u}_r,\boldsymbol{u}_r)_{\partial\Omega}=(\lambda L(\phi)\nabla_\tau\phi-l(\phi)(\boldsymbol{u}_\tau-\boldsymbol{u}_w),\boldsymbol{u}_r)_{\partial\Omega}\\&=\lambda(L(\phi)\nabla_\tau\phi,\boldsymbol{u}_\tau)_{\partial\Omega}-(l(\phi)\boldsymbol{u}_s,\boldsymbol{u}_s+\boldsymbol{u}_w)_{\partial\Omega}\end{aligned} \tag{5-25}$$

以及

$$
\begin{aligned}
\lambda\varepsilon(\partial_n\phi,\phi_t)_{\partial\Omega}&=\lambda(L(\phi)-g'(\phi),\phi_t)_{\partial\Omega}\\
&=\lambda(L(\phi),\phi_t)_{\partial\Omega}-\lambda(g'(\phi),\phi_t)_{\partial\Omega}\\
&=\lambda(L(\phi)-\boldsymbol{u}_\tau\cdot\nabla_\tau\phi-rL(\phi))_{\partial\Omega}-\lambda\frac{\mathrm{d}}{\mathrm{d}t}(g(\phi),1)_{\partial\Omega}\\
&=-\lambda(L(\phi)\nabla_\tau\phi,\boldsymbol{u}_\tau)_{\partial\Omega}-\lambda\gamma\|L(\phi)\|_{\partial\Omega}^2-\lambda\frac{\mathrm{d}}{\mathrm{d}t}(g(\phi),1)_{\partial\Omega}
\end{aligned}\tag{5-26}
$$

联立式子(5-24)、式(5-25)和式(5-26)，我们得到了想要的式(5-19)。

证毕。

虽然得到了上述PDE的能量规律，但是μ中的非线性项包含了二阶导数，在数值逼近中不好将它用作测试函数，这导致很难证明离散的能量规律。为了克服这个困难，在数值逼近中我们把动量方程(5-1)改写成新的形式，我们令$\dot{\phi}=\phi_t+\boldsymbol{u}\cdot\nabla\phi$，并且注意到$\mu=\frac{1}{-M}\dot{\phi}$，然后式(5-1)就会写成等价形式：

$$
\boldsymbol{u}_t+(\boldsymbol{u}\cdot\nabla)\boldsymbol{u}=\nu\Delta\boldsymbol{u}-\nabla p-\frac{\lambda}{M}\dot{\phi}\ \nabla\phi \tag{5-27}
$$

等价形式依然满足类似的能量规律。对式(5-27)关于$\boldsymbol{u}$作内积，对式(5-13)关于$\frac{\lambda}{M}\phi_t$作内积，并且对式(5-16)关于$\lambda\phi_t$作内积，我们推导出

$$
\frac{1}{2}\frac{\mathrm{d}}{\mathrm{d}t}\|\boldsymbol{u}\|^2=\nu(\partial_n\boldsymbol{u},\boldsymbol{u})_{\partial\Omega}-\nu\|\nabla\boldsymbol{u}\|^2-\frac{\lambda}{M}(\dot{\phi}\ \nabla\phi,\boldsymbol{u}) \tag{5-28}
$$

$$
\frac{\lambda}{M}\|\dot{\phi}\|^2-\frac{\lambda}{M}(\dot{\phi},\boldsymbol{u}\cdot\nabla\phi)=-\lambda(\mu,\phi_t) \tag{5-29}
$$

$$
\lambda(\mu,\phi_t)=-\lambda\varepsilon(\partial_n\phi,\phi_t)_{\partial\Omega}+\frac{1}{2}\lambda\varepsilon\frac{\mathrm{d}}{\mathrm{d}t}\|\nabla\phi\|^2+\lambda\frac{\mathrm{d}}{\mathrm{d}t}(F(\phi),1) \tag{5-30}
$$

把上述的式子加起来，我们有

$$
\begin{aligned}
&\frac{1}{2}\frac{\mathrm{d}}{\mathrm{d}t}\|\boldsymbol{u}\|^2+\frac{1}{2}\lambda\varepsilon\frac{\mathrm{d}}{\mathrm{d}t}\|\nabla\phi\|^2+\lambda\frac{\mathrm{d}}{\mathrm{d}t}(F(\phi),1)\\
=&-\nu\|\nabla\boldsymbol{u}\|^2-\frac{\lambda}{M}\|\dot{\phi}\|^2+\nu(\partial_n\boldsymbol{u},\boldsymbol{u})_{\partial\Omega}+\lambda\varepsilon(\partial_n\phi,\phi_t)_{\partial\Omega}
\end{aligned}\tag{5-31}
$$

应用式(5-26)，我们得到能量递减规律：

$$
\frac{\mathrm{d}E_{\mathrm{tot}}}{\mathrm{d}t}=-\nu\|\nabla\boldsymbol{u}\|^2-\frac{\lambda}{M}\|\dot{\phi}\|^2-\lambda\gamma\|L(\phi)\|_{\partial\Omega}^2-\|l(\phi)^{\frac{1}{2}}\boldsymbol{u}_{\mathrm{s}}\|_{\partial\Omega}^2-(l(\phi)\boldsymbol{u}_{\mathrm{s}},\boldsymbol{u}_w)_{\partial\Omega} \tag{5-32}
$$

我们再次强调上述的推导只适合于有限维的逼近，因为测试函数ϕ_t与ϕ属于相同的子空间。因此这就允许我们设计数值格式，使得该格式在离散的情况下满足能量递减规律。

沈捷等人[208]关注的是 NSCH 系统，设计了在条件 SCLC 和 NBC 下的线性解耦的能量稳定格式。同时对于条件 DCLC 和 GNBC，为了得到能量稳定性质，只得到了线性耦合的格式。针对边界项作能量估计，存在着本质上的困难，因此在条件 DCLC 和 GNBC 下计解耦的能量稳定的数值格式是非常困难的。

和文献[208]类似，在本章中，我们只针对在条件 SCLC 和 NBC 下的 NSAC 系统设计格式。为了方便阅读，我们给出下面的模型。

带 NBC 条件的不可压 Navier-Stokes 方程：

$$\boldsymbol{u}_t+(\boldsymbol{u}\cdot\nabla)\boldsymbol{u}=\nu\Delta\boldsymbol{u}-\nabla p-\frac{\lambda}{M}\dot{\phi}\nabla\phi \tag{5-33}$$

$$\nabla\cdot\boldsymbol{u}=0 \tag{5-34}$$

$$\boldsymbol{u}\cdot\boldsymbol{n}=0,\quad \text{on}\quad \partial\Omega \tag{5-35}$$

$$l(\phi)(\boldsymbol{u}_\tau-\boldsymbol{u}_w)+\nu\frac{\partial\boldsymbol{u}_\tau}{\partial\boldsymbol{n}}=0,\quad \text{on}\quad \partial\Omega \tag{5-36}$$

带 SCLC 条件的 Allen-Cahn 方程：

$$\phi_t+(\boldsymbol{u}\cdot\nabla)\phi=M(\varepsilon\Delta\phi-f(\phi)-\xi(t)) \tag{5-37}$$

$$\frac{\mathrm{d}}{\mathrm{d}t}\int_\Omega\phi\mathrm{d}x=0 \tag{5-38}$$

$$L(\phi)=0,\quad \text{on}\quad \partial\Omega \tag{5-39}$$

注释 5.2.3：

由于在 GNBC 和 DCLC 条件下对边界项作估计有本质上的困难，因此为了得到该系统的解耦能量稳定数值格式，我们只考虑了 NBC 和 SCLC 条件。

5.3 线性的、解耦的能量稳定数值格式

我们的目的是构造线性的解耦的能量稳定数值格式。我们知道 $g(\phi)$是有界的并且给出如下定义：$\bar{L}:=\max_{\phi\in\mathbf{R}}|g''(\phi)|=\frac{\sqrt{2}\pi^2}{12}|\cos\theta_s|$。

在这一部分中我们想构造时间上是一阶精度的能量稳定线性格式。引进一个函数 $q=(\phi^2-1)/\varepsilon$，使得可以写成 $f(\phi)=q\phi$。然后有$\partial_t q=2\phi\partial_t\phi/\varepsilon$。有了函数 q，总能量可以写成

$$E_{\text{tot}}=\frac{1}{2}\|\boldsymbol{u}\|^2+\lambda\varepsilon\frac{\|\nabla\phi\|^2}{2}+\lambda\varepsilon\frac{\|q\|^2}{4}+\lambda(g(\phi),1)_{\partial\Omega} \tag{5-40}$$

式(5-19)和式(5-32)依然成立。

令 $\delta t>0$ 是时间步长，并且假设给出$\boldsymbol{u}^n$，ϕ^n 和 p^n，其中带上标 n 的变量代表在时刻 $n\delta t$ 的变量值。

针对 PDE 系统的一阶线性解耦格式构造如下。

给出初始值 ϕ^0，$\boldsymbol{u}^0$，$q^0=((\phi^0)^2-1)/\varepsilon$ 和 $p^0=0$，假设已经得到了 ϕ^n，q^n，$\boldsymbol{u}^n$，p^n，$n\geqslant 0$，我们的目的是计算 ϕ^{n+1}，q^{n+1}，$\tilde{\boldsymbol{u}}^{n+1}$，$\boldsymbol{u}^{n+1}$，$p^{n+1}$。

步骤一：

$$\dot{\phi}^{n+1}=M(\varepsilon\Delta\phi^{n+1}-\phi^n q^{n+1}-\xi^n) \tag{5-41}$$

$$\int_\Omega(\phi^{n+1}-\phi^n)\mathrm{d}x=0 \tag{5-42}$$

$$\frac{\varepsilon}{2}\frac{q^{n+1}-q^n}{\delta t}=\phi^n\frac{\phi^{n+1}-\phi^n}{\delta t} \tag{5-43}$$

边界条件：

$$\tilde{L}^{n+1}=\varepsilon\partial_{\boldsymbol{n}}\phi^{n+1}+g'(\phi^n)+S(\phi^{n+1}-\phi^n)=0 \tag{5-44}$$

其中，

$$\boldsymbol{u}_*^n=\boldsymbol{u}^n-\frac{\lambda}{M}\delta t\dot{\phi}^{n+1}\nabla\phi^n,\quad \dot{\phi}^{n+1}=\frac{\phi^{n+1}-\phi^n}{\delta t}+(\boldsymbol{u}^n\cdot\nabla)\phi^n \tag{5-45}$$

步骤二：

$$\frac{\tilde{\boldsymbol{u}}^{n+1}-\boldsymbol{u}_*^n}{\delta t}-\nu\Delta\tilde{\boldsymbol{u}}^{n+1}+B(\boldsymbol{u}^n,\tilde{\boldsymbol{u}}^{n+1})+\nabla p^n=0 \tag{5-46}$$

边界条件

$$\tilde{\boldsymbol{u}}^{n+1}\cdot\boldsymbol{n}=0,\quad \nu\partial_{\boldsymbol{n}}\tilde{\boldsymbol{u}}_\tau^{n+1}+l(\phi^n)\tilde{\boldsymbol{u}}_s^{n+1}=0 \tag{5-47}$$

其中，

$$B(\boldsymbol{u},\boldsymbol{v})=(\boldsymbol{u}\cdot\nabla)\boldsymbol{v}+\frac{1}{2}(\nabla\cdot\boldsymbol{u})\boldsymbol{v} \tag{5-48}$$

步骤三：

$$\frac{\boldsymbol{u}^{n+1}-\tilde{\boldsymbol{u}}^{n+1}}{\delta t}+\nabla(p^{n+1}-p^n)=0 \tag{5-49}$$

$$\nabla\cdot\boldsymbol{u}^{n+1}=0 \tag{5-50}$$

$$\boldsymbol{u}^{n+1}\cdot\boldsymbol{n}=0,\quad \text{on}\quad \partial\Omega \tag{5-51}$$

在式(5-44)中的 S 是一个待定参数。

注释 5.3.1：

压力校正格式用来解耦压力与速度的计算。关于投影方法的介绍，我们可以参考文献[90]、[91]、[200]。

注释 5.3.2：

$B(\boldsymbol{u},\boldsymbol{v})$是 Navier-Stokes 方程中非线性对流项的对称形式，这是由 Témam[218] 第一个提出的。如果速度满足散度为零，那 $B(\boldsymbol{u},\boldsymbol{u})=(\boldsymbol{u}\cdot\nabla)\boldsymbol{u}$。在我们的格式中 $\tilde{\boldsymbol{u}}^{n+1}$ 不满足散度为零，但是我们注意到下面的性质：

$$(B(\boldsymbol{u},\boldsymbol{v}),\boldsymbol{v})=0,\quad \boldsymbol{u}\cdot\boldsymbol{n}|_{\partial\Omega}=0 \tag{5-52}$$

因此无论 $\boldsymbol{u}$ 或 $\boldsymbol{v}$ 是否满足散度为零,这个性质都成立,这能够帮助保持离散能量稳定。

注释 5.3.3:

启发于文献[21]、[205]、[206]、[208]、[168],我们在式(5-41)中引进了显式的对流速度 $\boldsymbol{u}_*^n$,这联立了 $\boldsymbol{u}^n$ 和应力项 $\dot{\phi}\nabla\phi$。从式(5-45)中,我们得到

$$\boldsymbol{u}_*^n=\widetilde{B}^{-1}(\boldsymbol{u}^n-\frac{\phi^{n+1}-\phi^n}{M/\lambda}\nabla\phi^n) \tag{5-53}$$

其中 $\widetilde{B}=(I+\frac{\delta t}{M/\lambda}\nabla\phi^n\ \nabla\phi^n)$。容易得到 $\det(I+c\ \nabla\phi\ \nabla\phi)=1+c\ \nabla\phi\cdot\nabla\phi$,因此 $\widetilde{B}$ 是可逆的。

注释 5.3.4:

式(5-41)~(5-51)是完全解耦的、线性的、一阶的。式(5-49)可以写成关于 $p^{n+1}-p^n$ 的一个 Poisson 方程。因此,在每一个时间层,我们只需要求解一系列的解耦的椭圆方程,并且求解需要非常高效。

下一步我们将证明上述的格式是无条件能量稳定的。

定理 5.3.1 假设 $\boldsymbol{u}_w=\boldsymbol{0}$, $S\geqslant\overline{L}/2$,则式(5-41)~(5-51)的解满足下面的离散能量关系:

$$E_{\text{tot}}^{n+1}+\frac{\delta t^2}{2}\|\nabla p^{n+1}\|^2+\delta t[\nu\|\nabla\widetilde{\boldsymbol{u}}^{n+1}\|^2+\frac{\lambda}{M}\|\dot{\phi}^{n+1}\|^2+\|l^{1/2}(\phi^n)\widetilde{\boldsymbol{u}}_s^{n+1}\|_{\partial\Omega}^2]$$
$$\leqslant E_{\text{tot}}^n+\frac{\delta t^2}{2}\|\nabla p^n\|^2,\quad n=0,1,2,\cdots \tag{5-54}$$

其中 $E_{\text{tot}}^n=\|\boldsymbol{u}^n\|^2/2+\lambda(\varepsilon\|\nabla\phi^n\|^2/2+\varepsilon\|q^n\|^2/4+(g(\phi^n,1))_{\partial\Omega})$。

证明:对式(5-41)关于 $\frac{\lambda}{M}\frac{\phi^{n+1}-\phi^n}{\delta t}$ 作 L^2 内积,应用分部积分,我们得到

$$\frac{\lambda}{M}\|\dot{\phi}^{n+1}\|^2-\frac{\lambda}{M}(\dot{\phi}^{n+1},\boldsymbol{u}_*^n\cdot\nabla\phi^n)-\frac{\lambda}{\delta t}(\varepsilon\partial_{\boldsymbol{n}}\phi^{n+1},\phi^{n+1}-\phi^n)_{\partial\Omega}+$$
$$\frac{\lambda\varepsilon}{\delta t}(\frac{1}{2}\|\nabla\phi^{n+1}\|^2-\frac{1}{2}\|\nabla\phi^n\|^2+\|\nabla(\phi^{n+1}-\phi^n)\|^2)+$$
$$\frac{\lambda}{\delta t}(\phi^n q^{n+1},\phi^{n+1}-\phi^n)=0 \tag{5-55}$$

其中我们应用了性质

$$(a-b,2a)=|a|^2-|b|^2+|a-b|^2 \tag{5-56}$$

边界项:

$$-\frac{\lambda}{\delta t}(\varepsilon\partial_n\phi_{n+1},\phi^{n-1}-\phi^n)_{\partial\Omega}=\frac{\lambda}{\delta t}[(g(\phi^{n+1}),1)_{\partial\Omega}+(g(\phi^n),1)_{\partial\Omega}-(S-\frac{g''(\zeta)}{2},(\phi_{+1}-\phi_n)^2)_{\partial\Omega}] \tag{5-57}$$

其中我们应用了泰勒展开：

$$g'(\phi^n)(\phi^{n+1}-\phi^n)=g(\phi^{n+1})-g(\phi^n)-\frac{g''(\zeta)}{2}(\phi^{n+1}-\phi^n)^2 \tag{5-58}$$

对式(5-43)关于λq^{n+1}作L^2内积，可以得到

$$\frac{\lambda\varepsilon}{4\delta t}(\|q^{n+1}\|^2-\|q^n\|^2+\|q^{n+1}-q^n\|^2)-\frac{\lambda}{\delta t}(\phi^n(\phi^{n+1}-\phi^n),q^{n+1})=0 \tag{5-59}$$

对式(5-45)关于$\boldsymbol{u}_*^n/\delta t$作$L^2$内积，我们得到

$$\frac{1}{2\delta t}(\|\boldsymbol{u}_*^n\|^2-\|\boldsymbol{u}^n\|^2+\|\boldsymbol{u}^n-\boldsymbol{u}^n\|^2)=-\frac{\lambda}{M}(\dot{\phi}^{n+1}\cdot\nabla\phi^n,\boldsymbol{u}_*^n) \tag{5-60}$$

对式(5-46)关于$\tilde{\boldsymbol{u}}^{n+1}$作$L^2$内积，应用分部积分，并应用式(5-52)，我们得到

$$\frac{1}{2\delta t}(\|\tilde{\boldsymbol{u}}^{n+1}\|^2-\|\boldsymbol{u}_*^n\|^2+\|\tilde{\boldsymbol{u}}^{n+1}-\boldsymbol{u}^n\|^2)+\nu\|\nabla\tilde{\boldsymbol{u}}\|^2 \tag{5-61}$$
$$+(\nabla p^n,\tilde{\boldsymbol{u}}^{n+1})-\nu(\partial_n\tilde{\boldsymbol{u}}^{n+1},\tilde{\boldsymbol{u}}^{n+1})_{\partial\Omega}=0$$

针对上面式子的边界项，注意到$\tilde{\boldsymbol{u}}_\tau^{n+1}-\tilde{\boldsymbol{u}}_w^{n+1}=\tilde{\boldsymbol{u}}_s^{n+1}$，$\tilde{\boldsymbol{u}}_w^{n+1}=0$，我们有

$$\nu(\partial_n\tilde{\boldsymbol{u}}^{n+1},\tilde{\boldsymbol{u}}^{n+1})_{\partial\Omega}=-\|l^{1/2}(\phi^n)\tilde{\boldsymbol{u}}_s^{n+1}\|_{\partial\Omega}^2 \tag{5-62}$$

对式(5-49)关于$\boldsymbol{u}^{n+1}$作L^2内积，应用分部积分，并且应用式(5-50)，我们有

$$\frac{1}{2\delta t}(\|\boldsymbol{u}^{n+1}\|^2-\|\tilde{\boldsymbol{u}}^{n+1}\|^2+\|\boldsymbol{u}^{n+1}-\tilde{\boldsymbol{u}}^{n+1}\|^2)=0 \tag{5-63}$$

对式(5-49)关于$\delta t\,\nabla p^n$作L^2内积，应用式(5-50)，我们得到

$$\frac{\delta t}{2}(\|\nabla p^{n+1}\|^2-\|\nabla p^n\|^2-\|\nabla(p^{n+1}-p^n)\|^2)-(\tilde{\boldsymbol{u}}^{n+1},\nabla p^n)=0 \tag{5-64}$$

我们还可以从式(5-49)直接得到式(5-65)：

$$\frac{\delta t}{2}\|\nabla p^{n+1}-\nabla p^n\|^2=\frac{1}{2\delta t}\|\tilde{\boldsymbol{u}}^{n+1}-\boldsymbol{u}^{n+1}\|^2 \tag{5-65}$$

因此，联立式(5-55)、式(5-57)、式(5-59)～(5-65)，我们得到

$$\frac{1}{\delta t}(E_{\text{tot}}^{n+1}-E_{\text{tot}}^n)+\frac{\delta t}{2}(\|\nabla p^{n+1}\|^2-\|\nabla p^n\|^2)=$$
$$-\left[\nu\|\nabla\tilde{\boldsymbol{u}}^{n+1}\|^2+\frac{\lambda}{M}\|\dot{\phi}^{n+1}\|^2+\frac{\lambda}{M}\|\boldsymbol{u}_*^n\cdot\nabla\phi^n\|^2+\|l^{1/2}(\phi^n)\tilde{\boldsymbol{u}}_s^{n+1}\|_{\partial\Omega}^2\right]-$$
$$\frac{1}{2\delta t}(\|\tilde{\boldsymbol{u}}^{n+1}-\boldsymbol{u}_*^n\|^2+\|\boldsymbol{u}^n-\boldsymbol{u}^n\|^2)+\|\boldsymbol{u}^{n+1}-\tilde{\boldsymbol{u}}^{n+1}\|^2-\frac{\lambda\varepsilon}{4\delta t}\|q^{n+1}-q^n\|^2-$$
$$\frac{\lambda}{\delta t}\left(S-\frac{g''(\zeta)}{2},(\phi^{n+1}-\phi^n)^2\right)_{\partial\Omega} \tag{5-66}$$

因此，在假设$S\geqslant\overline{L}/2$的情况下，我们得到了想要的式(5-54)。

证毕。

5.4 有限元空间离散

由于上述格式的能量稳定性质的证明是基于弱形式和分部积分的，那么就需要一个合适的离散空间的方法来保证上述半离散格式的能量稳定性。

在这一部分中，我们考虑区域 $\Omega=[0,L_x]\times[0,L_y]$，边界 $\partial\Omega=\Gamma_1\cup\Gamma_2\cup\Gamma_3\cup\Gamma_4$，并且边界的定义如图 5.1 所示。我们应用有限元方法来做空间上的离散，并且测试半离散格式的能量稳定性质。

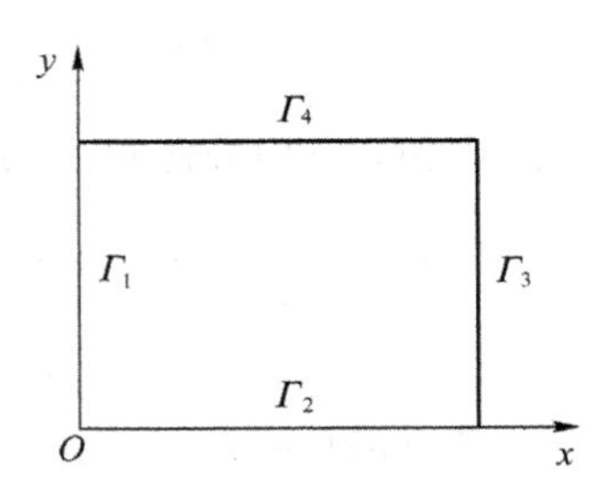

图 5.1 边界示意图

现在我们考虑用完全的离散格式来求解 PDE 系统。令 $S_h\subset H^1(\Omega)$ 是有限维子空间，该子空间由分片线性函数组成。

我们定义 $\widetilde{S}_h^0=\{u:u|_{\Gamma_1\cup\Gamma_3}=0,u\in S_h\}$，$S_h^0\subset H_0^1(\Omega)$。令 $V_{u_h}=\widetilde{S}_h^0\times S_h^0$，$M_h\subset L_0^2(\Omega)$ 满足 inf-sup 条件的有限维空间：

$$\inf_{q_h\in M_h}\sup_{\boldsymbol{u}_h\in V_{u_h}}\frac{\int_\Omega q_h\nabla\cdot\boldsymbol{u}_h\mathrm{d}x}{\|q_h\|\|\boldsymbol{u}_h\|_1}\geqslant C \tag{5-67}$$

其中 $C>0$，与网格大小 h 无关，并且 $\|\boldsymbol{u}_h\|_1=\|\nabla\boldsymbol{u}_h\|+\|\boldsymbol{u}_h\|$。

在有限元空间的框架中，式(5-41)～(5-51)的有限元形式如下。

求解 $(\phi_h^{n+1},q_h^{n+1},\widetilde{\boldsymbol{u}}_h^n,p_h^{n+1},\boldsymbol{u}_h^{n+1})\in S_h\times S_h\times V_{u_h}\times M_h\times V_{u_h}$，使得对所有的 $(\psi_h,\boldsymbol{v}_h,g_h)\in S_h\times V_{u_h}\times M_h$ 都有

$$\left(\frac{\phi^{n+1}-\phi^n}{\delta t},\psi_h\right)+(\widetilde{\boldsymbol{u}}_{*h}^n\cdot\nabla\phi_h^n,\psi_h)+M\varepsilon(\nabla\phi_h^{n+1},\nabla\psi_h)-M(\varepsilon\partial_{\boldsymbol{n}}\phi_h^{n+1},\psi_h)_{\partial\Omega}+$$

$$M\left(\phi_h^n\left[q_h^n+\frac{2}{\varepsilon}\phi_h^n(\phi_h^{n+1}-\phi_h^n)\right],\psi_h\right)+M(\xi^n,\psi_h)=0 \tag{5-68}$$

$$\left(\frac{\widetilde{\boldsymbol{u}}_h^{n+1}-\boldsymbol{u}_{*h}^n}{\delta t},\boldsymbol{v}_h\right)+(B(\boldsymbol{u}_h^n,\widetilde{\boldsymbol{u}}_h^{n+1}),\boldsymbol{v}_h)+\nu(\nabla\widetilde{\boldsymbol{u}}_h^{n+1},\nabla\boldsymbol{v}_h)-$$

$$\nu(\partial_{\boldsymbol{n}}\widetilde{\boldsymbol{u}}_h^{n+1},\boldsymbol{v}_h)_{\partial\Omega}+(\nabla p_h^n,\boldsymbol{v}_h))=0 \tag{5-69}$$

$$\left(\frac{\boldsymbol{u}_h^{n+1}-\widetilde{\boldsymbol{u}}_h^{n+1}}{\delta t},\boldsymbol{v}_h\right)+(\nabla(p_h^{n+1}-p_h^n),\boldsymbol{v}_h)=0 \tag{5-70}$$

$$(\nabla\cdot\boldsymbol{u}_h^{n+1},g_h)=0 \tag{5-71}$$

$$\frac{\varepsilon}{2}\left(\frac{q_h^{n+1}-q_h^n}{\delta t},\psi_h\right)=\left(\phi_h^n\frac{\phi_h^{n+1}-\phi_h^n}{\delta t},\psi_h\right) \tag{5-72}$$

其中

$$-\varepsilon\partial_{\boldsymbol{n}}\phi_h^{n+1}=g'(\phi_h^n)+S(\phi_h^{n+1}-\phi_h^n) \tag{5-73}$$

$$-\nu\,\partial_{\boldsymbol{n}}\widetilde{\boldsymbol{u}}_h^{n+1}=l(\phi_h^n)\widetilde{\boldsymbol{u}}_{sh}^{n+1} \tag{5-74}$$

注释 5.4.1：

注意到在式(5-72)中 q_h^{n+1} 的更新是与其他式子解耦的。

为了方便解释式(5-68)～(5-72)的能量稳定性，我们引进了离散的散度算子 $B_h:V_{u_h}\to M_h$，使得对$\boldsymbol{u}_h\in V_{\boldsymbol{u}_h}$ 和 $p_h\in M_h$，有

$$(B_h\boldsymbol{u}_h,p_h):=-(\nabla\cdot\boldsymbol{u}_h,p_h)=(\boldsymbol{u}_h,\nabla p_h):=(\boldsymbol{u}_h,B_h^{\mathrm{T}}p_h) \tag{5-75}$$

其中 $B_h^{\mathrm{T}}:M_h\to V_{\boldsymbol{u}_h}$ 是 B_h 的转置。因此我们可以写出式(5-70)和式(5-71)的离散形式：

$$\boldsymbol{u}_h^{n+1}-\widetilde{\boldsymbol{u}}_h^{n+1}+B_h^{\mathrm{T}}(p_h^{n+1}-p_h^n)=0,\quad \text{in}\quad M_h \tag{5-76}$$

$$B_h\boldsymbol{u}_h^{n+1}=0,\quad \text{in}\quad M_h \tag{5-77}$$

因此，整个系统的离散能量满足下面的规律。

定理 5.4.1 假设 $q_h^n\in S_h$，$\phi_h^n\in S_h$，$\boldsymbol{u}_h^n\in V_{\boldsymbol{u}_h}$，并且 $p_h^n\in M_h$，那么式(5-68)～(5-72)存在唯一解$(\phi_h^{n+1},q_h^{n+1},\boldsymbol{u}_h^{n+1},p_h^{n+1})\in S_h\times S_h\times V_{u_h}\times M_h,h>0$ 和 $\delta t>0$。除此之外，如果$\boldsymbol{u}_w=0,S\geqslant\overline{L}/2$，则该解满足离散的能量规律：

$$E_{\mathrm{tot}\,h}^{n+1}+\frac{\delta t^2}{2}\|B_h^{\mathrm{T}}p_h^{n+1}\|^2+\delta t\left[\nu\|\nabla\widetilde{\boldsymbol{u}}_h^{n+1}\|^2+\frac{\lambda}{M}\|\dot{\phi}_h^{n+1}\|^2+\|l^{1/2}(\phi_h^n)\widetilde{\boldsymbol{u}}_{sh}^{n+1}\|_{\partial\Omega}^2\right]\leqslant E_{\mathrm{tot}\,h}^n+\frac{\delta t^2}{2}\|B_h^{\mathrm{T}}p_h^n\|^2,\quad n=0,1,2,\cdots \tag{5-78}$$

其中 $E_{\mathrm{tot}\,h}^n=\|\boldsymbol{u}_h^n\|^2/2+\lambda(\varepsilon\|\nabla\phi_h^n\|^2/2+\varepsilon\|q_h^n\|^2/4+(g(\phi_h^n,1))_{\partial\Omega})$，$\dot{\phi}_h^{n+1}=(\phi_h^{n+1}-\phi_h^n)/\delta t+(\boldsymbol{u}_{*h}^{n+1}\cdot\nabla)\phi_h^n$。

证明：注意到式(5-68)～(5-72)是一个线性系统，因此唯一可解性可以直接从式(5-78)推出。

对式(5-68)、式(5-69)、式(5-72)、式(5-76)和式(5-77)，和定理 5.3.1 作同样的处理，我们能容易证明其满足能量规律。

证毕。

5.5 数值模拟

在这一部分我们将展示数值实验，用的是 5.3 节的数值格式。

空间离散用的是有限元方法。对速度和压力用的是 inf-sup 稳定 Iso-P2/P1 元，对相场变量 ϕ 用的是线性元。

5.5.1 案例 1：精度测试

我们首先来测试式(5-41)～(5-51)的收敛率。在区域 $\Omega=[0,2]^2$ 中，我们给出精确解：

$$\begin{cases}\phi(t,x,y)=2+\cos(\pi x)\cos(\pi y)\sin t\\ u(t,x,y)=\pi\sin(2\pi y)\sin^2(\pi x)\sin t\\ v(t,x,y)=-\pi\sin(2\pi x)\sin^2(\pi y)\sin t\\ p(t,x,y)=\cos(\pi x)\sin(\pi y)\sin t\end{cases}\tag{5-79}$$

我们选择 $\varepsilon=0.025$，$\nu=1$，$M=0.001$，$\lambda=10^{-7}$，$\gamma=1\,000$，$l(\phi)=1/(0.19)$，$\theta_s=90°$。给出一些合适的应力项使得精确解满足整个耦合系统。我们在实验中用的是 10 145 个节点和 19 968 个三角单元。

在精度测试中，我们画出了速度、压力和相场变量在 $t=1$ 时刻不同时间步长下 $\delta t=0.000\,1, 0.000\,5, 0.001, 0.005, 0.01$ 的数值解和精确解的 L^2 误差，如图 5.2所示。数值结果证实了式(5-41)～(5-51)在时间上对所有变量都是一阶的。

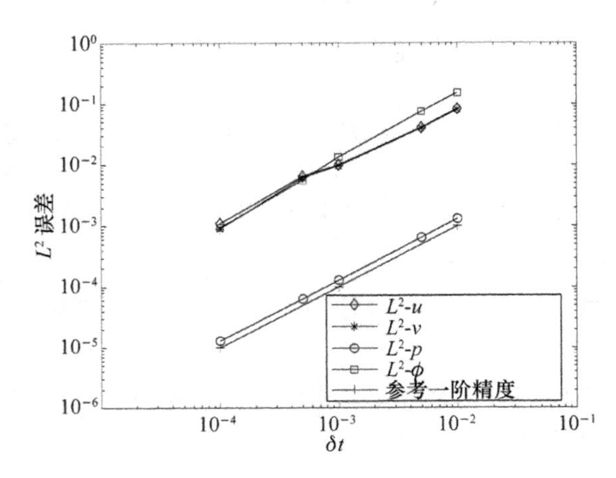

图 5.2 速度($\boldsymbol{u}=(u,v)$)、压力 p、相场变量 ϕ 在式(5-41)～(5-51)中 L^2 误差的收敛率

5.5.2 案例 2：不相融 Couette 流

在这个案例中计算区域为 $\Omega=[0,4]\times[0,0.8]$，固壁的速度设置为 $V=0.7$，参数为 $\lambda=0.1$。我们选择不同的 θ_s 的值并且其他参数和案例 1 中的相同。我们令初始值 $\boldsymbol{u}^0=0$ 以及

$$\phi^0(x,y)=\begin{cases}1, & (x,y)\in\Gamma\\ -1, & 其他\end{cases} \tag{5-80}$$

其中 Γ 是流体 1 的初始构型，$\Gamma=\{(x,y)\in\Omega \parallel x-2|\leqslant 1\}$。在 Matlab 中的 PDE tool 的帮助下我们获得了计算区域中的 9 153 个节点和 17 920 个三角单元。分别沿着 $\pm x$ 方向移动上下固壁，以 V 的速度，这样就产生了 Couette 流。

我们设置接触角为 $\theta_s=60°$，我们可以看到图 5.3 中的接触线在 $T=0.01$ 到 $T=3$ 时刻移动。接触线在 $T=3$ 到 $T=5$ 时刻达到稳定状态。

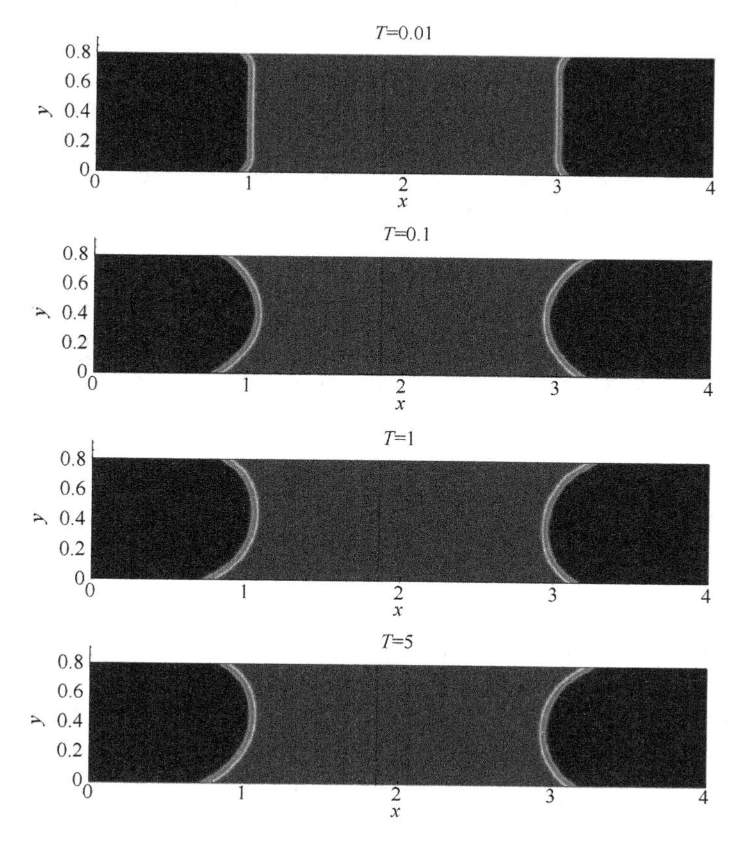

图 5.3 流体在时刻 $T=0.01,0.1,1,5$ 的演化，接触角为 $\theta_s=60°$

我们在上边界设置接触角为 $\theta_s=103°$,在下边界设置接触角为 $\theta_s=77°$。在图5.4中,我们能看出接触线在 $T=0.01$ 到 $T=3$ 时刻移动,并在 $T=5$ 达到稳定状态。这些结果与文献[160]和[208]的结果是一致的。

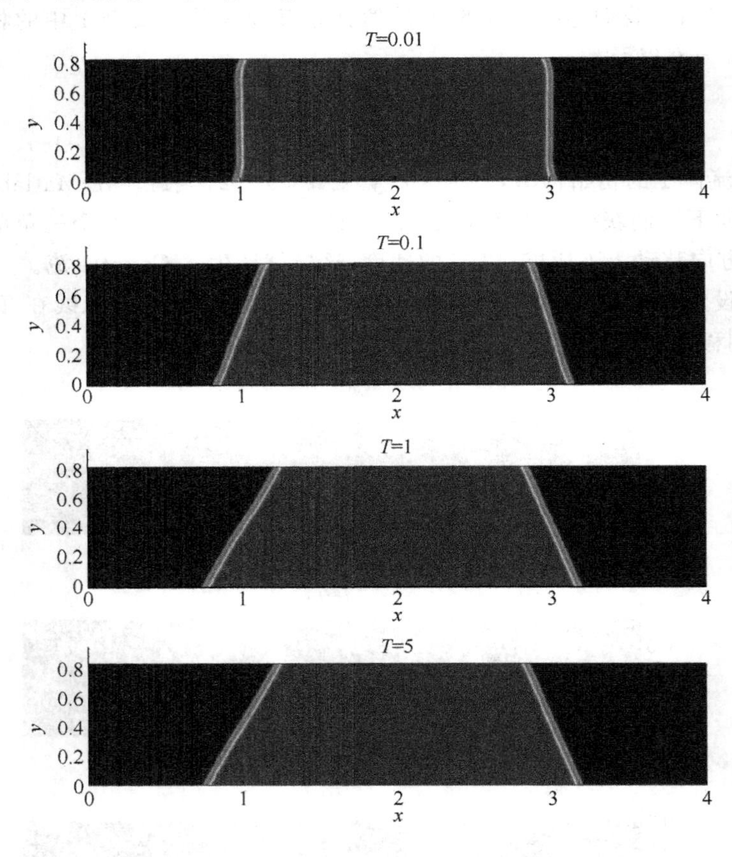

图 5.4　流体在时刻 $T=0.01,0.1,1,5$ 的演化,在上边界接触角为 $\theta_s=103°$,在下边界接触角为 $\theta_s=77°$

5.5.3　案例3:水滴的润湿与反润湿

在这案例中,我们设置计算区域为 $\Omega=[0,4]\times[0,1.2]$ 并且初始构型为 $\Gamma=\{(x,y)\in\Omega\,|\,(x-2)^2+y^2\leqslant 0.64\}$。

我们想要模拟出水滴的润湿与反润湿过程。固壁的速度设置为 $V=0$,其他的参数和案例2中的相同。在这个例子中我们对润湿案例选择接触角为 $\theta_s=30°$,对反润湿案例选择接触角为 $\theta_s=150°$。在图5.5的左侧中,我们可以看出,接触线在

$T=0.01$ 到 $T=0.5$ 是向外扩展的，并且在图 5.6 的左侧中达到稳定状态。而对于反润湿案例，从图 5.5 的右侧可以看出接触线从 $T=0.01$ 到 $T=0.5$ 是向内收缩的，并且在图 5.6 的右侧中达到稳定状态。由于边界能 $E_s(\phi)=\lambda\,(g(\phi),1)_{\partial\Omega}$ 的存在，所以在反润湿案例中的总能量小于零，而润湿案例中的能量大于零。润湿案例和反润案例的能量曲线如图 5.7 所示，两个案例的能量曲线都是递减的并且在最后达到稳定状态。两个案例的数值结果与文献[160]和[208]中的结果相一致。

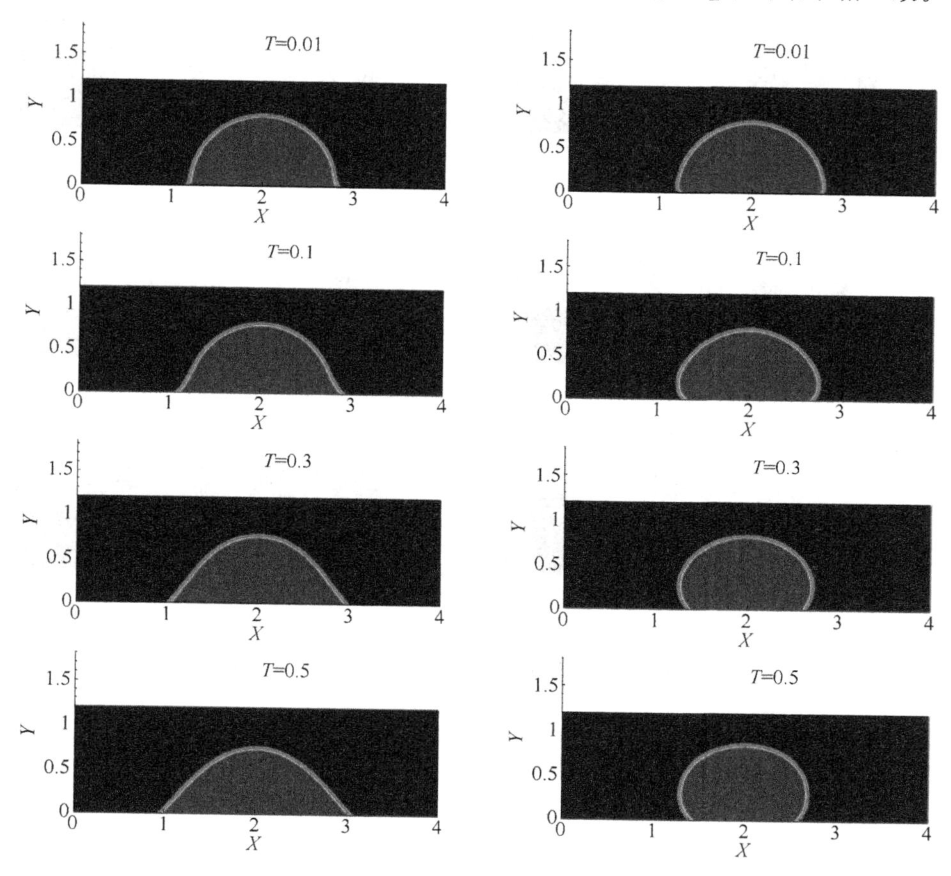

图 5.5　流体在时刻 $T=0.01,0.1,0.3,0.5$ 的演化(左侧为 $\theta_s=30°$，右侧为 $\theta_s=150°$)

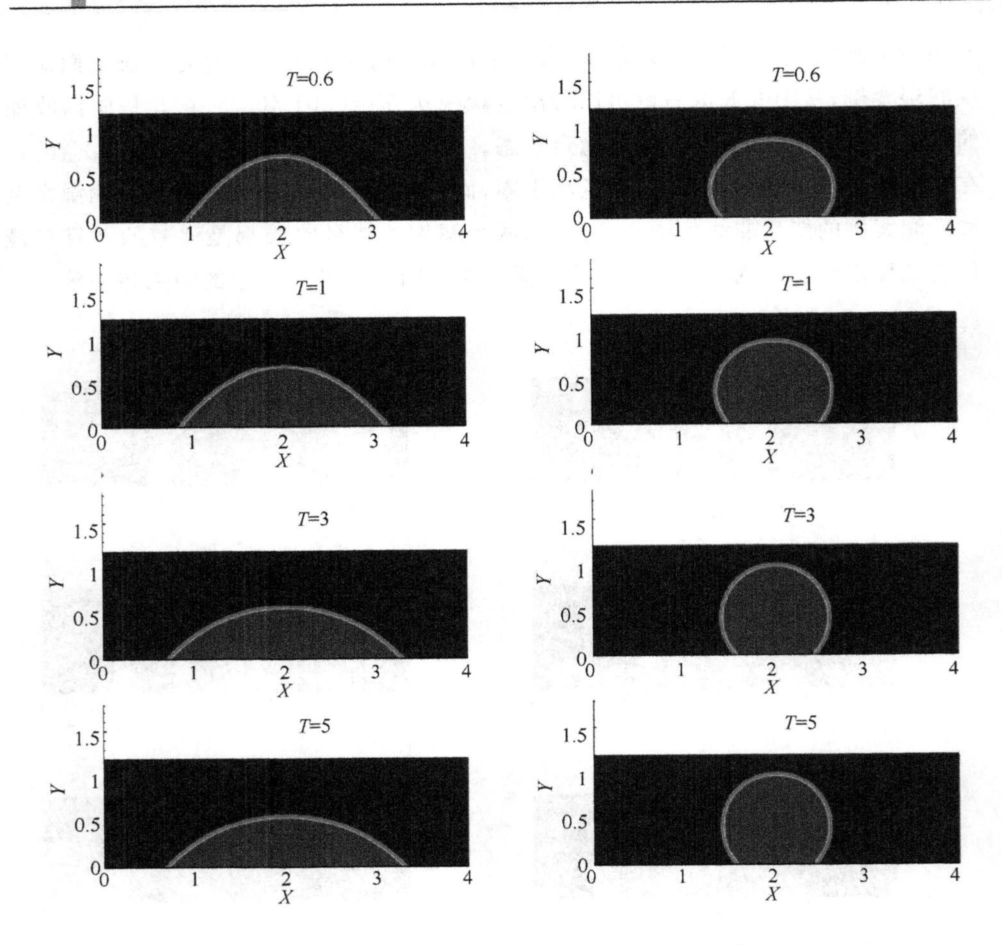

图 5.6　流体在时刻 $T=0.6,1,3,5$ 的演化(左侧为 $\theta_s=30°$，右侧为 $\theta_s=150°$)

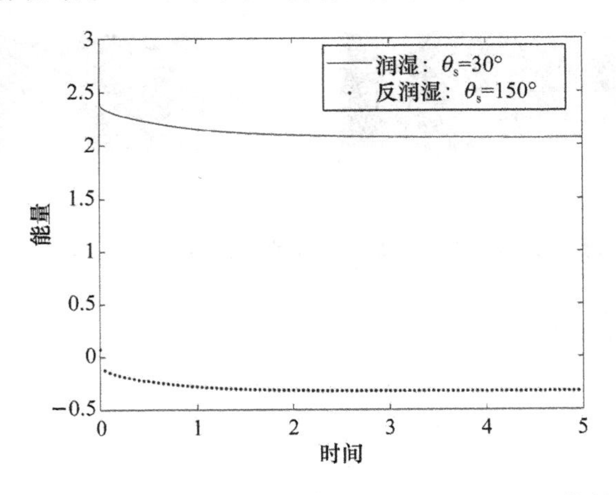

图 5.7　润湿案例($\theta_s=30°$)和反润湿案例($\theta_s=150°$)的能量曲线

5.5.4 案例4：带孔洞区域中的水滴

我们现在来考虑带孔洞的圆柱形区域 Ω，并且假设所有变量都是柱对称的。应用柱坐标变换 (r,θ,z)，系统中的 Navier-Stokes 方程可以参考文献[159]、[196]。如果不考虑角度 θ 方向，该系统可以简单地看成一个二维问题。

在案例3中我们对润湿案例选择接触角为 $\theta_s=30°$，对反润湿案例选择接触角为 $\theta_s=150°$，并且考虑了重力对系统的影响。我们可以用下面的动量方程：

$$\boldsymbol{u}_t+(\boldsymbol{u}\cdot\nabla)\boldsymbol{u}+\nabla p=\lambda\mu\,\nabla\phi+\phi g_0 e_z \tag{5-81}$$

其中 g_0 是重力加速度，$e_z=(0,1)$。计算区域为 $R=1,Z=2$，带有一个矩形孔洞。该非规则区域通过 MATLAB 离散成 20 105 个节点和 39 680 个三角单元。初始构型设置为一个围绕孔洞的类似于轮胎的几何形状。

从图5.8和图5.9可以看出，水滴随时间在下降，并且接触线在向外扩展。而从图5.10和图5.11可以看出，水滴在随时间下降并且接触线在向内收缩。

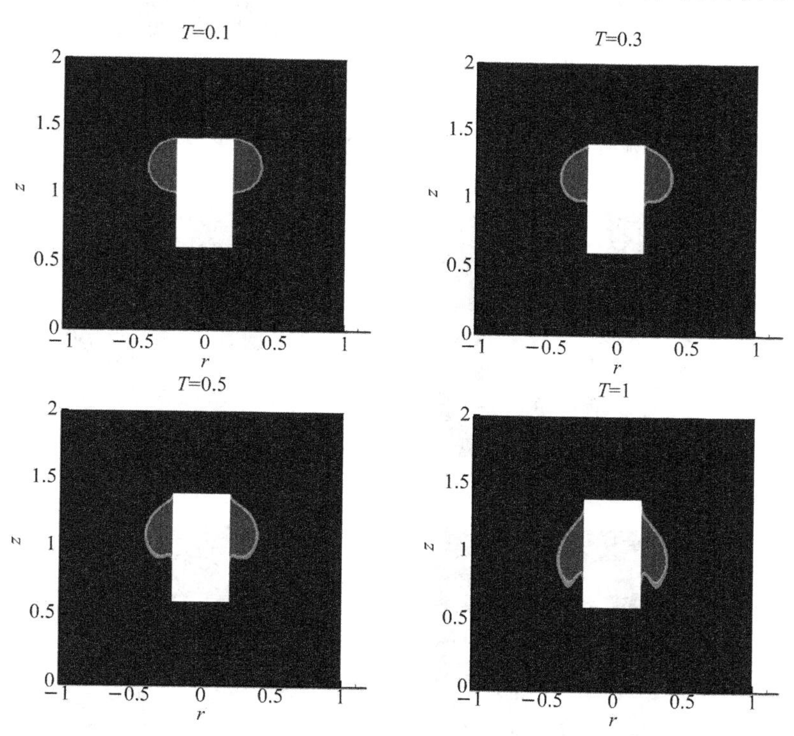

图5.8 流体在时刻 $T=0.1,0.3,0.5,1$ 的演化，接触角为 $\theta_s=30°$

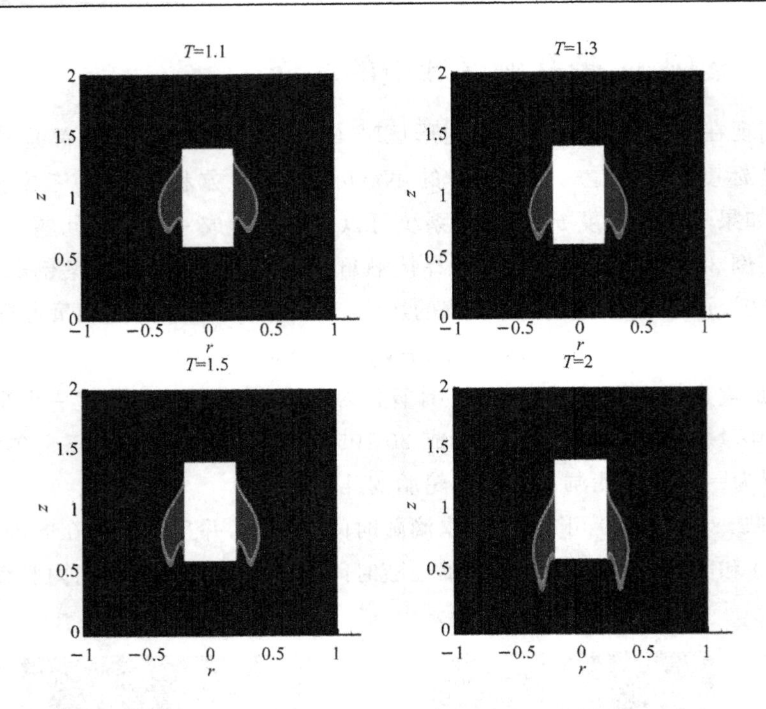

图 5.9　流体在时刻 $T=1.1,1.3,1.5,2$ 的演化，接触角为 $\theta_s=30^\circ$

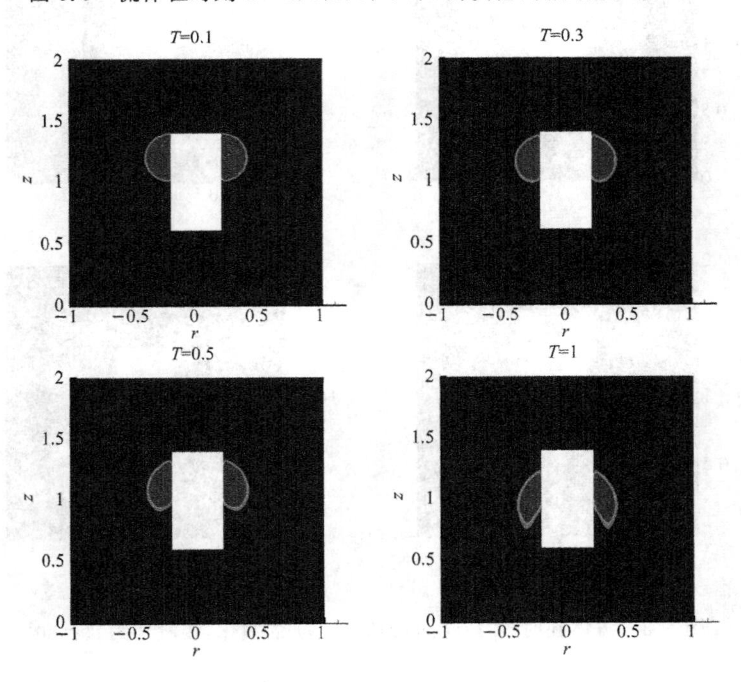

图 5.10　流体在时刻 $T=0.1,0.3,0.5,1$ 的演化，接触角为 $\theta_s=150^\circ$

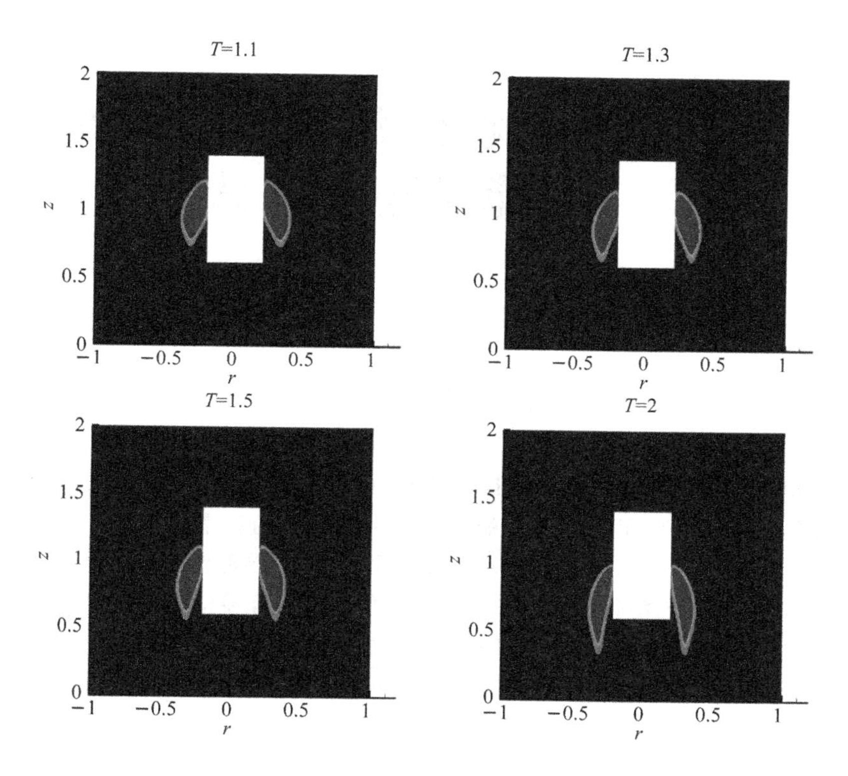

图 5.11 流体在时刻 $T=1.1,1.3,1.5,2$ 的演化，接触角为 $\theta_s=150°$

5.6 小 结

在本章中我们研究了两相不相融流体，用的是 Navier-Stokes Allen-Cahn 模型。利用广义的 Navier 边界条件和动态接触线条件，我们推导出了该模型的能量递减规律。然后我们通过引进辅助函数构造出了一个线性的、解耦的、能量稳定的数值格式。

我们不仅考虑了时间上的离散，并且在空间上的离散应用了有限元方法 。除此之外，我们证明了整个完全离散格式是能量稳定的。最后我们展示了足够的数值案例来验证该格式的可行性，以及模拟了水滴的润湿与反润湿现象。

第 6 章　两相磁流体新模型的二阶能量稳定格式

6.1　背 景 介 绍

由于不可压缩磁流体力学(MHD)方程在聚变堆包层、液态金属磁力泵等领域有多方面应用,这吸引了越来越多的数学界和工程界的科学家来研究该方程(可参见文献[1]、[86]、[162])。磁流体动力学方程描述了导电流体在磁场作用下的动力学行为。磁场通过洛伦兹力改变流体的动量,反之,导电流体通过电流影响磁场。以这种方式,多个物理场(如速度场、压力场和电磁场)被耦合在一起。众所周知,多相流或自由表面流的数值模拟是计算流体力学中的一个具有挑战性的问题。由于多个物理场之间的相互作用,三维磁流体力学方程的求解变得很困难。在设计聚变装置托卡马克第一壁时,需要模拟液态锂在环形腔边界上的扩散行为。此外,托卡马克液态金属包层冷却液使用液态锂或共晶合金 Pb-17Li,这些合金通常含有杂质和气泡。这促使我们研究求解 MHD 方程自由表面流动和多相流问题的有效数值方法。

由于强非线性和多重物理的耦合性,MHD 方程的数值研究在误差估计和离散求解器方面是非常困难的。1991 年,Gunzburger[94] 等人证明了用 Lagrangian 节点单元离散磁场的稳态 MHD 方程的有限元误差估计。2004 年,Schötzau[192] 提出了一种混合有限元方法,用边界单元来离散磁场。2008 年,Prohl[179] 证明了含时 MHD 方程的有限元误差估计。求解离散磁流体力学问题的健壮预条件处理器引起了计算数学家的广泛关注。Cyr[51] 等人研究了二维和三维定常和含时 MHD 方程的块预处理器,其中磁感应由节点有限元或边缘元近似[51,102,176,177]。在文献[161]中,Ma 等人提出了求解 MHD 方程混合有限元离散化的范数等价和 FOV 等价预条件。在文献[127]中,Li 和 Zheng 用混合有限元方法提出了一个求解定常不可压缩 MHD 方程的 Newton-Krylov 求解器和 Picard-Krylov 求解器。此外,Planas[178] 等人利用稳定的有限元方法研究了无感磁流体力学问题,该问题耦合了 Navier-Stokes 方程和 Darcy 型电势系统。

求解多相流问题的数值方法一般有两种:尖锐界面法(Sharp Interface Methods)[251-253]和耗散界面法(Diffuse Interface Methods)。本书的目的是研究磁流体力学方程的耗散界面模型或相场模型。相场(或耗散界面)模型最先是由 Cahn 和 Hilliard[26]提出的。它通过相场近似来研究两相不相融流体之间的界面。Cahn-Hilliard 方程是一种常用的相场方程,它对流体的体积是守恒的。Cahn-Hilliard-Navier-Stokes(CHNS)模型描述了两相不混溶流体中的界面变化,如界面夹断、移动接触线[36,37]。有很多关于耦合、能量稳定、CHNS 模型的一阶数值格式(参见文献[89],[96])。在文献[72]中,Feng 分析了 CHNS 模型的全离散有限元方法,证明了数值解收敛于相场模型的解。最近,乔中华等人提出了一种相场模型的混合有限元方法,并证明了离散解的收敛速度。

本书研究了在磁场作用下导电流体的多相流。令 Ω 是 $\mathbf{R}^3$ 中有界的 Lipschitz 区域,$\Gamma=\partial\Omega$ 是其边界。定义 $Q_T:=\Omega\times(0,T)$ 和 $\Gamma_T:=\Gamma\times(0,T)$。流体的动力学行为由 Cahn-Hilliard 方程和无电感效应的 MHD 方程的耦合模型控制:

$$\partial_t\boldsymbol{u}+\boldsymbol{u}\cdot\nabla\boldsymbol{u}-\nu\Delta\boldsymbol{u}+\nabla p-\boldsymbol{J}\times\boldsymbol{B}_0+\lambda\phi\nabla\mu=0,\quad \text{in}\quad Q_T \tag{6-1a}$$

$$\boldsymbol{J}+\sigma(\nabla\psi+\boldsymbol{u}\times\boldsymbol{B}_0)=0,\quad \text{in}\quad Q_T \tag{6-1b}$$

$$\nabla\cdot\boldsymbol{u}=0,\quad \nabla\cdot\boldsymbol{J}=0,\quad \text{in}\quad Q_T \tag{6-1c}$$

$$\partial_t\phi+\nabla\cdot(\phi\boldsymbol{u})-M\Delta\mu=0,\quad \text{in}\quad Q_T \tag{6-1d}$$

$$-\Delta\phi+\frac{1}{\varepsilon^2}(\phi^3-\phi)=\mu,\quad \text{in}\quad Q_T \tag{6-1e}$$

其中,$\boldsymbol{u}$ 是流体的速度,$\boldsymbol{J}$ 是电流密度,$\boldsymbol{B}_0$ 是假设给定的外加磁场,ψ 是电势,μ 是化学势,ν 是流体耗散系数,M 是松弛参数,σ 是流体的导电率,$\lambda>0$ 是表面张力强度的系数,$\varepsilon>0$ 是过渡区域宽度的罚参数。这里 $\partial_t:=\frac{\partial}{\partial t}$ 代表关于时间变量的偏导数运算符。在(6-1a)中,$\boldsymbol{J}\times\boldsymbol{B}_0$ 代表由导电流体切割磁力线而产生的洛伦兹力。

在式(6-1)中,假定磁场 $\boldsymbol{B}_0$ 是给定的。当 σ 很小时,磁场趋于饱和,这种情况在许多应用中都会发生。在这种情况下,磁感应强度的时间导数可以忽略不计,电场被认为是静态的,即 $\boldsymbol{E}=-\nabla\psi$(参见文献[170]、[171])。因此该 MHD 方程是无电感效应的。对于式(6-1)的适定性,我们仍然需要初始条件和边界条件:

$$\boldsymbol{u}(0)=\boldsymbol{u}_0,\quad \phi(0)=\phi_0,\quad \text{on}\quad \Omega \tag{6-2}$$

$$\boldsymbol{u}=0,\quad \boldsymbol{J}\cdot\boldsymbol{n}=0,\quad \partial_{\boldsymbol{n}}\phi=\partial_{\boldsymbol{n}}\mu=0,\quad \text{on}\quad \Gamma_T \tag{6-3}$$

其中 $\boldsymbol{n}$ 是边界 $\partial\Omega$ 上的单位法线向量,指向 Ω 外部并且 $\partial_{\boldsymbol{n}}:=\frac{\partial}{\partial\boldsymbol{n}}$。系统的总能量由 Cahn-Hilliard 能量和流体的动能组成。它的定义是

$$E:=\frac{1}{2}\int_\Omega|\boldsymbol{u}|^2\mathrm{d}\boldsymbol{x}+\lambda E(\phi) \tag{6-4}$$

$$E(\phi)=\int_\Omega\left[\frac{1}{2}|\nabla\phi|^2+F(\phi)\right]\mathrm{d}\boldsymbol{x},\quad F(\phi)=\frac{(\phi^2-1)^2}{4\varepsilon^2} \tag{6-5}$$

其中 $F(\phi)$ 是著名的 Ginzburg-Landau 双势井函数，μ 通过能量变分得到

$$\mu=\frac{\delta E(\phi)}{\delta\phi}=-\Delta\phi+F'(\phi),\quad F'(\phi)=\frac{1}{\varepsilon^2}(\phi^3-\phi) \tag{6-6}$$

CHiMHD 模型表示相变量与速度的耦合、速度与压力的耦合、速度与电流密度的耦合。本书的目的是提出两个线性且能量稳定的数值格式，用其去解决模型(6-1)～(6-3)。

我们强调，将不可压缩和无电感效应的 MHD 方程与 Cahn-Hilliard 相场方程相结合来研究两相不相融流体是首次工作。其动机是前人对相场方程与 Navier-Stokes 方程的耦合系统进行了大量的研究工作，而 Navier-Stokes 方程是无电感效应磁流体动力学方程的一部分。我们的模型试图模拟在磁场作用下两相不相融流体的界面变化。其优点之一是该模型遵循热力学第二定律，即系统满足能量耗散定律。因此，该系统是适定的，并且从偏微分方程的角度来说该系统存在唯一解。另外，从数值角度来看，这种能量关系是构造离散格式的重要条件。该模型可以在不同的条件下进行研究。例如，考虑不可压缩 Navier-Stokes 方程的一般 Navier 边界条件和 Cahn-Hilliard 方程的动态接触线条件，可以研究磁场作用下的接触线运动。此外，我们还可以研究另一个适定模型。例如我们结合了囊泡薄膜模型和不可压缩无电感效应的 MHD 方程。或者我们可以关注磁场作用下守恒的 Allen-Cahn 方程[36]模型。因此，将经典相场方程与磁流体力学方程相结合，可以得到一系列的适定模型。

关于构造 Cahn-Hilliard 方程的能量稳定格式，在这方面有很多工作，如凸分裂法[37,128,129,151]、稳定因子方法[34,201-205,233,234]、IEQ 方法[35,36,238-240,242,243]和 SAV 方法[199]。在这项工作中，我们选择用 IEQ 方法来求解 Cahn-Hilliard 方程，因为基于 IEQ 的格式对于修正的能量是线性的和稳定的。对于 MHD 方程，采用压力修正法(或投影法)。全离散格式在空间和时间上都是二阶的。我们证明了时间离散格式在每个时间步都有唯一解，并且离散解是无条件能量稳定的。通过大量的数值实验，验证了数值方法的二阶收敛性，展示了耦合模型对两相流体的模拟能力。

本章的创新之处如下。

(1) 这是关于多相磁流体流动的耗散界面方法的首次工作。它描述了在磁场作用下导电流体的界面动力学。与尖锐界面方法相比，CHiMHD 模型有利于开发高阶数值格式和计算机程序。

(2) 提出了两个线性的无条件能量稳定的数值格式。

本章内容安排如下：在 6.2 节中，我们提出了 PDE 系统的耦合模型，包括 Cahn-Hillard 方程和不可压缩 MHD 方程；在 6.3 和 6.4 节中，我们基于 IEQ 方法提出了两个线性的、解耦的、能量稳定的数值格式；在 6.5 节中为了验证所提出的二阶格式的收敛性，我们进行了数值模拟；在 6.6 节中我们给出了一些结论和

备注。

6.2 在 IEQ 下的 CHiMHD 方程

对于具有 Lipschitz 边界 $\Gamma=\partial\Omega$ 的区域 $\Omega\subset\mathbf{R}^3$，让 $L^2(\Omega)$ 是具有内积和范数的平方可积函数空间：

$$(f,g):=\int_{\Omega}f(\boldsymbol{x})g(\boldsymbol{x})\mathrm{d}\boldsymbol{x},\quad \|f\|:=(f,f)^{1/2},\quad \forall f,g\in L^2(\Omega)$$

让 $H^1(\Omega)\subset L^2(\Omega)$ 作为子函数空间，其函数具有梯度平方可积性质，空间 $\boldsymbol{H}(\mathrm{div},\Omega)\subset L^2(\Omega)$ 中的函数具有散度平方可积性质。它们分别装备了范数：

$$\|\boldsymbol{v}\|_{H^1(\Omega)}=(\|\boldsymbol{v}\|_{L^2(\Omega)}^2+\|\nabla\boldsymbol{v}\|_{L^2(\Omega)}^2)^{1/2}$$

$$\|\boldsymbol{v}\|_{\boldsymbol{H}(\mathrm{div},\Omega)}=(\|\boldsymbol{v}\|_{L^2(\Omega)}^2+\|\nabla\cdot\boldsymbol{v}\|_{L^2(\Omega)}^2)^{1/2}$$

在本书中，我们用黑体表示向量值量表示法，如 $\boldsymbol{L}^2(\Omega)=L^2(\Omega)^3$。

现在我们来推导在 IEQ 模式下的 CHiMHD 方程。让 U 是一个辅助函数，U 定义为

$$U=\phi^2-1 \tag{6-7}$$

则 Cahn-Hilliard 能量可重写为

$$E(\phi,U)=\frac{1}{4\varepsilon^2}\|U\|^2+\frac{1}{2}\|\nabla\phi\|^2 \tag{6-8}$$

直接计算表明，对于新变量，CHiMHD 模型可以写成一个等价的偏微分方程组(PDEs)：

$$\partial_t\boldsymbol{u}+\boldsymbol{u}\cdot\nabla\boldsymbol{u}-\nu\Delta\boldsymbol{u}+\nabla p-\boldsymbol{J}\times\boldsymbol{B}_0+\lambda\phi\nabla\mu=0,\quad \text{in}\quad Q_T \tag{6-9a}$$

$$\boldsymbol{J}+\sigma(\nabla\psi-\boldsymbol{u}\times\boldsymbol{B}_0)=0,\quad \text{in}\quad Q_T \tag{6-9b}$$

$$\nabla\cdot\boldsymbol{u}=0,\quad \nabla\cdot\boldsymbol{J}=0,\quad \text{in}\quad Q_T \tag{6-9c}$$

$$\partial_t\phi+\nabla\cdot(\phi\boldsymbol{u})-M\Delta\mu=0,\quad \text{in}\quad Q_T \tag{6-9d}$$

$$-\Delta\phi+\varepsilon^{-2}\phi U-\mu=0,\quad \text{in}\quad Q_T \tag{6-9e}$$

$$\partial_t U-2\phi\partial_t\phi=0,\quad \text{in}\quad Q_T \tag{6-9f}$$

$$\boldsymbol{u}(0)=\boldsymbol{u}_0,\quad \phi(0)=\phi_0,\quad U(0)=\phi_0^2-1,\quad \text{in}\quad \Omega \tag{6-9g}$$

$$\boldsymbol{u}=0,\quad \boldsymbol{J}\cdot\boldsymbol{n}=0,\quad \partial_{\boldsymbol{n}}\phi=\partial_{\boldsymbol{n}}\mu=0,\quad \text{on}\quad \Gamma_T \tag{6-9h}$$

定理 6.2.1 CHiMHD 模型是能量耗散的，即 $\partial_t E\leqslant 0$。

证明：由于在 Γ 上满足 $\boldsymbol{u}=0$，而在 Ω 中满足 $\nabla\cdot\boldsymbol{u}=0$，因此按分部积分公式可以得出

$$\int_{\Omega}(\boldsymbol{u}\cdot\nabla\boldsymbol{u})\cdot\boldsymbol{v}\mathrm{d}\boldsymbol{x}=\frac{1}{2}\int_{\Omega}[(\boldsymbol{u}\cdot\nabla\boldsymbol{u})\cdot\boldsymbol{v}-(\boldsymbol{u}\cdot\nabla\boldsymbol{v})\cdot\boldsymbol{u}]\mathrm{d}\boldsymbol{x},\ \forall\boldsymbol{v}\in\boldsymbol{H}_0^1(\Omega) \tag{6-10}$$

对式(6-9a)关于 $\boldsymbol{u}$ 作 L^2 内积，并对式(6-9b)与 $\boldsymbol{J}/\sigma$、式(6-9d)与 μ、式(6-9e)与$\partial_t\phi$、式(6-9f)与 U 分别作内积。应用分部积分，我们得到

$$\frac{1}{2}\frac{\mathrm{d}}{\mathrm{d}t}\|\boldsymbol{u}\|^2+\nu\|\nabla\boldsymbol{u}\|^2-(\boldsymbol{J}\times\boldsymbol{B}_0,\boldsymbol{u})+\lambda(\nabla\mu,\phi\boldsymbol{u})=0$$

$$\sigma^{-1}\|\boldsymbol{J}\|^2-(\boldsymbol{u}\times\boldsymbol{B}_0,\boldsymbol{J})=0,(\partial_t\phi,\mu)-(\nabla\mu,\phi\boldsymbol{u})+M\|\nabla\mu\|^2=0$$

$$\frac{1}{2}\frac{\mathrm{d}}{\mathrm{d}t}\|\nabla\phi\|L^2(\Omega)^2+\frac{1}{2\varepsilon^2}(\partial_t\phi^2,U)-(\mu,\partial_t\phi)=0$$

$$\frac{1}{2}\frac{\mathrm{d}}{\mathrm{d}t}\|U\|^2-(\partial_t\phi^2,U)=0$$

联立以上式子，推出

$$\frac{\mathrm{d}}{\mathrm{d}t}\left[\frac{1}{2}\|\boldsymbol{u}\|^2+\lambda E(\phi,U)\right]+\nu\|\nabla\boldsymbol{u}\|^2+\sigma^{-1}\|\boldsymbol{J}\|^2+\lambda M\|\nabla\mu\|^2=0 \tag{6-11}$$

证毕。

6.3 解耦的 Crank-Nicolson 格式

现在我们考虑问题(6-9)的半离散近似。首先，我们提出了一个求解问题(6-9)的二阶线性化格式。让 $t_n=n\tau,n=1,\cdots,N$ 是时间区间$[0,T]$的等距分点，时间步长为 $\tau=T/N$。该格式可以看作一个解耦的 Crank-Nicolson 格式。给出解的初值：$\phi^0=\phi_0,\phi^1,\boldsymbol{u}^0=\boldsymbol{u}_0,\boldsymbol{u}^1,U^0=(\phi_0)^2-1,U^1=(\phi^1)^2-1,\psi^1,p^1$。

假设近似解 $\phi^n,\phi^{n-1},U^n,U^{n-1},\boldsymbol{u}^n,\boldsymbol{u}^{n-1},\psi^n,p^n$ 已给出。我们引进有限差分算子 δ_t 及其在半时间步长处的值：

$$\delta_t v^{n+1}=\frac{1}{\tau}(v^{n+1}-v^n),v^{n+1/2}=\frac{1}{2}(v^{n+1}+v^n),v_*^{n+1/2}=\frac{1}{2}(3v^n-v^{n-1})$$

则近似解 $\phi^{n+1},U^{n+1},\boldsymbol{u}^{n+1},\psi^{n+1},p^{n+1}$可通过以下三个步骤计算。

步骤一：根据前 2 个时间层计算外插近似值。

$$\boldsymbol{u}_*^{n+1/2}=\frac{1}{2}(3\,\boldsymbol{u}^n-\boldsymbol{u}^{n-1})$$

$$\phi^{n+1/2}=\frac{1}{2}(3\phi^n-\phi^{n-1})$$

步骤二：从以下边界问题计算 $\phi^{n+1},\mu^{n+1/2},U^{n+1},\tilde{\boldsymbol{u}}^{n+1},\psi^{n+1}$。

$$\delta_t\tilde{\boldsymbol{u}}^{n+1}+(\boldsymbol{u}_*^{n+1/2}\cdot\nabla)\tilde{\boldsymbol{u}}^{n+1/2}-\nu\Delta\tilde{\boldsymbol{u}}^{n+1/2}-\boldsymbol{J}^{n+1/2}\times\boldsymbol{B}_0+\nabla p^n+\lambda\phi_*^{n+1/2}\nabla\mu^{n+1/2}=0,\quad \text{in}\ \Omega \tag{6-12a}$$

$$\boldsymbol{J}^{n+1}+\sigma(\nabla\psi^{n+1}-\tilde{\boldsymbol{u}}^{n+1}\times\boldsymbol{B}_0)=0,\quad \nabla\cdot\boldsymbol{J}^{n+1}=0,\quad \text{in}\ \Omega \tag{6-12b}$$

$$\delta_t\phi^{n+1}+\nabla\cdot(\tilde{\boldsymbol{u}}^{n+1/2}\phi_*^{n+1/2})-M\Delta\mu^{n+1/2}=0,\quad \text{in}\ \Omega \tag{6-12c}$$

$$-\Delta\phi^{n+1/2}+\varepsilon^{-2}\phi_*^{n+1/2}U^{n+1/2}-\mu^{n+1/2}=0,\quad \text{in}\ \Omega \tag{6-12d}$$

$$\delta_t U^{n+1} - 2\phi_*^{n+1/2}\delta_t \phi^{n+1} = 0, \quad \text{in} \quad \Omega \tag{6-12e}$$

$$\tilde{\boldsymbol{u}}^{n+1} = 0, \quad \boldsymbol{J}^{n+1} \cdot \boldsymbol{n} = 0, \quad \partial_{\boldsymbol{n}}\phi^{n+1} = \partial_{\boldsymbol{n}}\mu^{n+1/2} = 0, \quad \text{on} \quad \Gamma \tag{6-12f}$$

其中 $\delta_t \tilde{\boldsymbol{u}}^{n+1} = (\tilde{\boldsymbol{u}}^{n+1} - \boldsymbol{u}^n)/\tau, \tilde{\boldsymbol{u}}^{n+1/2} = (\tilde{\boldsymbol{u}}^{n+1} + \boldsymbol{u}^n)/2$。

步骤三：计算$\boldsymbol{u}^{n+1}$，p^{n+1}。

$$\boldsymbol{u}^{n+1} - \tilde{\boldsymbol{u}}^{n+1} + \frac{\tau}{2}\nabla(p^{n+1} - p^n) = 0, \quad \nabla \cdot \boldsymbol{u}^{n+1} = 0, \quad \text{in} \quad \Omega \tag{6-13a}$$

$$\boldsymbol{u}^{n+1} = 0, \quad \text{on} \quad \Gamma \tag{6-13b}$$

注释 6.3.1：

这里我们采用二阶压力修正方法将压力与速度解耦计算(参见文献[223])。在文献[195]中对投影法(离散时间、连续空间)进行了分析，结果表明，速度在$\ell^2(0,T;L^2(\Omega))$中是二阶的，而压力在$\ell^\infty(0,T;L^2(\Omega))$中仅为一阶。压力精度的损失是人为的压力边界条件造成的。

$$\partial_{\boldsymbol{n}} p^{n+1} = \partial_{\boldsymbol{n}} p^n = 0, \quad \text{on} \quad \Gamma$$

我们注意到线性外推的 Crank-Nicolson 格式是 Navier-Stokes 方程的一种常用的时间离散化方法。我们参考文献[114]及其参考文献来分析这种离散化类型。

问题(6-12)是线性的，因为我们是通过隐式(Crank-Nicloson)和显式(二阶外推)离散化来处理对流和扩散项。将式(6-12e)重写为

$$\begin{cases} U^{n+1/2} = S^n + \phi_*^{n+1/2}\phi^{n+1} \\ S^n = U^n - \phi^{n+1/2}\phi^n \end{cases} \tag{6-14}$$

问题(6-12)可以写成等价形式：找出$(\boldsymbol{u},\psi,\phi,\mu)$，使得

$$\frac{2}{\tau}\boldsymbol{u} + (\boldsymbol{u}_*^{n+1/2} \cdot \nabla)\boldsymbol{u} - \nu\Delta\boldsymbol{u} + \sigma(\nabla\psi - \boldsymbol{u}\times\boldsymbol{B}_0)\times\boldsymbol{B}_0 + 2\lambda\phi_*^{n+1/2}\nabla\mu = \boldsymbol{f}_1, \quad \text{in} \quad \Omega \tag{6-15a}$$

$$\nabla \cdot [\sigma(\nabla\psi - \boldsymbol{u}\times\boldsymbol{B}_0)] = 0, \quad \text{in} \quad \Omega \tag{6-15b}$$

$$\frac{2}{\tau}\phi + \nabla \cdot (\phi_*^{n+1/2}\boldsymbol{u}) - 2M\Delta\mu = f_2, \quad \text{in} \quad \Omega \tag{6-15c}$$

$$P_1(\phi) - \mu = f_3, \quad \text{in} \quad \Omega \tag{6-15d}$$

$$\boldsymbol{u} = 0, \quad \partial_{\boldsymbol{n}}\phi = \partial_{\boldsymbol{n}}\mu = 0, \quad \text{on} \quad \Gamma \tag{6-15e}$$

其中$\boldsymbol{f}_1$，f_2，f_3，线性算子 $P_1: H^1(\Omega)/\mathbf{R} \to [H^1(\Omega)/\mathbf{R}]'$分别定义为

$$\begin{cases} P_1(\phi) = 2\varepsilon^{-2}(\phi_*^{n+1/2})^2\phi - \Delta\phi \\ \boldsymbol{f}_1 = \dfrac{2}{\tau}\boldsymbol{u}^n + 2\nabla p^n + \Delta\boldsymbol{u}^n - (\boldsymbol{u}_*^{n+1/2} \cdot \nabla)\boldsymbol{u}^n \\ f_2 = \dfrac{2}{\tau}\phi^n - \nabla \cdot (\phi_*^{n+1/2}\boldsymbol{u}^n) \\ f_3 = \Delta\phi^n - 2\varepsilon^{-2}\phi_*^{n+1/2}S^n \end{cases} \tag{6-16}$$

显然，$(\tilde{\boldsymbol{u}}^{n+1},\psi^{n+1},\phi^{n+1},\mu^{n+1/2})$满足式(6-15)。

现在我们来推导式(6-15)的等价弱形式。定义函数空间：

$$\mathbf{V}=\boldsymbol{H}_0^1(\Omega)\times[H^1(\Omega)/\mathbf{R}]\times[H^1(\Omega)/\mathbf{R}]\times[H^1(\Omega)/\mathbf{R}]$$

并且装备范数：

$$\|\xi'\|_V=(\|\boldsymbol{u}'\|_{H^1(\Omega)}^2+\|\nabla\psi'\|^2+\|\nabla\phi'\|^2+\|\nabla\mu'\|^2)^{1/2}$$

$$\forall\xi'=(\boldsymbol{u}',\psi',\phi',\mu')\in\mathbf{V}$$

在式(6-15a)两边与 $\boldsymbol{u}'\in\boldsymbol{H}_0^1(\Omega)$ 作内积，式(6-15b)与 $\psi'\in H^1(\Omega)/\mathbf{R}$ 作内积，式(6-15c)与 $\mu'\in H^1(\Omega)/\mathbf{R}$ 作内积，式(6-15d)与 $\phi'\in H^1(\Omega)/\mathbf{R}$ 作内积，应用分部积分，我们得到了式(6-15)的弱形式：找出 $(\boldsymbol{u},\phi,\psi,\mu)\in\mathbf{V}$，使得对任意的 $(\boldsymbol{u}',\phi',\psi',\mu')\in\mathbf{V}$，有如下式子成立：

$$\frac{2}{\tau}(\boldsymbol{u},\boldsymbol{u}')+((\boldsymbol{u}_*^{n+1/2}\cdot\nabla)\boldsymbol{u},\boldsymbol{u}')+\nu(\nabla\boldsymbol{u},\nabla\boldsymbol{u}')+$$

$$(\sigma\nabla\psi+\sigma\boldsymbol{B}_0\times\boldsymbol{u},\boldsymbol{B}_0\times\boldsymbol{u}')+2\lambda(\nabla\mu,\phi_*^{n+1/2}\boldsymbol{u}')=(\boldsymbol{f}_1,\boldsymbol{u}') \tag{6-17a}$$

$$(\sigma\nabla\psi,\nabla\psi')-(\sigma\boldsymbol{u}\times\boldsymbol{B}_0,\nabla\psi')=0 \tag{6-17b}$$

$$\frac{2}{\tau}(\phi,\mu')-(\phi_*^{n+1/2}\boldsymbol{u},\nabla\mu')+2M(\nabla\mu,\nabla\mu')=(f_2,\mu') \tag{6-17c}$$

$$(\nabla\phi,\nabla\phi')+2\varepsilon^{-2}(\phi_*^{n+1/2}\phi,\phi^{n+1/2}\phi')-(\mu,\phi')=(f_3,\phi') \tag{6-17d}$$

定理 6.3.1 假设 $\boldsymbol{B}_0\in\boldsymbol{L}^\infty(0,T;L^3(\Omega))$ 且 $\sigma\geqslant\sigma_{\min}>0$，则线性问题(6-15)〔或者问题(6-12)〕在每一个时间步都存在唯一解 $(\boldsymbol{u},\phi,\psi,\mu)\in\mathbf{V}$。

证明：我们只需要证明式(6-17)存在唯一解。运用 $\nabla\cdot\boldsymbol{u}_*^{n+1/2}=0$ 和式(6-10)，我们有

$$((\boldsymbol{u}_*^{n+1/2}\cdot\nabla)\boldsymbol{u},\boldsymbol{u}')=B(\boldsymbol{u},\boldsymbol{u}'):=\frac{1}{2}[((\boldsymbol{u}^{n+1/2}\cdot\nabla)\boldsymbol{u},\boldsymbol{u}')-((\boldsymbol{u}_*^{n+1/2}\cdot\nabla)\boldsymbol{u}',\boldsymbol{u})]$$

令 $\xi=(\boldsymbol{u},\psi,\phi,\mu)$，$\xi'=(\boldsymbol{u}',\psi',\phi',\mu')$，问题(6-17)可以写成紧形式：

找出 $\xi\in\mathbf{V}$，使得

$$a(\xi,\xi')=L(\xi'),\quad\forall\xi'\in\mathbf{V} \tag{6-18}$$

其中双线性形式 $a:\mathbf{V}\times\mathbf{V}\to\mathbf{R}$，线性泛函 $L\in\mathbf{V}'$ 定义为

$$\begin{aligned}a(\xi,\xi'):=&\frac{2}{\tau}(\boldsymbol{u},\boldsymbol{u}')+B(\boldsymbol{u},\boldsymbol{u}')+\nu(\nabla\boldsymbol{u},\nabla\boldsymbol{u}')+(\sigma\nabla\psi+\sigma\boldsymbol{B}_0\times\boldsymbol{u},\boldsymbol{B}_0\times\boldsymbol{u}')+\\&2\lambda(\nabla\mu,\phi_*^{n+1/2}\boldsymbol{u}')+(\sigma\nabla\psi,\nabla\psi')-(\sigma\boldsymbol{u}\times\boldsymbol{B}_0,\nabla\psi')+\\&\frac{4\lambda}{\tau}(\phi,\mu')-2\lambda(\phi_*^{n+1/2}\boldsymbol{u},\nabla\mu')+4\lambda M(\nabla\mu,\nabla\mu')+\\&\frac{4\lambda}{\tau}(\nabla\phi,\nabla\phi')+\frac{8\lambda}{\tau\varepsilon^2}(\phi_*^{n+1/2}\phi,\phi^{n+1/2}\phi')-\frac{4\lambda}{\tau}(\mu,\phi')\end{aligned}$$

$$L(\xi'):=(\boldsymbol{f}_1,\boldsymbol{u}')+2\lambda(f_2,\mu')+\frac{4\lambda}{\tau}(f_3,\phi')$$

很容易验证 $a(\cdot,\cdot)$ 的强制性，事实上

$$a(\xi,\xi)=\frac{2}{\tau}\|\boldsymbol{u}\|^2+\nu\|\nabla\boldsymbol{u}\|^2+\|\sigma^{1/2}\boldsymbol{B}_0\times\boldsymbol{u}\|^2+\|\sigma^{1/2}\nabla\psi\|^2+$$

$$4\lambda M\|\nabla\mu\|^2+\frac{4\lambda}{\tau}\|\nabla\phi\|^2+\frac{8\lambda}{\tau\varepsilon^2}\|\phi_*^{n+1/2}\phi\|^2$$

$$\geqslant\min(2/\tau,\nu,4\lambda M,4\lambda/\tau)\|\xi\|_{\boldsymbol{V}}^2$$

在 $H^1(\Omega)/\mathbf{R}$ 上运用 Schwarz 不等式和 Poincare 不等式，我们有

$$|B(\boldsymbol{u},\boldsymbol{u}')|\leqslant\|\boldsymbol{u}_*^{n+1/2}\|_{L^3(\Omega)}(|\boldsymbol{u}|_{\boldsymbol{H}^1(\Omega)}\|\boldsymbol{u}'\|_{L^6(\Omega)}+|\boldsymbol{u}'|_{\boldsymbol{H}^1(\Omega)}\|\boldsymbol{u}|_{L^6(\Omega)})$$

$$\leqslant C\|\boldsymbol{u}_*^{n+1/2}\|_{L^3(\Omega)}\|\boldsymbol{u}\|_{\boldsymbol{H}^1(\Omega)}\|\boldsymbol{u}'\|_{\boldsymbol{H}^1(\Omega)}$$

$$|(\sigma\boldsymbol{B}_0\times\boldsymbol{u},\boldsymbol{B}_0\times\boldsymbol{u}')|\leqslant C\|\boldsymbol{B}_0\|_{L^3(\Omega)}^2\|\boldsymbol{u}\|_{L^6(\Omega)}\|\boldsymbol{u}'\|_{L^6(\Omega)}$$

$$\leqslant C\|\boldsymbol{B}_0\|_{L^3(\Omega)}^2\|\boldsymbol{u}\|_{\boldsymbol{H}^1(\Omega)}\|\boldsymbol{u}'\|_{\boldsymbol{H}^1(\Omega)}$$

$$|(\sigma\nabla\psi,\boldsymbol{B}_0\times\boldsymbol{u}')|\leqslant C\|\nabla\psi\|\|\boldsymbol{B}_0\|_{L^3(\Omega)}\|\boldsymbol{u}'\|_{\boldsymbol{H}^1(\Omega)}$$

$$|(\nabla\mu,\phi_*^{n+1/2}\boldsymbol{u}')|\leqslant C\|\phi^{n+1/2}\|_{H^1(\Omega)}\|\nabla\mu\|\|\boldsymbol{u}'\|_{\boldsymbol{H}^1(\Omega)}$$

$$|(\phi_*^{n+1/2}\phi,\phi^{n+1/2}\phi')|\leqslant C\|\phi_*^{n+1/2}\|^2\|\phi\|_{H^1(\Omega)}\|\phi'\|_{H^1(\Omega)}$$

$$\leqslant C\|\phi_*^{n+1/2}\|^2\|\nabla\phi\|\|\nabla\phi'\|$$

这说明了双线性形式 $a(\cdot,\cdot)$在 $\boldsymbol{V}$ 上是连续的，根据 Lax-Milgram 定理，我们得出式(6-17)存在唯一解。

证毕。

定理 6.3.2 式(6-12)和式(6-13)的半离散解满足以下离散能量规律：

$$\delta_t E_{\text{cn}2}^{n+1}+M\|\nabla\mu^{n+1/2}\|^2+\nu\|\nabla\tilde{\boldsymbol{u}}^{n+1/2}\|^2+\sigma^{-1}\|\boldsymbol{J}^{n+1/2}\|^2=0 \tag{6-19}$$

其中

$$E_{\text{cn}2}^n=\frac{1}{2}\|\boldsymbol{u}^n\|^2+\frac{\lambda}{2}\|\nabla\phi^n\|^2+\frac{\lambda}{4\varepsilon^2}\|U^n\|^2+\frac{\tau^2}{8}\|\nabla p^n\|^2 \tag{6-20}$$

$$\delta_t E_{\text{cn}2}^{n+1}=\frac{E_{\text{cn}2}^{n+1}-E_{\text{cn}2}^n}{\tau} \tag{6-21}$$

证明：对式(6-12c)与 $\lambda\mu^{n+1/2}$ 作 L^2 内积，我们有

$$\frac{\lambda}{\tau}(\phi^{n+1}-\phi^n,\mu^{n+1/2})-\lambda(\tilde{\boldsymbol{u}}^{n+1/2}\phi_*^{n+1/2},\nabla\mu^{n+1/2})=-\lambda M\|\nabla\mu^{n+1/2}\|^2 \tag{6-22}$$

对式(6-12d)与 $\lambda\delta_t\phi^{n+1}$ 作 L^2 内积，我们有

$$\lambda(\mu^{n+1/2},\delta_t\phi^{n+1})=\lambda(\nabla\phi^{n+1/2},\delta_t\nabla\phi^{n+1})+\frac{\lambda}{\varepsilon^2}(\phi_*^{n+1/2}U^{n+1/2}\delta_t\phi^{n+1})$$

$$=\frac{\lambda}{2\tau}(\|\nabla\phi^{n+1}\|^2-\|\nabla\phi^n\|^2)+\frac{\lambda}{\varepsilon^2}(\phi_*^{n+1/2}U^{n+1/2}\delta_t\phi^{n+1}) \tag{6-23}$$

对式(6-12e)与 $\lambda U^{n+1/2}/(2\varepsilon^2\tau)$作 L^2 内积，我们有

$$\frac{\lambda}{4\varepsilon^2\tau}(\|U^{n+1}\|^2-\|U^n\|^2)=\frac{\lambda}{\varepsilon^2\tau}(\phi_*^{n+1/2}U^{n+1/2},\phi^{n+1}-\phi^n) \tag{6-24}$$

对式(6-12a)与 $\tilde{\boldsymbol{u}}^{n+1/2}$ 作 L^2 内积，应用分部积分，我们有

$$\frac{1}{2\tau}(\|\tilde{\boldsymbol{u}}^{n+1}\|^2-\|\boldsymbol{u}^n\|^2)+\nu\|\nabla\tilde{\boldsymbol{u}}^{n+1/2}\|^2+(\nabla p^n,\tilde{\boldsymbol{u}}^{n+1/2})-(\boldsymbol{J}^{n+1/2}\times\boldsymbol{B}_0,\tilde{\boldsymbol{u}}^{n+1/2})-\lambda(\mu^{n+1/2},\tilde{\boldsymbol{u}}^{n+1/2}\phi_*^{n+1/2})=0 \quad (6\text{-}25)$$

其中$\boldsymbol{J}^{n+1/2}=-\sigma(\nabla\psi^{n+1/2}+\boldsymbol{B}_0\times\tilde{\boldsymbol{u}}^{n+1/2})$。因为$\nabla\cdot\boldsymbol{J}^{n+1/2}=0$,显然有

$$\frac{1}{\sigma}\|\boldsymbol{J}^{n+1/2}\|^2+(\tilde{\boldsymbol{u}}^{n+1/2}\times\boldsymbol{B}_0,\boldsymbol{J}^{n+1/2})=0 \quad (6\text{-}26)$$

类似地,因为$\nabla\cdot\boldsymbol{u}^{n+1}=0$,由式(6-13a)可推出

$$\|\tilde{\boldsymbol{u}}^{n+1}\|^2-\|\boldsymbol{u}^{n+1}\|^2=\|\boldsymbol{u}^{n+1}-\tilde{\boldsymbol{u}}^{n+1}\|^2=\frac{\tau^2}{4}\|\nabla(p^{n+1}-p^n)\|^2 \quad (6\text{-}27)$$

$$(\tilde{\boldsymbol{u}}^{n+1/2},\nabla p^n)=-\frac{\tau}{8}(\|\nabla p^n\|^2-\|\nabla p^{n+1}\|^2+\|\nabla(p^{n+1}-p^n)\|^2) \quad (6\text{-}28)$$

联立式(6-22)~(6-28)则得出结论。

证毕。

6.4 Adam-Bashforth 格式

求解 PDE 系统的二阶线性解耦(Adam-Bashforth)格式构造如下。

我们引入有限差分算子 D_t,以及在$(n+1)$个时间步长处的值

$$D_t v^{n+1}=\frac{1}{2\tau}(3v^{n+1}-4v^n+v^{n-1}),\quad v_*^{n+1}=2v^n-v^{n-1}$$

则近似解 $\phi^{n+1},U^{n+1},\boldsymbol{u}^{n+1},\psi^{n+1},p^{n+1}$可通过以下三个步骤计算。

步骤一:根据前 2 个时间层计算外插近似值。

$$\boldsymbol{u}_*^{n+1}=2\boldsymbol{u}^n-\boldsymbol{u}^{n-1},\quad \phi^{n+1}=2\phi^n-\phi^{n-1}$$

步骤二:从以下边界问题计算 $\phi^{n+1},\mu^{n+1},U^{n+1},\tilde{\boldsymbol{u}}^{n+1},\psi^{n+1}$。

$$D_t\tilde{\boldsymbol{u}}^{n+1}+(\boldsymbol{u}_*^{n+1}\cdot\nabla)\tilde{\boldsymbol{u}}^{n+1}-\nu\Delta\tilde{\boldsymbol{u}}^{n+1}-\boldsymbol{J}^{n+1}\times\boldsymbol{B}_0+\nabla p^n+\lambda\phi_*^{n+1}\nabla\mu^{n+1}=0,\quad \text{in}\ \Omega \quad (6\text{-}29a)$$

$$\boldsymbol{J}^{n+1}+\sigma(\nabla\psi^{n+1}-\tilde{\boldsymbol{u}}^{n+1}\times\boldsymbol{B}_0)=0,\quad \nabla\cdot\boldsymbol{J}^{n+1}=0,\quad \text{in}\ \Omega \quad (6\text{-}29b)$$

$$D_t\phi^{n+1}+\nabla\cdot(\tilde{\boldsymbol{u}}^{n+1}\phi_*^{n+1})-M\Delta\mu^{n+1}=0,\quad \text{in}\ \Omega \quad (6\text{-}29c)$$

$$-\Delta\phi^{n+1}+\varepsilon^{-2}\phi_*^{n+1}U^{n+1}-\mu^{n+1}=0,\quad \text{in}\ \Omega \quad (6\text{-}29d)$$

$$D_tU^{n+1}-2\phi_*^{n+1}D_t\phi^{n+1}=0,\quad \text{in}\ \Omega \quad (6\text{-}29e)$$

$$\tilde{\boldsymbol{u}}^{n+1}=0,\quad \boldsymbol{J}^{n+1}\cdot\boldsymbol{n}=0,\quad \partial_{\boldsymbol{n}}\phi^{n+1}=\partial_{\boldsymbol{n}}\mu^{n+1}=0,\quad \text{on}\ \Gamma \quad (6\text{-}29f)$$

其中 $D_t\tilde{\boldsymbol{u}}^{n+1}=(3\tilde{\boldsymbol{u}}^{n+1}-4\boldsymbol{u}^n+\boldsymbol{u}^{n-1})/(2\tau)$。

步骤三:计算$\boldsymbol{u}^{n+1},p^{n+1}$。

$$\boldsymbol{u}^{n+1}-\tilde{\boldsymbol{u}}^{n+1}+\frac{2\tau}{3}\nabla(p^{n+1}-p^n)=0,\quad \nabla\cdot\boldsymbol{u}^{n+1}=0,\quad \text{in}\ \Omega \quad (6\text{-}30a)$$

$$\boldsymbol{u}^{n+1}=0,\quad \text{on}\ \Gamma \quad (6\text{-}30b)$$

问题(6-29)仍然是线性的,因为我们通过隐式(BDF2)和显式(二阶外推)离散化来处理对流项和耗散项。将式(6-29e)重写为

$$U^{n+1}=S^n+2\phi_*^{n+1}\phi^{n+1},\quad S^n=(4U^n-U^{n-1})/3-2\phi^{n+1}(4\phi^n-\phi^{n-1})/3 \tag{6.31}$$

则问题(6-29)可写成等价形式:找出$(\boldsymbol{u},\psi,\phi,\mu)$,使得

$$\frac{3}{2\tau}\boldsymbol{u}+(\boldsymbol{u}_*^{n+1}\cdot\nabla)\boldsymbol{u}-\nu\Delta\boldsymbol{u}+\sigma(\nabla\psi-\boldsymbol{u}\times\boldsymbol{B}_0)\times\boldsymbol{B}_0+\lambda\phi_*^{n+1}\nabla\mu=\tilde{\boldsymbol{f}}_1,\quad \text{in}\quad \Omega \tag{6-32a}$$

$$\nabla\cdot[\sigma(\nabla\psi-\boldsymbol{u}\times\boldsymbol{B}_0)]=0,\quad \text{in}\quad \Omega \tag{6-32b}$$

$$\frac{3}{2\tau}\phi+\nabla\cdot(\phi_*^{n+1}\boldsymbol{u})-M\Delta\mu=\tilde{f}_2,\quad \text{in}\quad \Omega \tag{6-32c}$$

$$\tilde{P}_1(\phi)-\mu=\tilde{f}_3,\quad \text{in}\quad \Omega \tag{6-32d}$$

$$\boldsymbol{u}=0,\quad \partial_{\boldsymbol{n}}\phi=\partial_{\boldsymbol{n}}\mu=0,\quad \text{on}\quad \Gamma \tag{6-32e}$$

其中$\tilde{\boldsymbol{f}}_1,f_2,f_3$和线性算子$\tilde{P}_1:H^1(\Omega)/\mathbf{R}\rightarrow[H^1(\Omega)/\mathbf{R}]'$分别定义为

$$\begin{cases}\tilde{P}_1(\phi)=2\varepsilon^{-2}(\phi_*^{n+1})^2\phi-\Delta\phi\\ \tilde{\boldsymbol{f}}_1=\dfrac{4\,\boldsymbol{u}^n-\boldsymbol{u}^{n-1}}{2\tau}+\nabla p^n\\ f_2=\dfrac{4\phi^n-\phi^{n-1}}{2\tau}\\ f_3=-\varepsilon^{-2}\phi_*^{n+1}\tilde{S}^n\end{cases} \tag{6-33}$$

显然,$(\tilde{\boldsymbol{u}}^{n+1},\psi^{n+1},\phi^{n+1},\mu^{n+1})$满足式(6-32)。

类似地,在式(6-32a)两边与$\boldsymbol{u}'\in\boldsymbol{H}_0^1(\Omega)$作内积,对式(6-32b)与$\psi'\in H^1(\Omega)/\mathbf{R}$作内积,对式(6-32c)与$\mu'\in H^1(\Omega)/\mathbf{R}$作内积,对式(6-32d)与$\phi'\in H^1(\Omega)/\mathbf{R}$作内积,应用分部积分,我们得到了式(6-32)的弱形式:找出$(\boldsymbol{u},\phi,\psi,\mu)\in\mathbf{V}$,使得对任意的$(\boldsymbol{u}',\phi',\psi',\mu')\in\mathbf{V}$,有如下式子成立:

$$\frac{3}{2\tau}(\boldsymbol{u},\boldsymbol{u}')+((\boldsymbol{u}_*^{n+1}\cdot\nabla)\boldsymbol{u},\boldsymbol{u}')+\nu(\nabla\boldsymbol{u},\nabla\boldsymbol{u}')+$$

$$(\sigma\nabla\psi+\sigma\boldsymbol{B}_0\times\boldsymbol{u},\boldsymbol{B}_0\times\boldsymbol{u}')+\lambda(\nabla\mu,\phi_*^{n+1}\boldsymbol{u}')=(\tilde{\boldsymbol{f}}_1,\boldsymbol{u}') \tag{6-34a}$$

$$(\sigma\nabla\psi,\nabla\psi')-(\sigma\boldsymbol{u}\times\boldsymbol{B}_0,\nabla\psi')=0 \tag{6-34b}$$

$$\frac{3}{2\tau}(\phi,\mu')-(\phi_*^{n+1}\boldsymbol{u},\nabla\mu')+M(\nabla\mu,\nabla\mu')=(f_2,\mu') \tag{6-34c}$$

$$(\nabla\phi,\nabla\phi')+2\varepsilon^{-2}(\phi_*^{n+1}\phi,\phi^{n+1}\phi')-(\mu,\phi')=(f_3,\phi') \tag{6-34d}$$

定理 6.4.1 假设$\boldsymbol{B}_0\in\boldsymbol{L}^\infty(0,T;\boldsymbol{L}^3(\Omega))$且$\sigma\geqslant\sigma_{\min}>0$,则线性问题(6-32)〔或者问题(6-29)〕在每一个时间步都存在唯一解$(\boldsymbol{u},\phi,\psi,\mu)\in\mathbf{V}$。

证明:证明过程与证明定理 6.3.2 的过程类似,因此我们在这里省略证明细节。

定理 6.4.2 式(6-12)和式(6-13)的半离散解满足以下离散能量规律:

$$\delta_t E_{\mathrm{bdf2}}^{n+1} + \lambda M \| \nabla \mu^{n+1} \|^2 + \nu \| \nabla \tilde{\boldsymbol{u}} \|^{n+1\,2} + \sigma^{-1} \| \boldsymbol{J}^{n+1} \|^2 \leqslant 0 \tag{6-35}$$

其中

$$E_{\mathrm{bdf2}}^{n} = \frac{\lambda}{4}(\| \nabla \phi^n \|^2 + \| \nabla (2\phi^n - \phi^{n-1}) \|^2) + \frac{\lambda}{8\varepsilon^2}(\| U^n \|^2 + \| 2U^n - U^{n-1} \|^2) +$$
$$\frac{1}{4}(\| \boldsymbol{u}^n \|^2 + 2 \| \boldsymbol{u} \|^n - \| \boldsymbol{u}^{n-1} \|^2) + \frac{\tau^2}{3} \| \nabla p^n \|^2 \tag{6-36}$$

证明: 对式(6-29c)与 $\lambda\mu^{n+1}$ 作 L^2 内积,我们有

$$\frac{\lambda}{2\tau}(3\phi^{n+1} - 4\phi^n + \phi^{n-1}, \mu^{n+1}) - \lambda(\phi_*^{n+1} \tilde{\boldsymbol{u}}^{n+1}, \nabla \mu^{n+1}) = -\lambda M \| \nabla \mu^{n+1} \|^2 \tag{6-37}$$

对式(6-29d)与 $\lambda(3\phi^{n+1} - 4\phi^n + \phi^{n-1})/(2\tau)$ 作 L^2 内积,并应用以下性质:

$$2(3a - 4b + c, a) = |a|^2 - |b|^2 + |2a - b|^2 - |2b - c|^2 + |a - 2b + c|^2 \tag{6-38}$$

我们有

$$\begin{aligned}
&\lambda(\mu^{n+1}, \frac{3\phi^{n+1} - 4\phi^n + \phi^{n-1}}{2\tau}) \\
&= \frac{\lambda}{2\tau}(\nabla \phi^{n+1}, \nabla(3\phi^{n+1} - 4\phi^n + \phi^{n-1})) + \frac{\lambda}{\varepsilon^2}(\phi_*^{n+1} U^{n+1}, \frac{3\phi^{n+1} - 4\phi^n + \phi^{n-1}}{2\tau}) \\
&= \frac{\lambda}{4\tau}(\| \nabla \phi^{n+1} \|^2 - \| \nabla \phi^n \|^2 + \| \nabla(2\phi^{n+1} - \phi^n) \|^2 - \| \nabla(2\phi^n - \phi^{n-1}) \|^2 + \\
&\quad \| \nabla(\phi^{n+1} - 2\phi^n + \phi^{n-1}) \|^2) + \frac{\lambda}{\varepsilon^2}(\phi_*^{n+1} U^{n+1}, \frac{3\phi^{n+1} - 4\phi^n + \phi^{n-1}}{2\tau})
\end{aligned} \tag{6-39}$$

对式(6-29e)与 $\lambda U^{n+1}/(4\tau\varepsilon^2)$ 作 L^2 内积,我们有

$$\begin{aligned}
&\frac{\lambda}{\varepsilon^2}(\phi_*^{n+1} U^{n+1}, \frac{3\phi^{n+1} - 4\phi^n + \phi^{n-1}}{2\tau}) \\
&= \frac{\lambda}{8\tau\varepsilon^2}(\| U^{n+1} \|^2 - \| U^n \|^2 + \| 2U^{n+1} - U^n \|^2 + \| 2U^{n+1} - U^n \|^2 - \\
&\quad \| 2U^n - U^{n-1} \|^2 + \| U^{n+1} - 2U^n + U^{n-1} \|^2)
\end{aligned} \tag{6-40}$$

对式(6-29a)与 $\tilde{\boldsymbol{u}}^{n+1}$ 作 L^2 内积,应用分部积分,我们有

$$\begin{aligned}
&\frac{1}{2\tau}(3\,\tilde{\boldsymbol{u}}^{n+1} - 4\,\boldsymbol{u}^n + \boldsymbol{u}^{n-1}, \tilde{\boldsymbol{u}}^{n+1}) + \nu \| \nabla \tilde{\boldsymbol{u}}^{n+1} \|^2 + (\nabla p^n, \tilde{\boldsymbol{u}}^{n+1}) - \\
&(\boldsymbol{J}^{n+1} \times \boldsymbol{B}_0, \tilde{\boldsymbol{u}}^{n+1}) - \lambda(\mu^{n+1}, \tilde{\boldsymbol{u}}^{n+1} \phi_*^{n+1}) = 0
\end{aligned} \tag{6-41}$$

对任意函数 $\boldsymbol{v}$ 满足 $\nabla \cdot \boldsymbol{v} = 0$,我们能推出

$$(\boldsymbol{u}^{n+1}, \boldsymbol{v}) = (\tilde{\boldsymbol{u}}^{n+1}, \boldsymbol{v}) \tag{6-42}$$

对于式(6-41)的第一项,我们有

$$
\begin{aligned}
&\frac{1}{2\tau}(3\,\tilde{\boldsymbol{u}}^{n+1}-4\,\boldsymbol{u}^n+\boldsymbol{u}^{n-1},\tilde{\boldsymbol{u}}^{n+1})\\
&=\frac{1}{2\tau}(3\,\tilde{\boldsymbol{u}}^{n+1}-3\,\boldsymbol{u}^{n+1},\tilde{\boldsymbol{u}}^{n+1})+\frac{1}{2\tau}(3\,\boldsymbol{u}^{n+1}-4\,\boldsymbol{u}^n+\boldsymbol{u}^{n-1},\tilde{\boldsymbol{u}}^{n+1})\\
&=\frac{1}{2\tau}(3\,\tilde{\boldsymbol{u}}^{n+1}-3\,\boldsymbol{u}^{n+1},\tilde{\boldsymbol{u}}^{n+1})+\frac{1}{2\tau}(3\,\boldsymbol{u}^{n+1}-4\,\boldsymbol{u}^n+\boldsymbol{u}^{n-1},\boldsymbol{u}^{n+1})\\
&=\frac{1}{2\tau}(3\,\tilde{\boldsymbol{u}}^{n+1}-3\,\boldsymbol{u}^{n+1},\tilde{\boldsymbol{u}}^{n+1}+\boldsymbol{u}^{n+1})+\frac{1}{2\tau}(3\,\boldsymbol{u}^{n+1}-4\,\boldsymbol{u}^n+\boldsymbol{u}^{n-1},\tilde{\boldsymbol{u}}^{n+1})\\
&=\frac{3}{2\tau}(\|\tilde{\boldsymbol{u}}^{n+1}\|^2-\|\boldsymbol{u}^{n+1}\|^2)+\frac{1}{4\tau}(\|\boldsymbol{u}^{n+1}\|^2-\|\boldsymbol{u}^n\|^2+\\
&\quad\|2\,\boldsymbol{u}^{n+1}-\boldsymbol{u}^n\|^2-\|2\,\boldsymbol{u}^n-\boldsymbol{u}^{n-1}\|^2+\|\boldsymbol{u}^{n+1}-2\,\boldsymbol{u}^n+\boldsymbol{u}^{n-1}\|^2)
\end{aligned}
\tag{6-43}
$$

对式(6-29b)与$\boldsymbol{J}^{n+1}/\sigma$作$L^2$内积,我们有

$$
\frac{1}{\sigma}\|\boldsymbol{J}^{n+1}\|^2-(\tilde{\boldsymbol{u}}^{n+1}\times\boldsymbol{B}_0,\boldsymbol{J}^{n+1})=0 \tag{6-44}
$$

对于投影步,我们将式(6-30a)重写为

$$
\frac{3}{2\tau}\boldsymbol{u}^{n+1}+\nabla p^{n+1}=\frac{3}{2\tau}\tilde{\boldsymbol{u}}^{n+1}+\nabla p^n \tag{6-45}
$$

对式(6-45)的左边作模的平方,我们得到

$$
\frac{9}{4\tau^2}\|\boldsymbol{u}^{n+1}\|^2+\|\nabla p^{n+1}\|^2=\frac{9}{4\tau^2}\|\tilde{\boldsymbol{u}}^{n+1}\|^2+\|\nabla p^n\|^2+\frac{3}{\tau}(\tilde{\boldsymbol{u}}^{n+1},\nabla p^n) \tag{6-46}
$$

也就是我们有

$$
\frac{3}{4\tau}(\|\boldsymbol{u}^{n+1}\|^2-\|\tilde{\boldsymbol{u}}^{n+1}\|^2)+\frac{\tau}{3}(\|\nabla p^{n+1}\|^2-\|\nabla p^n\|^2)=(\tilde{\boldsymbol{u}}^{n+1},\nabla p^n) \tag{6-47}
$$

对式(6-30a)与$\boldsymbol{u}^{n+1}$作L^2内积,运用$\boldsymbol{u}^{n+1}$的不可压条件,我们得到

$$
\frac{3}{4\tau}(\|\boldsymbol{u}^{n+1}\|^2-\|\tilde{\boldsymbol{u}}^{n+1}\|^2+\|\boldsymbol{u}^{n+1}-\tilde{\boldsymbol{u}}^{n+1}\|^2)=0 \tag{6-48}
$$

联立式(6-37)、式(6-39)～(6-41)、式(6-44)、式(6-47)和式(6-48),我们有

$$
\begin{aligned}
\frac{E_{\mathrm{bdf2}}^{n+1}-E_{\mathrm{bdf2}}^n}{\tau}&=-\lambda M\|\nabla\mu^{n+1}\|^2-\nu\|\nabla\tilde{\boldsymbol{u}}^{n+1}\|^2-\frac{1}{\sigma}\|\boldsymbol{J}^{n+1}\|^2-\\
&\quad\frac{\lambda}{4\tau}\|\nabla(\phi^{n+1}-2\phi^n+\phi^{n-1})\|^2-\frac{\lambda}{8\varepsilon^2\tau}\|U^{n+1}-2U^n+U^{n-1}\|^2-\\
&\quad\frac{3}{4\tau}\|\boldsymbol{u}^{n+1}-\tilde{\boldsymbol{u}}^{n+1}\|^2-\frac{1}{4\tau}\|\boldsymbol{u}^{n+1}-2\,\boldsymbol{u}^n+\boldsymbol{u}^{n-1}\|^2\\
&\leqslant-\lambda M\|\nabla\mu^{n+1}\|^2-\nu\|\nabla\tilde{\boldsymbol{u}}^{n+1}\|^2-\frac{1}{\sigma}\|\boldsymbol{J}^{n+1}\|^2
\end{aligned}
\tag{6-49}
$$

因此我们得到式(6-35)。

证毕。

注释 6.4.1：

可以看出$\frac{1}{\tau}(E_{\text{bdf2}}^{n+1}-E_{\text{bdf2}}^{n})$是$\frac{\text{d}}{\text{d}t}E(\phi,U)$在$t=t^{n+1}$处的二阶近似值。例如，对于任何光滑的函数$S$，可以写出

$$\left(\frac{\| S^{n+1}\|^2+\| 2S^{n+1}-S^n\|^2}{2\tau}\right)-\left(\frac{\| S^n\|^2+\| 2S^n-S^{n-1}\|^2}{2\tau}\right)$$

$$=\left(\frac{\| S^{n+2}\|^2-\| S^n\|^2}{2\tau}\right)+O(\tau^2)=\frac{\text{d}}{\text{d}t}\| S(t^{n+1})\|^2+O(\tau^2)$$

注释 6.4.2：

BDF2 格式的优点是线性项是隐式的，其离散能量似乎比 CN2 格式更具耗散性。方案 CN2 中的线性项分为隐式和显式两部分，这两种格式都需要两个时间层的值。

注释 6.4.3：

我们采用 IEQ 方法求解相场方程，这是获得数值解的高效方法。在每个时间层上，我们只需要用 IEQ 求解一次 poisson 型方程。在用 SAV 方法求解数值解时，poisson 型方程至少要求解两次。

6.5 数值模拟

我们用有限体积法求解了式(6-12a)～(6-13b)和式(6-29a)～(6-29b)。我们将变量ϕ、p和ψ的值放在单元格的中心。同时，我们把速度(u,v)的值放在单元的面上。如果没有明确说明时，模型参数采用以下给定的默认值：

$$M=0.001,\ \nu=0.01,\ \tau=0.001,\ \lambda=0.0001,\sigma=1,\ \varepsilon=0.02,\ \boldsymbol{B}_0=(0,0,1) \tag{6-50}$$

6.5.1 案例 1：精度测试

首先，我们对正方形区域$\Omega=[0,1]\times[0,1]$执行时间收敛的精度测试。我们假设以下函数

$$\begin{cases}\phi(x,y,t)=2+\cos(\pi x)\cos(\pi y)\sin t\\ u(x,y,t)=\pi\sin(2\pi y)\sin^2(\pi x)\sin t\\ v(x,y,t)=-\pi\sin(2\pi x)\sin^2(\pi y)\sin t\\ p(x,y,t)=\cos(\pi x)\sin(\pi y)\sin t\\ \psi(x,y,t)=\cos(2\pi x)\sin(2\pi y)\sin t\end{cases} \tag{6-51}$$

为精确解，并施加适当的源项，使给定解满足 PDE 系统。在表 6.1 和 6.2 中，我们对 CN2 格式和 BDF2 格式分别采用不同的时间步长并列出了相变量ϕ、速度场$\boldsymbol{u}=(u,v)$、压力p和标量势ψ在时间$t=1$时的数值解与精确解的误差。我们观

察到，在时间上，CN2 和 BDF2 格式分别在 $\boldsymbol{u}$、ϕ 和 ψ 下达到几乎完美的二阶精度，压力 p 达到一阶精度。

表 6.1 CN2 格式下相场函数 ϕ，流体速度（$\boldsymbol{u}=(u,v)$），压力 p 和标量势 ψ 的 L^2 模误差关于时间步长 τ 的时间收敛阶

τ	Error_ϕ	Order_ϕ	Error_u	Order_u	Error_p	Order_p	Error_ψ	Order_ψ
1×10^{-2}	1.79×10^{-6}		6.75×10^{-6}		1.16×10^{-3}		1.77×10^{-6}	
5×10^{-3}	4.48×10^{-7}	1.998	1.69×10^{-6}	1.943	5.79×10^{-4}	1.003	4.43×10^{-7}	1.998
2.5×10^{-3}	1.12×10^{-7}	2.000	4.22×10^{-7}	2.002	2.90×10^{-4}	0.998	1.11×10^{-7}	1.997
1.25×10^{-3}	2.79×10^{-8}	2.005	1.05×10^{-7}	2.007	1.45×10^{-4}	1.000	2.77×10^{-8}	2.003
6.25×10^{-4}	6.98×10^{-9}	1.999	2.63×10^{-8}	1.997	7.25×10^{-5}	1.000	6.92×10^{-9}	2.001

表 6.2 BDF2 格式下相场函数 ϕ，流体速度（$\boldsymbol{u}=(u,v)$），压力 p 和标量势 ψ 的 L^2 模误差关于时间步长 τ 的时间收敛阶

τ	Error_ϕ	Order_ϕ	Error_u	Order_u	Error_p	Order_p	Error_ψ	Order_ψ
1×10^{-2}	1.44×10^{-5}		5.42×10^{-5}		1.16×10^{-3}		1.42×10^{-5}	
5×10^{-3}	3.58×10^{-6}	2.004	1.35×10^{-5}	2.003	5.81×10^{-4}	0.998	3.55×10^{-6}	2.000
2.5×10^{-3}	8.95×10^{-7}	2.001	3.38×10^{-6}	1.998	2.90×10^{-4}	1.003	8.86×10^{-7}	2.002
1.25×10^{-3}	2.24×10^{-7}	1.998	8.44×10^{-7}	2.001	1.45×10^{-4}	1.000	2.21×10^{-7}	2.003
6.25×10^{-4}	5.59×10^{-8}	2.003	2.11×10^{-7}	2.000	7.26×10^{-5}	0.998	5.53×10^{-8}	1.999

在后面的案例中，我们选择 BDF2 格式来获得数值结果。

6.5.2 案例 2：旋节分相

在本案例中，我们研究 λ 对系统两相流体的旋节分相的影响。计算区域 Ω 是一个正方形 $[0,6.4]\times[0,6.4]$，其网格为 300×300。

初始条件为

$$\phi^0=\overline{\phi}+\text{rand}(r),\quad \boldsymbol{u}^0=(0,0) \tag{6-52}$$

其中平均值为 $\overline{\phi}=-0.05$，随机值 $\text{rand}(r)\in[-1,1]$，并且 $\overline{\phi^0}=\overline{\phi}$。图 6.1 描述相场函数 ϕ 随时间的变化。我们观察到 $\lambda=0.005$ 时，流体粗粒化速度比 $\lambda=0.01$ 和 $\lambda=0.02$ 时的流体粗粒化速度小。似乎 λ 越大就可以帮助流体越快速粗粒化。我们在图 6.2 中根据不同的 λ 绘制了离散能量曲线，同时 ϕ 都能达到稳定态。它验证了离散能量随着时间的推移而减少，直到达到稳定状态。

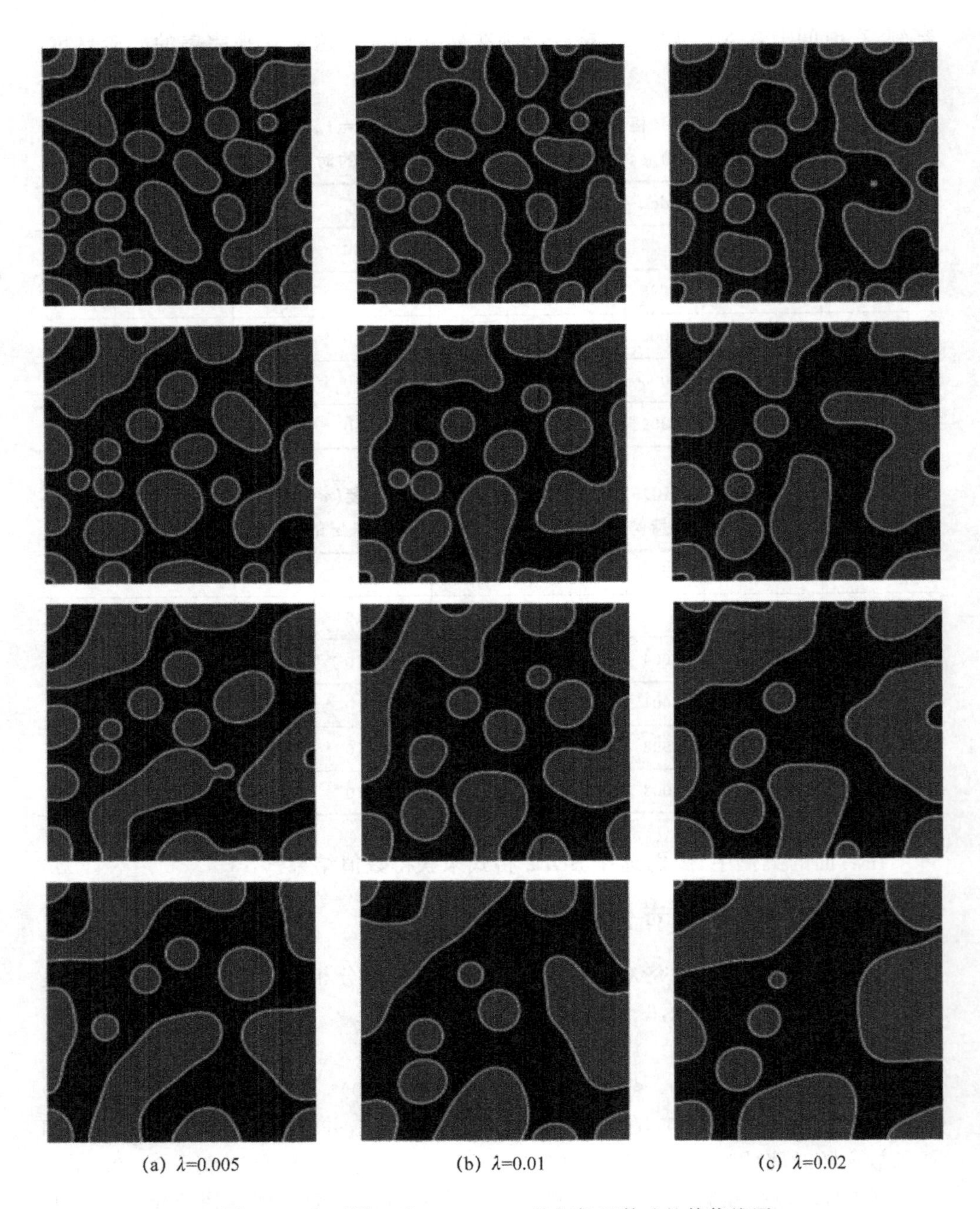

图 6.1 在不同 λ 下 $t=1,2,3,5$ 的相场函数 ϕ 的等值线图

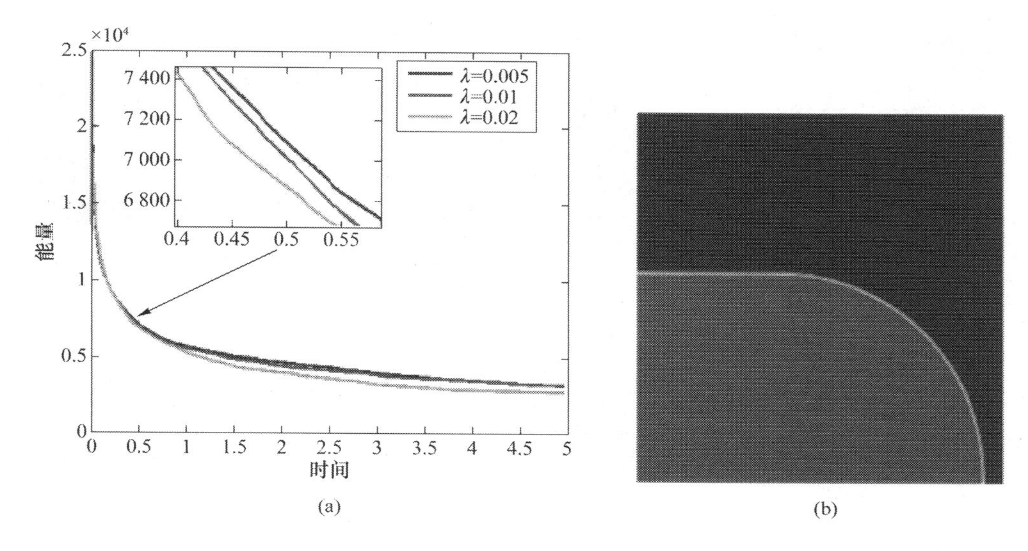

图 6.2 在不同 λ 下离散能量 $E(\phi)+\|\boldsymbol{u}\|^2/(2\lambda)$ 的曲线图和 ϕ 的稳定态

6.5.3 案例 3:重力对流体的影响

在本案例中,我们考虑重力对两相不相融流体的影响。因此,流体方程如下:

$$\boldsymbol{u}_t+\boldsymbol{u}\cdot\nabla\boldsymbol{u}-\nu\Delta\boldsymbol{u}+\nabla p-\boldsymbol{J}\times\boldsymbol{B}_0+\lambda\phi\nabla\mu+\boldsymbol{G}(\phi+1)/2=0 \tag{6-53}$$

其中重力 $\boldsymbol{G}=(0,\mathrm{g},0)$,$\mathrm{g}=10\ \mathrm{m/s^2}$ 是重力加速度。

速度 $\boldsymbol{u}$ 的初值为零,ϕ 的初值如下:

$$\phi(x,y,0)=\begin{cases}1, & (x,y)\in\Omega_0\\ -1, & \text{其他}\end{cases} \tag{6-54}$$

其中水滴的几何形状为

$$\Omega_0=\{(x,y)\in\Omega\,|\,(x-3.2)^2+(y-8)^2\leqslant 6\} \tag{6-55}$$

首先我们给定 $\lambda=0.01$,并研究了 σ 的影响。图 6.3 表明水滴在重力的作用下改变了它的界面。此外,似乎较小的 σ 值比较大的 σ 值的水滴下降得更快。由此说明洛伦兹力可以抵消重力的影响。

然后我们给定 $\sigma=1$,并研究 λ 的影响。我们发现,在图 6.4 中,当水滴以 $\lambda=0.001$ 滴下时,它看起来像一个新月,而且水滴的形状总是凹的。然而,当 λ 变大时,水滴的形状开始是凹的,最后变成平坦甚至是凸的。

在图 6.5 中,我们给定 $\sigma=1,\lambda=0.001$,然后改变磁场 $\boldsymbol{B}_0=(0,0,\xi)$ 中 ξ 的大小。我们发现,ξ 值越大,则水滴的下降速度越小。而且在这种情况下,磁场中洛伦兹力的方向与重力相反。因此,磁场越强,水滴的下降速度就越小。

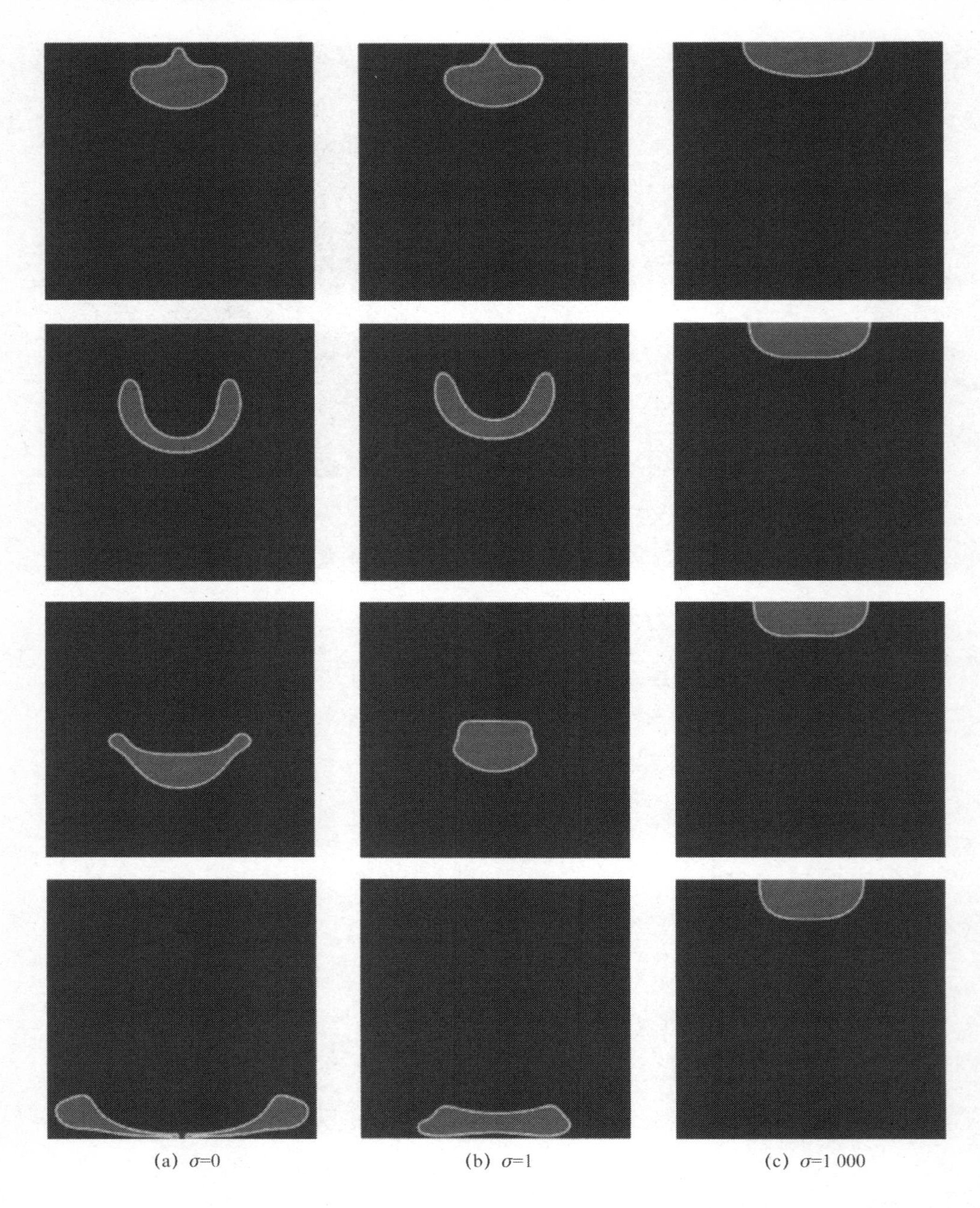

图 6.3　$\lambda=0.01$，在不同 σ 下 $t=1,2,3,5$ 的相场函数 ϕ 的等值线图

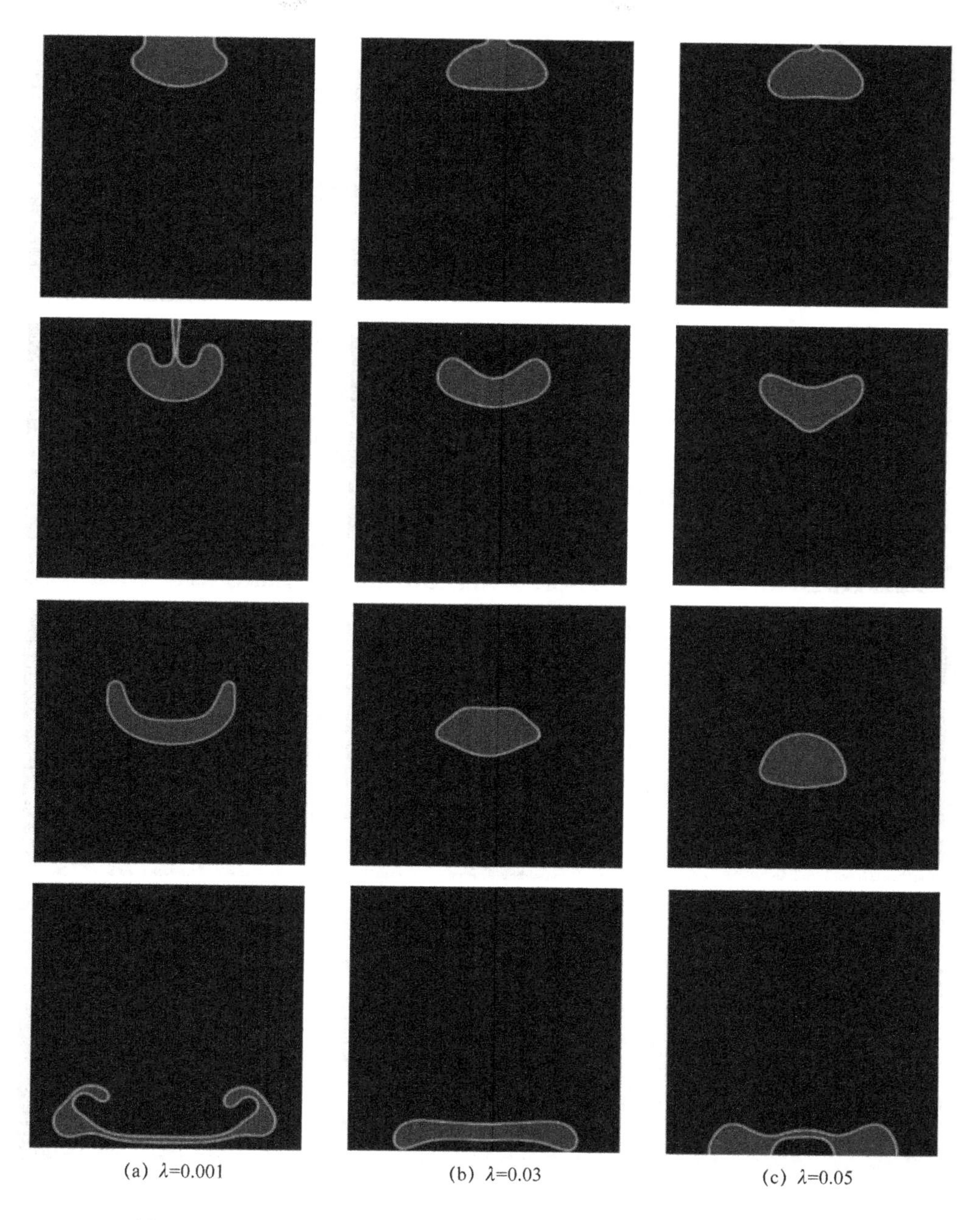

图 6.4　$\sigma=1$,在不同 λ 下 $t=0.7,1.3,2.5,5$ 的相场函数 ϕ 的等值线图

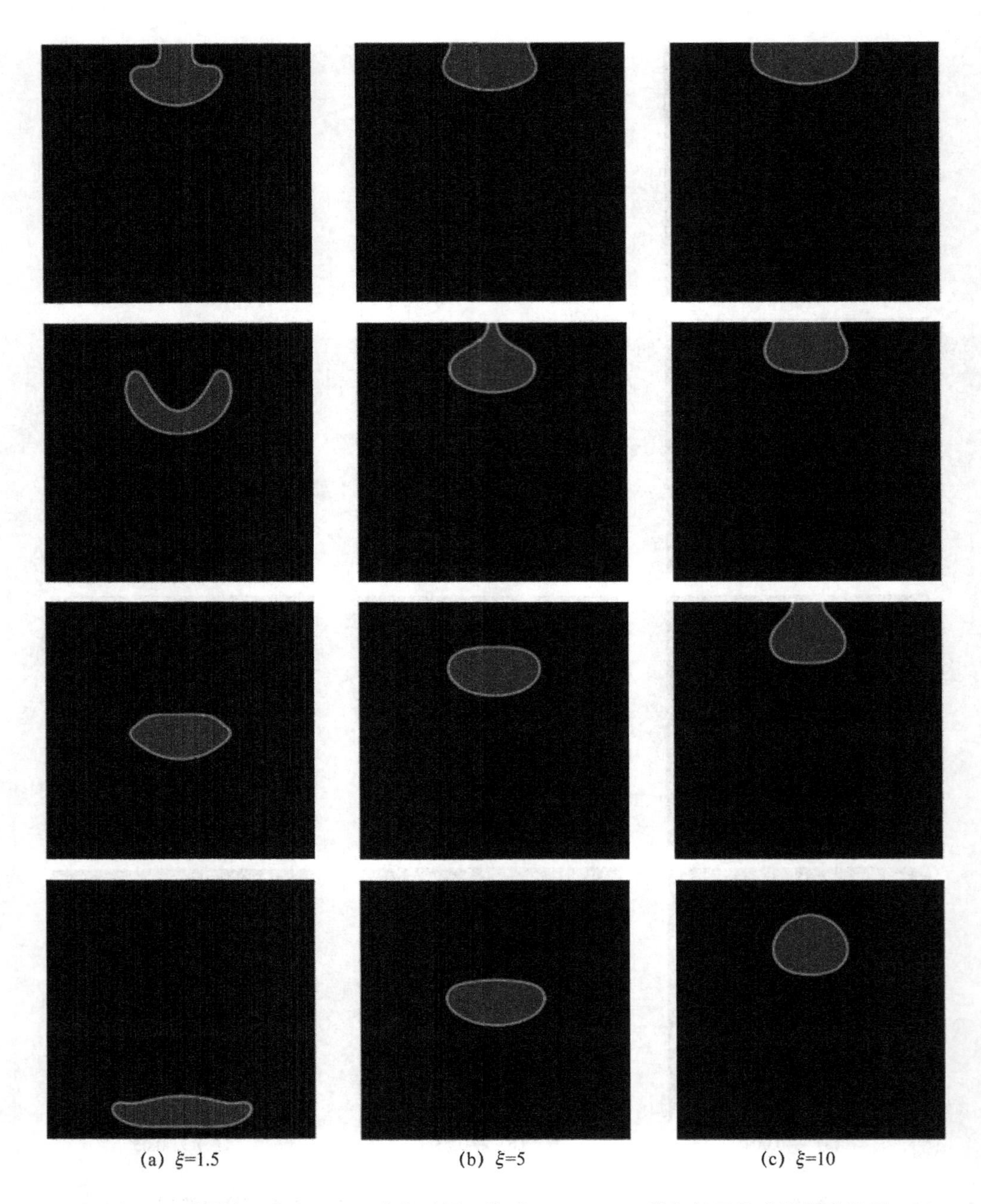

图 6.5 在磁场$\boldsymbol{B}_0=(0,0,\xi)$中取不同$\xi$值下$t=1,2,3,5$的相场函数$\phi$的等值线图

6.5.4　案例4:界面夹断

在该案例中,我们考虑两相不相融流体,其中一个轻流体层被两个重流体层夹在中间。在浮力的作用下,较轻流体上升,顶部较重流体层最终穿透较轻流体层,造成流体界面的夹断。这个案例首先是由 Lee,Lowengrub 和 Goodman[125,126] 在 Hele-Shaw 的背景下考虑的。

考虑浮力的影响,流体方程为

$$\boldsymbol{u}_t+\boldsymbol{u}\cdot\nabla\boldsymbol{u}-\nu\Delta\boldsymbol{u}+\nabla p-\boldsymbol{J}\times\boldsymbol{B}_0+\lambda\phi\nabla\mu-\gamma(\phi-\overline{\phi})\boldsymbol{G}=0 \tag{6-56}$$

其中 γ 是无量纲参数。详情请参见文献[100]。我们令 $\gamma=1$。初始速度为零以及 ϕ 的初始条件为

$$\phi(x,y,0)=\begin{cases}1, & (x,y)\in\Omega_1\\ -1, & \text{其他}\end{cases} \tag{6-57}$$

其中轻流体的几何形状为

$$\Omega_1=\{(x,y)\in\Omega \mid |3.2-y|\leqslant 0.5+0.1\cos(\frac{\pi x}{3.2})\} \tag{6-58}$$

首先,我们给定 $\lambda=0.001$,考虑参数 σ 对流体的影响。当 $\sigma=0$ 时,图6.6展示了轻流体正在上升,并且在中间的流体界面被分裂成许多小泡。当 σ 增大时,这些小泡便阻止轻流体上升并且分裂的小泡变少。

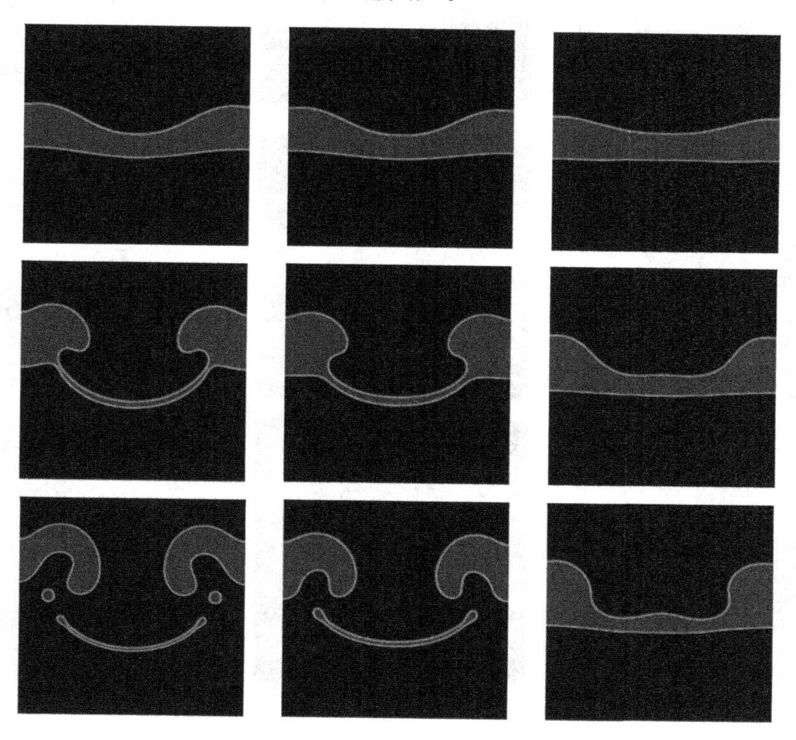

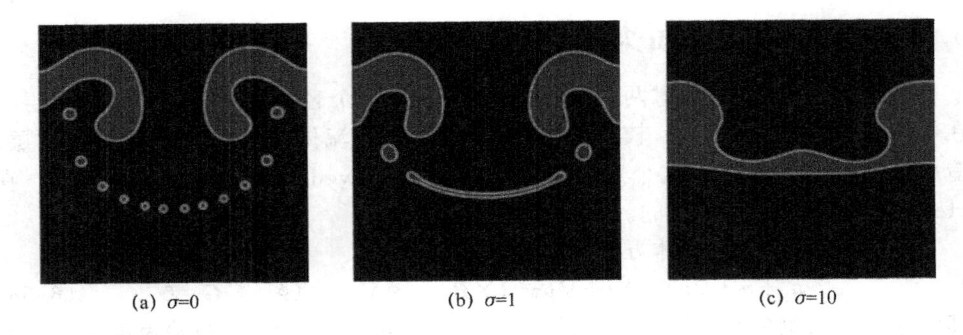

图 6.6　$\lambda=0.01$，在不同 σ 下 $t=1,1.9,2.3,2.5$ 的相场函数 ϕ 的等值线图

其次，我们固定 $\sigma=1$，考察 λ 对流体的影响。当 $\lambda=0.001$ 时，在图 6.7 中我们发现轻流体正在上升，并且界面曲率变得更大。当 λ 增大时，界面曲率变得更平坦、更光滑。参数 λ 看起来可以帮助轻流体收缩在一起。

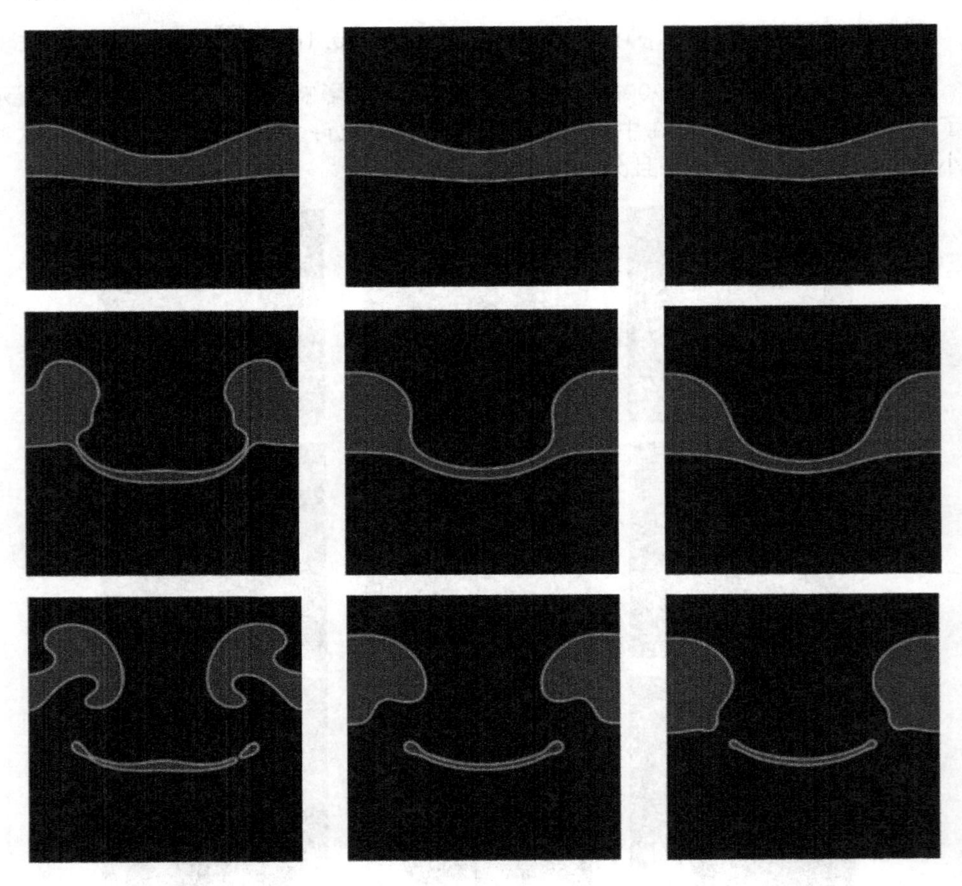

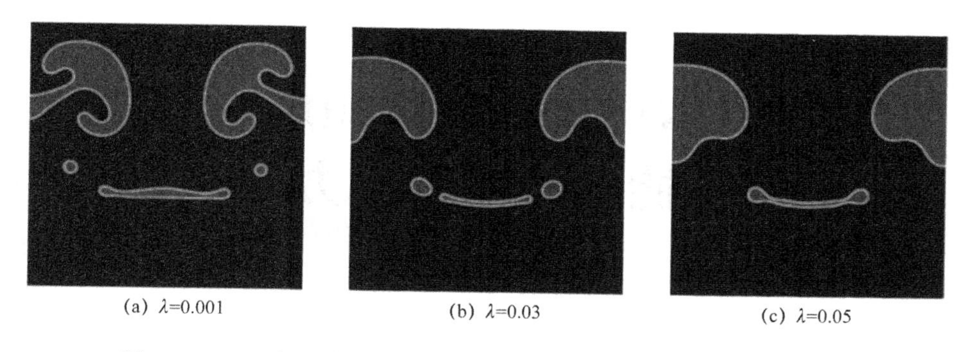

(a) λ=0.001 (b) λ=0.03 (c) λ=0.05

图 6.7 $\sigma=1$，在不同 λ 下 $t=1,1.9,2.3,2.5$ 的相场函数 ϕ 的等值线图

6.6 小结

我们提出了 Cahn-Hilliard 方程和无诱导、不可压缩的 MHD 方程耦合的 CHiMHD 模型。该模型可用于模拟两相导电流体在磁场作用下的动态行为。为了解决这个问题，我们提出了两个完全离散的时间推进格式，它们是线性的、解耦的、无条件能量稳定的、二阶的，并且证明了离散问题的适定性和能量稳定性。

第7章　不可压磁流体相场耦合模型的能量稳定数值方法

7.1　背景介绍

多相流的研究一直是流体力学中一个令人关注和棘手的问题。多相流在许多自然现象中很普遍,如气泡流动,即气泡分散或悬浮在整个液体中[52]。当然,在工业中,绝大多数处理技术都涉及多相流,如气体颗粒在燃烧反应器中的流动、纤维悬浮液在纸浆和中的流动。

一些多相流模型更注重界面。通常,界面分离可以认为是由那些界面或相之间的移动边界划分为单相区域的领域[69,81,113]。界面本构关系在有限变形框架内以拉格朗日和欧拉描述中的界面能表示。此外,如果其中之一的流体是磁性纳米流体[4],则可以通过外部磁场控制流体的流动和传热。我们关注磁性流体[214]的多相流问题。受 Cahn-Hilliard(CH)和 Navier-Stokes(NS)模型[43,68,72,97,106,185]的启发,Cahn-Hilliard(CH)和 Navier-Stokes(NS)模型描述了两相不混溶流体的界面变化,如界面夹断和移动接触线,我们提出了一个由磁流体动力学-Cahn-Hilliard(MHD-CH)系统组成的相场模型。

$$
\begin{cases}
\phi_t+\boldsymbol{u}\cdot\nabla\phi-M\Delta\mu=0\\
-\Delta\phi+f(\phi)=\mu\\
\boldsymbol{u}_t+(\boldsymbol{u}\cdot\nabla)\boldsymbol{u}+\nabla p-\gamma\Delta\boldsymbol{u}=\lambda\mu\nabla\phi+\mathrm{curl}\boldsymbol{B}\times\boldsymbol{B}+\boldsymbol{g}\\
\mathrm{div}\boldsymbol{u}=0\\
\boldsymbol{B}_t+\mathrm{curl}(\boldsymbol{B}\times\boldsymbol{u}-\dfrac{1}{\sigma}\mathrm{curl}\boldsymbol{B})=0\\
\mathrm{div}\boldsymbol{B}=0
\end{cases}
\tag{7-1}
$$

其中$(\boldsymbol{x},t)\in\Omega\times(0,T)$,区域 $\Omega\subset\mathbf{R}^3$,有限时间 $T\in(0,+\infty)$。在这里 $f(\phi)=\dfrac{1}{\varepsilon^2}(\phi^2-1)\phi$,即 $f(\phi)=F'(\phi)$且 $F(\phi)=\dfrac{1}{4\varepsilon^2}(\phi^2-1)^2$。变量和参数列在表 7.1 中。

表 7.1 变量和参数

符号	解释
ϕ	序参量 $\phi=1\times(x\in$ 液泡形成的球形区域$)+(-1)\times(x\overline{\in}$ 液泡形成的球形区域$)$
$E(\phi)$	能量$\int_\Omega\left[\frac{1}{2}\mid\nabla\phi\mid^2+\frac{(\phi^2-1)^2}{4\varepsilon^2}\right]\mathrm{d}x$
μ	化学势$\frac{\delta E(\phi)}{\delta\phi}$
$\boldsymbol{u}$	速度场$(u_1(\boldsymbol{x},t),u_2(\boldsymbol{x},t),u_3(\boldsymbol{x},t))$
$\boldsymbol{B}$	磁场$(B_1(\boldsymbol{x},t),B_2(\boldsymbol{x},t),B_3(\boldsymbol{x},t))$
p	压力 $p(\boldsymbol{x},t)$
$\boldsymbol{g}$	外力密度$(g_1(\boldsymbol{x},t),g_2(\boldsymbol{x},t),g_3(\boldsymbol{x},t))$
ε	界面厚度,小的非负参数
M	松弛参数 $M>0$
λ	应力强度 $\lambda>0$
γ	黏度 $\gamma>0$
σ	磁导率 $\sigma>0$

再加上初始条件和边界条件:

$$\boldsymbol{u}(\boldsymbol{x},0)=\boldsymbol{u}_0(\boldsymbol{x}),\boldsymbol{B}(\boldsymbol{x},0)=\boldsymbol{B}_0(\boldsymbol{x}),\phi(\boldsymbol{x},0)=\phi_0(\boldsymbol{x}),\quad\forall\,\boldsymbol{x}\in\Omega \tag{7-2}$$

$$\begin{cases}\dfrac{\partial\phi}{\partial\boldsymbol{n}}=\dfrac{\partial\mu}{\partial\boldsymbol{n}}=\boldsymbol{O}\\ \boldsymbol{u}=\boldsymbol{O},\quad \text{on}\quad\partial\Omega\\ \text{curl}\boldsymbol{B}\times\boldsymbol{n}=\boldsymbol{0},\boldsymbol{B}\cdot\boldsymbol{n}=0\end{cases} \tag{7-3}$$

Cahn-Hilliard 方程是四阶非线性抛物型偏微分方程,变量 μ 引入式(7-1)中的第二个方程。

考虑到总能量,它包含动能 E_{kin}(动能是物体由于其运动而拥有的能量)、磁能 E_{mag}(在磁场中运行的能量)[77,191]和表面自由能 $E(\phi)$(表面自由能是分子间相互作用的总和)。总能量可以计算如下:

$$\begin{aligned}E_{\text{tot}}&=\lambda E(\phi)+E_{\text{kin}}+E_{\text{mag}}\\&=\lambda\left[\frac{1}{2}\int_\Omega\|\nabla\phi\|_0^2\mathrm{d}\boldsymbol{x}+\int_\Omega\frac{(\phi^2-1)^2}{4\varepsilon^2}\mathrm{d}\boldsymbol{x}\right]+\frac{1}{2}\int_\Omega\rho\|\boldsymbol{u}\|_0^2\mathrm{d}\boldsymbol{x}+\frac{1}{2}\int_\Omega\frac{1}{\sigma}\|\boldsymbol{B}\|_0^2\mathrm{d}\boldsymbol{x}\end{aligned} \tag{7-4}$$

令 $E_1(\phi)$表示 $E(\phi)$的第二部分:

$$E_1(\phi)=\int_\Omega\frac{(\phi^2-1)^2}{4\varepsilon^2}\mathrm{d}\boldsymbol{x}=(F(\phi),1)$$

根据能量稳定性的基本原理,必须将整个系统与能量原理[11,45,212,244]一起考虑。

如何解决复杂的偏微分系统是我们的第二项工作。众所周知，有一些基本方法[3,5]，如有限差分方法(FDM)、有限体积方法、谱方法[30,217,263]和有限元方法(FEM)。根据麦克斯韦方程、NS方程和CH方程[43,56,71,75,104,185,213,244,248]的数值方法中的一些参考，我们尝试结合FDM和FEM来解决整个系统。将外推技术和Crank-Nicolson(CN)[250]用于时间离散，同时将Nédélec元用于磁场[80,127]离散。

重要的是要指出，我们要提出一种用于时间和空间的高精度数值方法。CN方法可以获得时间离散化的二阶精度，比Euler方法[244]更有效。Taylor-Hood P_2-P_1元用于计算变量$\boldsymbol{u}, p$，而Lagrange元P_2用于计算ϕ, μ，但是磁感应强度$\boldsymbol{B}$在边界处不是连续的，变量$\boldsymbol{B}$[127]采用一阶Nédélec边界元。p和$\boldsymbol{B}$之外的所有变量均获得了二阶精度。

本章的结构如下：在7.2节中，我们介绍了Sobloev空间、我们的方法的一些表示法和一些引理；在7.3节中，我们简要介绍了MHD-CH模型的能量稳定时间离散化方法和半离散MHD-CH模型的相应最佳误差分析结果；在7.4节中，我们给出了上述方法的绝对稳定性；在7.5节中，我们使用混合有限元方法作空间离散；在7.6节中，我们通过展示若干数值案例来测试所提出的方法；在7.7节中我们给出了一些总结性说明。

7.2 初始设置

为了获得MHD-CH模型的弱解，我们引入一些Sobolev空间$H^k(\Omega)$，$H_0^k(\Omega)$，$k\geqslant 0$，为范数配备了$\|\cdot\|_{k,\Omega}$和相应的半范数$|\cdot|_{k,\Omega}$。函数空间$H^{-1}(\Omega)$是$H_0^1(\Omega)$的对偶空间。在本书中，我们定义以下空间：

$$V_\phi = V_\mu = H^1(\Omega), V_{\boldsymbol{B}} = H_{\text{curl}}(\Omega), V_{\boldsymbol{u}} = (H^1(\Omega))^3,\ V_p = L_0^2(\Omega) \tag{7-5}$$

定义连续算子如下：

$$\begin{cases} a(\mu,\eta) = (\nabla\mu,\nabla\eta),\ \forall\,\mu,\eta\in V_\phi \\ (A\boldsymbol{u},\boldsymbol{v}) = \tilde{a}(\boldsymbol{u},\boldsymbol{v}) = (\nabla\boldsymbol{u},\nabla\boldsymbol{v}),\ \forall\,\boldsymbol{u},\boldsymbol{v}\in V_{\boldsymbol{u}} \\ (D(\boldsymbol{u},\boldsymbol{v}),\boldsymbol{w}) = b(\boldsymbol{u},\boldsymbol{v},\boldsymbol{w}) = ((\boldsymbol{u}\cdot\nabla)\boldsymbol{v},\boldsymbol{w}) + \dfrac{1}{2}(\nabla\cdot\boldsymbol{u},\boldsymbol{v}\cdot\boldsymbol{w}),\ \forall\,\boldsymbol{u},\boldsymbol{v},\boldsymbol{w}\in V_{\boldsymbol{u}} \\ (B\boldsymbol{v},q) = -(\nabla\cdot\boldsymbol{v},q),\ \forall\,\boldsymbol{v}\in V_{\boldsymbol{u}}, q\in V_p \\ (f(\phi),\varphi) = \displaystyle\int_\Omega f(\phi)\phi\,\mathrm{d}\boldsymbol{x}, \phi,\phi\in V_\phi \\ c(\boldsymbol{u},\phi,\eta) = \displaystyle\int_\Omega(\boldsymbol{u}\cdot\nabla\phi)\eta\,\mathrm{d}\boldsymbol{x},\quad \boldsymbol{u}\in V_{\boldsymbol{u}},\phi,\eta\in V_\phi \end{cases} \tag{7-6}$$

从 Adams、Gerbeau[86]、Gunzburger[94]、Témam[218] 可以看出，存在以下不等式：

$$\begin{cases}|a(\mu,\eta)|\leqslant\|\mu\|_1\|\eta\|_1,\ \forall\mu,\eta\in V_\phi\\ \|\boldsymbol{v}\|_{0,m}\leqslant C_1(m)\|\nabla\boldsymbol{v}\|_{0,2},\ m\in[1,6],\forall\boldsymbol{v}\in V_{\boldsymbol{u}}\\ |b(\boldsymbol{u},\boldsymbol{v},\boldsymbol{w})|\leqslant c_0\|\nabla\boldsymbol{u}\|_{0,2}\|\nabla\boldsymbol{v}\|_{0,2}\|\nabla\boldsymbol{w}\|_{0,2}\end{cases}\tag{7-7}$$

其对任意 $\boldsymbol{u},\boldsymbol{v},\boldsymbol{w}\in V_{\boldsymbol{u}}$都成立。在这里，我们令 c_0 是只依赖于 Ω 的一个非负常数并且 C 和 $C_i,i=1$，是依赖于 $\Omega,\lambda,\sigma,M,\varepsilon$ 的非负常数。

结合 Cahn-Hilliard 模型和不可压缩的 MHD，我们需要以下假设。

(1) 初值$\boldsymbol{u}_0\in V_{\boldsymbol{u}}\cap(H^2(\Omega))^3,\phi_0\in V_\phi\cap H^2(\Omega),\boldsymbol{B}_0\in V_{\boldsymbol{B}}\cap(H^2(\Omega))^3$ 并且应力 $\boldsymbol{g}$ 满足有界：

$$\sup_{0\leqslant t\leqslant T}\{\|\boldsymbol{g}\|_{0,2}+\|\boldsymbol{g}_t\|_{0,2}+\|\boldsymbol{g}_{tt}\|_{0,2}\}\leqslant C\tag{7-8}$$

(2) 弱解 $\boldsymbol{u}\in C([0,T];V_{\boldsymbol{u}})\cap L^2(0,T;H^2(\Omega)^3),\boldsymbol{B}\in C(0,T;V_{\boldsymbol{B}})\cap L^2(0,T;H^2(\Omega)^3),p\in L^2(0,T;V_p\cap H^1(\Omega))$使得$\boldsymbol{u}_t,\boldsymbol{B}_t\in L^2(0,T;L^2(\Omega)^3),\phi_t\in L^2(0,T;L^2(\Omega))$并且式(7-12)对所有 $t\in[0,T]$成立。在三维情形下，如果初始值$\boldsymbol{u}_0,\boldsymbol{B}_0,f$ 充分小，则对于任意时间 T 解都存在，并且 $\boldsymbol{u}(t),\phi(t),\boldsymbol{B}(t)$满足

$$\sup_{t\in[0,T]}(\|\boldsymbol{u}(t)\|_{1,2}+\|\boldsymbol{B}(t)\|_{1,2}+\|\phi(t)\|_{1,2})<\infty\tag{7-9}$$

$$\int_0^T(\|\nabla\phi(t)\|_{0,2}^2+\|\nabla\boldsymbol{u}(t)\|_{0,2}^2+\|\mathrm{curl}\boldsymbol{B}(t)\|_{0,2}^2)\mathrm{d}t\leqslant C\tag{7-10}$$

如果该模型含有弱解$(\boldsymbol{u}(t),\boldsymbol{B}(t),p(t),\phi(t))$，则满足

$\boldsymbol{u}\in C([0,T];V_{\boldsymbol{u}}),\boldsymbol{B}\in C([0,T];V_{\boldsymbol{B}}),p\in L^2(0,T;V_p),\phi\in L^2(0,T;V_\phi)$

如果 u_0,ϕ_0,B_0 充分小，则

$$\sup_{t\in[0,T]}(\|u(t)\|_{1,2}+\|B(t)\|+\|\phi(t)\|_{1,2})\leqslant C$$

并且对于任意 $T>0$ 解都存在。

令 $\phi_0,\ \tilde{\phi}_0\in H_0^1(\Omega),(\phi_1,\mu_1),(\tilde{\phi}_1,\tilde{\mu}_1)$是 Cahn-Hilliard 方程的弱解，初值为

$$\phi_0(x,0)=\phi_0(x),\tilde{\phi}_0(x,0)=\tilde{\phi}_0(x),\ \text{a. e.}\ \Omega$$

则

$$\|\phi_1-\tilde{\phi}_1\|_{L^\infty(0,T;L^2(\Omega))}+\|\mu_1-\tilde{\mu}_1\|_{L^2(0,T;L^2(\Omega))}\leqslant C\|\phi_0-\tilde{\phi}_0\|_0\tag{7-11}$$

其中 $C=C(T)>0$ 是一个常数。

7.3 MHD-CH 模型的弱形式

式(7-1)的弱形式如下。

对于任意的 $T>0,\phi\in L^\infty(0,T;V_\phi)$，找出 $\phi_t\in L^2(0,T;H^{-1}(\Omega)),\mu\in L^2(0,T;V_\mu),\boldsymbol{u}\in L^2(0,T;V_{\boldsymbol{u}}),p\in V_p,\boldsymbol{B}\in L^2(0,T;V_{\boldsymbol{B}})$，使得

$$\begin{cases}(\phi_t,\eta)+c(\boldsymbol{u},\phi,\eta)+Ma(\mu,\eta)=0, \forall \eta\in V_\mu \\ a(\phi,\varphi)+(f(\phi),\varphi)=(\mu,\varphi), \quad \forall \varphi\in V_\phi \\ (\boldsymbol{u}_t,\boldsymbol{v})+b(\boldsymbol{u},\boldsymbol{u},\boldsymbol{v})-d(\boldsymbol{v},p)+\gamma a(\boldsymbol{u},\boldsymbol{v})-\lambda c(\boldsymbol{v},\phi,\mu)- \\ (\mathrm{curl}\boldsymbol{B}\times\boldsymbol{B},\boldsymbol{v})=(\boldsymbol{g},\boldsymbol{v}), \forall \boldsymbol{v}\in V_{\boldsymbol{u}} \\ d(\boldsymbol{u},q)=0, \quad \forall q\in V_p \\ (\boldsymbol{B}_t,\boldsymbol{a})+(\boldsymbol{B}\times\boldsymbol{u},\mathrm{curl}\boldsymbol{a})+\dfrac{1}{\sigma}(\mathrm{curl}\boldsymbol{B},\mathrm{curl}\boldsymbol{a})=0, \quad \forall \boldsymbol{a}\in V_{\boldsymbol{B}} \\ d(\boldsymbol{B},s)=0, \quad \forall s\in V_p\end{cases} \tag{7-12}$$

在参考文献[43]和[68]中研究了 CH 模型的弱解的稳定性。有两种稳定的性质:一种是经典意义上的,即解对初始条件的连续依赖;另一种是能量类型的稳定性,从式(7-13)的意义上说。

$$E_{\mathrm{tot}}(\boldsymbol{u},\boldsymbol{B},\phi,\boldsymbol{x},t)\leqslant E_{\mathrm{tot}}(\boldsymbol{u},\boldsymbol{B},\phi,\boldsymbol{x},s), \quad \forall t>s\geqslant 0 \tag{7-13}$$

为了分析数值稳定性,我们首先陈述了连续 MHD-CH 模型的结果。

定理 7.3.1 如果 $\phi(\boldsymbol{x},t)$,$\mu(\boldsymbol{x},t)$,$\boldsymbol{u}(\boldsymbol{x},t)$,$p(\boldsymbol{x},t)$,$\boldsymbol{B}(\boldsymbol{x},t)$是式(7-12)的解,则能量估计满足

$$\frac{\mathrm{d}}{\mathrm{d}t}E_{\mathrm{tot}}+\gamma\|\nabla\boldsymbol{u}\|_0^2+\frac{1}{\sigma}\|\mathrm{curl}\boldsymbol{B}\|_0^2+\lambda M\|\nabla\mu\|_0^2=(\boldsymbol{g},\boldsymbol{u}), \quad \text{a. e. } t\in[0,T] \tag{7-14}$$

证明:在式(7-12)中我们令 $\eta=\mu,\phi=\frac{\partial}{\partial t}(\phi+1)=\frac{\partial}{\partial t}\phi\in V_\phi$,则有

$$\begin{cases}(\phi_t,\mu)+c(\boldsymbol{u},\phi,\mu)+M\|\nabla\mu\|_0^2=0-(\phi_t,\mu)=c(\boldsymbol{u},\phi,\mu)+M\|\nabla\mu\|_0^2 \\ (\mu,\phi_t)=a(\phi_t,\phi)+(\dfrac{1}{\varepsilon^2}(\phi^2-1)\phi,\phi_t)=(\dfrac{\delta E(\phi)}{\delta\phi},\phi_t)=\dfrac{\mathrm{d}E(\phi)}{\mathrm{d}t}\end{cases} \tag{7-15}$$

其中

$$\begin{aligned}(f(\phi),\delta_t\phi)&=(\frac{1}{\varepsilon^2}(\phi^2-1)\phi,\delta_t\phi)=\frac{1}{\varepsilon^2}((\phi^2-1),\frac{1}{2}\delta_t(\phi^2)) \\ &=\frac{1}{\varepsilon^2}((\phi^2-1),\frac{1}{2}\delta_t(\phi^2-1))=\frac{\mathrm{d}}{\mathrm{d}t}E_1(\phi)\end{aligned} \tag{7-16}$$

从而我们很容易得出

$$\frac{\mathrm{d}}{\mathrm{d}t}E(\phi)+M\|\nabla\mu\|_0^2+c(\boldsymbol{u},\phi,\mu)=0 \tag{7-17}$$

我们再令式(7-12)中的 $\boldsymbol{v}=\boldsymbol{u},\boldsymbol{a}=\boldsymbol{B}$,则有

$$\frac{1}{2}\frac{\mathrm{d}}{\mathrm{d}t}\|\boldsymbol{u}\|_0^2+\gamma\|\nabla\boldsymbol{u}\|_0^2-\lambda c(\boldsymbol{u},\phi,\mu)-(\mathrm{curl}\boldsymbol{B},\boldsymbol{B}\times\boldsymbol{u})=(\boldsymbol{g},\boldsymbol{u}) \tag{7-18}$$

$$\frac{1}{2}\frac{\mathrm{d}}{\mathrm{d}t}\|\boldsymbol{B}\|_0^2+(\boldsymbol{B}\times\boldsymbol{u},\mathrm{curl}\boldsymbol{B})+\frac{1}{\sigma}\|\mathrm{curl}\boldsymbol{B}\|_0^2=0$$

联立式(7-18)，有

$$\frac{\mathrm{d}}{\mathrm{d}t}(E_{\mathrm{kin}}+E_{\mathrm{mag}})+\gamma\|\nabla\boldsymbol{u}\|_0^2+\frac{1}{\sigma}\|\mathrm{curl}\boldsymbol{B}\|_0^2=(\boldsymbol{g},\boldsymbol{u})+\lambda c(\boldsymbol{u},\phi,\mu) \tag{7-19}$$

借助于式(7-4)、式(7-17)和式(7-19)，便得到结果

$$\frac{\mathrm{d}}{\mathrm{d}t}E_{\mathrm{tot}}+\gamma\|\nabla\boldsymbol{u}\|_0^2+\frac{1}{\sigma}\|\mathrm{curl}\boldsymbol{B}\|_0^2+\lambda M\|\nabla\mu\|_0^2=(\boldsymbol{g},\boldsymbol{u}) \tag{7-20}$$

证毕。

7.4 Crank-Nicolson 时间离散格式

在本节中，我们考虑使用 Crank-Nicolson(CN)方法对式(7-1)～(7.3)进行时间离散化。令 $N>0$ 为固定常数，令 $\tau=T/N$ 为时间步长。然后 $t_n=n\tau,n=1,2,\cdots,N$，$t_{n-\frac{1}{2}}=t_n-\tau/2$代表不同的离散时间层。

$$\overline{\vartheta}^n=\frac{\vartheta^n+\vartheta^{n-1}}{2}=\frac{\vartheta(\boldsymbol{x},t_n)+\vartheta(\boldsymbol{x},t_{n-1})}{2},\quad \vartheta\text{ 是 }\phi,\mu,\boldsymbol{u},p\text{ 或 }\boldsymbol{B} \tag{7-21}$$

7.4.1 MHD-CH 模型的非线性项的处理技巧

对式(7-12)进行分析后，应考虑模型的非线性项。

(1) Cahn-Hilliard 方程中的非线性项

我们采用了沈捷等人[38,43]提出的标量辅助变量(SAV)技术，引入了 $C_0\geqslant 0$，$q(t)$，$E_1(\phi)$的值仅取决于 t 的变量。所以辅助变量 $q(t)$可以描述为

$$q(t)=\sqrt{E_1(\phi)+C_0}$$

然后将式(7-1)中第二个方程修改为

$$-\Delta\phi+\frac{q}{\sqrt{E_1(\phi)+C_0}}f(\phi)=\mu \tag{7-22}$$

$$\frac{\mathrm{d}q}{\mathrm{d}t}=\frac{1}{2}(W(\phi),\phi_t)=\frac{(f(\phi),\phi_t)}{2\sqrt{E_1(\phi)+C_0}} \tag{7-23}$$

其中 $W(\phi)=\dfrac{f(\phi)}{\sqrt{E_1(\phi)+C_0}}$。因此在时间上的离散我们用到了 SAV/CN 格式：

$$(\overline{\mu}^n,\varphi)=a(\overline{\phi}^n,\varphi)+\frac{\overline{q}^n}{\sqrt{E_1(\overline{\phi}^n)+C_0}}(f(\overline{\phi}^n),\varphi) \tag{7-24}$$

$$q^n-q^{n-1}=\frac{(f(\overline{\phi}^n),\phi^n-\phi^{n-1})}{2\sqrt{E_1(\overline{\phi}^n)+C_0}} \tag{7-25}$$

注释 7.4.1：

$\overline{q}^n$ 可以是在 $\phi(t^{n+1/2})$的显式近似值。因此，上述系统可以重写为

$$\phi^n+\frac{\tau}{2}\boldsymbol{u}^n\cdot\nabla\phi^n-\frac{\tau}{2}M\Delta\mu^n=\phi^{n-1}-\frac{\tau}{2}\boldsymbol{u}^{n-1}\cdot\nabla\overline{\phi}^{n-1}+\frac{\tau}{2}M\Delta\mu^{n-1}$$

$$\mu^n+\Delta\phi^n-\frac{q^n f(\overline{\phi}^n)}{\sqrt{E_1(\overline{\phi}^n)+C_0}}=-\mu^{n-1}-\Delta\phi^{n-1}+\frac{q^{n-1}f(\overline{\phi}^n)}{\sqrt{E_1(\overline{\phi}^n)+C_0}}$$

$$q^n-\frac{(f(\overline{\phi}^n),\phi^n)}{2\sqrt{E_1(\overline{\phi}^n)+C_0}}=q^{n-1}-\frac{(f(\overline{\phi}^n),\phi^{n-1})}{2\sqrt{E_1(\overline{\phi}^n)+C_0}}$$

然后考虑到半离散，我们很容易得到这个格式，如果向量 $\boldsymbol{u}$ 是常数，则给出初始值 ϕ^0,μ^0,q^0，我们找出解 ϕ^n,μ^n,q^n，其满足

$$(\phi^n,\eta)+\frac{\tau}{2}(\boldsymbol{u}^n\cdot\nabla\phi^n,\eta)+\frac{M\tau}{2}a(\mu^n,\eta)=(\phi^{n-1},\eta)-\frac{\tau}{2}(\boldsymbol{u}^{n-1}\cdot\nabla\phi^{n-1},\eta)-\frac{M\tau}{2}a(\mu^{n-1},\eta)$$

$$(\mu^n,\varphi)-a(\phi^n,\varphi)-\frac{q^n}{\sqrt{E_1(\overline{\phi}^n)+C_0}}(f(\overline{\phi}^n),\varphi)=-(\mu^{n-1},\varphi)+a(\phi^{n-1},\varphi)+\frac{q^{n-1}}{\sqrt{E_1(\overline{\phi}^n)+C_0}}(f(\overline{\phi}^n),\varphi)$$

$$q^n-\frac{(f(\overline{\phi}^n),\phi^n)}{2\sqrt{E_1(\overline{\phi}^n)+C_0}}=q^{n-1}-\frac{(f(\overline{\phi}^n),\phi^{n-1})}{2\sqrt{E_1(\overline{\phi}^n)+C_0}}$$

(2) MHD 模型中的非线性项

在一般情况下，线性化方法用于求解 NS 方程和许多其他非线性问题，如 Picard、Newton 和 Oseen 迭代。在本书中，我们对 $\boldsymbol{u}\cdot\nabla\boldsymbol{u}$ 使用 Richardson 外推法。

$$\boldsymbol{u}^n\cdot\nabla\boldsymbol{u}^n=\left[\frac{3\boldsymbol{u}^{n-1}-\boldsymbol{u}^{n-2}}{2}\right]\cdot\nabla\boldsymbol{u}^n \tag{7-26}$$

注释 7.4.2：

当 $n\geqslant 2$ 时，我们用式(7-26)。当 $n=1$ 时，我们可以给出近似项 $\boldsymbol{u}^1=\boldsymbol{u}^0$，因此

$$\boldsymbol{u}^1\cdot\nabla\boldsymbol{u}^1=\boldsymbol{u}^0\cdot\nabla\boldsymbol{u}^1$$

在 NS 方程中，$b(\overline{\boldsymbol{u}}^n,\overline{\boldsymbol{u}}^n,\boldsymbol{v})$ 被修正为

$$b(\overline{\boldsymbol{u}}^n,\overline{\boldsymbol{u}}^n,\boldsymbol{v})=b\left(\frac{1}{2}\left(\frac{3}{2}\boldsymbol{u}^{n-1}-\frac{1}{2}\boldsymbol{u}^{n-2}\right)+\frac{1}{2}\boldsymbol{u}^{n-1},\overline{\boldsymbol{u}}^n,\boldsymbol{v}\right)=b\left(\frac{5}{4}\boldsymbol{u}^{n-1}-\frac{1}{4}\boldsymbol{u}^{n-2},\overline{\boldsymbol{u}}^n,\boldsymbol{v}\right)$$

类似地，有

$$c(\overline{\boldsymbol{u}}^n,\overline{\phi}^n,\eta)=c\left(\overline{\boldsymbol{u}}^n,\frac{5}{4}\phi^{n-1}-\frac{1}{4}\phi^{n-2},\eta\right)$$

$$(\mathrm{curl}\,\overline{\boldsymbol{B}}^n\times\overline{\boldsymbol{B}}^n,\boldsymbol{v})=\left(\mathrm{curl}\,\overline{\boldsymbol{B}}^n\times\left(\frac{5}{4}\boldsymbol{B}^{n-1}-\frac{1}{4}\boldsymbol{B}^{n-2}\right),\boldsymbol{v}\right)$$

$$(\overline{\boldsymbol{B}}^n\times\overline{\boldsymbol{u}}^n,\mathrm{curl}\boldsymbol{a})=\left(\left(\frac{5}{4}\boldsymbol{B}^{n-1}-\frac{1}{4}\boldsymbol{B}^{n-2}\right)\times\overline{\boldsymbol{u}}^n,\mathrm{curl}\boldsymbol{a}\right)$$

$(\phi(t_n),\mu(t_n),\boldsymbol{u}(t_n),p(t_n),\boldsymbol{B}(t_n))$ 的时间离散近似表示为 $(\phi^n,\mu^n,\boldsymbol{u}^n,p^n,\boldsymbol{B}^n)$，$n=1,2,\cdots,N$。从初始值 $(\phi^0,\mu^0,\boldsymbol{u}^0,p^0,\boldsymbol{B}^0)$ 开始，序列 $\{(\phi^n,\mu^n,\boldsymbol{u}^n,p^n,\boldsymbol{B}^n)\}\subset V_\phi\times$

$V_\mu \times V_{\boldsymbol{u}} \times V_p \times V_{\boldsymbol{B}}, 1 \leqslant n \leqslant N$ 由 CN 格式确定。

$$\begin{cases}\delta_t(\phi^n,\eta)+c(\bar{\boldsymbol{u}}^n,\frac{5}{4}\phi^{n-1}-\frac{1}{4}\phi^{n-2},\eta)+Ma(\bar{\mu}^n,\eta)=0\\ a(\bar{\phi}^n,\varphi)+\frac{\bar{q}^n}{\sqrt{E_1(\bar{\phi}^n)+C_0}}(f(\bar{\phi}^n),\varphi)=(\bar{\mu}^n,\varphi)\\ q^n-\frac{(f(\bar{\phi}^n),\phi^n)}{2\sqrt{E_1(\bar{\phi}^n)+C_0}}=q^{n-1}-\frac{(f(\bar{\phi}^n),\phi^{n-1})}{2\sqrt{E_1(\bar{\phi}^n)+C_0}}\\ \delta_t(\boldsymbol{u}^n,\boldsymbol{v})+b(\frac{5}{4}\boldsymbol{u}^{n-1}-\frac{1}{4}\boldsymbol{u}^{n-2},\bar{\boldsymbol{u}}^n,\boldsymbol{v})-d(\boldsymbol{v},\bar{p}^n)+d(\bar{\boldsymbol{u}}^n,q)+\gamma a(\bar{\boldsymbol{u}}^n,\boldsymbol{v})-\\ \lambda c(\boldsymbol{v},\frac{5}{4}\phi^{n-1}-\frac{1}{4}\phi^{n-2},\bar{\mu}^n)-(\mathrm{curl}\,\bar{\boldsymbol{B}}^n\times(\frac{5}{4}\boldsymbol{B}^{n-1}-\frac{1}{4}\boldsymbol{B}^{n-2}),\boldsymbol{v})=(\boldsymbol{g}^n,\boldsymbol{v})\\ (\mathrm{div}\,\bar{\boldsymbol{u}}^n,q)=0\\ (\delta_t\boldsymbol{B}^n,\boldsymbol{a})+((\frac{5}{4}\boldsymbol{B}^{n-1}-\frac{1}{4}\boldsymbol{B}^{n-2})\times\bar{\boldsymbol{u}}^n,\mathrm{curl}\boldsymbol{a})+\frac{1}{\sigma}(\mathrm{curl}\,\bar{\boldsymbol{B}}^n,\mathrm{curl}\boldsymbol{a})=0\\ (\mathrm{div}\,\bar{\boldsymbol{B}}^n,\psi)=0\end{cases} \tag{7-27}$$

对所有的$(\eta,\phi,\boldsymbol{v},q,\boldsymbol{a},\psi)\in V_\mu\times V_\phi\times V_{\boldsymbol{u}}\times V_p\times V_{\boldsymbol{B}}\times V_p, 1\leqslant n\leqslant N$ 都成立，其中

$$\delta_t\boldsymbol{u}^n=\frac{1}{\tau}(\boldsymbol{u}^n-\boldsymbol{u}^{n-1}),\ \delta_t\phi^n=\frac{1}{\tau}(\phi^n-\phi^{n-1}) \tag{7-28}$$

$$\delta_t\boldsymbol{B}^n=\frac{1}{\tau}(\boldsymbol{B}^n-\boldsymbol{B}^{n-1}),\ \boldsymbol{g}^n=\frac{1}{\tau}\int_{t_{n-1}}^{t_n}\boldsymbol{g}(t)\mathrm{d}t \tag{7-29}$$

7.4.2 MHD-CH 模型半离散格式的能量稳定性

现在，我们开始推导我们模型的半离散 CN 格式的能量稳定性。

定理 7.4.1(离散能量规律) 如果$(\phi^n,\mu^n,\boldsymbol{u}^n,p^n,\boldsymbol{B}^n)$是式(7-27)的解，则其满足离散能量规律：

$$\delta t E_{\mathrm{tot}}(\phi^n,\boldsymbol{u}^n,\boldsymbol{B}^n)+\gamma\|\nabla\bar{\boldsymbol{u}}^n\|_0^2+\frac{1}{\sigma}\|\mathrm{curl}\,\bar{\boldsymbol{B}}^n\|_0^2+\lambda M\|\nabla\bar{\mu}^n\|_0^2+\\ \frac{\tau(f(\bar{\phi}^n),\delta_t\phi^n)^2}{4\sqrt{E_1(\bar{\phi}^n)+C_0}}=(\boldsymbol{g},\bar{\boldsymbol{u}}^n),\quad \text{a. e. }\boldsymbol{x}\in\Omega \tag{7-30}$$

证明:令 $\eta=\bar{\mu}^n,\phi=\delta_t\phi^n,\boldsymbol{v}=\bar{\boldsymbol{u}}^n,\boldsymbol{a}=\bar{\boldsymbol{B}}^n$，我们可以得到

$$-(\delta_t\phi^n,\bar{\mu}^n)=c(\bar{\boldsymbol{u}}^n,\frac{5}{4}\phi^{n-1}-\frac{1}{4}\phi^{n-2},\bar{\mu}^n)+M\|\nabla\bar{\mu}^n\|_0^2 \tag{7-31}$$

$$(\bar{\mu}^n,\delta_t\phi^n)=\frac{1}{2}\delta_t\|\nabla\phi^n\|_0^2+\frac{\bar{q}^n}{\sqrt{E_1(\bar{\phi}^n)+C_0}}(f(\bar{\phi}^n),\delta_t\phi^n) \tag{7-32}$$

因为

$$\bar{q}^n = \frac{1}{2}(q^n + q^{n-1}) = q^{n-1} + \frac{(f(\bar{\phi}^n), \phi^n - \phi^{n-1})}{4\sqrt{E_1(\bar{\phi}^n) + C_0}}$$

联立式(7-31)和式(7-32),我们有

$$\frac{1}{2}\delta_t \| \nabla\phi^n \|_0^2 = -M \| \nabla\bar{\mu}^n \|_0^2 - c(\bar{\boldsymbol{u}}^n, \frac{5}{4}\phi^{n-1} - \frac{1}{4}\phi^{n-2}, \bar{\mu}^n) -$$

$$\frac{q^{n-1}}{\sqrt{E_1(\phi^{n-1}) + C_0}}(f(\bar{\phi}^n), \delta_t\phi^n) - \frac{(f(\bar{\phi}^n), \phi^n - \phi^{n-1})}{4\sqrt{E_1(\phi^{n-1}) + C_0}}(f(\bar{\phi}^n), \delta_t\phi^n)$$

其中

$$\frac{q^{n-1}}{\sqrt{E_1(\phi^{n-1}) + C_0}}(f(\bar{\phi}^n), \delta_t\phi^n) = (f(\bar{\phi}^n), \delta_t\phi^n)$$

$$((\bar{\phi}^n)^2 - 1)\bar{\phi}^n(\phi^n - \phi^{n-1})\varepsilon^2\tau \mathrm{d}x = \int \frac{((\bar{\phi}^n)^2 - 1)((\phi^n)^2 - (\phi^{n-1})^2)}{2\tau\varepsilon^2}\mathrm{d}x$$

$$= \int \frac{((\bar{\phi}^n)^2 - 1)[((\phi^n)^2 - 1) - ((\phi^{n-1})^2 - 1)]}{2\tau\varepsilon^2}\mathrm{d}x$$

$$\simeq \int \frac{((\phi^n)^2 - 1) + ((\phi^{n-1})^2 - 1)}{2} \cdot$$

$$\frac{(\phi^n)^2 - 1) - ((\phi^{n-1})^2 - 1)}{2\tau\varepsilon^2}\mathrm{d}x$$

$$\delta_t \int \frac{((\phi^n)^2 - 1)^2}{4\varepsilon^2}\mathrm{d}x = \delta_t E_1(\phi^n)$$

$$\frac{(f(\bar{\phi}^n), \phi^n - \phi^{n-1})}{4\sqrt{E_1(\phi^{n-1}) + C_0}}(f(\bar{\phi}^n), \delta_t\phi^n) = \frac{\tau(f(\bar{\phi}^n), \delta_t\phi^n)^2}{4\sqrt{E_1(\phi^{n-1}) + C_0}} \tag{7-33}$$

式(7-32)可变成

$$(\bar{\mu}^n, \delta_t\phi^n) = \frac{1}{2}\delta_t \| \nabla\phi^n \|_0^2 + \delta_t \int_\Omega \frac{((\phi^n)^2 - 1)^2}{4\varepsilon^2}\mathrm{d}x \tag{7-34}$$

$$\frac{1}{2}\delta_t \| \boldsymbol{u}^n \|_0^2 + \gamma \| \nabla\boldsymbol{u}^n \|_0^2 = \lambda(c\,\bar{\boldsymbol{u}}^n, \frac{5}{4}\phi^{n-1} - \frac{1}{4}\phi^{n-2}, \bar{\mu}^n) +$$

$$(\mathrm{curl}\,\bar{\boldsymbol{B}}^n \times (\frac{5}{4}\boldsymbol{B}^{n-1} - \frac{1}{4}\boldsymbol{B}^{n-2}), \bar{\boldsymbol{u}}^n) + (\boldsymbol{g}^n, \bar{\boldsymbol{u}}^n) \tag{7-35}$$

$$\frac{1}{2}\delta_t \| \boldsymbol{B}^n \|_{L^2}^2 + (\bar{\boldsymbol{B}}^n \times \bar{u}^n, \mathrm{curl}\,\bar{\boldsymbol{B}}^n) + \frac{1}{\sigma} \| \mathrm{curl}\,\bar{\boldsymbol{B}}^n \|_0^2 = 0 \tag{7-36}$$

然后让 $\lambda\times$式(7-31)+式(7-34)+式(7-35)+式(7-36),我们很容易得到

$$\delta_t[E(\phi^n) + \frac{1}{2} \| \boldsymbol{u}^n \|_0^2 + \frac{1}{2} \| \boldsymbol{B}^n \|_0^2] + \gamma \| \nabla\boldsymbol{u}^n \|_0^2 + \frac{1}{\sigma} \| \mathrm{curl}\,\bar{\boldsymbol{B}}^n \|_{L^2}^2 +$$

$$\lambda M \| \nabla\bar{\mu}^n \|_0^2 + \frac{\tau(f(\bar{\phi}^n), \delta_t\phi^n)^2}{4\sqrt{E_1(\phi^{n-1}) + C_0}} = (\boldsymbol{g}^n, \bar{\boldsymbol{u}}^n) \tag{7-37}$$

如果 $\boldsymbol{g}=\boldsymbol{O}$,则

$$\delta_t E_{\text{tot}}(\phi^n, \boldsymbol{u}^n, \boldsymbol{B}^n) = -\Big(\gamma \|\nabla \boldsymbol{u}^n\|_0^2 + \frac{1}{\sigma}\|\text{curl}\,\overline{\boldsymbol{B}}^n\|_0^2 + \lambda M \|\nabla \overline{\mu}^n\|_0^2 + \frac{\tau\,(f(\overline{\phi}^n), \delta_t \phi^n)^2}{4\sqrt{E_1(\phi^{n-1})}}\Big) \leqslant 0$$

证毕。

7.4.3　MHD-CH 模型半离散格式的误差估计

在这一节中，我们需要用到离散的 Gronwall 引理和在文献[104]和文献[195]中给出的对偶 Gronwall 引理。为了得到 CN 方法的 H^1 和 L^2 的误差估计，在式(7-27)中让 $t=t_n$。找出解$(\phi(t_n), \mu(t_n), \boldsymbol{u}(t_n), p(t_n), \boldsymbol{B}(t_n)) \in V_\phi \times V_\mu \times V_{\boldsymbol{u}} \times V_p \times V_{\boldsymbol{B}}$并且应用分部积分，得到

$$\begin{cases}(\delta_t \phi(t_n), \eta) + c(\overline{\boldsymbol{u}}(t_n), \overline{\phi}(t_n), \eta) + Ma(\overline{\mu}(t_n), \eta) = I_1^n \\ a(\overline{\phi}(t_n), \varphi) + (f(\overline{\phi}(t_n)), \varphi) = (\overline{\mu}(t_n), \varphi) \\ (\delta_t \boldsymbol{u}(t_n), \boldsymbol{v}) + b(\overline{\boldsymbol{u}}(t_n), \overline{\boldsymbol{u}}(t_n), \boldsymbol{v}) - \\ d(\boldsymbol{v}, \overline{p}(t_n)) + d(\overline{\boldsymbol{u}}(t_n), q) - \lambda(\boldsymbol{v}, \overline{\phi}(t_n), \overline{\mu}(t_n)) + \\ \gamma a(\overline{\boldsymbol{u}}(t_n), \boldsymbol{v}) - (\text{curl}\,\overline{\boldsymbol{B}}(t_n) \times \overline{\boldsymbol{B}}(t_n), \boldsymbol{v}) = (\boldsymbol{g}(t_n), \boldsymbol{v}) + I_2^n \\ (\overline{\boldsymbol{u}}(t_n), q) = 0 \\ (\delta_t \boldsymbol{B}(t_n), \boldsymbol{a}) + (\overline{\boldsymbol{B}}(t_n) \times \overline{\boldsymbol{u}}(t_n), \text{curl}\boldsymbol{a}) + \dfrac{1}{\sigma}(\text{curl}\,\overline{\boldsymbol{B}}(t_n), \text{curl}\boldsymbol{a}) = I_3^n \\ d(\overline{\boldsymbol{B}}(t_n), s) = 0\end{cases} \tag{7-38}$$

式(7-38)对所有的$(\eta, \phi, \boldsymbol{v}, q, \boldsymbol{a}, \psi) \subset V_\mu \times V_\phi \times V_{\boldsymbol{u}} \times V_p \times V_{\boldsymbol{B}} \times V_p$，$1 \leqslant n \leqslant N$ 都成立。我们应用如下式子：

$$\overline{\nu}(t_n) - \frac{1}{\tau}\int_{t_{n-1}}^{t_n} \nu(t)\,\mathrm{d}t = \frac{1}{2\tau}\int_{t_{n-1}}^{t_n} (t - t_n)(t - t_{n-1})\nu_{tt}\,\mathrm{d}t, \quad \forall \nu \in H^2(t_{n-1}, t_n)$$

因此我们就可以得到 I_1^n, I_2^n, I_3^n：

$$\begin{cases} I_1^n = -\dfrac{1}{2\tau}\displaystyle\int_{t_{n-1}}^{t_n} (t - t_n)(t - t_{n-1})(\phi_{tt}(t), \eta)\,\mathrm{d}t \\ I_2^n = -\dfrac{1}{2\tau}\displaystyle\int_{t_{n-1}}^{t_n} (t - t_{n-1})(t - t_n)(\boldsymbol{u}_{tt}(t), \boldsymbol{v})\,\mathrm{d}t \\ I_3^n = -\dfrac{1}{2\tau}\displaystyle\int_{t_{n-1}}^{t_n} (t - t_{n-1})(t - t_n)(\boldsymbol{B}_{tt}(t), \cdot\, \boldsymbol{a})\,\mathrm{d}t \end{cases} \tag{7-39}$$

同时，令

$$e_\vartheta^n = \vartheta(t_n) - \vartheta^n,\ \ \overline{e}_\vartheta^n = \overline{\vartheta}(t_n) - \overline{\vartheta}^n = \frac{e_\vartheta^n + e_\vartheta^{n-1}}{2}$$

其中 ϑ 代表 $\phi, \mu, \boldsymbol{v}, p$ 或者 $\boldsymbol{B}$。

用式(7-38)中各式分别减去式(7-27)，我们得到

$$
\begin{cases}
(\delta_t e_{\bar\phi}^n,\eta)+Ma(e_{\bar\mu}^n,\eta)=I_1^n-c(\bar{\boldsymbol{u}}(t_n),\bar\phi(t_n),\eta)+c(\bar{\boldsymbol{u}}^n,\frac{5}{4}\phi^{n-1}-\frac{1}{4}\phi^{n-2},\eta)\\
(e_{\bar\mu}^n,\phi)-a(e_{\bar\phi}^n,\phi)=(f(\bar\phi(t_n)),\phi)\\
-\left(\frac{q^{n-1}}{\sqrt{E_1(\bar\phi^n)+C_0}}+\frac{(f(\bar\phi^n),\phi^n-\phi^{n-1})}{4(E_1(\bar\phi^n)+C_0)}\right)(f(\bar\phi^n),\phi))\\
(\delta_t e_{\boldsymbol{u}}^n,\boldsymbol{v})+\gamma a(e_{\boldsymbol{u}}^n,\boldsymbol{v})=I_2^n-b(\bar{\boldsymbol{u}}(t_n),\bar{\boldsymbol{u}}(t_n),\boldsymbol{v})+b(\frac{5}{4}\boldsymbol{u}^{n-1}-\frac{1}{4}\boldsymbol{u}^{n-2},\bar{\boldsymbol{u}}^n,\boldsymbol{v})+\\
\lambda c(\boldsymbol{v},\bar\phi(t_n),\bar\mu(t_n))-\lambda c(\boldsymbol{v},\frac{5}{4}\phi^{n-1}-\frac{1}{4}\phi^{n-2},\bar\mu^n)+\\
(\mathrm{curl}\,\bar{\boldsymbol{B}}(t_n)\times\bar{\boldsymbol{B}}(t_n),\boldsymbol{v})-(\mathrm{curl}\,\bar{\boldsymbol{B}}^n\times(\frac{5}{4}\boldsymbol{B}^{n-1}-\frac{1}{4}\boldsymbol{B}^{n-2}),\boldsymbol{v})+d(\boldsymbol{v},e_{\bar p}^n)-d(e_{\boldsymbol{u}}^n,q)\\
(\delta_t e_{\boldsymbol{B}}^n,\boldsymbol{a})+\frac{1}{\sigma}(\mathrm{curl}e_{\bar{\boldsymbol{B}}}^n,\mathrm{curl}\boldsymbol{a})=I_3^n+(\bar{\boldsymbol{B}}(t_n)\times\bar{\boldsymbol{u}}(t_n),\mathrm{curl}\boldsymbol{a})-(\frac{5}{4}\boldsymbol{B}^{n-1}-\frac{1}{4}\boldsymbol{B}^{n-2},\bar{\boldsymbol{u}}^n,\mathrm{curl}\boldsymbol{a})\\
d(e_{\boldsymbol{u}}^n,q)=0\\
d(e_{\bar{\boldsymbol{B}}}^n,\boldsymbol{s})=0
\end{cases}
\tag{7-40}
$$

式(7-40)中的某些项可以直接计算，我们有

$$
\begin{aligned}
&c(\bar{\boldsymbol{u}}(t_n),\bar\phi(t_n),\eta)-c(\bar{\boldsymbol{u}}^n,\frac{5}{4}\phi^{n-1}-\frac{1}{4}\phi^{n-2},\eta)\\
=&\frac{1}{2}c(\int_{t_{n-1}}^{t_n}(t_n-t)\,\boldsymbol{u}_{tt}\,\mathrm{d}t+\int_{t_{n-2}}^{t_{n-1}}(t-t_{n-2})\,\boldsymbol{u}_{tt}\,\mathrm{d}t,\bar\phi(t_n),\eta)+\\
&\frac{1}{4}c(\int_{t_{n-1}}^{t_n}\boldsymbol{u}_t\,\mathrm{d}t,\int_{t_{n-1}}^{t_n}\phi_t\,\mathrm{d}t,\eta)+c(\frac{3}{2}\,e_{\boldsymbol{u}}^{n-1}-\frac{1}{2}\,e_{\boldsymbol{u}}^{n-2},\bar\phi(t_n),\eta)+\\
&c(\frac{3}{2}\,\boldsymbol{u}^{n-1}-\frac{1}{2}\,\boldsymbol{u}^{n-2},\bar e_{\phi}^n,\eta)
\end{aligned}
$$

$$
\begin{aligned}
&b(\bar{\boldsymbol{u}}(t_n),\bar{\boldsymbol{u}}(t_n),v)-b(\bar{\boldsymbol{u}}^n,\frac{5}{4}\,\boldsymbol{u}^{n-1}-\frac{1}{4}\,\boldsymbol{u}^{n-2},\boldsymbol{v})\\
=&\frac{1}{2}b(\int_{t_{n-1}}^{t_n}(t_n-t)\,\boldsymbol{u}_{tt}\,\mathrm{d}t+\int_{t_{n-2}}^{t_{n-1}}(t-t_{n-2})\,\boldsymbol{u}_{tt}\,\mathrm{d}t,\bar{\boldsymbol{u}}(t_n),\boldsymbol{v})+\\
&\frac{1}{4}b(\int_{t_{n-1}}^{t_n}\boldsymbol{u}_t\,\mathrm{d}t,\int_{t_{n-1}}^{t_n}\boldsymbol{u}_t\,\mathrm{d}t,\boldsymbol{v})+c(\frac{3}{2}\,e_{\boldsymbol{u}}^{n-1}-\frac{1}{2}\,e_{\boldsymbol{u}}^{n-2},\bar\phi(t_n),\boldsymbol{v})+\\
&c(\frac{3}{2}\,\boldsymbol{u}^{n-1}-\frac{1}{2}\,\boldsymbol{u}^{n-2},\bar e_{\boldsymbol{u}}^n,\boldsymbol{v})
\end{aligned}
$$

$$
\begin{aligned}
&(\bar{\boldsymbol{u}}(t_n)\times\bar{\boldsymbol{B}}(t_n),\mathrm{curl}\boldsymbol{a})-\bar{\boldsymbol{u}}^n\times(\frac{5}{4}\,\boldsymbol{B}^{n-1}-\frac{1}{4}\,\boldsymbol{B}^{n-2}),\mathrm{curl}\boldsymbol{a})\\
=&\frac{1}{2}(\bar{\boldsymbol{u}}(t_n)\times(\int_{t_{n-1}}^{t_n}(t_n-t)\,\boldsymbol{B}_{tt}\,\mathrm{d}t+\int_{t_{n-2}}^{t_{n-1}}(t-t_{n-2})\,\boldsymbol{B}_{tt}\,\mathrm{d}t),\mathrm{curl}\boldsymbol{a})+
\end{aligned}
$$

$$\frac{1}{4}(\int_{t_{n-1}}^{t_n} \boldsymbol{u}_t \mathrm{d}t \times \int_{t_{n-1}}^{t_n} \boldsymbol{B}_t \mathrm{d}t, \mathrm{curl}\boldsymbol{a}) + (\overline{\boldsymbol{u}}(t_n) \times (\frac{3}{2} e_{\boldsymbol{B}}^{n-1} - \frac{1}{2} e_{\boldsymbol{B}}^{n-2}), \mathrm{curl}\boldsymbol{a}) +$$

$$(\overline{e}_{\boldsymbol{u}}^n \times (\frac{3}{2} \boldsymbol{B}^{n-1} - \frac{1}{2} \boldsymbol{B}^{n-2}), \mathrm{curl}\boldsymbol{a})$$

定义(E_1, η)，$(E_2, \boldsymbol{v})$和$(E_3, \boldsymbol{a})$，其中

$$\begin{aligned}(E_1, \eta) = {} & I_1^n - \frac{1}{2}c(\int_{t_{n-1}}^{t_n} (t_n - t)\, \boldsymbol{u}_{tt} \mathrm{d}t + \int_{t_{n-2}}^{t_{n-1}} (t - t_{n-2})\, \boldsymbol{u}_{tt} \mathrm{d}t, \overline{\phi}(t_n), \eta) - \\ & \frac{1}{4}c(\int_{t_{n-1}}^{t_n} \boldsymbol{u}_t \mathrm{d}t, \int_{t_{n-1}}^{t_n} \phi_t \mathrm{d}t, \eta)\end{aligned}$$

$$\begin{aligned}(E_2, \boldsymbol{v}) = {} & I_2^n - \frac{1}{2}b(\int_{t_{n-1}}^{t_n} (t_n - t)\, \boldsymbol{u}_{tt} \mathrm{d}t + \int_{t_{n-2}}^{t_{n-1}} (t - t_{n-2})\, \boldsymbol{u}_{tt} \mathrm{d}t, \overline{\boldsymbol{u}}(t_n), \boldsymbol{v}) - \\ & \frac{1}{4}b(\int_{t_{n-1}}^{t_n} \boldsymbol{u}_t \mathrm{d}t, \int_{t_{n-1}}^{t_n} \boldsymbol{u}_t \mathrm{d}t, \boldsymbol{v}) - \frac{\lambda}{4}c(\boldsymbol{v}, \int_{t_{n-1}}^{t_n} \phi_t \mathrm{d}t, \int_{t_{n-1}}^{t_n} \mu \mathrm{d}t) - \\ & \frac{\lambda}{2}c(\boldsymbol{v}, \int_{t_{n-1}}^{t_n} (t_n - t)\phi_{tt} \mathrm{d}t + \int_{t_{n-2}}^{t_{n-1}} (t - t_{n-2})\phi_{tt} \mathrm{d}t, \overline{\mu}(t_n)) - \\ & \frac{1}{2}(\mathrm{curl}\, \overline{\boldsymbol{B}}(t_n) \times (\int_{t_{n-1}}^{t_n} (t_n - t)\, \boldsymbol{B}_{tt} \mathrm{d}t + \\ & \int_{t_{n-2}}^{t_{n-1}} (t - t_{n-2})\, \boldsymbol{B}_{tt} \mathrm{d}t), \boldsymbol{v})\ \frac{1}{4}(\mathrm{curl} \int_{t_{n-1}}^{t_n} \boldsymbol{B}_t \mathrm{d}t \times \int_{t_{n-1}}^{t_n} \boldsymbol{B}_t \mathrm{d}t, \boldsymbol{v})\end{aligned}$$

$$\begin{aligned}(E_3, \boldsymbol{a}) = {} & I_3^n - \frac{1}{4}(\int_{t_{n-1}}^{t_n} \boldsymbol{u}_t \mathrm{d}t \times \int_{t_{n-1}}^{t_n} \boldsymbol{B}_t \mathrm{d}t, \mathrm{curl}\boldsymbol{a}) - \\ & \frac{1}{2}(\overline{\boldsymbol{u}}(t_n) \times (\int_{t_{n-1}}^{t_n} (t_n - t)\, \boldsymbol{B}_{tt} \mathrm{d}t + \int_{t_{n-2}}^{t_{n-1}} (t - t_{n-2})\, \boldsymbol{B}_{tt} \mathrm{d}t), \mathrm{curl}\boldsymbol{a})\end{aligned} \tag{7-41}$$

下一步我们需要对 E_1^n，E_2^n 和 E_3^n 做估计。首先我们引入引理 7.4.1。

引理 7.4.1 若 7.2 节中的假设成立，则以下估计成立：

$$\tau \sum_{n=2}^{N} (\| E_1^n \|_{0,2}^2 + \| E_2^n \|_{0,2}^2 + \| E_3^n \|_{0,2}^2) \leqslant C\tau^3, \quad \forall\, 2 \leqslant n \leqslant N \tag{7-42}$$

证明：根据不等式(7-7)和 Hölder 不等式，从式(7-39)和式(7-31)中可以得到

$$\| E_1^n \|_{0,2} \leqslant c\left(\int_{t_{n-1}}^{t_n} (t - t_{n-1})^2 (t - t_n)^2 \| \phi_{tt}(t_n) \|_{0.2}^2 \mathrm{d}t\right)^{1/2}$$

$$\| E_2^n \|_{0,2} \leqslant c\left(\int_{t_{n-1}}^{t_n} (t - t_{n-1})(t - t_n)(\| \boldsymbol{u}_{tt}(t) \|_{0.2}^2 \mathrm{d}t\right)^{1/2}$$

$$\| E_3^n \|_{0,2} \leqslant c\left(\int_{t_{n-1}}^{t_n} (t - t_{n-1})(t - t_n) \| \boldsymbol{B}_{tt}(t) \|_{0.2}^2 \mathrm{d}t\right)^{1/2} \tag{7-43}$$

联立这些式子，可以得到

$$\begin{aligned}& \tau(\| E_1^n \|_{0,2}^2 + \| E_2^n \|_{0,2}^2 + \| E_3^n \|_{0,2}^2) \\ & \leqslant c\tau^3 \int_{t_{n-1}}^{t_n} (\| \boldsymbol{u}_{tt}(t) \|_{0,2}^2 + \| \boldsymbol{B}_{tt}(t) \|_{0,2}^2 + \| \phi_{tt}(t) \|_{0,2}^2) \mathrm{d}t\end{aligned} \tag{7-44}$$

其对所有 $1 \leqslant n \leqslant N$ 都成立。

证毕。

我们应用离散的 Gronwall 不等式，用于证明引理 7.4.2。

引理 7.4.2 令 $C,\tau,a_i,b_i,d_i,i_1^n\leqslant i\in \mathbf{Z}^+$，使得

$$a_i+\tau\sum_{n=i_1}^{i}b_n\leqslant \tau\sum_{n=i_1}^{s}a_nd_n+C,\forall m\geqslant i_1 \tag{7-45}$$

如果 $s=i-1$，则

$$a_i+\tau\sum_{n=i_1}^{i}b_n\leqslant \mathrm{e}^{\tau\sum\limits_{n=i_1}^{i-1}d_n},\forall i\geqslant i_1 \tag{7-46}$$

如果 $s=i$，假设 $\tau d_i<1$，则有

$$a_i+\tau\sum_{n=i_1}^{i}b_n\leqslant \mathrm{e}^{\tau\sum\limits_{n=i_1}^{i}d_n}C,\forall i\geqslant i_1 \tag{7-47}$$

至此我们就可以证明 CN 格式的误差估计。

定理 7.4.2 若 7.2 节中的假设成立，我们有

$$\sup_{1\leqslant n\leqslant N}[\|u(t_n)-u^n\|_0^2+\|B(t_n)-B^n\|_0^2+\|\phi(t_n)-\phi^n\|_0^2]+$$
$$\tau\sum_{n=1}^{N}(\lambda\|\nabla(\phi(t_n)-\phi^n)\|_0^2+\gamma\|\nabla(u(t_n)-u^n\|_0^2)+$$
$$\frac{1}{\sigma}\|\nabla(B(t_n)-B^n)\|_0^2)\leqslant c\tau^4 \tag{7-48}$$

证明：考虑以下非线性项：

$$c(\overline{\boldsymbol{u}}(t_n),\overline{\phi}(t_n),\eta)-c(\overline{\boldsymbol{u}}^n,\frac{5}{4}\phi^{n-1}-\frac{1}{4}\phi^{n-2},\eta)$$
$$=c(\overline{\boldsymbol{u}}(t_n),\overline{\phi}(t_n),\eta)-c(\overline{\boldsymbol{u}}^n,\overline{\phi}(t_n),\eta)+c(\overline{\boldsymbol{u}}^n,\overline{\phi}(t_n),\eta)-$$
$$c(\overline{\boldsymbol{u}}^n,\overline{\phi}^n,\eta)+c(\overline{\boldsymbol{u}}^n,\overline{\phi}^n,\eta)-c(\overline{\boldsymbol{u}}^n,\frac{5}{4}\phi^{n-1}-\frac{1}{4}\phi^{n-2},\eta)$$
$$=c(\overline{e}_{\boldsymbol{u}}^n,\overline{\phi}(t_n),\eta)+c(\overline{\boldsymbol{u}}^n,\overline{e}_{\phi}^n,\eta)+c(\overline{\boldsymbol{u}}^n,\frac{1}{2}\delta_t\phi^n-\frac{1}{4}\delta_t\phi^{n-1},\eta) \tag{7-49}$$

令 $(\eta,\phi,\boldsymbol{v},q,\boldsymbol{a})=(2\overline{e}_{\phi}^n,2\overline{e}_{\mu}^n,2\overline{e}_{\boldsymbol{u}}^n,0,2\overline{e}_{\boldsymbol{B}}^n)$，联立式(7-40)，可以得到

$$\|e_{\phi}^n\|_0^2-\|e_{\phi}^{n-1}\|_0^2+\|e_{\boldsymbol{u}}^n\|_0^2-\|e_{\boldsymbol{u}}^{n-1}\|_0^2+\|e_{\boldsymbol{B}}^n\|_0^2-\|e_{\boldsymbol{B}}^{n-1}\|_0^2+2\gamma\tau\|\nabla\overline{e}_{\boldsymbol{u}}^n\|_0^2+$$
$$2\tau\frac{1}{\sigma}\|\overline{e}_{\boldsymbol{B}}^n\|_0^2+2\tau c(\overline{\boldsymbol{u}}(t_n),\overline{e}_{\phi}^n,\overline{e}_{\phi}^n)+2\tau c(\overline{e}_{\boldsymbol{u}}^n,\overline{\phi}^n,\overline{e}_{\phi}^n)+2\tau M\|\nabla\overline{e}_{\mu}^n\|_0^2+$$
$$2\tau b(\overline{e}_{\boldsymbol{u}}^n,\overline{\boldsymbol{u}}(t_n),\overline{e}_{\boldsymbol{u}}^n)+2\tau b(\overline{\boldsymbol{u}}^n,\overline{e}_{\boldsymbol{u}}^n,\overline{e}_{\boldsymbol{u}}^n)+2\tau(\overline{e}_{\boldsymbol{B}}^n\times\overline{\boldsymbol{u}}^n,\mathrm{curl}\overline{e}_{\boldsymbol{B}}^n)+$$
$$2\tau(\overline{\boldsymbol{B}}(t_n)\times\overline{e}_{\boldsymbol{u}}^n,\overline{\mathrm{curl}e_{\boldsymbol{B}}^n})+2\tau(\overline{\mathrm{curl}e_{\boldsymbol{B}}^n}\times\overline{\boldsymbol{B}}^n,\overline{e}_{\boldsymbol{u}}^n)$$
$$=(E_1^n,\overline{e}_{\phi}^n)+(E_2^n,\overline{e}_{\boldsymbol{u}}^n)+(E_3^n,\overline{e}_{\boldsymbol{B}}^n)+2M\tau(F(\overline{\phi}^n)-F(\overline{\phi}(t_n)),\overline{e}_{\mu}^n)+$$
$$2\lambda\tau c(\overline{e}_{\boldsymbol{u}}^n,\overline{\phi}(t_n),\overline{e}_{\mu}^n)+2\lambda\tau c(\overline{e}_{\boldsymbol{u}}^n,\overline{e}_{\phi}^n,\overline{\mu}^n)-2\tau(\mathrm{curl}\,\overline{\boldsymbol{B}}(t_n)\times\overline{e}_{\boldsymbol{B}}^n,\overline{e}_{\boldsymbol{u}}^n) \tag{7-50}$$

根据 Hölder 不等式和 Young 不等式,我们估计以下项:

$$\begin{cases}|b(\bar{e}_{\boldsymbol{u}}^n,\bar{\boldsymbol{u}}(t_n),\bar{e}_{\boldsymbol{u}}^n)|\leqslant C_0\|\bar{\boldsymbol{u}}(t_n)\|_{2,2}^2\|\bar{e}_{\boldsymbol{u}}^n\|_{0,2}^2+\dfrac{1}{\nu}\|\bar{e}_{\boldsymbol{u}}^n\|_{1,2}^2,| \\ b(\bar{\boldsymbol{u}}^n,\bar{e}_{\boldsymbol{u}}^n,\bar{e}_{\boldsymbol{u}}^n)|\leqslant C_0\|\bar{\boldsymbol{u}}^n\|_{0,2}^2\|\bar{e}_{\boldsymbol{u}}\|_{1,2}^2+\dfrac{1}{\nu}\|\bar{e}_{\boldsymbol{u}}\|_{1,2}^2\end{cases}\tag{7-51}$$

$$\begin{cases}|c(\bar{\boldsymbol{u}}(t_n),\bar{e}_\phi,\bar{e}_\phi)|\leqslant\|\bar{\boldsymbol{u}}(t_n)\|_0\|\nabla\bar{e}_\phi\|_0\|\bar{e}_\phi\|_0 \\ |c(\bar{e}_{\boldsymbol{u}}^n,\bar{\phi},\bar{e}_\phi)|\leqslant\|\bar{e}_{\boldsymbol{u}}\|_0\|\nabla\bar{\phi}\|_0\|\bar{e}_\phi\|_0| \\ c(\bar{e}_{\boldsymbol{u}}^n,\bar{\phi}(t_n),\bar{e}_\mu^n)|\leqslant\|\bar{e}_{\boldsymbol{u}}^n\|_0\|\nabla\bar{\phi}(t_n)\|_0\|\bar{e}_\mu^n\|_0 \\ |c(\bar{e}_{\boldsymbol{u}}^n,\bar{e}_\phi^n,\bar{\mu}^n)|\leqslant\|\bar{e}_{\boldsymbol{u}}^n\|_0\|\nabla\bar{e}_\phi^n\|_0\|\bar{e}_\mu^n\|_0\end{cases}\tag{7-52}$$

$$\begin{cases}|(\bar{e}_{\boldsymbol{B}}^n\times\bar{\boldsymbol{u}}^n,\mathrm{curl}\bar{e}_{\boldsymbol{B}}^n)|\leqslant C_0\|\bar{e}_{\boldsymbol{B}}^n\|_{2,2}^2\|\bar{\boldsymbol{u}}^n\|_{0,2}^2+\dfrac{\nu}{8}\|\mathrm{curl}\bar{e}_B^n\|_{0,2}^2, \\ |(\bar{\boldsymbol{B}}(t_n)\times\bar{e}_{\boldsymbol{u}}^n,\mathrm{curl}\bar{e}_{\boldsymbol{B}}^n)|\leqslant C_0\|\bar{\boldsymbol{B}}(t_n)\|_{2,2}^2\|\bar{e}_{\boldsymbol{u}}^n\|_{0,2}^2+\dfrac{\nu}{8}\|\mathrm{curl}\bar{e}_{\boldsymbol{B}}^n\|_{0,2}^2 \\ |(\mathrm{curl}\bar{e}_{\boldsymbol{B}}\times\bar{\boldsymbol{B}}^n,\bar{e}_{\boldsymbol{u}}^n)|\leqslant C_0\|\bar{e}_{\boldsymbol{B}}^n\|_{2,2}^2\|\bar{B}^n\|_0^2+\dfrac{\nu}{8}\|\bar{e}_{\boldsymbol{u}}^n\|_{1,2}^2 \\ |(\mathrm{curl}\,\bar{\boldsymbol{B}}(t_n)\times\bar{e}_{\boldsymbol{B}}^n,\bar{e}_{\boldsymbol{u}}^n)|\leqslant C_0\|\bar{\boldsymbol{B}}\|_{2,2}^2\|\bar{e}_{\boldsymbol{B}}\|_{0,2}^2+\dfrac{\nu}{8}\|\bar{e}_{\boldsymbol{u}}^n\|_{1,2}^2\end{cases}\tag{7-53}$$

$$|(F(\bar{\phi}^n)-F(\bar{\phi}(t_n)),\bar{e}_\mu^n)|\leqslant|f(\bar{\phi}(t_n)+\xi\bar{e}_\phi^n)|\,\|\bar{e}_\phi^n\|_0\|\bar{e}_\mu^n\|_0\leqslant C\|\bar{e}_\phi^n\|_0\|\bar{e}_\mu^n\|_0\tag{7-54}$$

其中 $\xi\in(0,1)$。

因此式(7-50)可以被估计为

$$\begin{aligned}&\|e_\phi^n\|_0^2-\|e_\phi^{n-1}\|_0^2+\|e_{\boldsymbol{u}}^n\|_0^2-\|e_{\boldsymbol{u}}^{n-1}\|_0^2+\|e_{\boldsymbol{B}}^n\|_0^2-\|e_{\boldsymbol{B}}^{n-1}\|_0^2+ \\ &c\tau(\|\nabla\bar{e}_{\boldsymbol{u}}^n\|_0^2+\|\mathrm{curl}\bar{e}_{\boldsymbol{B}}^n\|_0^2+\|\bar{e}_\mu^n\|_0^2) \\ \leqslant\,&c\tau(\|\bar{\boldsymbol{B}}(t_n)\|_0^2+\|\bar{\boldsymbol{u}}(t_n)\|_0^2+\|\bar{\phi}(t_n)\|_0^2)(\|\bar{e}_\phi^n\|_0^2+\|\bar{e}_{\boldsymbol{u}}^n\|_0^2+\|\bar{e}_{\boldsymbol{B}}^n\|_0^2+ \\ &\|\bar{e}_\mu^n\|_0^2)+\tau(\|E_1^n\|_0^2+\|E_2^n\|_0^2+\|E_3^n\|_0^2) \\ \leqslant\,&c\tau(\|\bar{e}_\phi^n\|_0^2+\|\bar{e}_{\boldsymbol{u}}^n\|_0^2+\|\bar{e}_{\boldsymbol{B}}^n\|_0^2+\|\bar{e}_\mu\|_0^2\|)+\tau(\|E_1^n\|_0^2+ \\ &\|E_2^n\|_0^2+\|E_3^n\|_0^2)\end{aligned}\tag{7-55}$$

其对 $n=1,2,\cdots,N$ 成立。联立以上式子,可以得到

$$\begin{aligned}&\|e_\phi^m\|_0^2+\|e_{\boldsymbol{u}}^m\|_0^2+\|e_{\boldsymbol{B}}^m\|_0^2+c\tau\sum_{n=1}^m(\|\nabla\bar{e}_{\boldsymbol{u}}^n\|_0^2+\|\mathrm{curl}\bar{e}_{\boldsymbol{B}}^n\|_0^2+\|\bar{e}_\mu^n\|_0^2) \\ \leqslant\,&c\tau(\|\bar{\boldsymbol{B}}(t_n)\|_0^2+\|\bar{\boldsymbol{u}}(t_n)\|_0^2+\|\bar{\phi}(t_n)\|_0^2)(\|\bar{e}_\phi^n\|_0^2+\|\bar{e}_{\boldsymbol{u}}^n\|_0^2+\|\bar{e}_{\boldsymbol{B}}^n\|_0^2+ \\ &\|\bar{e}_\mu^n\|_0^2)+\sum_{n=1}^m\tau(\|E_1^n\|_{-1,2}^2+\|E_2^n\|_{-1,2}^2+\|E_3^n\|_{-1,2}^2)\end{aligned}$$

$$\leqslant c\tau\sum_{n=1}^{m}(\|\bar{e}_{\phi}^{n}\|_0^2+\|\bar{e}_{u}^{n}\|_0^2+\|\bar{e}_{B}^{n}\|_0^2+\|\bar{e}_{\mu}^{n}\|_0^2)+c\tau^4 \tag{7-56}$$

利用引理 7.4.2 可得

$$\sup_{1\leqslant m\leqslant N}\{\|e_{\phi}^{m}\|_0^2+\|e_{u}^{m}\|_0^2+\|e_{B}^{m}\|_0^2\}+c\tau\sum_{n=1}^{m}(\|\nabla\bar{e}_{u}\|_0^2+\|\mathrm{curl}\bar{e}_{B}^{n}\|_0^2+\|\nabla\bar{e}_{\phi}^{n}\|_0^2)\leqslant c\tau(\|\bar{\boldsymbol{B}}(t_n)\|_0^2+\|\bar{\boldsymbol{u}}(t_n)\|_0^2+\|\bar{\phi}(t_n)\|_0^2)(\|\bar{e}_{\phi}^{n}\|_0^2+\frac{1}{\gamma}\|\bar{e}_{u}^{n}\|_0^2+\frac{1}{\sigma}\|\bar{e}_{B}^{n}\|_0^2+\frac{1}{\lambda}\|\bar{e}_{\mu}^{n}\|_0^2)+\tau^4$$

$$\leqslant ce^{[c\tau\sum_{n=1}^{m}(\|\bar{e}_{\phi}^{n}\|_0^2+\|\bar{e}_{u}^{n}\|_0^2+\|\bar{e}_{B}^{n}\|_0^2+\|\bar{e}_{\mu}^{n}\|_0^2\|)]\tau^4}$$

$$\leqslant C_0\tau^4 \tag{7-57}$$

因此我们可以得出 CH-MHD 模型的 CN 格式在时间上的误差是 $O(\tau^2)$。

证毕。

7.5 CH-MHD 模型的混合有限元方法

在本节中，我们将使用混合有限元方法来对 CH-MHD 模型的时间离散格式做空间离散化，$\Omega\subset R^3$ 被假定为多面体，并被划分为网格 T_h，该网格由四面体元素 K 组成。设 P_k 为区域 T 上次数为 $k>0$ 的多项式空间，$\boldsymbol{P}_k=p_k^3$ 是向量多项式的对应空间。定义 k-阶拉格朗日有限元空间：

$$V(k,T_h)=\{v\in H^1(\Omega):v|_T\in P_k,\forall T\in T_h\}$$

首先，我们选择著名的 Taylor-Hood P_2-P_1 元素来离散$(\boldsymbol{u},p)$，即为

$$\boldsymbol{V}_h:=V(2,T_h)^3\cup V_{\boldsymbol{u}},\quad Q_h:=V(1,T_h)$$

满足离散的上下界条件：

$$\sup_{0\neq\boldsymbol{v}\in\boldsymbol{V}_h}\frac{(q,\mathrm{div}\boldsymbol{v})}{\|\boldsymbol{v}\|_{H^1(\Omega)}}\geqslant C_u\|q\|_{L^2(\Omega)} \tag{7-58}$$

其中 $C_u>0$ 是一个常数，只依赖于 Ω。我们还用到了$\bar{\boldsymbol{V}}_h=\boldsymbol{V}(2,T_h)$。

对 $\boldsymbol{B}$ 选择一阶的 Nédélec 边界元空间，即

$$\bar{\boldsymbol{C}}_h=\{\boldsymbol{v}\in\boldsymbol{H}(\mathrm{curl},\Omega):\boldsymbol{v}|_T\in\boldsymbol{P}_1\},\quad \boldsymbol{C}_h=\bar{\boldsymbol{C}}_h\cup\boldsymbol{H}_0(\mathrm{curl},\Omega)$$

ϕ 和 μ 的有限元空间定义为

$$S_h=V(2,T_h)\cup H_0^1(\Omega)$$

对式(7-27)的有限元近似是为了找出$(\phi_h^n,\mu_h^n,p_h^n,\boldsymbol{u}_h^n,\boldsymbol{B}_h^n)\in S_h\times S_h\times Q_h\times\bar{\boldsymbol{V}}_h\times\bar{\boldsymbol{C}}_h$，使得

$$
\begin{cases}
(\delta_t\phi_h^n,\eta_h)+\lambda c(\bar{\boldsymbol{u}}_h^n,\frac{5}{4}\phi_h^{n-1}-\frac{1}{4}\phi_h^{n-2},\eta_h)+Ma(\bar{\mu}_h,\eta_h)=0\\
a(\bar{\phi}_h^n,\varphi_h)+\dfrac{\bar{q}^n}{\sqrt{E_1(\bar{\phi}_h^n)+C_0}}(f(\bar{\phi}_h^n),\varphi_h)=(\bar{\mu}_h^n,\varphi_h)\\
q^n-\dfrac{(f(\bar{\phi}_h^n),\phi_h^n)}{2\sqrt{E_1(\bar{\phi}_h^n)+C_0}}=q^{n-1}-\dfrac{(f(\bar{\phi}_h^n),\phi_h^{n-1})}{2\sqrt{E_1(\bar{\phi}_h^n)+C_0}}\\
(\delta_t\boldsymbol{u}_h^n,\boldsymbol{v}_h)+b(\frac{5}{4}\boldsymbol{u}^{n-1}-\frac{1}{4}\boldsymbol{u}^{n-2},\bar{\boldsymbol{u}}^n,\boldsymbol{v})-d(\boldsymbol{v},\bar{p}^n)+d(\bar{\boldsymbol{u}}^n,q)+\gamma a(\bar{\boldsymbol{u}}^n,\boldsymbol{v}_h)\\
-\lambda c(\boldsymbol{v},\frac{5}{4}\phi_h^{n-1}-f(\frac{1}{4}\phi_h^{n-2},\bar{\mu})-(\mathrm{curl}\,\bar{\boldsymbol{B}}_h^n\times(\frac{5}{4}\boldsymbol{B}_h^{n-1}-\frac{1}{4}\boldsymbol{B}_h^{n-2}),\boldsymbol{v}_h)=(\boldsymbol{g}^n,\boldsymbol{v}_h)\\
(\mathrm{div}\,\bar{\boldsymbol{u}}^n,q)=0\\
(\delta_t\boldsymbol{B}_h^n,\boldsymbol{a}_h)+((\frac{5}{4}\boldsymbol{B}_h^{n-1}-\frac{1}{4}\boldsymbol{B}_h^{n-2})\times\bar{\boldsymbol{u}}_h^n,\mathrm{curl}\,\boldsymbol{a}_h)+\dfrac{1}{\sigma}(\mathrm{curl}\,\bar{\boldsymbol{B}}_h^n,\mathrm{curl}\,\boldsymbol{a}_h)=0\\
(\mathrm{div}\,\bar{\boldsymbol{B}}_h^n,\psi_h)=0
\end{cases}
\tag{7-59}
$$

其对所有$(\eta_h,\varphi_h,q_h,\boldsymbol{v}_h,\boldsymbol{a}_h)\in S_h\times S_h\times Q_h\times\boldsymbol{V}_h\times\boldsymbol{C}_h$都成立。

定理 7.5.1(完全离散能量规律) 完全离散格式(7-59)是无条件能量稳定的。即对任意的时间步长$\tau>0$,以下式子成立:

$$E_{\mathrm{tot}}(\phi_h^n,\boldsymbol{u}_h^n,\boldsymbol{B}_h^n)\leqslant E_{\mathrm{tot}}(\phi_h^{n-1},\boldsymbol{u}_h^{n-1},\boldsymbol{B}_h^{n-1})$$

其中E_{tot}由式(7-4)定义,$\phi_h^n,\boldsymbol{u}_h^n,\boldsymbol{B}_h^n$是在$t=t_n$上的数值解。进一步我们有离散能量规律:

$$
\begin{aligned}
&\frac{1}{\tau}(E_{\mathrm{tot}}(\phi_h^n,\boldsymbol{u}_h^n,\boldsymbol{B}_h^n)-E_{\mathrm{tot}}(\phi_h^{n-1},\boldsymbol{u}_h^{n-1},\boldsymbol{B}_h^{n-1}))+\\
&\gamma\|\nabla\bar{\boldsymbol{u}}_h^n\|_{L^2}^2+\frac{1}{\sigma}\|\mathrm{curl}\,\bar{\boldsymbol{B}}_h^n\|_{L^2}^2+\lambda M\|\nabla\bar{\mu}_h\|_{L^2}^2=(\boldsymbol{g},\bar{\boldsymbol{u}}_h^n)
\end{aligned}
\tag{7-60}
$$

证明:在式(7-59)中,我们令$\eta_h=\bar{\mu}_h,\varphi_h=\delta_t\phi_h^n,q_h=\bar{p}_h,\boldsymbol{v}=\bar{\boldsymbol{u}}_h^n,\boldsymbol{a}_h=\bar{\boldsymbol{B}}_h^n$,

$$
\begin{cases}
(\delta_t\phi_h^n,\bar{\mu}_h)+\lambda c(\bar{\boldsymbol{u}}_h^n,\bar{\phi}_h,\bar{\mu}_h)+M\|\bar{\mu}_h\|_0^2=0\\
\dfrac{1}{2}\|\delta_t\phi_h^n\|^2+\dfrac{\|\nabla\phi_h^n\|_0^2-\|\nabla\phi_h^{n-1}\|_0^2}{2\tau}+\dfrac{\|(\phi_h^n)^2-1\|_0^2-\|(\phi_h^{n-1})^2-1\|_0^2}{4\varepsilon^2\tau}\\
=(\bar{\mu}_h,\delta_t\phi_h^n)\\
\dfrac{1}{2}\delta_t\|\boldsymbol{u}_h^n\|_0^2+\gamma\|\nabla\bar{\boldsymbol{u}}_h^n\|_0^2-c(\bar{\mu}_h,\bar{\phi}_h,\bar{\boldsymbol{u}}_h^n)-(\mathrm{curl}\,\bar{\boldsymbol{B}}_h^n\times\bar{\boldsymbol{B}}_h^n,\bar{\boldsymbol{u}}_h^n)\\
=(\boldsymbol{g}(t_n),\bar{\boldsymbol{u}}_h^n)\\
\dfrac{1}{2}\delta_t\|\boldsymbol{B}_h^n\|_0^2+(\bar{\boldsymbol{B}}_h^n\times\bar{\boldsymbol{u}}_h^n,\mathrm{curl}\,\bar{\boldsymbol{B}}_h^n)+\dfrac{1}{\sigma}\|\mathrm{curl}\,\bar{\boldsymbol{B}}_h^n\|_0^2=0
\end{cases}
\tag{7-61}
$$

运用定义 $\delta_t W^n = \dfrac{W^n - W^{n-1}}{\tau}$，从式(7-61)我们可以得出

$$\begin{cases} \dfrac{1}{2}\dfrac{\|\nabla\phi_h^n\|_0^2 - \|\nabla\phi_h^{n-1}\|_0^2}{\tau} + \dfrac{1}{4\varepsilon^2}\dfrac{\|(\phi_h^n)^2-1\|_0^2 - \|(\phi_h^{n-1})^2-1\|_0^2}{\tau} + \\ c(\overline{\boldsymbol{u}}_h^n, \overline{\phi}_h, \overline{\mu}_h) + M\|\overline{\mu}_h\|_0^2 = 0 \\ \dfrac{\|\boldsymbol{u}_h^n\|_0^2 - \|\boldsymbol{u}_h^{n-1}\|_0^2}{\tau} + \dfrac{\|\boldsymbol{B}_h^n\|_0^2 - \|\boldsymbol{B}_h^{n-1}\|_0^2}{\tau} + \gamma\|\nabla\overline{\boldsymbol{u}}_h^n\|_0^2 + \\ \dfrac{1}{\sigma}\|\mathrm{curl}\,\overline{\boldsymbol{B}}_h^n\|_0^2 - \lambda c(\overline{\mu}_h, \overline{\phi}_h, \overline{\boldsymbol{u}}_h^n) = (\boldsymbol{g}(t_n), \overline{\boldsymbol{u}}_h^n) \end{cases} \tag{7-62}$$

将式(7-62)的第一式×λ+式(7-62)的第二式，得到

$$\lambda\frac{E(\phi_h^n) - E(\phi_h^{n-1})}{\tau} + \frac{E_{\mathrm{kin}}(\boldsymbol{u}_h^n) - E_{\mathrm{kin}}(\boldsymbol{u}_h^{n-1})}{\tau} + \frac{E_{\mathrm{kin}}(\boldsymbol{B}_h^n) - E_{\mathrm{kin}}(\boldsymbol{B}_h^{n-1})}{\tau} + \lambda M\|\overline{\mu}_h\|_0^2 + \gamma\|\nabla\overline{\boldsymbol{u}}_h^n\|_0^2 + \frac{1}{\sigma}\|\mathrm{curl}\,\overline{\boldsymbol{B}}_h^n\|_0^2 = (\boldsymbol{g}(t_n), \overline{\boldsymbol{u}}_h^n) \tag{7-63}$$

根据能量定义式(7-4)，我们得到式(7-60)。

证毕。

注释 7.5.1：

$\dfrac{1}{4\varepsilon^2}\dfrac{\|(\phi_h^n)^2-1\|_0^2 - \|(\phi_h^{n-1})^2-1\|_0^2}{\tau}$ 可以根据式(7-64)和式(7-16)得到

$$\begin{aligned} (f(\overline{\phi}), \delta_t\phi^n) &= \frac{1}{2\varepsilon^2}((\overline{(\phi^n)^2 - 1}), \delta_t(\phi^n)2) \\ &= \frac{1}{4\varepsilon^2}\Big(((\phi^n)2 - 1) + ((\phi^{n-1})^2 - 1), ((\phi^n)^2 - 1) - ((\phi^{n-1})^2 - 1)\Big) \\ &= \frac{1}{4\varepsilon^2}\int_\Omega((\phi^n)^2 - 1)^2\mathrm{d}x - \frac{1}{4\varepsilon^2}\int_\Omega((\phi^{n-1})^2 - 1)^2\mathrm{d}x \\ &= \delta_t\int_\Omega\frac{((\phi^n)^2 - 1)^2}{4\varepsilon^2}\mathrm{d}x \end{aligned} \tag{7-64}$$

7.6 数值模拟

在本节中，将实现几个数值案例来说明我们的理论结果。为了求解复杂的MHD-CH 模型，假设变量 $\boldsymbol{u} = (u(x,y,t), v(x,y,t), 0)$ 和 $\boldsymbol{B} = (0,0,b(x,y,t))$，$\boldsymbol{g} = (f_1(x,y,t), f_2(x,y,t), 0)$。系统将退化为二维问题。

$$\begin{cases}\phi_t+\boldsymbol{u}\cdot\nabla\phi-M\Delta\mu=0\\-\Delta\phi+\dfrac{1}{\varepsilon^2}(\phi^2-1)\phi=\mu\\\boldsymbol{u}_t+(\boldsymbol{u}\cdot\nabla)\boldsymbol{u}+\nabla p-\gamma\Delta\boldsymbol{u}=\lambda\mu\nabla\phi-b\nabla b+\boldsymbol{g}\\\mathrm{div}\boldsymbol{u}=0\\b_t+\boldsymbol{u}\cdot\nabla b-\dfrac{1}{\sigma}\Delta b=0\end{cases}\tag{7-65}$$

最后一个方程是对流扩散方程。为简单起见，如果未明确指定，模型参数将采用以下给定的默认值：

$$M=0.001;\nu=0.01;\tau=0.001;\lambda=0.0001;\sigma=1;\varepsilon=0.02\tag{7-66}$$

7.6.1 案例1:精度测试

首先，我们对网格 300×300 的正方形域 $\Omega=[0,1]\times[0,1]$ 做时间收敛性测试。我们假设以下函数

$$\begin{cases}\phi(x,y,t)=2+\cos(\pi x)\cos(\pi y)\sin t\\u(x,y,t)=\pi\sin(2\pi y)\sin^2(\pi x)\sin t\\v(x,y,t)=-\pi\sin(2\pi x)\sin^2(\pi y)\sin t\\p(x,y,t)=\cos(\pi x)\sin(\pi y)\sin t\\b(x,y,t)=\cos(2\pi x)\sin(2\pi y)\sin t\end{cases}\tag{7-67}$$

为精确解，并施加适当的力场，使给定解满足系统要求。在表 7.2 中，我们通过 CN 格式计算出了相变量 ϕ、速度场 $\boldsymbol{u}=(u,v)$、压力 p 和标量势 ψ 的 L^2 误差，该误差是在 $t=1$ 处利用不同的时间步长得出的。我们观察到在 CN 格式下，$\boldsymbol{u}$,ϕ 和 b 在时间上分别达到了几乎完美的二阶精度，而压力 p 达到一阶精度。

表 7.2 相变量 ϕ、速度场 $\boldsymbol{u}=(u,v)$、压力 p 和标量势 ψ 的 L^2 误差

τ	Error_ϕ	Order_ϕ	Error_u	Order_u	Error_p	Order_p	Error_φ	Order_φ
1×10^{-2}	2.44×10^{-5}		3.60×10^{-5}		6.35×10^{-3}		3.10×10^{-5}	
5×10^{-3}	6.10×10^{-6}	2.000	8.99×10^{-6}	2.002	3.18×10^{-3}	0.998	7.74×10^{-6}	2.002
2.5×10^{-3}	1.52×10^{-6}	2.005	2.25×10^{-6}	1.998	1.59×10^{-3}	1.000	1.94×10^{-6}	1.996
1.25×10^{-3}	3.81×10^{-7}	1.996	5.62×10^{-7}	2.001	7.95×10^{-4}	1.000	4.84×10^{-7}	2.003
6.25×10^{-4}	9.53×10^{-8}	1.999	1.40×10^{-7}	2.005	3.98×10^{-4}	0.998	1.21×10^{-7}	2.000

7.6.2 案例2:能量递减和质量守恒

在这个案例中，我们选择计算区域为 $\Omega=[0,6.4]\times[0,6.4]$，网格为 300×300，初始条件为

$$\phi(x,y,0)=\begin{cases}1, & (x,y)\in\Omega_1 \\ -1, & \text{其他}\end{cases} \tag{7-68}$$

$$\boldsymbol{u}(x,y,0)=(0,0)^{\mathrm{T}}, \quad (x,y)\in\Omega \tag{7-69}$$

$$b(x,y,0)=0, \quad (x,y)\in\Omega \tag{7-70}$$

其中 $\Omega_1=\{(x,y)\in\Omega \| x-3.2|\leqslant 1\cup|y-3.2|\leqslant 1\cap|x-5|\leqslant 0.36\cup|y-5|\leqslant 0.36\}$。在图 7.1 中，我们发现，随着时间的推移，两个方格中小的那一个越来越小，最后消失，而两个方格中大的那一个越来越大，最后呈圆形。图 7.2 展示了离散能量是耗散的，相变量 $\int_{\Omega}\phi_h\,\mathrm{d}\boldsymbol{x}$ 保持离散质量守恒。

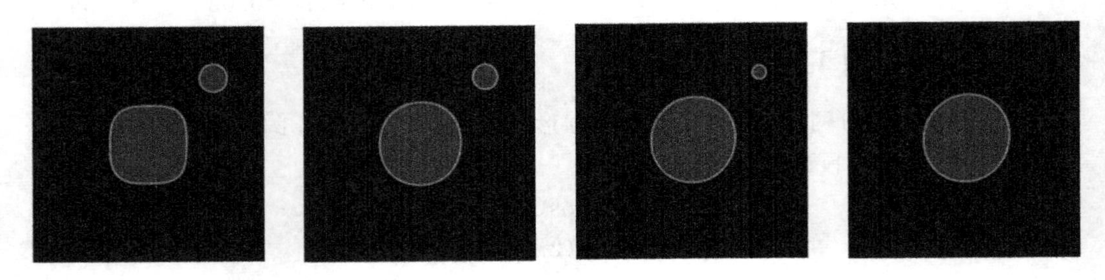

图 7.1　相变量 ϕ 在 $t=0.1,0.3,0.7,0.9$ 处的等值线图

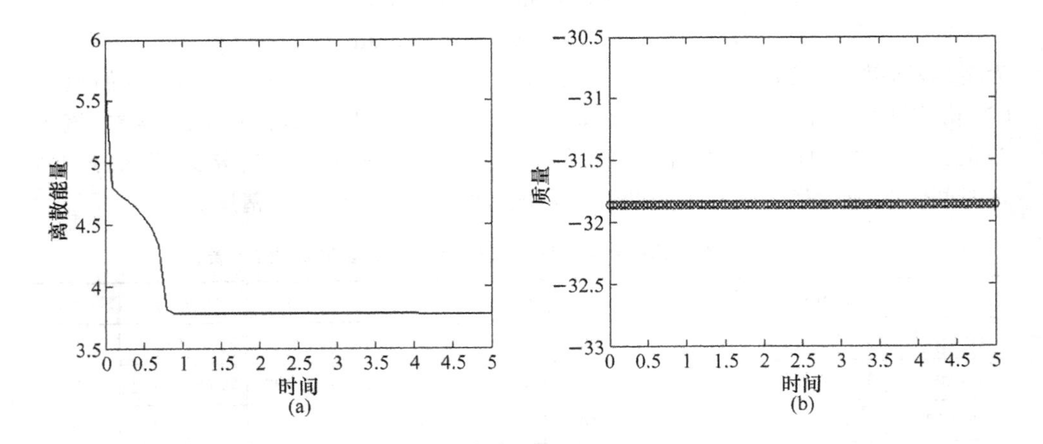

图 7.2　离散能量和质量随时间演化

7.6.3　案例 3:重力对流体的作用

在该案例中，我们考虑重力对流体的影响。为了保持磁变量 b 在有限范围，我们在总能量上增加了一个惩罚项 $g(b)=(b^2-1)/(4\eta^2)$，这与相场能量类似，因此总能量为

$$
\begin{aligned}
E_{\text{tot}} &= \lambda E(\phi) + E_{\text{kin}} + \lambda_b E_{\text{mag}} \\
&= \frac{1}{2}\int_{\Omega}[\lambda \mid \nabla\phi \mid^2 + \lambda \frac{(\phi^2-1)^2}{2\varepsilon^2} + \mid \boldsymbol{u} \mid^2 + \lambda_b \mid b \mid^2 + \lambda_b \frac{(b^2-1)^2}{2\eta^2}]\mathrm{d}\boldsymbol{x}
\end{aligned}
\tag{7-71}
$$

因此，流体方程和磁场方程改写为

$$
\partial_t \boldsymbol{u} + (\boldsymbol{u}\cdot\nabla)\boldsymbol{u} + \gamma\Delta\boldsymbol{u} = -\nabla p - \lambda\mu\nabla\phi - \lambda_b\mu_b\nabla b - \frac{\phi+1}{2}\boldsymbol{G} \tag{7-72}
$$

$$
b_t + \boldsymbol{u}\cdot\nabla b = \frac{1}{\sigma}\Delta\mu_b \tag{7-73}
$$

$$
\mu_b = \frac{\partial E_{\text{mag}}}{\partial b} = b + \frac{1}{\eta^2}b^2(b-1) \tag{7-74}
$$

其中 η 是磁变量 b 的惩罚参数，$\lambda_b=\dfrac{1}{\sigma}$ 是磁场强度，矢量 $\boldsymbol{G}=(0,\mathrm{g})^{\mathrm{T}}$，$\mathrm{g}=10\ \mathrm{m/s^2}$ 是重力的加速度。

NS 方程中的应力项为 $\lambda_b\mu_b\nabla b$，我们知道磁变量的梯度对流体流动有影响。因此，我们考虑在总能量中加入惩罚项。该项带来了 ∇b 的变化。此外，参数 $\lambda_b=\dfrac{1}{\sigma}$ 也影响流体流动。因此，我们考虑了 λ_b 对两相流体的影响。

在这里我们给出初始条件：

$$
\phi(x,y,0)=\begin{cases} 1, & (x,y)\in\Omega_2 \\ -1, & \text{其他} \end{cases} \tag{7-75}
$$

$$
\boldsymbol{u}(x,y,0)=(0,0)^{\mathrm{T}},\quad (x,y)\in\Omega \tag{7-76}
$$

$$
b(x,y,0)=\begin{cases} 1, & (x,y)\in\Omega_3 \\ -1, & \text{其他} \end{cases} \tag{7-77}
$$

其中 $\Omega_2=\{(x,y)\in\Omega \mid (x-3.2)^2/4+(y-5)^2<1\}$ 是一个椭圆，$\Omega_3=\{(x,y)\in\Omega \mid |y-3.2|\leqslant 0.16\}$ 是一个长方形。在这里我们展示 3 种情况。

情况 1：$\lambda_b=0$。

情况 2：$\lambda_b=10^{-3}$。

情况 3：$\lambda_b=10^{-1}$。

在情况 1 中，两相流体由重力驱动而不受磁场的影响。在这种情况下，如图 7.3 所示，说明一种流体通过另一种不相融流体，并在重力作用下分裂成更多的细小部分。在情况 2 下，两相流体受重力和磁场的影响。图 7.4 与图 7.5 相比，可以看出磁力可以延迟滴液的下降速度。同时，磁变量 b 是由流速驱动的。在情况 3 中，我们放大了磁强度，$\lambda_b=10^{-1}$。我们给出了这个例子的图 7.5，我们观察到椭圆流体滴得太慢，无法分裂成更多的部分。除此之外，正值的磁变量 b 仍然位于流体的中心，这意味着流体的速度在中心几乎为零。

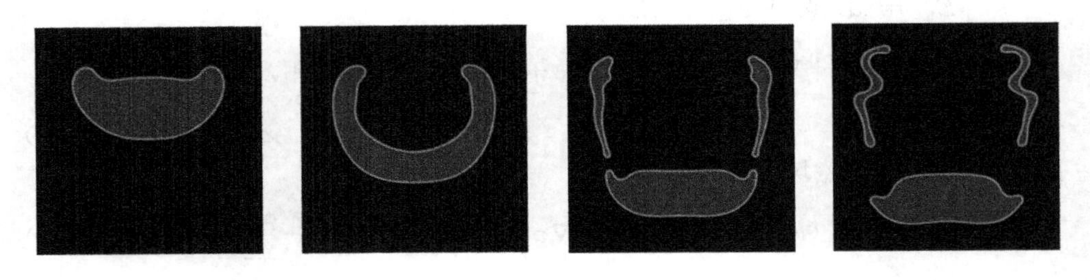

图 7.3　情况 1 $\lambda_b=0$：相变量 ϕ 在 $t=1,2,3,3.3$ 处的等值线图

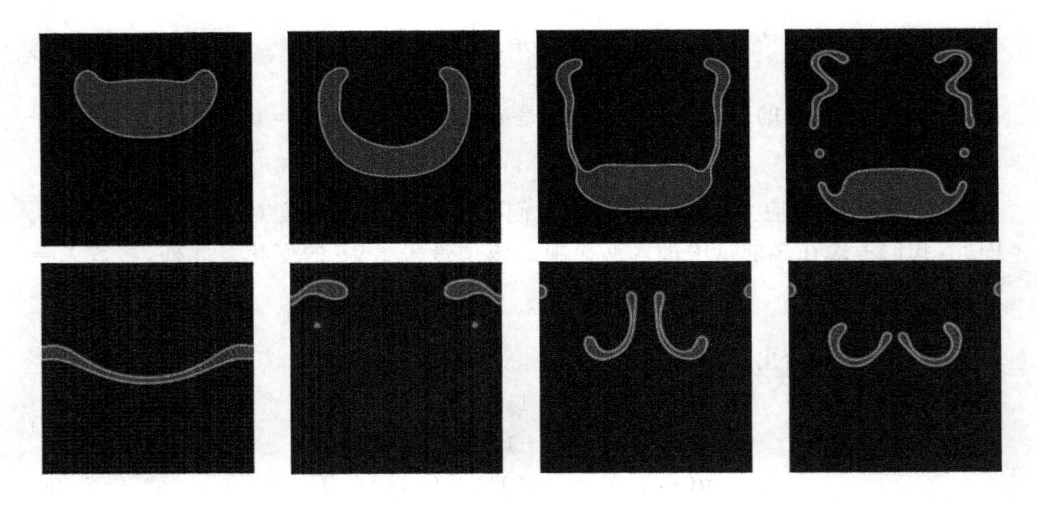

图 7.4　情况 2 $\lambda_b=10^{-3}$：相变量 ϕ 在 $t=1,2,3,3.3$ 处的等值线图

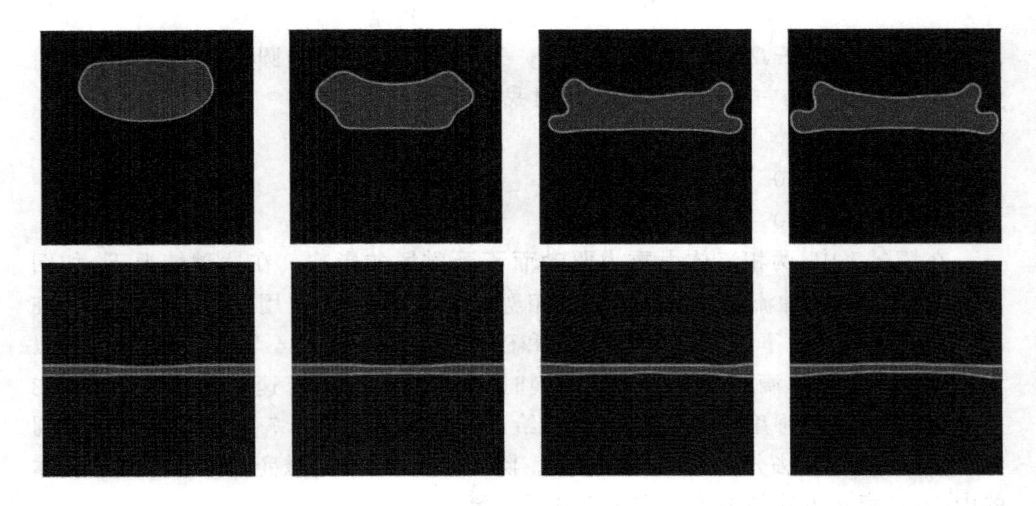

图 7.5　情况 3 $\lambda_b=10^{-1}$：相变量 ϕ 在 $t=1,2,3,3.3$ 处的等值线图

7.6.4　案例4：界面夹断

在该案例中，我们考虑一个轻流体层被两个重流体层夹在中间的情况。在浮力作用下，较轻流体上升，顶部较重流体层最终穿透较轻流体层，造成流体界面的夹断。这个案例首先由Lee、Lowengrub和Goodman[125,126]在Hele-Shaw的背景下进行考虑。

加上浮力项，流体方程变为

$$\partial_t \boldsymbol{u}+(\boldsymbol{u}\cdot\nabla)\boldsymbol{u}+\gamma\Delta\boldsymbol{u}=-\nabla p-\lambda\mu\nabla\phi-\lambda_b\mu_b\nabla b+\nu(\phi-\overline{\phi})]\boldsymbol{G} \tag{7-79}$$

其中 ν 是无量纲参数，$\overline{\phi}$ 是 ϕ 的平均值。请参阅文献[100]中的详细信息。这里我们设置 $\nu=1$。计算区域和参数与前一种案例相同。初始速度为零，初始磁变量 b 与案例3相同，ϕ 的初始条件设置如下：

$$\phi(x,y,0)=\begin{cases}1, & (x,y)\in\Omega_4\\-1, & \text{其他}\end{cases} \tag{7-80}$$

其中 $\Omega_4=\{(x,y)\in\Omega\,|\,|3.2-y|\leqslant 0.5+0.1\cos(\frac{\pi x}{3.2})\}$。

对于这个数值例子，我们也给出了3种情况。在图7.6中，我们发现在没有磁场的情况下，重流体会嵌入轻流体，导致其在中间分裂成若干小的部分。

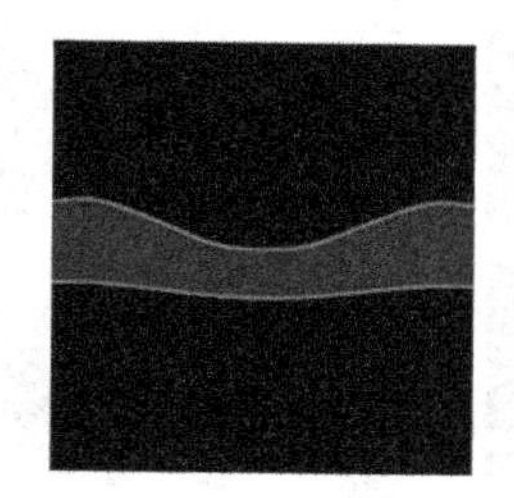 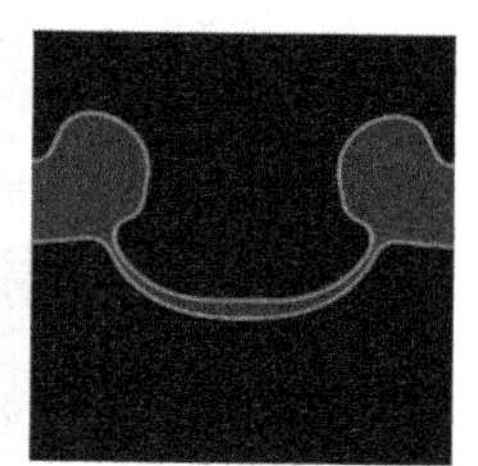 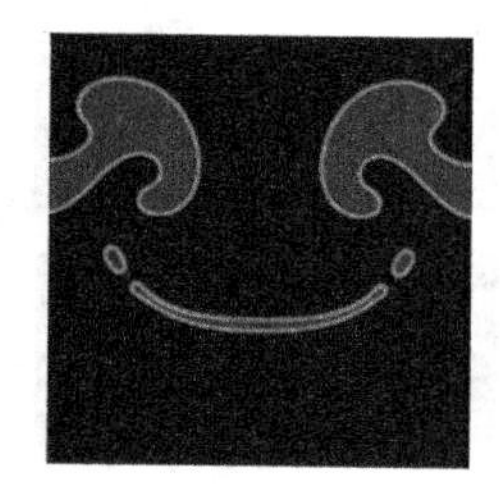 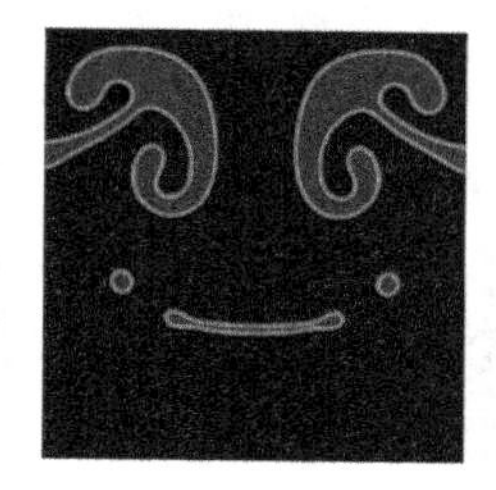

图7.6　情况1 $\lambda_b=0$：相变量 ϕ 在 $t=1,2,2.4,2.8$ 处的等值线图

在图7.7中，我们观察到在磁场的作用下，两种不相融流体的界面变化比图7.6中的慢。此外，磁变量在流体中的界面是运动的。然后我们在图7.8中展示了受强磁场影响的情况。强磁场似乎能阻止重流体穿透轻流体。因此，强磁场可以抵消两种不相融流体中浮力（或重力）的影响。

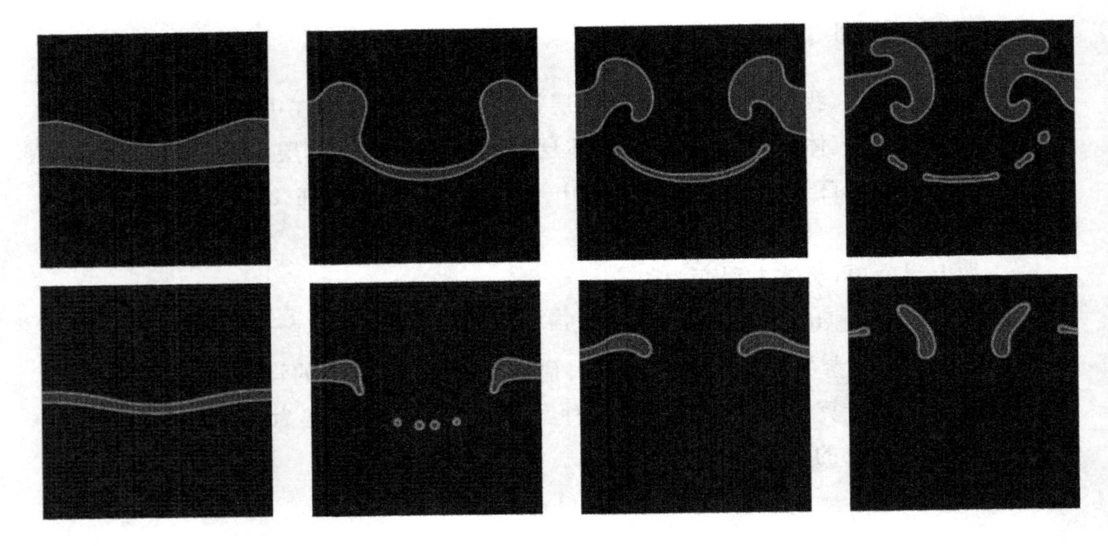

图 7.7　情况 2 $\lambda_b=10^{-3}$：相变量 ϕ 在 $t=1,2,2.4,2.8$ 处的等值线图

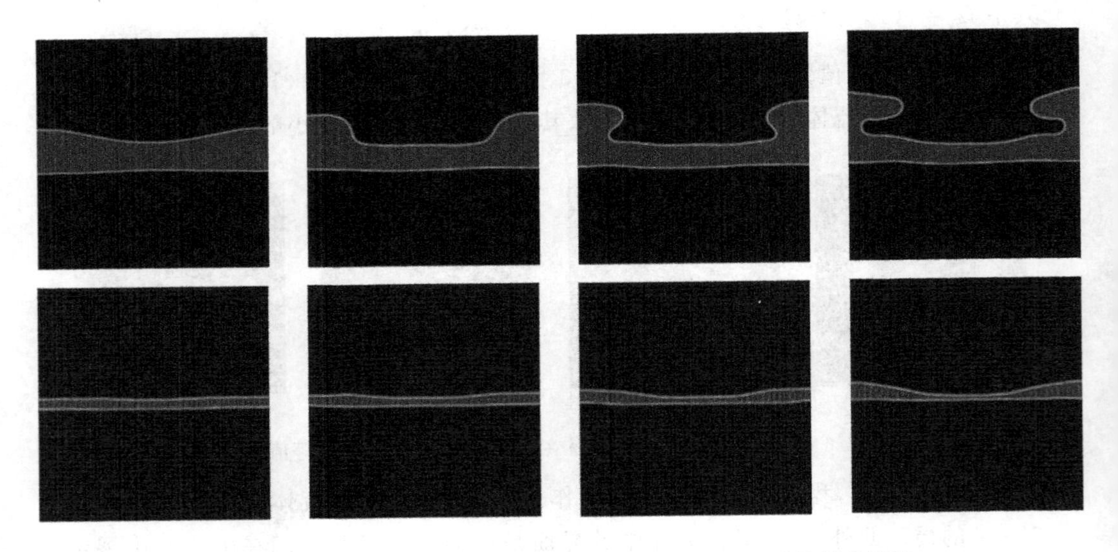

图 7.8　情况 3 $\lambda_b=10^{-1}$：相变量 ϕ 在 $t=1,2,2.4,2.8$ 处的等值线图

7.6.5　案例 5：不相融的 Couette 流

在这个例子中，我们考虑 PDE 系统的 Couette 流，它是以 $\boldsymbol{u}=(u,v)^{\mathrm{T}}$ 的速度沿着 $\pm x$ 方向移动顶部和底部壁（边界）而生成的。在这里，我们在顶部使用 $\boldsymbol{u}=(2,0)^{\mathrm{T}}$，在底部使用 $\boldsymbol{u}=(-2,0)^{\mathrm{T}}$。计算区域和参数也与前一种情况相同。初始

速度为零，ϕ 和初始磁变量 b 的初始条件分别设置如下：

$$\phi(x,y,0)=\begin{cases}1, & (x,y)\in\Omega_5\\ -1, & \text{其他}\end{cases} \tag{7-81}$$

$$b(x,y,0)=\begin{cases}1, & (x,y)\in\Omega\\ -1, & \text{其他}\end{cases} \tag{7-82}$$

其中 $\Omega_5=\{(x,y)\in\Omega \mid |x-3.2|<1\}$，$\Omega_6=\{(x,y)\in\Omega \mid |x-3.2|<0.16\}$ 是两个长方形。

在情况 1 中，我们考虑了不受磁场影响的 Couette 流，在图 7.9 中显示了两种不相融流体的界面沿上下边界移动。在情况 2 中，我们采用图 7.10 中磁场作用下的 Couette 流。我们发现流体界面沿顶部和底部的移动速度比图 7.9 中的小，并且磁性变量的界面偏离了顶部和底部边界。磁场似乎可以延缓剪切力在流动中的作用。如图 7.11 所示，在情况 3 中，我们把强磁场放在 Couette 流中。我们观察到流体界面的移动速度比情况 1 和情况 2 中的慢，而且磁变量的界面变化也很慢。因此，我们认为磁场也可以抵消 Couette 流中剪切力的影响。

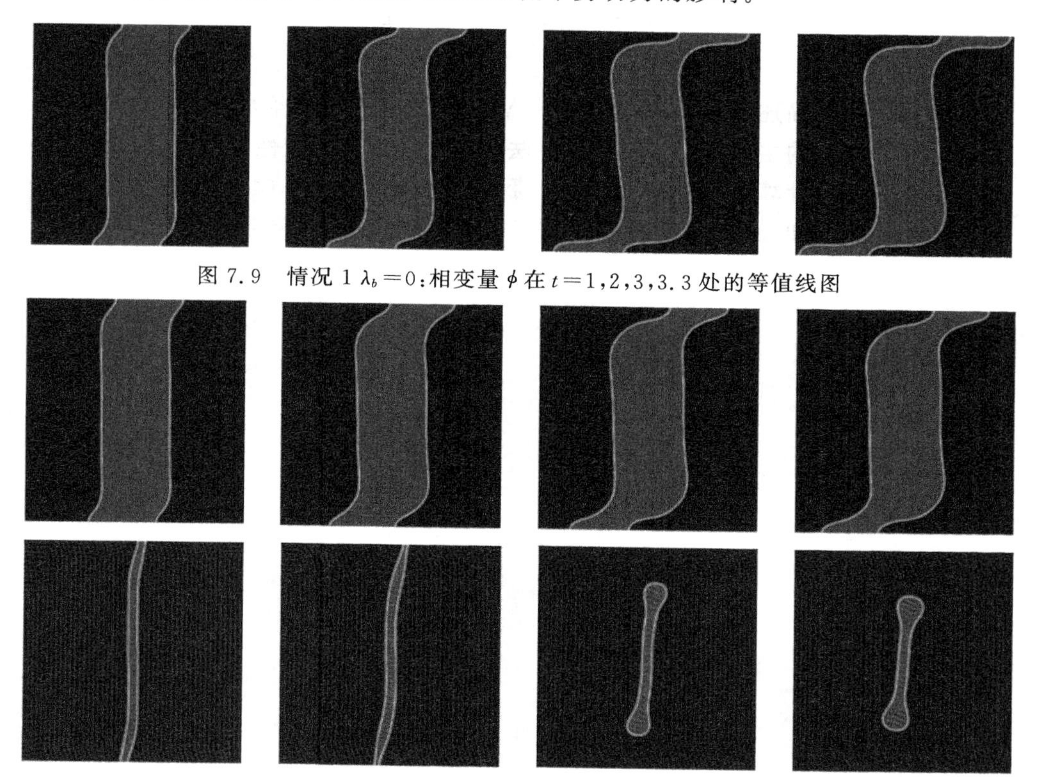

图 7.9　情况 1 $\lambda_b=0$：相变量 ϕ 在 $t=1,2,3,3.3$ 处的等值线图

图 7.10　情况 2 $\lambda_b=10^{-3}$：相变量 ϕ 在 $t=1,2,3,3.3$ 处的等值线图

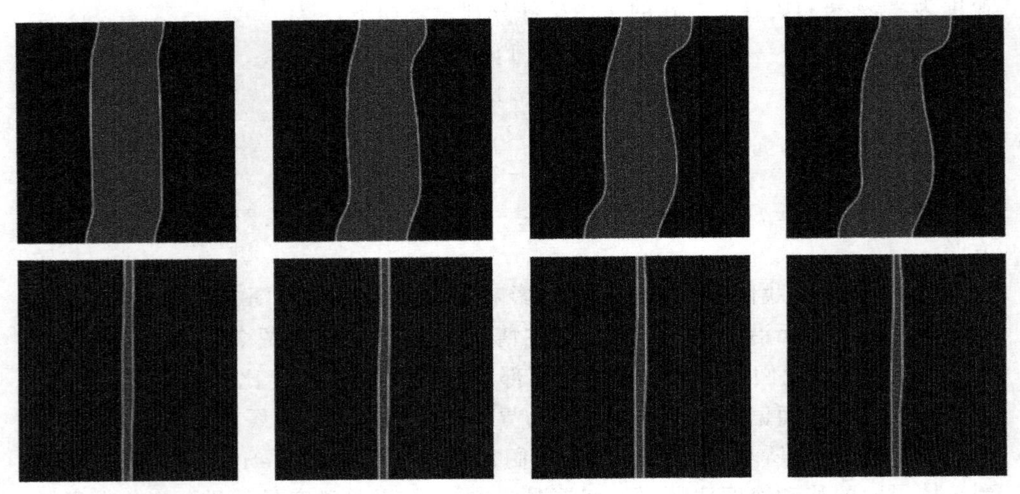

图 7.11 情况 3 $\lambda_b=10^{-1}$：相变量 ϕ 在 $t=1,2,3,3.3$ 处的等值线图

7.7 小 结

本章提出了描述两相磁流体力学的 MHD-CH 模型，并给出了该模型的稳定耦合算法。本章的主要贡献还包括对算法的误差估计和稳定性的分析。数值实验验证了该方法的计算稳定性和有效性。我们还证明了质量守恒和能量递减的性质。我们的模型和方法可以很好地工作，可以用于更复杂的磁流体力学。

第 8 章　相场达西方程的二阶线性能量稳定数值格式

8.1　背景介绍

Hele-Shaw(HS)流被视为两个平行平板之间具有典型低雷诺数的 Stokes 流。旋转 HS 流是一个有趣的课题。当一种密度较高的流体被另一种密度较低的流体包围在一个围绕垂直轴旋转的 HS 细胞中时，就会发生这种情况。然后两个不相融流体的界面变得不稳定。近年来，对 HS 细胞界面不稳定性的研究引起了人们的广泛关注。Li. Carrillo 等人[29]对离心力驱动和密度差控制下的油气界面形态不稳定性进行了实验研究。在文献[2]中，通过对两种不相融流体的实验，研究了旋转 HS 细胞中的界面不稳定性，观察到手指径向向外伸展，并逐渐变薄。此外，在其他力的作用下，HS 细胞的界面也会发生不稳定的情况。Tabeling 等人[216]研究在重力驱动下，气体在 HS 通道(Saffman-Taylor 问题)中渗透到黏性流体中的情况。他们观察到，当应力数较大时，界面不稳定的情况会出现。

相场(或扩散界面)模型是近年来由 J. W. Cahn 和 J. E. Hilliard[26]提出的，它为捕捉通常的尖锐界面提供了一种方便的选择。常用的相场方程是保持体积守恒的 Cahn-Hilliard 方程。Hele-Shaw 方程是由达西定律导出的，是达西方程与时间无关的情况。因此，人们提出了 Cahn-Hilliard-Hele-Shaw(CHHS)和 Cahn-Hilliard-Darcy(CHD)扩散界面模型来研究旋转的 HS 细胞[2,29,39]、界面不稳定性[50]、界面分离[100]和粗粒化动力学。

研究 CHHS 和 CHD 扩散界面模型能量稳定格式的方法有很多。Wise 等人[37,229]构造了基于凸分裂方法的一阶和二阶时间推进能量稳定格式。采用有限差分法对模型空间进行离散，采用多重网格法加快计算速度。凸分裂法的主要思想是将非线性能量分解为两个凸部分。然而，这些格式都是非线性的，在其他复杂的梯度流模型中很难判断哪一部分是凸的。还有一种方法是在 Cahn-Hilliard 方程的半隐式格式中添加一个稳定项[34,55,150,151,202-208]。该格式是能量稳定的、线性的，但会给格式带来额外的截断误差，从而降低数值解与解析解的收敛性。最近 J. Shen 等人提出了用 SAV 方法来构造梯度流的能量稳定格式，该方法引入标量辅助变量作为非线性能量的平方根，对于修正后的能量是非局部的和稳定的。IEQ 方法是近年来提出的求解梯度流模型中非线性项的方法。IEQ 方法的思想是引入辅助函数的平方来表示非线性能量密度。然后这些格式是线性的，并且对于修正后的能量是稳定的。

Cahn-Hilliard-Navier-Stokes(CHNS)模型是研究两相不相融流体界面变化的常用模型，如界面分离、移动接触线等。在这种情况下有许多耦合的、能量稳定的一阶数值格式，参考文献[72]、[92]、[93]。还有一个流行的扩散界面模型是 CHD 方程，详细信息请参考文献[100]、[125]、[126]、[229]，它与 CHNS 模型类似。关于 CHD 方程的耦合、能量稳定的一阶时间推进格式已有许多研究工作。此外，Han 和 Wang[100]基于凸分裂方法，为这种情况构造了解耦的、能量稳定的二阶数值格式。然而，由于凸分裂方法的存在，它不是一个线性格式。

本书选择 CHD 扩散模型来描述 HS 流。CHD 模型是一个非线性耦合系统，包括速度与压力的耦合、速度与相场变量的耦合、Cahn-Hilliard 方程与 Darcy 方程之间的非线性项。幸运的是，CHD 模型是一个适定系统，满足能量耗散定律。因此，从数值计算的角度来看，所提出的格式必须是能量稳定的，这对数值格式的设计具有重要意义。因此，本章的目的是为该模型构造能量稳定的、线性的、解耦的二阶时间推进格式。首先采用 IEQ 和 SAV 方法构造 Cahn-Hilliard(CH)方程的线性能量稳定格式。其次，根据不可压缩条件，采用压力修正(或投影)方法，将达西方程中的速度和压力解耦，这与 Navier-Stokes 方程中的技巧类似。最后我们将严格证明两类二阶格式是能量稳定且唯一可解的。

本章安排如下：在 8.2 节中，我们给出了这个系统的方程式，包含了 Cahn-Hilliard 方程和 Darcy 方程；在 8.3 节中，我们设计了两个基于 IEQ 方法的线性的、解耦的、能量稳定的二阶时间离散格式和基于 SAV 方法的二阶时间推进格式；在 8.4 节中，我们进行了数值计算，以说明所提出方案的准确性，并研究了两相流体中粗粒化过程和界面不稳定性的模拟；在 8.5 节中，我们进行了总结。

8.2 控制方程

Cahn-Hilliard 能量为

$$E_{\mathrm{ch}}(\phi)=\int_{\Omega}\{\frac{1}{2}\mid\nabla\phi\mid^{2}+F(\phi)\}\mathrm{d}\boldsymbol{x},\quad F(\phi)=\frac{(\phi^{2}-1)^{2}}{4\varepsilon^{2}}\tag{8-1}$$

其中，$\Omega\subset\mathbf{R}^{d}$ ($d=2$ 或 3)；ϕ 是相场函数；ε 是非负参数，代表过渡区域的界面厚度；$F(\phi)$ 是著名的 Ginzburg-Landau 双阱势函数，有两个极小值 $\phi=\pm1$，表示流体的相平衡。

因此 CHD 模型的控制方程如下：

$$\partial_t \phi + \nabla \cdot (\phi \boldsymbol{u}) = M\Delta\mu, \quad \text{in} \quad \Omega \times (0,T) \tag{8-2}$$

$$\partial_t u + \nu u = -\nabla p - \gamma\phi\,\nabla\mu, \quad \text{in} \quad \Omega \times (0,T) \tag{8-3}$$

$$\nabla \cdot \boldsymbol{u} = 0, \quad \text{in}\ \Omega \times (0,T) \tag{8-4}$$

其中,$\boldsymbol{u}$ 是流体的速度,p 是压力,M 是迁移率,$\boldsymbol{\nu}$ 是无量纲化的导水率,$\gamma > 0$ 表示表面张力强度的正参数。化学势是通过能量变分得到的:

$$\mu = \frac{\delta E_{\text{ch}}(\phi)}{\delta\phi} = -\Delta\phi + f(\phi), \quad f(\phi) = F'(\phi) = \frac{\phi^3 - \phi}{\varepsilon^2} \tag{8-5}$$

假设满足以下边界条件:

$$\boldsymbol{u} \cdot \boldsymbol{n} = 0, \quad \partial_{\boldsymbol{n}}\phi = \partial_{\boldsymbol{n}}\mu = \partial_{\boldsymbol{n}} p = 0, \quad \text{on} \quad \partial\Omega \tag{8-6}$$

其中 $\boldsymbol{n}$ 是边界$\partial\Omega$ 的单位外法向量。分别对式(8-2)与 $\gamma\mu$ 作 L^2 内积,对式(8-5)与 $\gamma\partial_t\phi$ 作内积,对式(8-3)与 $\boldsymbol{u}$ 作内积,运用式(8-4),把这些式作内积后的式子加起来,则式(8-2)～(8-4)是能量耗散的,满足以下能量规律:

$$\frac{\mathrm{d}E}{\mathrm{d}t} = -\int_\Omega \{\gamma M \mid \nabla\mu \mid^2 + \nu \mid \boldsymbol{u} \mid^2\}\mathrm{d}\boldsymbol{x} \leqslant 0 \tag{8-7}$$

其中总能量包含 CH 能量和动能。

$$E = \gamma E_{\text{ch}}(\phi) + E_{\text{kin}}(\boldsymbol{u}), \quad E_{\text{kin}}(\boldsymbol{u}) = \frac{1}{2}\int_\Omega \mid \boldsymbol{u} \mid^2 \mathrm{d}\boldsymbol{x} \tag{8-8}$$

8.3 时间半离散数值格式

我们引入一个辅助函数 U:

$$U = \phi^2 - 1 \tag{8-9}$$

则式(8-1)变成新形式:

$$E_{\text{ch}}(\phi, U) = \int_\Omega \{\frac{U^2}{4\varepsilon^2} + \frac{1}{2} \mid \nabla\phi \mid^2\}\mathrm{d}\boldsymbol{x} \tag{8-10}$$

然后我们得到一个等价的 CHD 模型系统:

$$\partial_t \phi + \nabla \cdot (\phi \boldsymbol{u}) = M\Delta\mu, \quad \text{in} \quad \Omega \times (0,T) \tag{8-11}$$

$$\mu = \frac{\delta E_{\text{ch}}(\phi, U)}{\delta\phi} = -\Delta\phi + \frac{1}{\varepsilon^2}\phi U \tag{8-12}$$

$$\partial_t U = 2\phi\partial_t\phi \tag{8-13}$$

$$\partial_t \boldsymbol{u} + \nu \boldsymbol{u} = -\nabla p - \gamma\phi\,\nabla\mu, \quad \text{in} \quad \Omega \times (0,T) \tag{8-14}$$

$$\nabla \cdot \boldsymbol{u} = 0, \quad \text{in}\ \Omega \times (0,T) \tag{8-15}$$

边界条件依然是式(8-6),并且式(8-13)关于时间是一个常微分方程。

显然等价的偏微分方程(8-11)～(8-15)依然满足类似的能量规律。对式(8-11)与$\gamma\mu$ 作 L^2 内积,对式(8-12)与 $\gamma\partial_t\phi$ 作内积,对式(8-13)与$\frac{\gamma}{2\varepsilon^2}U$ 作内积,对

式(8-14)与$\boldsymbol{u}$作内积，运用不可压条件，则得到以下能量规律：

$$\frac{\mathrm{d}}{\mathrm{d}t}(\gamma E_{\mathrm{ch}}(\phi,U)+E_{\mathrm{kin}}(\boldsymbol{u}))=-\int_{\Omega}\{\gamma M|\nabla\mu|^2+\nu|\boldsymbol{u}|^2\}\mathrm{d}\boldsymbol{x}\leqslant 0 \quad (8\text{-}16)$$

在此之后，对任意的函数$f,g\in L^2(\Omega)$，我们用(f,g)表示$\int_{\Omega}fg\,\mathrm{d}\boldsymbol{x}$，$\|f\|^2=(f,f)$。

8.3.1 Crank-Nicolson 格式

求解偏微分方程组(8-11)～(8-15)的二阶线性解耦(Crank-Nicolson)格式构造如下。

给出初始值$\phi^0,\phi^1,\boldsymbol{u}^0,\boldsymbol{u}^1,U^0=(\phi^0)^2-1,U^1=(\phi^1)^2-1,p^0=0$，假设已知$\phi^n,\phi^{n-1},U^n,U^{n-1},\boldsymbol{u}^n,\boldsymbol{u}^{n-1},p^n,n\geqslant 1$，计算$\phi^{n+1},U^{n+1},\boldsymbol{u}^{n+1},p^{n+1}$。

第一步：

$$\frac{\phi^{n+1}-\phi^n}{\delta t}+\nabla\cdot(\phi^{*,n+\frac{1}{2}}\tilde{\boldsymbol{u}}^{n+\frac{1}{2}})=M\Delta\mu^{n+\frac{1}{2}} \quad (8\text{-}17)$$

$$\mu^{n+\frac{1}{2}}=-\Delta\phi^{n+\frac{1}{2}}+\frac{1}{\varepsilon^2}\phi^{*,n+\frac{1}{2}}U^{n+\frac{1}{2}} \quad (8\text{-}18)$$

$$U^{n+1}-U^n=2\phi^{*,n+\frac{1}{2}}(\phi^{n+1}-\phi^n) \quad (8\text{-}19)$$

$$\frac{\tilde{\boldsymbol{u}}^{n+1}-\boldsymbol{u}^n}{\delta t}+\nu\tilde{\boldsymbol{u}}^{n+\frac{1}{2}}=-\nabla p^n-\gamma\phi^{*,n+\frac{1}{2}}\nabla\mu^{n+\frac{1}{2}} \quad (8\text{-}20)$$

加上边界条件：

$$\partial_{\boldsymbol{n}}\phi^{n+1}=\partial_{\boldsymbol{n}}\mu^{n+\frac{1}{2}}=\tilde{\boldsymbol{u}}^{n+1}=0,\quad \text{on}\quad \partial\Omega \quad (8\text{-}21)$$

其中

$$\phi^{*,n+\frac{1}{2}}=\frac{3\phi^n-\phi^{n-1}}{2},\quad \phi^{n+\frac{1}{2}}=\frac{\phi^{n+1}+\phi^n}{2} \quad (8\text{-}22)$$

$$U^{n+\frac{1}{2}}=\frac{U^{n+1}+U^n}{2},\quad \tilde{u}^{n+\frac{1}{2}}=\frac{\tilde{u}^{n+1}+u^n}{2} \quad (8\text{-}23)$$

第二步：

$$\frac{\boldsymbol{u}^{n+1}-\tilde{\boldsymbol{u}}^{n+1}}{\delta t}=-\frac{1}{2}\nabla(p^{n+1}-p^n) \quad (8\text{-}24)$$

$$\nabla\cdot\boldsymbol{u}^{n+1}=0 \quad (8\text{-}25)$$

加上边界条件：

$$\boldsymbol{u}^{n+1}\cdot\boldsymbol{n}=0,\quad \text{on}\ \partial\Omega \quad (8\text{-}26)$$

注释 8.3.1：

在这里，为了求解类似于 Navier-Stokes 方程的 Darcy 方程，我们使用了二阶压力修正方案[223]，将压力计算与速度计算解耦。这种投影方法在文献[195]中进行了分析，结果表明(离散时间、连续空间)格式对于$\ell^2(0,T;L^2(\Omega))$中的速度是二阶精确的，但是对于 $\ell^\infty(0,T;L^2(\Omega))$ 中的压力只有一阶精度。压力精度的损失是施加在压力上的人工边界条件引起的。我们还注意到线性外推的 Crank-Nicolson 格式是 Navier-Stokes 方程中一种常用的时间离散化方法。我们参考了文献[114]及其参考文献来分析这种离散化。

式(8-17)～(8-26)是完全线性的格式，因为我们通过隐式(Crank-Nicloson)和显式(二阶外推)的组合来处理对流项和应力项。首先，我们将式(8-19)重写为

$$U^{n+\frac{1}{2}}=S^n+\phi^{*,n+\frac{1}{2}}\phi^{n+1} \tag{8-27}$$

其中 $S^n=U^n-\phi^{*,n+\frac{1}{2}}\phi^n$。则式(8-17)和式(8-20)可以写成关于未知量$(\phi,\boldsymbol{u})$的系统，其中 ϕ^{n+1} 和 $\tilde{\boldsymbol{u}}$ 是该系统的解。

$$\phi+\frac{\delta t}{2}\nabla\cdot(\phi^{*,n+\frac{1}{2}}\boldsymbol{u})-\delta tM\Delta\mu^{n+\frac{1}{2}}=f_1 \tag{8-28}$$

$$\mu^{n+\frac{1}{2}}=P_1(\phi)+f_2 \tag{8-29}$$

$$\boldsymbol{u}+\frac{2\gamma\delta t}{2+\nu\delta t}\phi^{*,n+\frac{1}{2}}\nabla\mu^{n+\frac{1}{2}}=\boldsymbol{f}_3 \tag{8-30}$$

其中 P_1 是线性算子，$f_1,f_2,\boldsymbol{f}_3$是已知量，通过前两步计算得到

$$\begin{cases}P_1(\phi)=-\dfrac{1}{2}\Delta\phi+\dfrac{1}{\varepsilon^2}(\phi^{*,n+\frac{1}{2}})^2\phi\\[2mm] f_1=\phi^n-\dfrac{\delta t}{2}\nabla\cdot(\phi^{*,n+\frac{1}{2}}\boldsymbol{u}^n)\\[2mm] f_2=-\dfrac{1}{2}\Delta\phi^n+\dfrac{1}{\varepsilon^2}\phi^{*,n+\frac{1}{2}}S^n\\[2mm] \boldsymbol{f}_3=\dfrac{2-\nu\delta t}{2+\nu\delta t}\boldsymbol{u}^n-\dfrac{2\delta t}{2+\nu\delta t}\nabla p^n\end{cases} \tag{8-31}$$

事实上，式(8-28)～(8-30)是一个解耦系统，式(8-28)～(8-30)可以简化成关于未知量 ϕ 的系统：

$$\phi-\frac{\gamma\delta t^2}{2+\nu\delta t}\nabla\cdot\left[(\phi^{*,n+\frac{1}{2}})^2\ \nabla\mu^{n+\frac{1}{2}}\right]-M\delta t\Delta\mu^{n+\frac{1}{2}}=f_1-\frac{\delta t}{2}\nabla\cdot(\phi^{*,n+\frac{1}{2}}\boldsymbol{f}_3) \tag{8-32}$$

$$\mu^{n+\frac{1}{2}}=P_1(\phi)+f_2 \tag{8-33}$$

因此我们可以在式(8-32)和(8-33)上直接计算出 ϕ^{n+1} 和 $\mu^{n+\frac{1}{2}}$。一旦得到 ϕ^{n+1}，则 U^{n+1}，$\tilde{\boldsymbol{u}}^{n+1}$可自动通过式(8-19)和式(8-30)得到。而且对任意的 $\phi\in H^1(\Omega)$，我们有

$$(P_1(\phi),\psi)=\frac{1}{2}(\nabla\phi,\nabla\psi)+\frac{1}{\varepsilon^2}(\phi^{*,n+\frac{1}{2}}\phi,\phi^{*,n+\frac{1}{2}}\psi) \tag{8-34}$$

因此线性算子 $P_1(\phi)$ 是对称的。则对任意的 ϕ 满足$\int_\Omega\phi\mathrm{d}\boldsymbol{x}=0$，我们有

$$(P_1(\phi),\phi)=\frac{1}{2}\|\nabla\phi\|^2+\frac{1}{\varepsilon^2}\|\phi^{*,n+\frac{1}{2}}\phi\|^2\geqslant 0 \tag{8-35}$$

其中取得等号当且仅当 $\phi=0$。

我们首先来证明式(8-28)～(8-30)的适定性。

定理 8.3.1 式(8-28)～(8-30)〔或者式(8-17)～(8-25)〕存在唯一解$(\phi,\boldsymbol{u})\in(H^1(\Omega),H^1(\Omega))$。

证明:对式(8-17)与 1 作 L^2 内积,我们有

$$\int_\Omega\phi^{n+1}\mathrm{d}\boldsymbol{x}=\int_\Omega\phi^n\mathrm{d}\boldsymbol{x}=\cdots=\int_\Omega\phi^0\mathrm{d}\boldsymbol{x} \tag{8-36}$$

令 $v_\phi=\frac{1}{|\Omega|}\int_\Omega\phi^0\mathrm{d}\boldsymbol{x},v_\mu=\frac{1}{|\Omega|}\int_\Omega\mu^0\mathrm{d}\boldsymbol{x}$,我们定义 $\hat{\phi}^{n+1}=\phi^{n+1}-v_\phi,\hat{\mu}^{n+\frac{1}{2}}=\mu^{n+\frac{1}{2}}-v_\mu$,则$\int_\Omega\hat{\phi}\mathrm{d}\boldsymbol{x}=0$,$(\hat{\phi}^{n+1},\hat{\mu}^{n+\frac{1}{2}},\boldsymbol{u})$ 是以下关于未知量$(\phi,\mu,\boldsymbol{u})$ 的线性系统的解:

$$\phi+\frac{\delta t}{2}\nabla\cdot(\phi^{*,n+\frac{1}{2}}\boldsymbol{u})-M\delta t\Delta\mu=f_1-v_\phi \tag{8-37}$$

$$\mu=P_1(\phi)-v_\mu+f_2 \tag{8-38}$$

$$\boldsymbol{u}+\frac{2\gamma\delta t}{2+\nu\delta t}\phi^{*,n+\frac{1}{2}}\nabla\mu=\boldsymbol{f}_3 \tag{8-39}$$

其中$\int_\Omega\phi\mathrm{d}\boldsymbol{x}=0,\int_\Omega\mu\mathrm{d}\boldsymbol{x}=0$。

应用算子$-\Delta^{-1}$到式(8-37),运用式(8-38),我们改写式(8-37)和式(8-39)为

$$-\Delta^{-1}(\phi+\frac{\delta t}{2}\nabla\cdot(\phi^{*,n+\frac{1}{2}}\boldsymbol{u}))+\delta tMP_1(\phi)=f_4 \tag{8-40}$$

$$\frac{M\delta t(2+\nu\delta t)}{4\gamma}\boldsymbol{u}+\frac{\delta t}{2}\phi^{*,n+\frac{1}{2}}\nabla\{\Delta^{-1}[\phi+\frac{\delta t}{2}\nabla\cdot(\phi^{*,n+\frac{1}{2}}\boldsymbol{u})]\}=\boldsymbol{f}_5 \tag{8-41}$$

其中

$$f_4=-\Delta^{-1}(f_1-v_\phi)+M\delta t(v_\mu-f_2) \tag{8-42}$$

$$\boldsymbol{f}_5=\frac{M\delta t(2+\nu\delta t)}{4\gamma}\boldsymbol{f}_3+\frac{\delta t}{2}\phi^{*,n+\frac{1}{2}}\nabla[\Delta^{-1}(f_1-v_\phi)] \tag{8-43}$$

我们定义式(8-40)～(8-41)为

$$\boldsymbol{AX}=\boldsymbol{B} \tag{8-44}$$

其中 $\boldsymbol{X}=(\phi,\boldsymbol{u})^{\mathrm{T}},\boldsymbol{B}=(f_4,\boldsymbol{f}_5)^{\mathrm{T}}$。

对任意的满足$\int_\Omega\phi_1\mathrm{d}\boldsymbol{x}=\int_\Omega\phi_2\mathrm{d}\boldsymbol{x}=0$ 和式(8-21) 的$\boldsymbol{X}_1=(\phi_1,\boldsymbol{u}_1)^{\mathrm{T}}$, $\boldsymbol{X}_2=(\phi_2,\boldsymbol{u}_2)^{\mathrm{T}}$,我们有

$$\boldsymbol{X}_1^{\mathrm{T}}\boldsymbol{A}\boldsymbol{X}_2=-(\Delta^{-1}(\phi_1+\frac{\delta t}{2}\nabla\cdot(\phi^{*,n+\frac{1}{2}}\boldsymbol{u}_1)),\phi_2)+\delta tM(P_1(\phi_1),\phi_2)+$$
$$\frac{M\delta t(2+\nu\delta t)}{4\gamma}(\boldsymbol{u}_1,\boldsymbol{u}_2)+\frac{\delta t}{2}(\phi^{*,n+\frac{1}{2}}\nabla\{\Delta^{-1}[\phi_1+\frac{\delta t}{2}\nabla\cdot(\phi^{*,n+\frac{1}{2}}\boldsymbol{u}_1)]\},\boldsymbol{u}_2)$$

$$
\begin{aligned}
&\leqslant C_1(\|\nabla\Delta^{-1}(\phi_1+\frac{\delta t}{2}\nabla\cdot(\phi^{*,n+\frac{1}{2}}\boldsymbol{u}_1))\|\,\|\nabla\Delta^{-1}(\phi_2+\frac{\delta t}{2}\nabla\cdot(\phi^{*,n+\frac{1}{2}}\boldsymbol{u}_2)\|+\\
&\quad\|\nabla\phi_1\|\,\|\nabla\phi_2\|+\|\phi_1\|\,\|\phi_2\|+\|\boldsymbol{u}_1\|\,\|\boldsymbol{u}_2\|)\\
&\leqslant C_2(\|\phi_1\|_{H^1}+\|\boldsymbol{u}_1\|_{H^1})(\|\phi_2\|_{H^1}+\|\boldsymbol{u}_2\|_{H^1})
\end{aligned}\tag{8-45}
$$

其中 $C_2=C(M,\delta t,\varepsilon^2,\boldsymbol{u}^n,\phi^{*,n+\frac{1}{2}},\phi^n)$。

对于满足$\int_\Omega\phi\mathrm{d}\boldsymbol{x}=0$ 的 $\boldsymbol{X}=(\phi,\boldsymbol{u})^{\mathrm{T}}$,我们得到

$$
\begin{aligned}
\boldsymbol{X}^{\mathrm{T}}\boldsymbol{A}\boldsymbol{X}&=\|\nabla\Delta^{-1}(\phi+\frac{\delta t}{2}\nabla\cdot(\phi^{*,n+\frac{1}{2}}\boldsymbol{u}))\|^2+\frac{M\delta t}{2}\|\nabla\phi\|^2n+\\
&\quad\frac{M\delta t}{\varepsilon^2}\|\phi^{*,n+\frac{1}{2}}\phi\|^2+\frac{M\delta t(2+\nu\delta t)}{4\gamma}\|\boldsymbol{u}\|^2\\
&\geqslant C_3(\|\phi\|_{H_1}^2+\|\boldsymbol{u}\|_{H_1}^2)
\end{aligned}\tag{8-46}
$$

其中 $C_3=C(M,\delta t,\varepsilon^2,\boldsymbol{u}^n,\phi^{*,n+\frac{1}{2}},\phi^n)$。则根据 Lax-Milgram 定理我们可推断出式(8-28)~(8-30)存在唯一解$(\phi,\boldsymbol{u})\in(H^1(\Omega),H^1(\Omega))$。

证毕。

定理 8.3.2 式(8-17)~(8-26)的解满足以下离散能量规律:

$$
E_{\mathrm{cn}2}^{n+1}=E_{\mathrm{cn}2}^n-\delta t\gamma M\|\nabla\mu^{n+\frac{1}{2}}\|^2-\nu\delta t\|\boldsymbol{u}^{n+\frac{1}{2}}\|^2\tag{8-47}
$$

其中

$$
E_{\mathrm{cn}2}^n=\frac{\gamma}{2}\|\nabla\phi^n\|^2+\frac{\gamma}{4\varepsilon^2}\|U^n\|^2+\frac{1}{2}\|\boldsymbol{u}^n\|^2+\frac{\delta t^2}{8}\|\nabla p^n\|^2\tag{8-48}
$$

证明:对式(8-17)与 $\gamma\mu^{n+1/2}$ 作 L^2 内积,我们有

$$
\frac{\gamma}{\delta t}(\phi^{n+1}-\phi^n,\mu^{n+\frac{1}{2}})=-\gamma M\|\nabla\mu^{n+\frac{1}{2}}\|^2+\gamma(\phi^{*,n+\frac{1}{2}}\tilde{\boldsymbol{u}}^{n+\frac{1}{2}},\nabla\mu^{n+\frac{1}{2}})\tag{8-49}
$$

对式(8-18)与 $\gamma(\phi^{n+1}-\phi^n)/\delta t$ 作 L^2 内积,我们有

$$
\begin{aligned}
\gamma(\mu^{n+\frac{1}{2}},\frac{\phi^{n+1}-\phi^n}{\delta t})&=\frac{\gamma}{\delta t}(\nabla\phi^{n+\frac{1}{2}},\nabla(\phi^{n+1}-\phi^n))+\frac{\gamma}{\varepsilon^2}(\phi^{*,n+\frac{1}{2}}U^{n+\frac{1}{2}}\frac{\phi^{n+1}-\phi^n}{\delta t})\\
&=\frac{\gamma}{2\delta t}(\|\nabla\phi^{n+1}\|^2-\|\nabla\phi^n\|^2)+\frac{\gamma}{\varepsilon^2}(\phi^{*,n+\frac{1}{2}}U^{n+\frac{1}{2}}\frac{\phi^{n+1}-\phi^n}{\delta t})
\end{aligned}\tag{8-50}
$$

对式(8-19)与 $\gamma U^{n+1/2}/(2\delta t\varepsilon^2)$作 L^2 内积,我们有

$$
\frac{\gamma}{4\varepsilon^2\delta t}(\|U^{n+1}\|^2-\|U^n\|^2)=\frac{\gamma}{\varepsilon^2\delta t}(\phi^{*,n+\frac{1}{2}}U^{n+\frac{1}{2}},\phi^{n+1}-\phi^n)\tag{8-51}
$$

对式(8-20)与 $\tilde{\boldsymbol{u}}^{n+1/2}$作 L^2 内积,我们有

$$
\frac{1}{2\delta t}(\|\tilde{\boldsymbol{u}}^{n+1}\|^2-\|\boldsymbol{u}^n\|^2)+\nu\|\tilde{\boldsymbol{u}}^{n+\frac{1}{2}}\|^2=-(\nabla p^n,\tilde{\boldsymbol{u}}^{n+\frac{1}{2}})-\gamma(\phi^{*,n+\frac{1}{2}}\nabla\mu^{n+\frac{1}{2}},\tilde{\boldsymbol{u}}^{n+\frac{1}{2}})\tag{8-52}
$$

对式(8-24)与$\boldsymbol{u}^{n+1}$作 L^2 内积,应用不可压条件,我们得到

$$\frac{1}{2\delta t}(\| \boldsymbol{u}^{n+1} \|^2 - \| \tilde{\boldsymbol{u}}^{n+1} \|^2 + \| \boldsymbol{u}^{n+1} - \tilde{\boldsymbol{u}}^{n+1} \|^2) = 0 \tag{8-53}$$

其中我们用到了关于$\boldsymbol{u}^{n+1}$散度为零的条件：

$$(\nabla(p^{n+1} - p^n), \boldsymbol{u}^{n+1}) = -((p^{n+1} - p^n), \nabla \cdot \boldsymbol{u}^{n+1}) = 0 \tag{8-54}$$

我们重写式(8-24)为

$$\frac{1}{\delta t}(\boldsymbol{u}^{n+1} + u^n - 2\tilde{\boldsymbol{u}}^{n+\frac{1}{2}}) + \frac{1}{2}\nabla(p^{n+1} - p^n) = 0 \tag{8-55}$$

对式(8-55)与$\frac{\delta t}{2}\nabla p^n$ 作L^2 内积，应用不可压条件，我们得到

$$-(\tilde{\boldsymbol{u}}^{n+\frac{1}{2}}, \nabla p^n) = \frac{\delta t}{8}(\| \nabla p^n \|^2 - \| \nabla p^{n+1} \|^2 + \| \nabla(p^{n+1} - p^n) \|^2) \tag{8-56}$$

我们还可以通过式(8-24)直接导出

$$\frac{1}{2\delta t}(\| \boldsymbol{u}^{n+1} - \tilde{\boldsymbol{u}}^{n+1} \|^2) = \frac{\delta t}{8}\| \nabla(p^{n+1} - p^n) \|^2 \tag{8-57}$$

联立式(8-49)～(8-53)、式(8-56)、式(8-57)，我们得到

$$\frac{E_{\mathrm{cn2}}^{n+1} - E_{\mathrm{cn2}}^n}{\delta t} = -M\| \nabla \mu^{n+\frac{1}{2}} \|^2 - \nu \| \boldsymbol{u}^{n+\frac{1}{2}} \|^2 \tag{8-58}$$

证毕。

8.3.2 BDF2 格式

求解偏微分方程组(8-11)～(8-15)的二阶线性解耦(BDF2)格式构造如下。

给出初始值 $\phi^0, \phi^1, \boldsymbol{u}^0, \boldsymbol{u}^1, U^0 = (\phi^0)^2 - 1, U^1 = (\phi^1)^2 - 1, p^0 = 0$，假设已知 ϕ^n, $\phi^{n-1}, U^n, U^{n-1}, \boldsymbol{u}^n, \boldsymbol{u}^{n-1}, p^n, n \geqslant 1$，计算 $\phi^{n+1}, U^{n+1}, \boldsymbol{u}^{n+1}, p^{n+1}$。

第一步：

$$\frac{3\phi^{n+1} - 4\phi^n + \phi^{n-1}}{2\delta t} + \nabla \cdot (\phi^{*,n+1}\tilde{\boldsymbol{u}}^{n+1}) = M\Delta\mu^{n+1} \tag{8-59}$$

$$\mu^{n+1} = -\Delta\phi^{n+1} + \frac{1}{\varepsilon^2}\phi^{*,n+1}U^{n+1} \tag{8-60}$$

$$3U^{n+1} - 4U^n + U^{n-1} = 2\phi^{*,n+1}(3\phi^{n+1} - 4\phi^n + \phi^{n-1}) \tag{8-61}$$

$$\frac{3\tilde{\boldsymbol{u}}^{n+1} - 4\boldsymbol{u}^n + \boldsymbol{u}^{n-1}}{2\delta t} + \nu\tilde{\boldsymbol{u}}^{n+1} = -\nabla p^n - \gamma\phi^{*,n+1}\nabla\mu^{n+1} \tag{8-62}$$

加上边界条件：

$$\partial_n\phi^{n+1} = \partial_n\mu^{n+1} = \tilde{\boldsymbol{u}}^{n+1} = 0, \quad \text{on} \quad \partial\Omega \tag{8-63}$$

其中

$$\phi^{*,n+1} = 2\phi^n - \phi^{n-1} \tag{8-64}$$

第二步：

$$3\frac{\boldsymbol{u}^{n+1} - \tilde{\boldsymbol{u}}^{n+1}}{2\delta t} = -\nabla(p^{n+1} - p^n) \tag{8-65}$$

$$\nabla \cdot \boldsymbol{u}^{n+1}=0 \tag{8-66}$$

加上边界条件：

$$\boldsymbol{u}^{n+1} \cdot \boldsymbol{n}=0, \quad \text{on} \quad \partial\Omega \tag{8-67}$$

式(8-59)～(8-67)是完全线性格式，因为我们通过隐式(二阶向后差分)和显式(二阶外推)离散处理对流项和应力项。首先我们重写(8-61)为

$$U^{n+1}=\widetilde{S}^{n}+2\phi^{*,n+1}\phi^{n+1} \tag{8-68}$$

其中 $\widetilde{S}^{n}=(4U^{n}-U^{n-1})/3-2\phi^{*,n+1}(4\phi^{n}-\phi^{n-1})/3$。则式(8-59)～(8-66)可以写成关于未知量$(\phi,\boldsymbol{u})$的系统，其中 ϕ^{n+1}，$\tilde{\boldsymbol{u}}$是该系统的解。

$$\phi+\frac{2\delta t}{3}\nabla \cdot (\phi^{*,n+1}\boldsymbol{u})-\frac{2M\delta t}{3}\Delta\mu^{n+1}=\widetilde{f}_{1} \tag{8-69}$$

$$\mu^{n+1}=\widetilde{P}_{1}(\phi)+\widetilde{f}_{2} \tag{8-70}$$

$$\boldsymbol{u}+\frac{2\delta t\gamma}{3+2\nu\delta t}\phi^{*,n+1}\nabla\mu^{n+1}=\widetilde{\boldsymbol{f}}_{3} \tag{8-71}$$

其中 $\widetilde{P}_{1}$ 是线性算子，$\widetilde{f}_{1}$，$\widetilde{f}_{2}$，$\widetilde{\boldsymbol{f}}_{3}$ 是已知量，由前两步计算得到

$$\begin{cases}\widetilde{P}_{1}(\phi)=-\Delta\phi+\dfrac{2}{\varepsilon^{2}}(\phi^{*,n+1})2\phi \\ \widetilde{f}_{1}=(4\phi^{n}-\phi^{n-1})/3 \\ \widetilde{f}_{2}=\dfrac{1}{\varepsilon^{2}}\phi^{*,n+1}\widetilde{S}^{n} \\ \widetilde{\boldsymbol{f}}_{3}=(\dfrac{4\,\boldsymbol{u}^{n}-\boldsymbol{u}^{n-1}}{2\delta t}-\nabla p^{n})\dfrac{2\delta t}{3+2\nu\delta t}\end{cases} \tag{8-72}$$

事实上，式(8-69)～(8-71)是一个解耦系统，式(8-69)～(8-71)可化简为关于未知量 ϕ 的系统：

$$\phi-\frac{4\gamma\delta t^{2}}{9+6\nu\delta t}\nabla \cdot [(\phi^{*,n+1})^{2}\nabla\mu^{n+1}]-\frac{2M\delta t}{3}\Delta\mu^{n+1}=\widetilde{f}_{1}-\frac{2\delta t}{3}\nabla \cdot (\phi^{*,n+1}\widetilde{\boldsymbol{f}}_{3}) \tag{8-73}$$

$$\mu^{n+1}=\widetilde{P}_{1}(\phi)+\widetilde{f}_{2} \tag{8-74}$$

因此我们可以从式(8-73)和式(8-74)直接计算出 ϕ^{n+1}，μ^{n+1}。一旦我们得到 ϕ^{n+1}，U^{n+1}，$\tilde{\boldsymbol{u}}^{n+1}$就可以从式(8-61)和式(8-71)自动得到。再者，对任意的 $\phi\in H^{1}(\Omega)$，我们有

$$(\widetilde{P}_{1}(\phi),\psi)=(\nabla\phi,\nabla\psi)+\frac{2}{\varepsilon^{2}}(\phi^{*,n+1}\phi,\phi^{*,n+1}\psi) \tag{8-75}$$

因此线性算子 $\widetilde{P}_{1}(\phi)$ 是对称的。对满足$\int_{\Omega}\phi\mathrm{d}\boldsymbol{x}=0$ 的任意 ϕ，我们有

$$(\widetilde{P}_{1}(\phi),\phi)=\|\nabla\phi\|^{2}+\frac{2}{\varepsilon^{2}}\|\phi^{*,n+1}\phi\|^{2}\geqslant 0 \tag{8-76}$$

其中取得等号当且仅当 $\phi=0$。

我们依然来证明式(8-69)～(8-71)的适定性。

定理 8.3.3 式(8-69)～(8-71)〔或者式(8-59)～(8-66)〕存在唯一解 $(\phi,\boldsymbol{u})\in(H^1(\Omega),H^1(\Omega))$。

证明:适定性的证明与定理 8.3.1 类似,因此在这里省略细节。

定理 8.3.4 式(8-59)～(8-66)的解满足以下离散能量规律:

$$E_{\text{bdf2}}^{n+1}\leqslant E_{\text{bdf2}}^{n}-\gamma M\delta t\|\nabla\mu^{n+1}\|^2-\nu\delta t\|\tilde{\boldsymbol{u}}^{n+1}\|^2 \tag{8-77}$$

其中

$$E_{\text{bdf2}}^{n}=\frac{\gamma}{4}(\|\nabla\phi^n\|^2+\|\nabla(2\phi^n-\phi^{n-1})\|^2)+\frac{\gamma}{8\varepsilon^2}(\|U^n\|^2+\|2U^n-U^{n-1}\|^2)+\frac{1}{4}(\|\boldsymbol{u}^n\|^2+\|2\boldsymbol{u}^n-\boldsymbol{u}^{n-1}\|^2)+\frac{\delta t^2}{3}\|\nabla p^n\|^2 \tag{8-78}$$

证明:对式(8-59)与 $\gamma\mu^{n+1}$ 作 L^2 内积,我们有

$$\frac{1}{2\delta t}(3\phi^{n+1}-4\phi^n+\phi^{n-1},\gamma\mu^{n+1})=-\gamma M\|\nabla\mu^{n+1}\|^2+\gamma(\phi^{*,n+1}\tilde{\boldsymbol{u}}^{n+1},\nabla\mu^{n+1}) \tag{8-79}$$

对式(8-60)与 $(3\phi^{n+1}-4\phi^n+\phi^{n-1})/(2\delta t)$ 作 L^2 内积,运用以下性质:

$$2(3a-4b+c,a)=|a|^2-|b|^2+|2a-b|^2-|2b-c|^2+|a-2b+c|^2 \tag{8-80}$$

我们有

$$\begin{aligned}&\gamma\left(\mu^{n+1},\frac{3\phi^{n+1}-4\phi^n+\phi^{n-1}}{2\delta t}\right)\\&=\frac{\gamma}{2\delta t}(\nabla\phi^{n+1},\nabla(3\phi^{n+1}-4\phi^n+\phi^{n-1}))+\frac{\gamma}{\varepsilon^2}\left(\phi^{*,n+1}U^{n+1},\frac{3\phi^{n+1}-3\phi^n+\phi^{n-1}}{2\delta t}\right)\\&=\frac{\gamma}{4\delta t}(\|\nabla\phi^{n+1}\|^2-\|\nabla\phi^n\|^2+\|\nabla(2\phi^{n+1}-\phi^n)\|^2-\|\nabla(2\phi^n-\phi^{n-1})\|^2+\\&\quad\|\nabla(\phi^{n+1}-2\phi^n+\phi^{n-1})\|^2)+\frac{\gamma}{\varepsilon^2}\left(\phi^{*,n+1}U^{n+1},\frac{3\phi^{n+1}-4\phi^n+\phi^{n-1}}{2\delta t}\right)\end{aligned} \tag{8-81}$$

对式(8-61)与 $\gamma U^{n+1}/(4\delta t\varepsilon^2)$ 作 L^2 内积,我们有

$$\begin{aligned}&\frac{\gamma}{\varepsilon^2}\left(\phi^{*,n+1}U^{n+1},\frac{3\phi^{n+1}-4\phi^n+\phi^{n-1}}{2\delta t}\right)\\&=\frac{\gamma}{8\varepsilon^2\delta t}(\|U^{n+1}\|^2-\|U^n\|^2+\|2U^{n+1}-U^n\|^2+\|2U^n-U^{n-1}\|^2-\\&\quad\|2U^n-U^{n-1}\|^2+\|U^{n+1}-2U^n+U^{n-1}\|^2)\end{aligned} \tag{8-82}$$

对式(8-62)与 $\tilde{\boldsymbol{u}}^{n+1}$ 作 L^2 内积,我们有

$$\begin{aligned}&\frac{1}{2\delta t}(3\tilde{\boldsymbol{u}}^{n+1}-4\boldsymbol{u}^n+\boldsymbol{u}^{n-1},\tilde{\boldsymbol{u}}^{n+1})+\nu\|\tilde{\boldsymbol{u}}^{n+1}\|^2\\&=-(\nabla p^n,\tilde{\boldsymbol{u}}^{n+1})-\gamma(\phi^{*,n+1}\nabla\mu^{n+1},\tilde{\boldsymbol{u}}^{n+1})\end{aligned} \tag{8-83}$$

在式(8-65)中,对任意函数 $\boldsymbol{v}$ 满足$\nabla\cdot\boldsymbol{v}=0$,我们可以推出

$$(\boldsymbol{u}^{n+1},\boldsymbol{v})=(\widetilde{\boldsymbol{u}}^{n+1},\boldsymbol{v}) \tag{8-84}$$

因此根据式(8-83)的第一项,我们有

$$\begin{aligned}
&\frac{1}{2\delta t}(3\,\widetilde{\boldsymbol{u}}^{n+1}-4\,\boldsymbol{u}^n+\boldsymbol{u}^{n-1},\widetilde{\boldsymbol{u}}^{n+1})\\
&=\frac{1}{2\delta t}(3\,\widetilde{\boldsymbol{u}}^{n+1}-3\,\boldsymbol{u}^{n+1},\widetilde{\boldsymbol{u}}^{n+1})+\frac{1}{2\delta t}(3\,\boldsymbol{u}^{n+1}-4\,\boldsymbol{u}^n+\boldsymbol{u}^{n-1},\widetilde{\boldsymbol{u}}^{n+1})\\
&=\frac{1}{2\delta t}(3\,\widetilde{\boldsymbol{u}}^{n+1}-3\,\boldsymbol{u}^{n+1},\widetilde{\boldsymbol{u}}^{n+1})+\frac{1}{2\delta t}(3\,\boldsymbol{u}^{n+1}-4\,\boldsymbol{u}^n+\boldsymbol{u}^{n-1},\boldsymbol{u}^{n+1})\\
&=\frac{1}{2\delta t}(3\,\widetilde{\boldsymbol{u}}^{n+1}-3\,\boldsymbol{u}^{n+1},\widetilde{\boldsymbol{u}}^{n+1}+\boldsymbol{u}^{n+1})+\frac{1}{2\delta t}(3\,\boldsymbol{u}^{n+1}-4\,\boldsymbol{u}^n+\boldsymbol{u}^{n-1},\widetilde{\boldsymbol{u}}^{n+1})\\
&=\frac{3}{2\delta t}(\|\widetilde{\boldsymbol{u}}^{n+1}\|^2-\|\boldsymbol{u}^{n+1}\|^2)+\frac{1}{4\delta t}(\|\boldsymbol{u}^{n+1}\|^2-\|\boldsymbol{u}^n\|^2+\\
&\quad\|2\,\boldsymbol{u}^{n+1}-\boldsymbol{u}^n\|^2-\|2\,\boldsymbol{u}^n-\boldsymbol{u}^{n-1}\|^2+\|\boldsymbol{u}^{n+1}-2\,\boldsymbol{u}^n+\boldsymbol{u}^{n-1}\|^2)
\end{aligned} \tag{8-85}$$

对于投影步,我们重写式(8-65):

$$\frac{3}{2\delta t}\boldsymbol{u}^{n+1}+\nabla p^{n+1}=\frac{3}{2\delta t}\widetilde{\boldsymbol{u}}^{n+1}+\nabla p^n \tag{8-86}$$

将式(8-86)的两边作内积平方,我们得到

$$\frac{9}{4\delta t^2}\|\boldsymbol{u}^{n+1}\|^2+\|\nabla p^{n+1}\|^2=\frac{9}{4\delta t^2}\|\widetilde{\boldsymbol{u}}^{n+1}\|^2+\|\nabla p^n\|^2+\frac{3}{\delta t}(\widetilde{\boldsymbol{u}}^{n+1},\nabla p^n) \tag{8-87}$$

即

$$\frac{3}{4\delta t}(\|\boldsymbol{u}^{n+1}\|^2-\|\widetilde{\boldsymbol{u}}^{n+1}\|^2)+\frac{\delta t}{3}(\|\nabla p^{n+1}\|^2-\|\nabla p^n\|^2)=(\widetilde{\boldsymbol{u}}^{n+1},\nabla p^n) \tag{8-88}$$

对式(8-65)与$\boldsymbol{u}^{n+1}$作 L^2 内积,运用不可压条件,我们有

$$\frac{3}{4\delta t}(\|\boldsymbol{u}^{n+1}\|^2-\|\widetilde{\boldsymbol{u}}^{n+1}\|^2+\|\boldsymbol{u}^{n+1}-\widetilde{\boldsymbol{u}}^{n+1}\|^2)=0 \tag{8-89}$$

联立式(8-79)、式(8-81)~(8-83)、式(8-85)、式(8-87)~(8-89),我们有

$$\begin{aligned}
\frac{E_{\mathrm{bdf2}}^{n+1}-E_{\mathrm{bdf2}}^{n}}{\delta t}=&-\gamma M\|\nabla\mu^{n+1}\|^2-\nu\|\widetilde{\boldsymbol{u}}^{n+1}\|^2-\\
&\frac{\gamma}{4\delta t}\|\nabla(\phi^{n+1}-2\phi^n+\phi^{n-1})\|^2-\frac{\gamma}{8\epsilon^2\delta t}\|U^{n+1}-2U^n+U^{n-1}\|^2-\\
&\frac{3}{4\delta t}\|\boldsymbol{u}^{n+1}-\widetilde{\boldsymbol{u}}^{n+1}\|^2-\frac{1}{4\delta t}\|\boldsymbol{u}^{n+1}-2\,\boldsymbol{u}^n+\boldsymbol{u}^{n-1}\|^2\\
\leqslant&-\gamma M\|\nabla\mu^{n+1}\|^2-\nu\|\widetilde{\boldsymbol{u}}^{n+1}\|^2
\end{aligned} \tag{8-90}$$

证毕。

注释 8.3.2:

可以看出$\frac{1}{\delta t}(E_{\text{bdf2}}^{n+1}-E_{\text{bdf2}}^{n})$是$\frac{\mathrm{d}}{\mathrm{d}t}E(\phi,\ U)$在$t=t^{n+1}$处的近似。例如,对时间光滑的任意变量$S$,可以得出

$$\left(\frac{\| S^{n+1}\|^2+\| 2S^{n+1}-S^n\|^2}{2\delta t}\right)-\left(\frac{\| S^n\|^2+\| 2S^n-S^{n-1}\|^2}{2\delta t}\right)$$

$$\cong\left(\frac{\| S^{n+2}\|^2-\| S^n\|^2}{2\delta t}\right)+O(\delta t^2)\cong\frac{\mathrm{d}}{\mathrm{d}t}\| S(t^{n+1})\|^2+O(\delta t^2)$$

8.3.3 SAV-BDF2 格式

SAV 方法的思想是引入尺度变量V:

$$V=\sqrt{\int_\Omega (F(\phi)+B)\mathrm{d}\boldsymbol{x}} \tag{8-91}$$

其中B是一个常数,以确保非线性能量为正。然后式(8-1)变成了一种新形式:

$$E_{\text{ch}}(\phi,V)=\int_\Omega \frac{1}{2}|\nabla\phi|^2\mathrm{d}\boldsymbol{x}+V^2-B|\Omega| \tag{8-92}$$

然后我们可以得到一个等价的关于新变量V的 CHD 系统:

$$\partial_t\phi+\nabla\cdot(\phi\boldsymbol{u})=M\Delta\mu,\quad \text{in}\quad \Omega\times(0,T) \tag{8-93}$$

$$\mu=\frac{\delta E_{\text{ch}}(\phi,V)}{\delta\phi}=-\Delta\phi+H(\phi)V \tag{8-94}$$

$$V_t=\frac{1}{2}\int_\Omega H(\phi)\phi_t\mathrm{d}\boldsymbol{x} \tag{8-95}$$

$$\partial_t u+\nu\boldsymbol{u}=-\nabla p-\gamma\phi\nabla\mu,\quad \text{in}\quad \Omega\times(0,T) \tag{8-96}$$

$$\nabla\cdot u=0,\quad \text{in}\quad \Omega\times(0,T) \tag{8-97}$$

其中

$$H(\phi)=\frac{f(\phi)}{\sqrt{\int_\Omega (F(\phi)+B)\mathrm{d}\boldsymbol{x}}} \tag{8-98}$$

显然式(8-93)~(8-97)依然满足类似的能量规律。

对式(8-93)与$\gamma\mu$作L^2内积,式(8-94)与$\gamma\partial_t\phi$作内积,式(8-95)与$2\gamma V$作内积,式(8-96)与$\boldsymbol{u}$作内积,运用不可压条件,则可以得到以下能量规律:

$$\frac{\mathrm{d}}{\mathrm{d}t}\left(\gamma E_{\text{ch}}(\phi,V)+\frac{1}{2}\|\boldsymbol{u}\|^2\right)=-\int_\Omega\{\gamma M|\nabla\mu|^2+\nu|\boldsymbol{u}|^2\}\mathrm{d}\boldsymbol{x}\leqslant 0 \tag{8-99}$$

基于二阶后向差分公式(BDF2),我们构造了一个二阶数值格式。

假设ϕ^n,V^n,$\boldsymbol{u}^n$,p^n和ϕ^{n-1},V^{n-1},$\boldsymbol{u}^{n-1}$已知,由以下步骤计算ϕ^{n+1},V^{n+1},$\boldsymbol{u}^{n+1}$,p^{n+1}。

第一步：

$$\frac{3\phi^{n+1}-4\phi^{n}+\phi^{n-1}}{2\delta t}+\nabla\cdot(\phi^{*,n+1}\widetilde{\boldsymbol{u}}^{n+1})=M\Delta\mu^{n+1} \tag{8-100}$$

$$\mu^{n+1}=-\Delta\phi^{n+1}+H^{*,n+1}V^{n+1} \tag{8-101}$$

$$3V^{n+1}-4V^{n}+V^{n-1}=\frac{1}{2}\int_{\Omega}H^{*,n+1}(3\phi^{n+1}-4\phi^{n}+\phi^{n-1})\mathrm{d}\boldsymbol{x} \tag{8-102}$$

$$\frac{3\ \widetilde{\boldsymbol{u}}^{n+1}-4\ \boldsymbol{u}^{n}+\boldsymbol{u}^{n-1}}{2\delta t}+\nu\ \widetilde{\boldsymbol{u}}^{n+1}=-\nabla p^{n}-\gamma\phi^{*,n+1}\nabla\mu^{n+1} \tag{8-103}$$

加上边界条件：

$$\partial_{\boldsymbol{n}}\phi^{n+1}=\partial_{\boldsymbol{n}}\mu^{n+1}=\widetilde{\boldsymbol{u}}^{n+1}=0,\quad \text{on}\quad \partial\Omega \tag{8-104}$$

其中

$$\phi^{*,n+1}=2\phi^{n}-\phi^{n-1},\quad H^{*,n+1}=H(\phi^{*,n+1}) \tag{8-105}$$

第二步：

$$3\ \frac{\boldsymbol{u}^{n+1}-\widetilde{\boldsymbol{u}}^{n+1}}{2\delta t}=-\nabla(p^{n+1}-p^{n}) \tag{8-106}$$

$$\nabla\cdot\boldsymbol{u}^{n+1}=0 \tag{8-107}$$

加上边界条件：

$$\boldsymbol{u}^{n+1}\cdot\boldsymbol{n}=0,\quad \text{on}\quad \partial\Omega \tag{8-108}$$

显然，在第一步中我们需要求解关于 ϕ^{n+1}，V^{n+1}，$\widetilde{\boldsymbol{u}}^{n+1}$ 的一个非局部耦合系统。

首先我们重写式(8-102)为

$$V^{n+1}=\frac{1}{2}\int_{\Omega}H^{*,n+1}\phi^{n+1}\mathrm{d}\boldsymbol{x}+g^{n} \tag{8-109}$$

其中 $g^{n}=(4V^{n}-V^{n-1})/3-\frac{1}{2}\int_{\Omega}H^{*,n+1}(4\phi^{n}-\phi^{n-1})/3\mathrm{d}\boldsymbol{x}$。则式(8-100)～(8-103)可以写成

$$\frac{3}{2\delta t}+\Delta^{2})\phi^{n+1}+\nabla\cdot(\phi^{*,n+1}\ \widetilde{\boldsymbol{u}}^{n+1})-\frac{M}{2}\Delta H^{*,n+1}\int_{\Omega}H^{*,n+1}\phi^{n+1}\mathrm{d}\boldsymbol{x}=g_{1}^{n} \tag{8-110}$$

$$\widetilde{\boldsymbol{u}}^{n+1}+\frac{2\delta t\gamma}{3+2\nu\delta t}\phi^{*,n+1}\ \nabla(-\Delta\phi^{n+1}+\frac{1}{2}H^{*,n+1}\int_{\Omega}H^{*,n+1}\phi^{n+1}\mathrm{d}\boldsymbol{x})=\boldsymbol{g}_{2}^{n} \tag{8-111}$$

其中

$$g_{1}^{n}=\frac{4\phi^{n}-\phi^{n-1}}{2\delta t}+M\Delta(H^{*,n+1}g^{n}) \tag{8-112}$$

$$g_{2}^{n}=(\frac{4\ \boldsymbol{u}^{n}-\boldsymbol{u}^{n-1}}{2\delta t}-\nabla p^{n}-\gamma\phi^{*,n+1}\nabla(H^{*,n+1}g^{n}))\frac{2\delta t}{3+2\nu\delta t} \tag{8-113}$$

联立式(8-110)和式(8-111)，我们得到

$$\left(\frac{3}{2\delta t}+\Delta^2+\frac{2\delta t\gamma}{3+2\nu\delta t}\nabla\cdot((\phi^{*,n+1})2\nabla\Delta)\right)\phi^{n+1}-$$

$$\frac{\delta t\gamma}{3+2\nu\delta t}\nabla\cdot((\phi^{*,n+1})2\nabla H^{*,n+1}\int_\Omega H^{*,n+1}\phi^{n+1}\mathrm{d}\boldsymbol{x})-$$

$$\frac{M}{2}\Delta H^{*,n+1}\int_\Omega H^{*,n+1}\phi^{n+1}\mathrm{d}\boldsymbol{x}=g_1^n-\nabla\cdot(\phi^{*,n+1}\boldsymbol{g}_2^n):=\tilde{g}_1^n \tag{8-114}$$

定义算子 $\chi^{-1}(\cdot)$，使得对任意 $\phi\in L^2(\Omega)$，$\psi=\chi^{-1}(\phi)$满足

$$\left(\frac{3}{2\delta t}+\Delta^2+\frac{2\delta t\gamma}{3+2\nu\delta t}\nabla\cdot((\phi^{*,n+1})^2\nabla\Delta)\right)\psi=\phi \tag{8-115}$$

对式(8-114)运用算子 χ^{-1}，我们有

$$\phi^{n+1}-\chi^{-1}\left(\frac{\delta t\gamma}{3+2\nu\delta t}\nabla\cdot((\phi^{*,n+1})2\nabla H^{*,n+1}\int_\Omega H^{*,n+1}\phi^{n+1}\mathrm{d}\boldsymbol{x}\right)+$$

$$\frac{M}{2}\Delta H^{*,n+1}\int_\Omega H^{*,n+1}\phi^{n+1}\mathrm{d}\boldsymbol{x})=\chi^{-1}(\tilde{g}_1^n) \tag{8-116}$$

与 $H^{*,n+1}$作 L^2 内积，我们有

$$\int_\Omega H^{*,n+1}\phi^{n+1}\mathrm{d}\boldsymbol{x}$$

$$=\frac{\int_\Omega H^{*,n+1}\chi^{-1}(\tilde{g}_1^n)\mathrm{d}\boldsymbol{x}}{1-\int_\Omega H^{*,n+1}\chi^{-1}\left(\frac{\delta t\gamma}{3+2\nu\delta t}\nabla\cdot\left((\phi^{*,n+1})^2\nabla H^{*,n+1}\right)+\frac{M}{2}\Delta H^{*,n+1}\right)\mathrm{d}\boldsymbol{x}} \tag{8-117}$$

我们只需找出 $\psi_1=\chi^{-1}(\tilde{g}_1^n)$和 $\psi_2=\chi^{-1}(\frac{\delta t\gamma}{3+2\nu\delta t}\nabla\cdot((\phi^{*,n+1})^2\nabla H^{*,n+1})+\frac{M}{2}\Delta H^{*,n+1})$，即只需求解两个四阶方程：

$$\left(\frac{3}{2\delta t}+\Delta^2+\frac{2\delta t\gamma}{3+2\nu\delta t}\nabla\cdot((\phi^{*,n+1})^2\nabla\Delta)\right)\psi_1=\tilde{g}_1^n \tag{8-118}$$

$$\left(\frac{3}{2\delta t}+\Delta^2+\frac{2\delta t\gamma}{3+2\nu\delta t}\nabla\cdot((\phi^{*,n+1})^2\nabla\Delta)\right)\psi_2$$

$$=\frac{\delta t\gamma}{3+2\nu\delta t}\nabla\cdot((\phi^{*,n+1})^2\nabla H^{*,n+1})+\frac{M}{2}\Delta H^{*,n+1} \tag{8-119}$$

加上Neumann边界条件 $\partial_n\psi=\partial_n\Delta\psi=0$。一旦有了 ψ_1，ψ_2，就可利用式(8-117)计算出 $\int_\Omega H^{*,n+1}\phi^{n+1}\mathrm{d}\boldsymbol{x}$，再根据式(8-116) 就可得到 ϕ^{n+1}。

类似地，我们对式(8-100)～(8-108)有离散能量规律。

定理 8.3.5 式(8-100)～(8-108)的解满足以下离散能量规律:

$$E_{\mathrm{bdf2s}}^{n+1} \leqslant E_{\mathrm{bdf2s}}^{n} - \gamma M \delta t \parallel \nabla \mu^{n+1} \parallel^2 - \nu \delta t \parallel \widetilde{\boldsymbol{u}}^{n+1} \parallel^2 \tag{8-120}$$

其中

$$E_{\mathrm{bdf2s}}^{n} = \frac{\gamma}{4}(\parallel \nabla \phi^n \parallel^2 + \parallel \nabla (2\phi^n - \phi^{n-1}) \parallel^2) + \frac{\gamma}{8\varepsilon^2}((V^n)^2 + (2V^n - V^{n-1})^2) + \frac{1}{4}(\parallel \boldsymbol{u}^n \parallel^2 + \parallel 2\boldsymbol{u}^n - \boldsymbol{u}^{n-1} \parallel^2) + \frac{\delta t^2}{3} \parallel \nabla p^n \parallel^2 \tag{8-121}$$

证明:证明过程与定理 8.3.4 的证明过程类似,因此我们在这里省略证明细节。

8.4 数值模拟

在这一节中,我们用数值格式($CN2$)和($BDF2$)来计算几个数值案例,在空间上使用有限体积方法。我们将变量 ϕ 和 p 的值放在单元格的中心。同时,我们把速度(u,v)的值放在单元的边上。如果不明确指定时,模型参数采用以下给定的默认值:

$$M=0.001,\ \varepsilon=0.05,\ \gamma=0.0001,\ \nu=0.01,\ \delta t=0.001 \tag{8-122}$$

8.4.1 案例 1:精度测试

首先我们在 300×300 的计算区域 $\Omega=[0,3.2]\times[0,3.2]$来测试时间精度,初始值为

$$\phi(x,y,0)=\frac{1}{2}\left[1-\cos\left(\frac{4\pi x}{3.2}\right)\right]\left[1-\cos\left(\frac{2\pi y}{3.2}\right)\right]-1,\ \boldsymbol{u}(x,y,0)=(0,0)^{\mathrm{T}} \tag{8-123}$$

首先我们不知道精确解,我们把在时间步长 $\delta t=1\times10^{-6}$下利用 BDF2 格式得到的数值解当作参考解。我们在图 8.1 展示了在时间 $t=1$ 下不同变量的 L^2 模误差。可发现,我们提出的格式对变量 ϕ,$\boldsymbol{u}$ 能够达到二阶精度,对压力 p 达到一阶精度。

通过对图 8.2 中数值时间精度的比较,我们发现 IEQ 方法、SAV 方法和凸分裂方法对变量 ϕ 和 $\boldsymbol{u}$ 的时间精度比稳定化方法好。

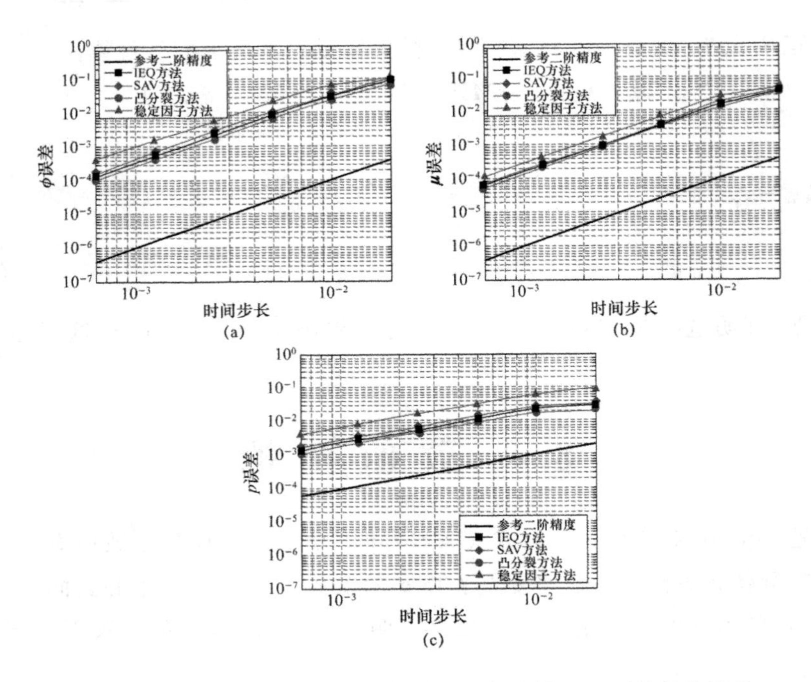

图 8.1　案例 1:在不同方法下的 $\phi,\boldsymbol{u},p$ 在时刻 $t=1$ 下的数值误差

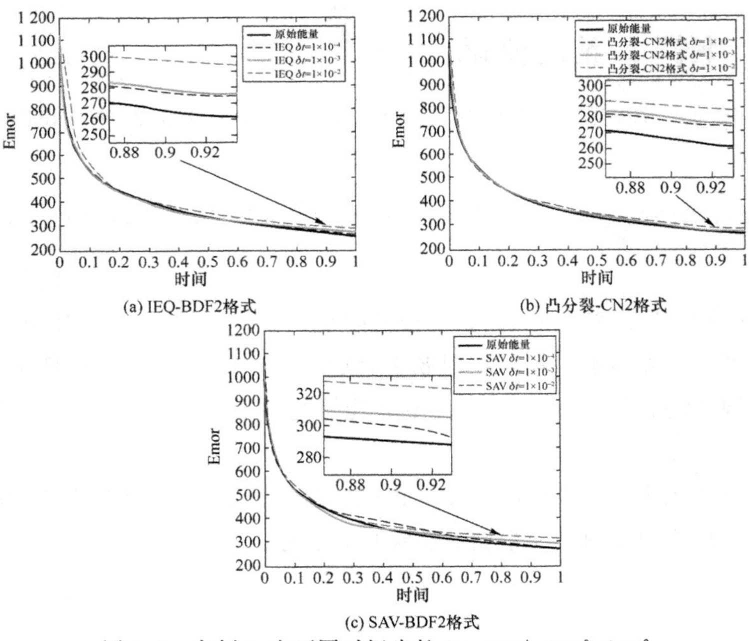

图 8.2　案例 1:在不同时间步长 $\delta t=10^{-4},10^{-3},10^{-2}$

下修正能量随时间变化图(原始能量通过凸分裂-CN2 格式)

在图 8.2 中我们还展示了离散能量的时间演化。我们观察到，IEQ-BDF2、凸分裂-CN2 和 SAV-BDF2 格式中的修正能量在离散意义上都能服从耗散定律。当时间步长足够小时，小时间步长的修正能量可以接近原始能量。

在以下数值案例中，我们使用 IEQ-BDF2 格式来获得数值结果。

8.4.2 案例 2:粗粒化现象

在这个例子中，我们测试了 γ 对 HS 细胞中二元流体的旋节分解的影响。计算域设置为正方形 $\Omega=[0,6.4]\times[0,6.4]$，网格为 300×300 。

初始速度为零，相场函数的初始值如下：

$$\phi^0=\overline{\phi}\text{rand}(r) \tag{8-124}$$

其中平均值为 $\overline{\phi}=-0.05$，随机值为 $\text{rand}(r)\in[-1,1]$，满足平均值 $\overline{\phi^0}=\overline{\phi}$。我们在图 8.3 中给出了变量 ϕ 的数值结果演化。我们观察到，在长时间内，当 $\gamma=0$ 时，与 $\gamma=0.002$ 和 $\gamma=0.004$ 相比，两相流体的粗化速度要小得多。然后我们在图 8.4 中绘制离散能量曲线，我们发现在较长时间内，$\gamma=0.004$ 的离散能量比 $\gamma=0$ 和 $\gamma=0.002$ 的离散能量下降得更快。似乎大因子 γ 可以帮助系统快速降低能量并快速粗粒化。随着时间的推移，变量 ϕ 达到稳定状态。这些结果与文献[37]中的结果相一致。

图 8.3 案例 2:不同 γ 下的相场函数在 $t=1,2,3,5$ 下的等值线图

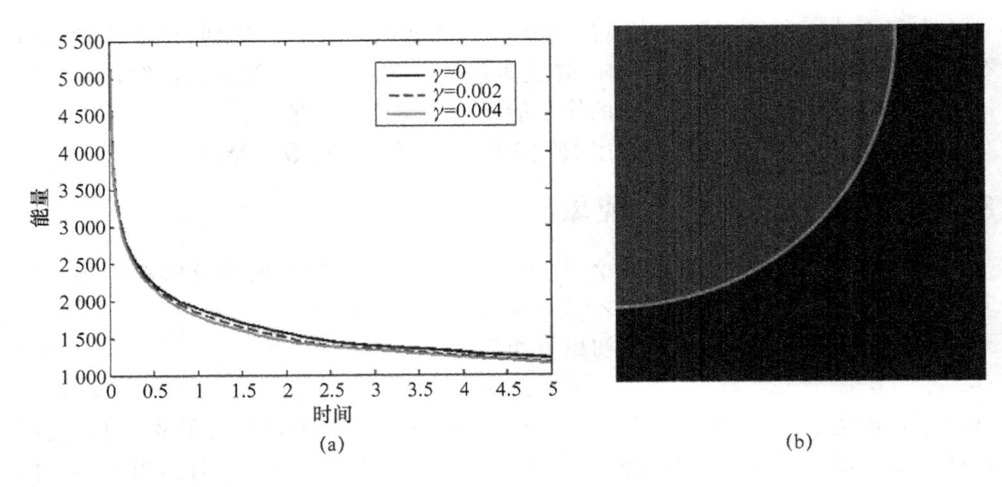

图 8.4 案例 2：不同 γ 下能量随时间的演化图和相场函数 ϕ 的稳定态

我们也在图 8.5 中得到了这种情况下的三维数值结果。我们仍然发现，两相流体正在粗粒化，这与二维现象相似。

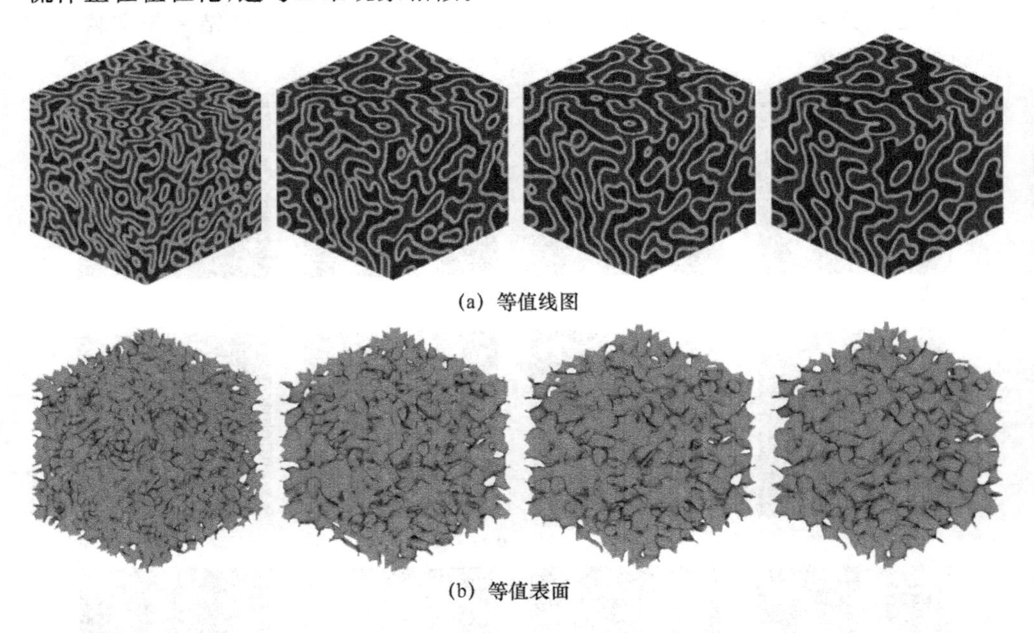

图 8.5 案例 2：相场函数在 $t=1,2,3,5$ 下的三维演化图

8.4.3 案例 3：旋转的 HS 细胞

在这种情况下，我们研究了旋转 HS 细胞中两相不相融流体之间的界面不稳

定性。计算区域 Ω 与 8.4.2 节中的相同。我们考虑恒定角速度 ω 对 HS 流的影响。

$$\partial_t \boldsymbol{u}+\nu \boldsymbol{u}=-\nabla p-\gamma\phi \nabla\mu+\rho(\phi)\omega^2 \boldsymbol{r}+2\rho(\phi)\omega(\boldsymbol{e}_z\times \boldsymbol{u}) \tag{8-125}$$

其中 $\boldsymbol{r}$ 是径向向量，$\boldsymbol{e}_z=(0,0,1)^{\mathrm{T}}$ 表示旋转轴的单位向量，$\rho(\phi)=0.5(1+\phi)$ 表示流体−1与1的密度。初始速度为零。HS 细胞和 $\boldsymbol{r}$ 的初始构型设置如下：

$$\phi(x,y,0)=\begin{cases}1, & (x,y)\in\Omega_0\\ -1, & \text{其他}\end{cases} \tag{8-126}$$

$$\boldsymbol{r}=(x-3.2,y-3.2)^{\mathrm{T}},\quad (x,y)\in\Omega \tag{8-127}$$

其中

$$\Omega_0=\{(x,y)\in\Omega\,|\,(x-3.2)^2+(y-3.2)^2\leqslant 5\} \tag{8-128}$$

在本例中，我们选择 $\omega=1.5$。一开始，细胞是圆形的。随着时间的推移，细胞的界面将发生不稳定性，在图 8.6 中细胞在旋转的影响下生长手指。似乎 γ 的大值会阻止细胞生长手指。数值结果与文献[2]、[39]中的结果一致。

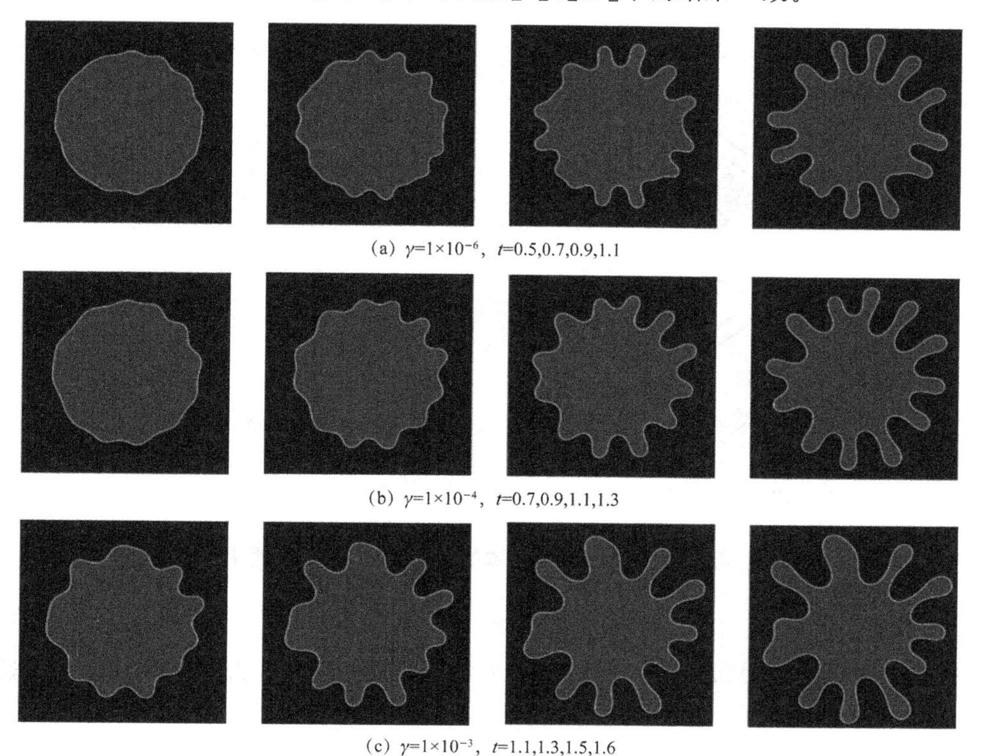

(a) $\gamma=1\times10^{-6}$，t=0.5,0.7,0.9,1.1

(b) $\gamma=1\times10^{-4}$，t=0.7,0.9,1.1,1.3

(c) $\gamma=1\times10^{-3}$，t=1.1,1.3,1.5,1.6

图 8.6 案例 3：不同 γ 下的相场函数等值线演化图

在三维情形下我们选择的计算区域为$\Omega=[0,64]\times[0,64]\times[0,7.68]$，网格为$200\times200\times24$。初始速度为零，HS细胞的初始构型如下：

$$\phi(x,y,z,0)=\begin{cases}1, & (x,y,z)\in\hat{\Omega}_0\\-1, & \text{其他}\end{cases}$$

其中$\hat{\Omega}_0=\{(x,y,z)\in\Omega\mid(x-32)^2+(y-32)^2+500\ (z-3.84)^2/10.24\leqslant500\}$。因此我们在图8.7中展示了三维的数值结果。我们发现在旋转力的作用下，在中心处的细胞会长出多个手指，这与二维情形类似。

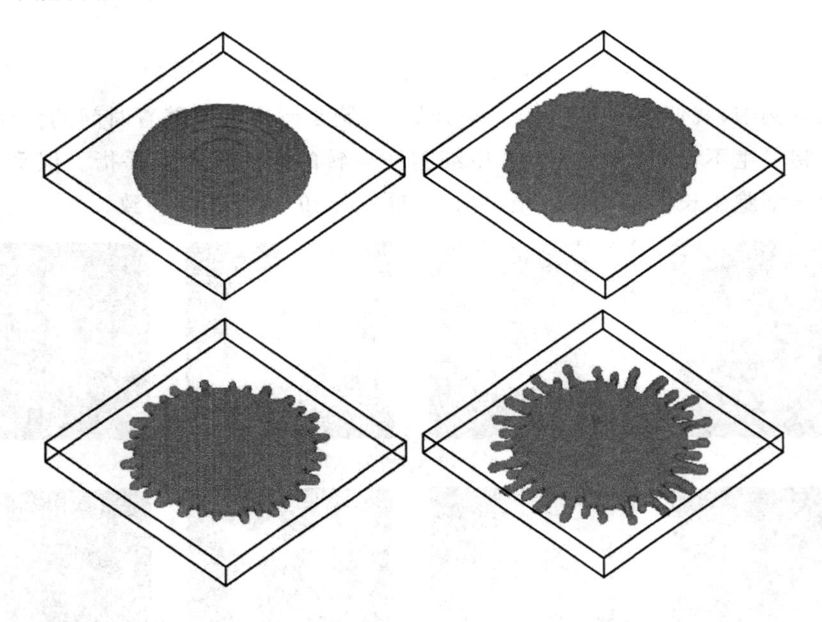

图 8.7　案例3：在时刻$t=0,0.2,0.3,0.4$的三维演化图

8.4.4　案例4：重力对HS细胞的影响

在本节中，我们考虑重力对两相流体的影响。因此，达西方程设置如下：

$$\partial_t\boldsymbol{u}+\nu\boldsymbol{u}=-\nabla p-\gamma\phi\ \nabla\mu-\frac{\phi+1}{2}\boldsymbol{G} \tag{8-129}$$

其中向量$\boldsymbol{G}=(0,\mathrm{g})^{\mathrm{T}}$，$\mathrm{g}=10\ \mathrm{m/s^2}$是重力加速度。初始速度为零，HS细胞的初始构型设置如下：

$$\phi(x,y,0)=\begin{cases}1, & (x,y)\in\Omega_1\\-1, & \text{其他}\end{cases} \tag{8-130}$$

其中

$$\Omega_1=\{(x,y)\in\Omega \mid (x-3.2)^2+(y-8)^2\leqslant 9\} \tag{8-131}$$

图 8.8 说明重力可以帮助细胞生长手指，甚至可以分裂成两个细胞。它还显示，较大的值 γ 允许细胞延后生长手指。这些结果与文献[50]相匹配。

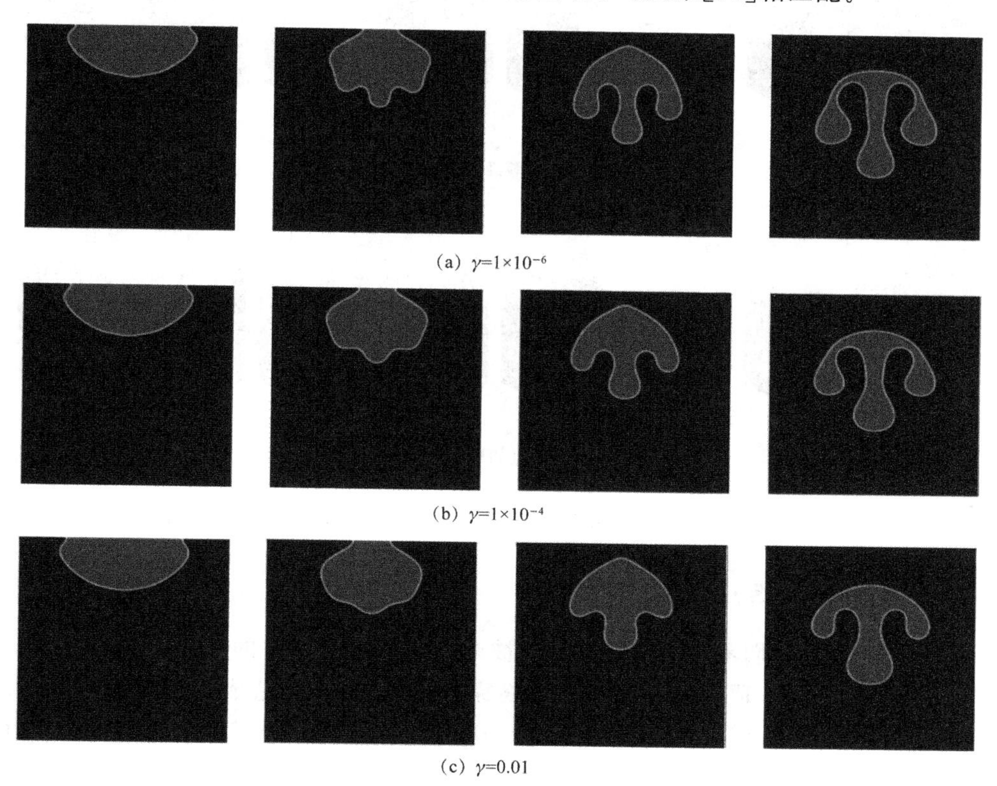

(a) $\gamma=1\times10^{-6}$

(b) $\gamma=1\times10^{-4}$

(c) $\gamma=0.01$

图 8.8　案例 4：不同 γ 下的相场函数在 $t=0.1,0.3,0.5,0.7$ 下的等值线演化图

然后我们把这个案例放在三维空间中。计算区域为 $\Omega=[0,64]^3$，网格为 $128\times128\times128$，其他参数设置如下：

$$M=1,\ \varepsilon=0.5,\ \gamma=0.0001,\ \nu=1 \tag{8-132}$$

初始速度为零，HS 单元的初始构型设置如下：

$$\phi(x,y,z,0)=\begin{cases}1, & (x,y,z)\in\Omega_2\\ -1, & \text{其他}\end{cases} \tag{8-133}$$

其中

$$\Omega_2=\{(x,y,z)\in\Omega \mid (x-32)^2+(y-32)^2+(z-80)^2\leqslant 900\} \tag{8-134}$$

从图 8.9 中我们发现细胞在改变形状时，同时正在下降，这与二维的情况相似。

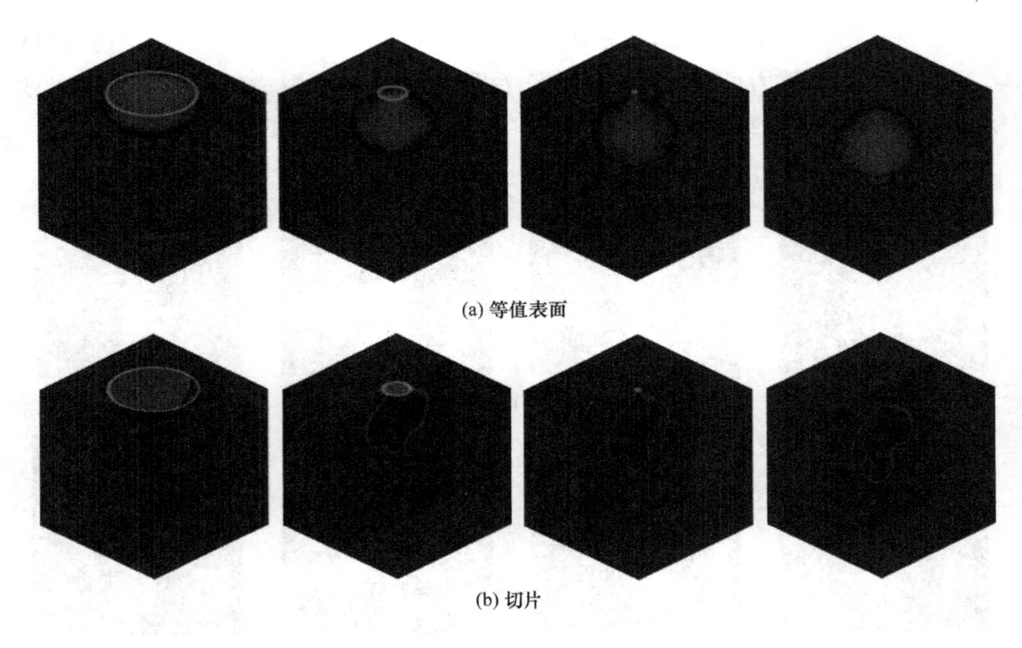

图 8.9　案例 4：相场函数在 $t=1,3,4,5$ 下的等值线三维演化图

8.4.5　案例 5：界面分离

在本节中，我们考虑一个轻流体层被两个重流体层夹住的情况。在浮力作用下，较轻流体上升，顶部较重流体层最终穿透较轻流体层，造成流体界面的分离。这个案例首次由 Lee、Lowengrub 和 Goodman[125,126] 在 Hele-Shaw 的背景下进行考虑。

加上浮力项，达西方程为

$$\partial_t \boldsymbol{u}+\nu \boldsymbol{u}=-\nabla p-\gamma\phi \nabla\mu+\lambda(\phi-\overline{\phi})]\boldsymbol{G} \tag{8-135}$$

其中 λ 是无量纲参数。请参阅文献[100]中的详细信息。这里我们设置 $\lambda=1$。计算区域和参数与案例 4 中的相同。初始速度为零，ϕ 的初始条件设置如下：

$$\phi(x,y,0)=\begin{cases}1, & (x,y)\in\Omega_3\\ -1, & \text{其他}\end{cases} \tag{8-136}$$

其中

$$\Omega_3=\{(x,y)\in\Omega \mid |3.2-y|\leqslant 0.5+0.1\cos(\frac{\pi x}{3.2})\} \tag{8-137}$$

在图 8.10 中，我们展示了相场函数 ϕ 随 γ 不同值的演化。减少 γ 似乎能够加速演化。随着时间的推移，流体界面开始收缩。数值现象与文献[100]中的结果相吻合。

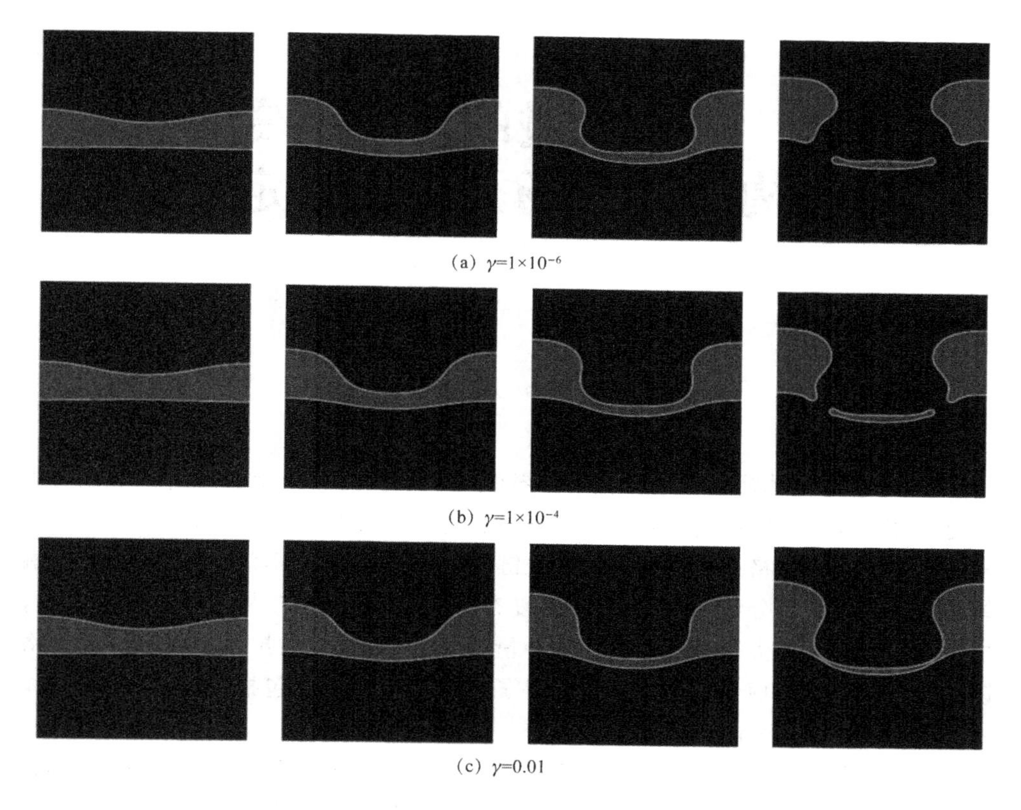

图 8.10　案例 5:不同 γ 下的相场函数在 $t=1,3,4,5$ 下的等值线演化图

8.5 小　　结

本章基于 IEQ 方法和 SAV 方法构造了求解 Cahn-Hilliard-Darcy 方程的两种有效的数值格式。这些格式都是二阶时间精确的、无条件能量稳定的、线性的和解耦的。通过数值案例验证了这些格式的正确性。此外,我们还进行了各种数值试验,研究了在规则区域上考虑 γ 因子对两相流体粗粒化过程的影响。γ 因子可以加速系统的粗粒化过程,增强系统的能量耗散。最后,我们研究了旋转和重力对 HS 细胞的影响,发现这因素有助于细胞分裂成更多的细胞。

第9章 基于改进的能量不变二次型方法构造的相场方程的稳定格式

9.1 背景介绍

多相流体、固体或气体混合物中的界面动力学在流体力学和材料学中占有重要地位，因而吸引了许多科学家和工程师的研究。处理移动界面的一种简单方法是在界面上使用网格点。这种方法的关键是网格随着流体运动而变化。由于接触线的自相交、夹断、分裂、展平和移动等复杂的拓扑变化，很难从计算上解决问题，拉格朗日框架下的尖锐界面方法在这种情况下失效，因此欧拉框架下的固定网格锐化界面方法在处理变形界面方面取得了成功。这些方法包括浸入界面法、流体体积法、界面追踪法和水平集法。

还有一种解决界面问题的方法是扩散界面法，它通过混合能量来描述界面。这种理论引入表面张力和非平衡热力学行为的影响。这个想法可以追溯到vanderwaals。扩散界面法（或称相场法）引入一个函数 ϕ（称为相场函数），将界面视为一层厚度较小的层来局部化相。相场法的主要优点是控制系统最初由梯度流导出，梯度流是从总能量导出的一种变分形式，满足能量耗散规律。此外，很容易与流体方程耦合，如 Cahn-Hilliard-Navier-Stokes 方程[55,72,89,96,151,206]、Cahn-Hilliard-Darcy 系统[100]、Cahn-Hilliard-Hele-Shaw 系统[37,229]，以及其他系统[34-36]。

Cahn-Hilliard(CH)方程是由 Cahn 和 Hilliard 在文献[26]中提出的，由于其满足质量守恒规律和能量耗散规律，在相场理论中得到了广泛的应用。从数值计算的角度来看，构造 CH 方程能量稳定格式的工作有很多，如文献[37]、[198]、[229]中的凸分裂格式、文献[34]、[203]、[205]、[206]中的稳定化方法，以及文献[7]、[92]、[93]、[219]中的 Lagrange 乘子法、能量不变二次型方法[35,36,236,238-240,242,243,258,259]、辅助变量法[112,199]以及其他方法[32,40,42,186,234]。

本书基于一种改进的 IEQ 方法，给出了 Cahn-Hilliard 方程的线性和原始能量稳定格式。IEQ 方法的思想是引入一个辅助变量 $q(u)=\sqrt{g(u)}$，其中 $g(u)$ 是非线性非负势能。通过对新变量 $q(u)$ 关于时间求导，可以得到一个常微分方程

$q_t = u_t/(2\sqrt{g(u)})$。IEQ 方法的优点是时间推进格式是线性的，并且可以保证能量的无条件稳定性。这种无条件的能量稳定性只能满足修正能量，而不能满足原始能量。这种现象的根本原因来自新变量 $q(u)$ 的常微分方程。以一阶时间格式为例，$q^{n+1} - q^n = (u^{n+1} - u^n)/(2\sqrt{g(u^n)})$，我们知道 $q^n \neq q(u^n)$，$n \neq 0$。因此不能得到原始自由能的能量稳定性。然而，对于许多物理问题，它们要求原始能量具有能量稳定性。因此，对原始自由能建立一个能量稳定格式就显得十分必要和迫切。在本章中，我们提出了一种改进的能量不变二次型方法来解决这个问题。关键思想是用原始定义 $q(u^n)$ 代替 q^n。然后上述一阶时间格式变成 $\tilde{q}^{n+1} - q(u^n) = (u^{n+1} - u^n)/(2\sqrt{g(u^n)})$，这将最终导致原始能量的能量稳定性。我们的选择是合理的，因为这种修改也可以从 $q(u)$ 在 u^n 处的泰勒展开式的线性部分导出，这将在9.3节中详细讨论。这种修正有助于设计原始能量稳定的格式。

本章的创新之处如下。

(1) 这是关于 Cahn-Hilliard 方程的 IIEQ 方法的第一次工作。通过比较 IIEQ 方法与 IEQ 方法，表明 IIEQ 方法有利于建立原始能量稳定的格式并且容易设计代码。

(2) 提出了两个数值格式(一阶和二阶时间离散格式)，它们都是线性的和原始能量稳定的。

本章安排如下：在 9.2 节中，我们提出了控制偏微分方程组——由 Ginzburg-Landau 自由能导出的 Cahn-Hillard 方程；在 9.3 节中，我们基于 IIEQ 方法设计了两个线性的、能量稳定的一阶和二阶时间离散格式；在 9.4 节中，我们用数值结果来说明所提出格式的精度和能量稳定性；在 9.5 节中，我们给出了一些结论。

9.2 控制方程

我们考虑 Ginzburg-Landau 自由能：

$$E(\phi) = \int_\Omega \{\frac{1}{2} |\nabla\phi|^2 + F(\phi)\} d\boldsymbol{x} \tag{9-1}$$

该能量定义在有界的 Lipschitz 区域 $\Omega \subset \mathbf{R}^3$，$\Gamma = \partial\Omega$ 是 Ω 的边界。$\phi(x)$ 是一个序参数，如表示二元合金中某一组分的浓度。自由能中的第一项是界面能，第二项是具有双阱形式的体积能 $F(\phi) = (\phi^2 - 1)^2/4\varepsilon^2$，其中 ε 表示界面的宽度或该系统的罚参量。

定义 $Q_T := \Omega \times (0,T)$ 和 $\Gamma_T := \Gamma \times (0,T)$。则 Cahn-Hilliard 方程通过 H^{-1} 梯度流得到

$$\phi_t = M\Delta\mu, \quad \text{in} \quad Q_T \tag{9-2a}$$

$$\mu = \delta_\phi E = -\Delta\phi + f(\phi), \quad \text{in} \quad Q_T \tag{9-2b}$$

其中迁移率 $M>0$，$f(\phi)=F'(\phi)=\phi(\phi^2-1)/\varepsilon^2$。我们考虑 Neumann 边界条件：

$$\partial_n\phi=\partial_n\mu=0,\quad \text{on}\quad \Gamma_T \tag{9-3}$$

其中 $\boldsymbol{n}$ 是边界$\partial\Omega$ 的单位外法向量，$\partial_n:=\frac{\partial}{\partial\boldsymbol{n}}$。

在本章中，L^2 内积的定义如下：

$$(f,g)=\int_\Omega f(\boldsymbol{x})g(\boldsymbol{x})\mathrm{d}\boldsymbol{x},\quad \forall f,g\in L^2(\Omega)$$

因此 L^2 范数为

$$\|f\|^2=(f,f)$$

针对上述的偏微分方程，加上式(9-3)，很容易得到能量递减规律

$$\frac{\mathrm{d}}{\mathrm{d}t}E(\phi)=-M\|\nabla\mu\|^2\leqslant 0 \tag{9-4}$$

和质量守恒规律

$$\frac{\mathrm{d}}{\mathrm{d}t}\int_\Omega\phi\mathrm{d}\boldsymbol{x}=0 \tag{9-5}$$

9.3 IEQ 数值格式

9.3.1 等价的偏微分方程系统及其能量规律

我们首先介绍 CH 方程的 IEQ 思想。关键是引入辅助变量 $U(\phi)$：

$$U(\phi)=\phi^2-1 \tag{9-6}$$

则自由能变为

$$E(U,\phi)=\int_\Omega\left\{\frac{1}{2}|\nabla\phi|^2+\frac{1}{4\varepsilon^2}U^2(\phi)\right\}\mathrm{d}\boldsymbol{x} \tag{9-7}$$

对新变量关于时间求导，则我们得到等价的偏微分方程系统：

$$\phi_t=M\Delta\mu,\quad \text{in}\quad Q_T \tag{9-8a}$$

$$\mu=-\Delta\phi+\frac{1}{\varepsilon^2}\phi U(\phi),\quad \text{in}\quad Q_T \tag{9-8b}$$

$$U_t(\phi)=2\phi\phi_t,\quad \text{in}\quad Q_T \tag{9-8c}$$

$$\phi(0)=\phi^0,\quad U(\phi^0)=(\phi^0)^2-1,\quad \text{on}\quad \Omega \tag{9-8d}$$

$$\partial_n\phi=\partial_n\mu=0,\quad \text{on}\quad \Gamma_T \tag{9-8e}$$

分别对式(9-8a)、式(9-8b)、式(9-8c)与 $\mu,\phi_t,\frac{1}{2\varepsilon^2}U(\phi)$ 作 L^2 内积，利用分部积分，我们对等价系统仍然能得到能量递减规律：

$$\frac{\mathrm{d}}{\mathrm{d}t}E(U,\phi)=-M\|\nabla\mu\|^2\leqslant 0 \tag{9-9}$$

9.3.2 一阶 IEQ 格式(IEQ1)

首先我们简要介绍等价系统的 IEQ 格式。求解偏微分方程系统的一阶线性格式构造如下。令 $\delta t>0$ 代表时间步长，$t^n=n\delta t, 0\leqslant n\leqslant N$，终止时间为 $T=N\delta t$。

给出初始值 $\phi^0, U^0=(\phi^0)^2-1$，假设已知前一个时间步 $\phi^n, U^n, n\geqslant 0$，按照以下式子计算 ϕ^{n+1}, U^{n+1}：

$$\frac{\phi^{n+1}-\phi^n}{\delta t}=M\Delta\mu^{n+1}, \quad \text{in} \quad \Omega \tag{9-10a}$$

$$\mu^{n+1}=-\Delta\phi^{n+1}+\frac{1}{\varepsilon^2}\phi^n U^{n+1}, \quad \text{in} \quad \Omega \tag{9-10b}$$

$$U^{n+1}-U^n=2\phi^n(\phi^{n+1}-\phi^n), \quad \text{in} \quad \Omega \tag{9-10c}$$

$$\partial_n\phi^{n+1}=\partial_n\mu^{n+1}=0, \quad \text{on} \quad \Gamma \tag{9-10d}$$

定理 9.3.1 式(9-10)的半离散解满足以下离散能量规律：

$$\frac{1}{\delta t}(E_1(\phi^{n+1},U^{n+1})-E_1(\phi^n,U^n))\leqslant -M\|\nabla\mu^{n+1}\|^2 \tag{9-11}$$

其中

$$E_1(\phi^n,U^n)=\frac{1}{2}\|\nabla\phi^n\|^2+\frac{1}{4\varepsilon^2}\|U^n\|^2 \tag{9-12}$$

证明：首先，对式(9-10a)与 μ^{n+1} 作 L^2 内积，我们有

$$\left(\frac{\phi^{n+1}-\phi^n}{\delta t},\mu^{n+1}\right)=-M\|\nabla\mu^{n+1}\|^2 \tag{9-13}$$

其次，对式(9-10b)与 $(\phi^{n+1}-\phi^n)/\delta t$ 作 L^2 内积，我们有

$$\begin{aligned}\left(\mu^{n+1},\frac{\phi^{n+1}-\phi^n}{\delta t}\right)&=-\left(\Delta\phi^{n+1},\frac{\phi^{n+1}-\phi^n}{\delta t}\right)+\frac{1}{\varepsilon^2}\left(\phi^n U^{n+1},\frac{\phi^{n+1}-\phi^n}{\delta t}\right)\\&=\frac{1}{2\delta t}(\|\nabla\phi^{n+1}\|^2-\|\nabla\phi^n\|^2+\|\nabla(\phi^{n+1}-\phi^n)\|^2)+\\&\quad\frac{1}{\varepsilon^2}\left(\phi^n U^{n+1},\frac{\phi^{n+1}-\phi^n}{\delta t}\right)\end{aligned} \tag{9-14}$$

其中用到了性质

$$2(a-b,a)=a^2-b^2+|a-b|^2 \tag{9-15}$$

再次，对式(9-10c)与 $\frac{1}{2\varepsilon^2\delta t}U^{n+1}$ 作 L^2 内积，运用式(9-15)，我们有

$$\frac{1}{4\varepsilon^2\delta t}(\|U^{n+1}\|^2-\|U^n\|^2+\|U^{n+1}-U^n\|^2)=\frac{1}{\varepsilon^2}\left(\phi^n U^{n+1},\frac{\phi^{n+1}-\phi^n}{\delta t}\right) \tag{9-16}$$

最后，我们联立式(9-13)、式(9-14)和式(9-16)，得出能量估计：

$$\frac{1}{\delta t}(E_1(\phi^{n+1},U^{n+1})-E_1(\phi^n,U^n))$$
$$=-M\|\nabla\mu^{n+1}\|^2-\frac{1}{2\delta t}\|\nabla(\phi^{n+1}-\phi^n)\|^2-\frac{1}{4\varepsilon^2\delta t}\|U^{n+1}-U^n\|^2$$
$$\leqslant-M\|\nabla\mu^{n+1}\|^2 \tag{9-17}$$

证毕。

式(9-10)是线性的,并且是稳定的。这里的稳定是指对修正能量是稳定的,但是对原始能量 $E_1(\phi^n)$ 不一定成立。

$$E_1(\phi^n)=\frac{1}{2}\|\nabla\phi^n\|^2+\frac{1}{4\varepsilon^2}\|U(\phi^n)\|^2 \tag{9-18}$$

9.3.3 一阶 IIEQ 格式(IIEQ1)

我们从式(9-10)知道 U^{n+1} 将通过式(9-10c)在每个步骤中更新,其中需要 U^n。但是,$U^n\neq U(\phi^n)$,$n\geqslant 1$,我们需要应用式(9-10c)来计算 U^n。在这里,我们在式(9-10c)中用 $U(\phi^n)$ 来替换 U^n,得到以下一阶改进的能量不变二次型格式(IIEQ1)。

$$\frac{\phi^{n+1}-\phi^n}{\delta t}=M\Delta\mu^{n+1},\quad \text{in}\quad \Omega \tag{9-19a}$$
$$\mu^{n+1}=-\Delta\phi^{n+1}+\frac{1}{\varepsilon^2}\phi^n\widetilde{U}^{n+1},\quad \text{in}\quad \Omega \tag{9-19b}$$
$$\widetilde{U}^{n+1}-U(\phi^n)=2\phi^n(\phi^{n+1}-\phi^n),\quad \text{in}\quad \Omega \tag{9-19c}$$
$$\partial_n\phi^{n+1}=\partial_n\mu^{n+1}=0,\quad \text{on}\quad \Gamma \tag{9-19d}$$

其中 ϕ^0 为初始值。

上述格式是完全线性的,因此它能写成一个等价形式:找出(ϕ,μ),使得

$$\phi-\delta tM\Delta\mu=f_1,\quad \text{in}\quad \Omega \tag{9-20a}$$
$$P_1(\phi)-\mu=f_2,\quad \text{in}\quad \Omega \tag{9-20b}$$
$$\partial_n\phi=\partial_n\mu=0,\quad \text{on}\quad \Gamma \tag{9-20c}$$

其中 f_1,f_2 和线性算子 $P_1:H^1(\Omega)/\mathbf{R}\rightarrow[H^1(\Omega)/\mathbf{R}]'$分别定义如下:

$$\begin{cases}P_1(\phi)=-\Delta\phi+2\dfrac{(\phi^n)^2}{\varepsilon^2}\phi\\ f_1=\phi^n\\ f_2=-\dfrac{1}{\varepsilon^2}\phi^nU(\phi^n)+2\dfrac{(\phi^n)^2}{\varepsilon^2}\phi^n\end{cases} \tag{9-21}$$

显然(ϕ^{n+1},μ^{n+1})满足式(9-20)。并且我们从式(9-20)中发现 IIEQ1 不需要更新 U^n。

现在我们来推导(9-20)的等价弱形式。定义函数空间

$$\mathbf{V}=[H^1(\Omega)/\mathbf{R}]\times[H^1(\Omega)/\mathbf{R}] \tag{9-22}$$

及其范数

$$\|\xi'\|_{\mathbf{V}}=(\|\nabla\phi'\|^2+\|\nabla\mu'\|^2)^{1/2},\quad \forall\xi'=(\phi',\mu')\in\mathbf{V} \tag{9-23}$$

分别对式(9-20a)、式(9-20b)与 μ'、ϕ' 作内积，应用分部积分，则我们得到式(9-20)的弱形式，找出(ϕ,μ)，使得对任意$(\phi',\mu')\in\mathbf{V}$，有如下式子成立：

$$(\phi,\mu')+\delta tM(\nabla\mu,\nabla\mu')=(f_1,\mu') \tag{9-24a}$$

$$(\nabla\phi,\nabla\phi')+\frac{2}{\varepsilon^2}(\phi^n\phi,\phi^n\phi')-(\mu,\phi')=(f_2,\phi') \tag{9-24b}$$

定理 9.3.2 线性问题(9-20)〔或者等价问题(9-19)〕在每一个时间步存在唯一解$(\phi,\mu)\in\mathbf{V}$。

证明：只需要证明式(9-24)存在唯一解。

令式(9-24a)中的 $\mu'=1$，则我们有

$$\int_\Omega\phi^{n+1}\,\mathrm{d}\boldsymbol{x}=\int_\Omega\phi^n\,\mathrm{d}\boldsymbol{x}=\cdots=\int_\Omega\phi^0\,\mathrm{d}\boldsymbol{x} \tag{9-25}$$

这说明质量在离散意义下是守恒的。

令 $\xi=(\phi,\mu)$，$\xi'=(\phi',\mu')$。式(9-24)可以写成紧形式，找出 $\xi\in\mathbf{V}$，使得

$$a(\xi,\xi')=L(\xi'),\quad \forall\xi'\in\mathbf{V} \tag{9-26}$$

其中双线性算子 $a:\mathbf{V}\times\mathbf{V}\to\mathbf{R}$，线性泛函 $L\in\mathbf{V}'$ 定义为

$$a(\xi,\xi'):=(\phi,\mu')+\delta tM(\nabla\mu,\nabla\mu')+(\nabla\phi,\nabla\phi')+\frac{2}{\varepsilon^2}(\phi^n\phi,\phi^n\phi')-(\mu,\phi')$$

$$L(\xi'):=(f_1,\mu')+(f_2,\phi')$$

事实上，很容易验证 $a(\cdot,\cdot)$的强制性：

$$a(\xi,\xi)=\delta tM\|\nabla\mu\|^2+\|\nabla\phi\|^2+\frac{2}{\varepsilon^2}\|\phi^n\phi\|^2\geqslant\min(\delta tM,1)\|\xi\|_{\mathbf{V}}^2$$

然后我们只需要验证双线性形式 $a(\cdot,\cdot)$在 $\mathbf{V}$ 上连续。运用 Schwarz 不等式和 Poincarés 不等式，我们有

$$|(\phi^n\phi,\phi^n\phi')|\leqslant C\|\phi^n\|^2\|\phi\|_{H^1(\Omega)}\|\phi'\|_{H^1(\Omega)}\leqslant C\|\phi^n\|^2\|\nabla\phi\|\|\nabla\phi'\| \tag{9-27}$$

因此我们得到

$$|a(\xi,\xi')|\leqslant C\|\xi\|_{\mathbf{V}}\|\xi'\|_{\mathbf{V}} \tag{9-28}$$

其中 $C=C(\delta t,M,\varepsilon,\phi^n)$。运用 Lax-Milgram 定理，我们推断出式(9-24)存在唯一解。

证毕。

定理 9.3.3 式(9-19)的半离散解满足以下离散能量规律：

$$\frac{1}{\delta t}(E_1(\phi^{n+1})-E_1(\phi^n))+N_d=-M\|\nabla\mu^{n+1}\|^2 \tag{9-29}$$

其中非线性耗散项为

$$N_d = \frac{1}{2\varepsilon^2 \delta t}(2(\phi^n)^2 - (\phi^{n+1})^2 + 1, (\phi^{n+1} - \phi^n)^2) +$$

$$\frac{1}{4\varepsilon^2 \delta t} \| (\phi^{n+1} - \phi^n)^2 \|^2 + \frac{1}{2\delta t} \| \nabla(\phi^{n+1} - \phi^n) \|^2 \tag{9-30}$$

证明:定理 9.3.3 的证明过程与定理 9.3.1 的证明过程类似。

分别对式(9-19a)、式(9-19b)、式(9-19c)与 μ^{n+1}、$(\phi^{n+1}-\phi^n)/\delta t$、$\frac{1}{2\varepsilon^2\delta t}\widetilde{U}^{n+1}$ 作 L^2 内积,我们有

$$\begin{aligned} \frac{1}{\delta t}(E_1(\phi^{n+1}, \widetilde{U}^{n+1}) - E_1(\phi^n)) = -M \| \nabla \mu^{n+1} \|^2 \\ - \frac{1}{2\delta t} \| \nabla(\phi^{n+1} - \phi^n) \|^2 - \frac{1}{4\varepsilon^2 \delta t} \| \widetilde{U}^{n+1} - U(\phi^n) \|^2 \end{aligned} \tag{9-31}$$

其中

$$E_1(\phi^{n+1}, \widetilde{U}^{n+1}) = \frac{1}{2} \| \nabla \phi^{n+1} \|^2 + \frac{1}{4\varepsilon^2} \| \widetilde{U}^{n+1} \|^2$$

我们很容易从式(9-19c)中得到

$$\widetilde{U}^{n+1} = U(\phi^{n+1}) - (\phi^{n+1} - \phi^n)^2$$

因此我们有

$$E_1(\phi^{n+1}, \widetilde{U}^{n+1}) = E_1(\phi^{n+1}) - \frac{1}{2\varepsilon^2}(U(\phi^{n+1}), (\phi^{n+1} - \phi^n)^2) + \frac{1}{4\varepsilon^2} \| (\phi^{n+1} - \phi^n)^2 \|^2 \tag{9-32}$$

联立式(9-31)、式(9-34),我们得到式(9-30)。

证毕。

注释 9.3.1:

注意到 N_d 的第一项决定了 IIEQ1 格式的能量稳定性。如果 $2(\phi^n)^2 - (\phi^{n+1})^2 + 1 \geqslant 0$,则 IIEQ1 格式对原始能量稳定。

注释 9.3.2:

我们可以对系统构造一阶非线性格式 NIIEQ1:

$$\frac{\phi^{n+1} - \phi^n}{\delta t} = M \Delta \mu^{n+1}, \quad \text{in} \quad \Omega \tag{9-33a}$$

$$\mu^{n+1} = -\Delta \phi^{n+1} + \frac{1}{2\varepsilon^2}(\phi^n + \phi^{n+1}) U(\phi^{n+1}), \quad \text{in} \quad \Omega \tag{9-33b}$$

$$U(\phi^{n+1}) - U(\phi^n) = (\phi^n + \phi^{n+1})(\phi^{n+1} - \phi^n), \quad \text{in} \quad \Omega \tag{9-33c}$$

$$\partial_n \phi^{n+1} = \partial_n \mu^{n+1} = 0, \quad \text{on} \quad \Gamma \tag{9-33d}$$

其对原始能量是无条件能量稳定的。

$$\frac{1}{\delta t}(E_1(\phi^{n+1})-E_1(\phi^n))\leqslant -M\|\nabla\mu^{n+1}\|^2$$

该非线性格式需要用迭代方法求解。

注释 9.3.3：

式(9-33c)可以写成泰勒展开形式：

$$U(\phi^{n+1})=U(\phi^n)+U'(\phi^n)(\phi^{n+1}-\phi^n)+\frac{1}{2}U''(\phi^n)(\phi^{n+1}-\phi^n)^2$$

其中 $U'(\phi^n)(\phi^n)=2\phi^n$，$U''(\phi^n)=2$。因此 IIEQ1 中的式(9-19c)可以看成泰勒展开的线性部分。在 IEQ1 和 IIEQ1 格式中，U^{n+1}，$\widetilde{U}^{n+1}$，$U(\phi^{n+1})$三者之间有差异：

$$U(\phi^{n+1})-U^{n+1}=U(\phi^n)-U^n+(\phi^{n+1}-\phi^n)^2 \tag{9-34}$$

$$U(\phi^{n+1})-\widetilde{U}^{n+1}=(\phi^{n+1}-\phi^n)^2 \tag{9-35}$$

其中初值为 $U^0=U(\phi^0)$。假设 ϕ_t 有界，我们有

$$|U(\phi^1)-U^1|=|(\phi^1-\phi^0)^2|\leqslant C(\delta t)^2 \tag{9-36}$$

$$|U(\phi^2)-U^2|=|U(\phi^1)-U^1+(\phi^2-\phi^1)^2|\leqslant 2C(\delta t)^2 \tag{9-37}$$

$$\vdots$$

$$|U(\phi^{n+1})-U^{n+1}|=|U(\phi^n)-U^n+(\phi^{n+1}-\phi^n)^2|\leqslant (n+1)C(\delta t)^2 \tag{9-38}$$

其中 C 是常数，依赖于 ϕ_t 的有界性。因为$(n+1)\delta t\rightarrow T$，我们有

$$|U(\phi^{n+1})-U^{n+1}|\leqslant CT\delta t \tag{9-39}$$

因此在 IEQ1 格式中随着时间的递增，U^{n+1} 与 $U(\phi^{n+1})$之间有一阶时间误差，而在 IIEQ1 格式中，$\widetilde{U}^{n+1}$与 $U(\phi^{n+1})$之间有二阶时间误差。然后在 IEQ1 格式中，修正能量与原始能量之间有误差 $E_1(\phi^{n+1},U^{n+1})-E_1(\phi^{n+1})=O(\delta t)$，而在 IIEQ1 中，$E_1(\phi^{n+1},\widetilde{U}^{n+1})-E_1(\phi^{n+1})=O(\delta t^2)$。因此从离散能量的角度来看，IIEQ1 格式比 IEQ1 格式更精确。

除此之外，在 IEQ1 格式中，我们必须更新 $U^{n+1}=U^0+2\sum_{i=0}^{n}\phi^i(\phi^{i+1}-\phi^i)$。因此 IEQ1 格式是一个多步格式，在时间上不紧致，而 IIEQ1 格式是单步法并且在时间上是紧致的。

9.3.4 IIEQBDF2 格式

基于同样的思想，我们进一步构造了一个基于 Adam-Bashforth 显式插值(IIEQBDF2)的向后差分公式的二阶格式，如下所示。

给出初值 $\phi^{-1}=\phi^0$，假设已知 ϕ^n，ϕ^{n-1}，$n\geqslant 0$，我们去计算 ϕ^{n+1}：

$$\frac{3\phi^{n+1}-4\phi^n+\phi^{n-1}}{2\delta t}=M\Delta\mu^{n+1},\quad \text{in}\quad \Omega \tag{9-40a}$$

$$\mu^{n+1}=-\Delta\phi^{n+1}+\frac{1}{\varepsilon^2}\phi^{*,n+1}\widetilde{U}^{n+1},\quad \text{in}\quad \Omega \tag{9-40b}$$

$$3\widetilde{U}^{n+1}-4U(\phi^n)+U(\phi^{n-1})=2\phi^{*,n+1}(3\phi^{n+1}-4\phi^n+\phi^{n-1}),\quad \text{in}\quad \Omega \tag{9-40c}$$

$$\partial_n\phi^{n+1}=\partial_n\mu^{n+1}=0,\quad \text{on}\quad \Gamma \tag{9-40d}$$

其中 $\phi^{*,n+1}=2\phi^n-\phi^{n-1}$。

问题(9-40)依然是线性的,因为我们是通过隐式(BDF2)和显式(二阶外推)离散化来处理扩散项的。重写式(9-40c):

$$\widetilde{U}^{n+1}=\widetilde{S}^n+2\phi^{*,n+1}\phi^{n+1} \tag{9-41}$$

其中 $\widetilde{S}^n=(4U(\phi^n)-U(\phi^{n-1}))/3-2\phi^{*,n+1}(4\phi^n-\phi^{n-1})/3$,则问题可以写成等价形式,找出$(\phi,\mu)$,使得

$$\phi-\frac{2}{3}\delta tM\Delta\mu=\widetilde{f}_1,\quad \text{in}\quad \Omega \tag{9-42a}$$

$$\widetilde{P}_1(\phi)-\mu=\widetilde{f}_2,\quad \text{in}\quad \Omega \tag{9-42b}$$

$$\partial_n\phi=\partial_n\mu=0,\quad \text{on}\quad \Gamma \tag{9-42c}$$

其中 $\widetilde{f}_1,\widetilde{f}_2$ 和线性算子 $\widetilde{P}_1:H^1(\Omega)/\mathbf{R}\to[H^1(\Omega)/\mathbf{R}]'$ 分别定义如下:

$$\begin{cases}\widetilde{P}_1(\phi)=-\Delta\phi+2\dfrac{(\phi^{*,n+1})^2}{\varepsilon^2}\phi\\ \widetilde{f}_1=(4\phi^n-\phi^{n-1})/3\\ \widetilde{f}_2=-\dfrac{1}{\varepsilon^2}\phi^{*,n+1}\widetilde{S}^n\end{cases} \tag{9-43}$$

显然(ϕ^{n+1},μ^{n+1})满足式(9-42)。

对式(9-42a)、式(9-42b)分别与 μ'、ϕ' 作内积,并应用分部积分,我们得到式(9-42)的弱形式,找出(ϕ,μ),使得对任意$(\phi',\mu')\in\mathbf{V}$,有以下式子成立:

$$(\phi,\mu')+\frac{2}{3}\delta tM(\nabla\mu,\nabla\mu')=(\widetilde{f}_1,\mu') \tag{9-44a}$$

$$(\nabla\phi,\nabla\phi')+\frac{2}{\varepsilon^2}(\phi^{*,n+1}\phi,\phi^{*,n+1}\phi')-(\mu,\phi')=(\widetilde{f}_2,\phi') \tag{9-44b}$$

定理 9.3.4 线性问题(9-42)〔或者问题(9-40)〕在每一个时间步都存在唯一解$(\phi,\mu)\in\mathbf{V}$。

证明:其证明过程与定理 9.3.2 的类似,因此我们在这里省略证明细节。

定理 9.3.5 式(9-40)的半离散解满足以下离散能量规律:

$$\frac{1}{\delta t}(E_2^{n+1}-E_2^n)\leqslant -M\|\nabla\mu^{n+1}\|^2 \tag{9-45}$$

其中

$$E_2^n=\frac{1}{4}(\|\nabla\phi^n\|^2+\|\nabla(2\phi^n-\phi^{n-1})\|^2)+\frac{1}{8\varepsilon^2}(\|U(\phi^n)\|^2+$$

$$\| 2U(\phi^n)-U(\phi^{n-1}) \|^2) \tag{9-46}$$

$$\widetilde{E}_2^{n+1}=\frac{1}{4}(\| \nabla\phi^{n+1} \|^2+\| \nabla(2\phi^{n+1}-\phi^n) \|^2)+\frac{1}{8\varepsilon^2}(\| \widetilde{U}^{n+1} \|^2+\| 2\widetilde{U}^{n+1}-U(\phi^n) \|^2) \tag{9-47}$$

证明:首先,对式(9-40a)与μ^{n+1}作L^2内积,我们有

$$\frac{1}{2\delta t}((3\phi^{n+1}-4\phi^n+\phi^{n-1}),\mu^{n+1})=-M\| \nabla\mu^{n+1} \|^2 \tag{9-48}$$

其次,对式(9-40b)与$\frac{1}{2\delta t}(3\phi^{n+1}-4\phi^n+\phi^{n-1})$作$L^2$内积,并运用性质

$$2(3a-4b+c,a)=|a|^2-|b|^2+|2a-b|^2-|2b-c|^2+|a-2b+c|^2 \tag{9-49}$$

我们有

$$\begin{aligned}
&(\mu^{n+1},\frac{3\phi^{n+1}-4\phi^n+\phi^{n-1}}{2\delta t})\\
&=-(\Delta\phi^{n+1},\frac{3\phi^{n+1}-4\phi^n+\phi^{n-1}}{2\delta t})+\frac{1}{\varepsilon^2}(\phi^{*,n+1}\widetilde{U}^{n+1},\frac{3\phi^{n+1}-4\phi^n+\phi^{n-1}}{2\delta t})\\
&=\frac{1}{4\delta t}(\| \nabla\phi^{n+1} \|^2+\| \nabla(2\phi^{n+1}-\phi^n) \|^2-\| \nabla\phi^n \|^2-\| \nabla(2\phi^n-\phi^{n-1}) \|^2+\\
&\quad\| \nabla(\phi^{n+1}-2\phi^n+\phi^{n-1}) \|^2)+\frac{1}{\varepsilon^2}(\phi^{*,n+1}\widetilde{U}^{n+1},\frac{3\phi^{n+1}-4\phi^n+\phi^{n-1}}{2\delta t})
\end{aligned} \tag{9-50}$$

再次,对式(9-40c)与$\frac{1}{4\varepsilon^2\delta t}\widetilde{U}^{n+1}$作$L^2$内积,并运用式(9-49),我们有

$$\begin{aligned}
&\frac{1}{8\varepsilon^2\delta t}(\| \widetilde{U}^{n+1} \|^2+\| 2\widetilde{U}^{n+1}-U(\phi^n) \|^2-\| U(\phi^n) \|^2-\| 2U(\phi^n)-U(\phi^{n-1}) \|^2+\\
&\| \widetilde{U}^{n+1}-2U(\phi^n)+U(\phi^{n-1}) \|^2)=\frac{1}{\varepsilon^2}(\phi^{*,n+1}\widetilde{U}^{n+1},\frac{3\phi^{n+1}-4\phi^n+\phi^{n-1}}{2\delta t})
\end{aligned} \tag{9-51}$$

最后,联立式(9-48)、式(9-50)、式(9-51),我们推导出能量估计:

$$\begin{aligned}
\frac{1}{\delta t}(\widetilde{E}_2^{n+1}-E_2^n)=&-M\| \nabla\mu^{n+1} \|^2-\frac{1}{4\delta t}\| \nabla(\phi^{n+1}-2\phi^n+\phi^{n-1}) \|^2-\\
&\frac{1}{8\varepsilon^2\delta t}\| \widetilde{U}^{n+1}-2U(\phi^n)+U(\phi^{n-1}) \|^2\leqslant -M\| \nabla\mu^{n+1} \|^2
\end{aligned} \tag{9-52}$$

证毕。

注释 9.3.4:

我们知道 $3U(\phi^{n+1})-4U(\phi^n)+U(\phi^{n-1})=3(\phi^{n+1})^2-4(\phi^n)^2+(\phi^{n-1})^2$。因此我们从式(9-40c)得到

$$\widetilde{U}^{n+1}=U(\phi^{n+1})-(\phi^{n+1}-2\phi^n+\phi^{n-1})^2 \tag{9-53}$$

假设ϕ_{tt},ϕ是有界的,我们有

$$\widetilde{U}^{n+1}=U(\phi^{n+1})+O(\delta t^4),\ \widetilde{E}_2^{n+1}=E_2^{n+1}+O(\delta t^4) \tag{9-54}$$

因此我们有原始能量关系：

$$\frac{1}{\delta t}(E_2^{n+1}-E_2^n)+O(\delta t^3)\leqslant -M\|\nabla\mu^{n+1}\|^2 \tag{9-55}$$

可以看出，$\frac{1}{\delta t}(E_2^{n+1}-E_2^n)$是$\frac{\mathrm{d}}{\mathrm{d}t}E$ 在 $t=t^{n+1}$处的二阶近似。例如，对时间光滑的任意函数 S，我们可以写出

$$\begin{aligned}&\frac{\|S^{n+1}\|^2+\|2S^{n+1}-S^n\|^2}{2\delta t}-\frac{\|S^n\|^2+\|2S^n-S^{n-1}\|^2}{2\delta t}\\ \approx&\frac{\|S^{n+2}\|-\|S^n\|^2}{2\delta t}=\frac{\mathrm{d}}{\mathrm{d}t}\|S(t^{n+1})\|^2+O(\delta t^2)\end{aligned} \tag{9-56}$$

注释 9.3.5

遵循同样的想法我们也可以很容易地发展出一个线性 Crank-Nicolson 格式(IIEQCN2)。假设已知 ϕ^{n-1},ϕ^n，可以从以下式子计算得到 ϕ^{n+1}：

$$\frac{\phi^{n+1}-\phi^n}{\delta t}=M\Delta\mu^{n+\frac{1}{2}},\quad \text{in}\quad \Omega \tag{9-57a}$$

$$\mu^{n+\frac{1}{2}}=-\frac{1}{2}\Delta(\phi^{n+1}+\phi^n)+\frac{1}{\varepsilon^2}\phi^{*,n+\frac{1}{2}}\frac{\widetilde{U}^{n+1}+U(\phi^n)}{2},\quad \text{in}\quad \Omega \tag{9-57b}$$

$$\widetilde{U}^{n+1}-U(\phi^n)=2\phi^{*,n+\frac{1}{2}}(\phi^{n+1}-\phi^n),\quad \text{in}\quad \Omega \tag{9-57c}$$

$$\partial_n\phi^{n+1}=\partial_n\mu^{n+1}=0,\quad \text{on}\quad \Gamma \tag{9-57d}$$

其中 $\phi^{*,n+\frac{1}{2}}=\frac{3}{2}\phi^n-\frac{1}{2}\phi^{n-1}$。

除此之外，我们还可以构造非线性 Crank-Nicolson 格式(NIIEQCN2)：

$$\frac{\phi^{n+1}-\phi^n}{\delta t}=M\Delta\mu^{n+\frac{1}{2}},\quad \text{in}\quad \Omega \tag{9-58a}$$

$$\mu^{n+\frac{1}{2}}=-\frac{1}{2}\Delta(\phi^{n+1}+\phi^n)+\frac{1}{2\varepsilon^2}(\phi^{n+1}+\phi^n)\frac{U(\phi^{n+1})+U(\phi^n)}{2},\quad \text{in}\quad \Omega \tag{9-58b}$$

$$U(\phi^{n+1})-U(\phi^n)=(\phi^{n+1}+\phi^n)(\phi^{n+1}-\phi^n),\quad \text{in}\quad \Omega \tag{9-58c}$$

$$\partial_n\phi^{n+1}=\partial_n\mu^{n+1}=0,\quad \text{on}\quad \Gamma \tag{9-58d}$$

上述两个 Crank-Nicolson 格式的能量关系可以用类似的方法证明，这里留给感兴趣的读者证明。

注释 9.3.6：

本书只讨论 Cahn-Hilliard 方程，但该思想也适用于 Allen-Cahn 方程或其他梯度流方程。我们把细节留给感兴趣的读者。

注释 9.3.7：

IEQBDF2 格式为

$$\frac{3\phi^{n+1}-4\phi^n+\phi^{n-1}}{2\delta t}=M\Delta\mu^{n+1},\quad \text{in}\quad \Omega \tag{9-59a}$$

$$\mu^{n+1}=-\Delta\phi^{n+1}+\frac{1}{\varepsilon^2}\phi^{*,n+1}\widetilde{U}^{n+1},\quad \text{in}\quad \Omega \tag{9-59b}$$

$$3U^{n+1}-4U^n+U^{n-1}=2\phi^{*,n+1}(3\phi^{n+1}-4\phi^n+\phi^{n-1}),\quad \text{in}\quad \Omega \tag{9-59c}$$

$$\partial_n\phi^{n+1}=\partial_n\mu^{n+1}=0,\quad \text{on}\quad \Gamma \tag{9-59d}$$

该格式同样地满足能量关系：

$$\frac{1}{\delta t}(E_2(\phi^{n+1},U^{n+1})-E_2(\phi^n,U^n))\leqslant -M\|\nabla\mu^{n+1}\|^2 \tag{9-60}$$

其中修正能量为

$$E_2(\phi^n,U^n)=\frac{1}{4}(\|\nabla\phi^n\|^2+\|\nabla(2\phi^n-\phi^{n-1})\|^2)+\frac{1}{8\varepsilon^2}(\|U^n\|^2+\|2U^n-U^{n-1})\|^2) \tag{9-61}$$

9.4 数值模拟

本书主要研究线性系统和耗散系统。因此，我们使用 IIEQ1 和 IIEQBDF2 格式来求解具有 Neumann 边界条件的 Cahn-Hilliard 方程。采用有限差分法来计算数值条例。为简单起见，如果未明显说明，模型参数默认为

$$M=0.001,\ \delta t=0.001,\ \varepsilon=0.04 \tag{9-62}$$

9.4.1 案例 1：精度测试

在这一个案例中，我们使用的网格为 200×200，在区域 $\Omega=[0,2]]$上执行时间收敛的细化测试。

我们假设精确解是

$$\phi(x,y,t)=2+\cos(\pi x)\cos(\pi y)\sin t \tag{9-63}$$

加上合适的应力可满足该系统，表 9.1 展示了在 IIEQ1 格式下的精确解与数值解在 $t=1$ 时的 L^2 误差 $\|\phi_{\text{exact}}-\phi_{\text{IIEQ1}}\|_{L^2}$。表 9.2 展示了在 IIEQBDF2 格式下的精确解与数值解在 $t=1$ 时的 L^2 误差 $\|\phi_{\text{exact}}-\phi_{\text{IIEQBDF2}}\|_{L^2}$。其中，$\phi_{\text{IIEQ1}}$、$\phi_{\text{IIEQBDF2}}$ 分别代表 IIEQ1、IIEQBDF2 格式下的数值解。我们发现 IIEQBDF2 格式对 ϕ 能达到二阶精度，而 IIEQ1 格式只能达到一阶精度。

表 9.1 IIEQ1 格式在 $t=1$ 时的 L^2 误差 $\|\phi_{\text{exact}}-\phi_{\text{IIEQ1}}\|_{L^2}$

δt	1×10^{-2}	5×10^{-3}	2.5×10^{-3}	1.25×10^{-3}	6.25×10^{-4}
$\|\phi_{\text{exact}}-\phi_{\text{IIEQ1}}\|_L^2$	2.35×10^{-3}	1.17×10^{-3}	5.87×10^{-4}	2.93×10^{-4}	1.47×10^{-4}
收敛阶		1.01	0.995	1.00	0.995

表 9.2 IIEQBDF2 格式在 $t=1$ 时的 L^2 误差 $\|\phi_{exact}-\phi_{IIEQBDF2}\|_{L^2}$

δt	1×10^{-2}	5×10^{-3}	2.5×10^{-3}	1.25×10^{-3}	6.25×10^{-4}
$\|\phi_{exact}-\phi_{IIEQBDF2}\|_L^2$	2.82×10^{-5}	7.10×10^{-6}	1.78×10^{-6}	4.46×10^{-7}	1.12×10^{-7}
收敛阶		1.990	1.996	1.997	1.994

9.4.2 案例 2:2 个正方形和 2 个正方体

在二维例子中计算区域为 $\Omega=[0,6.4]\times[0,6.4]$，网格为 256×256，并给出初值条件：

$$\phi(x,y,0)=\begin{cases}1, & (x,y)\in\Omega_1\\ -1, & \text{其他}\end{cases}\tag{9-64}$$

其中 $\Omega_1=\{(x,y)\in\Omega\,|\,|x-3.2|\leqslant1\cap|y-3.2|\leqslant1\cup|x-5|\leqslant0.36\cap|y-5|\leqslant0.36\}$ 是两个正方形的集合。在这个例子中我们选择小的时间步长 $\delta t=0.000\,1$。

首先对 IEQ1 格式和 IIEQ1 格式进行比较。图 9.1 显示了 IEQ1 格式和 IIEQ1 格式在 $t=0.1,0.3,0.7,5.0$ 的状态。从数值结果可以看出，随着时间的推移，初始的小正方形变得越来越小，最终消失。这两种格式的区别在于，对于 IEQ1 格式，初始配置始终存在，而对于 IIEQ1 格式，初始配置将消失。此外，用 IIEQ1 格式计算的界面更加平滑。值得注意的是，这两种格式在 $t=5$ 时得到的形态具有不同的能量。具体地说，由 IIEQ1 格式得到〔图 9.3(a)中的虚线)〕的稳态能量更小，因此更稳定。

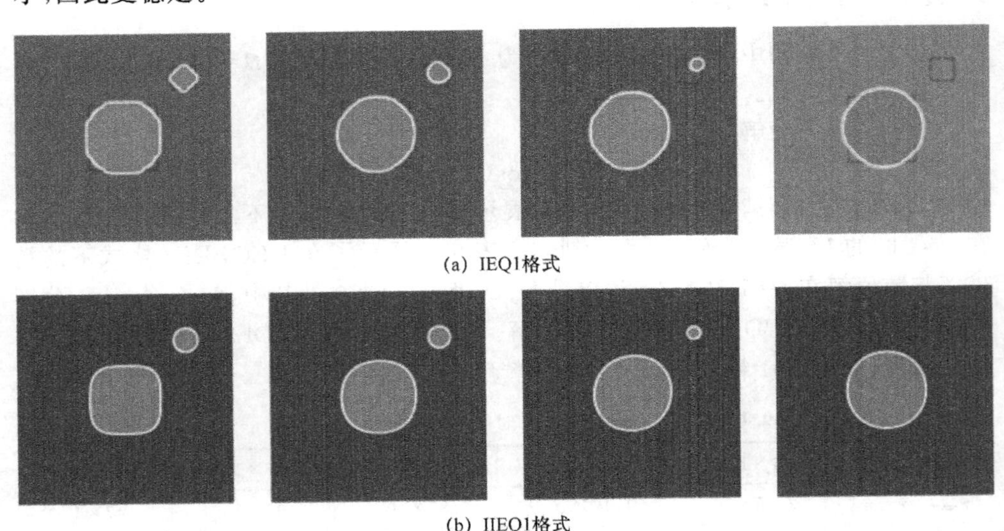

(a) IEQ1格式

(b) IIEQ1格式

图 9.1 案例 2:在 $t=0.1,0.3,0.7,5$ 处的 ϕ 的等值线演化图

其次，我们比较了 IEQBDF2 格式和 IIEQBDF2 格式。两种格式的数值结果如图 9.2 所示。我们发现由 IIEQBDF2 格式计算的稳态更稳定，因为此时能量比 IEQBDF2 时的小得多，见图 9.3(b)。通过对两种格式的比较，得出了改进的能量不变二次型格式具有更好的耗散性，从而可以获得更好的结果。

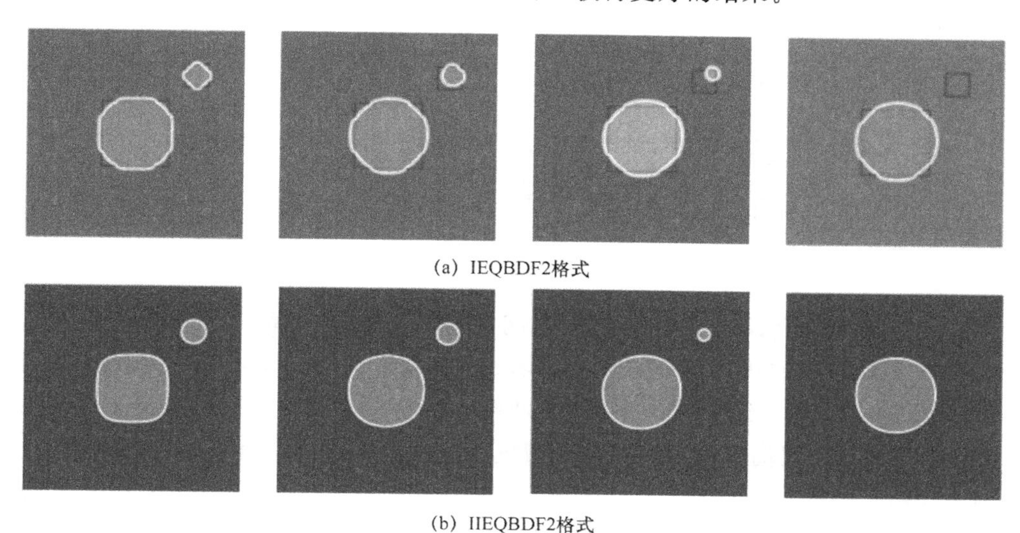

图 9.2　案例 2：在 t=0.1，0.3，0.7，5 处的 ϕ 的等值线演化图

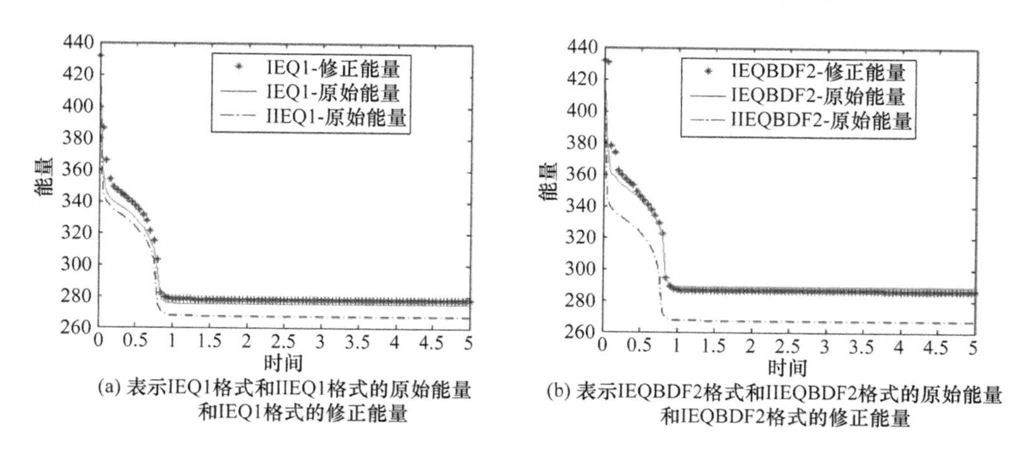

图 9.3　案例 2：在 $\delta t=0.0001$ 下的能量演化图

IIEQ1 格式和 IIEQBDF2 格式之间的区别如图 9.4 所示，图中采用不同的时间步长。我们发现，当使用 IIEQ1 格式时，在 $\delta t=0.01, 0.005$ 和 0.001 时，系统分别大约在 $t=2.5, 1.7, 1.0$ 达到平衡状态。

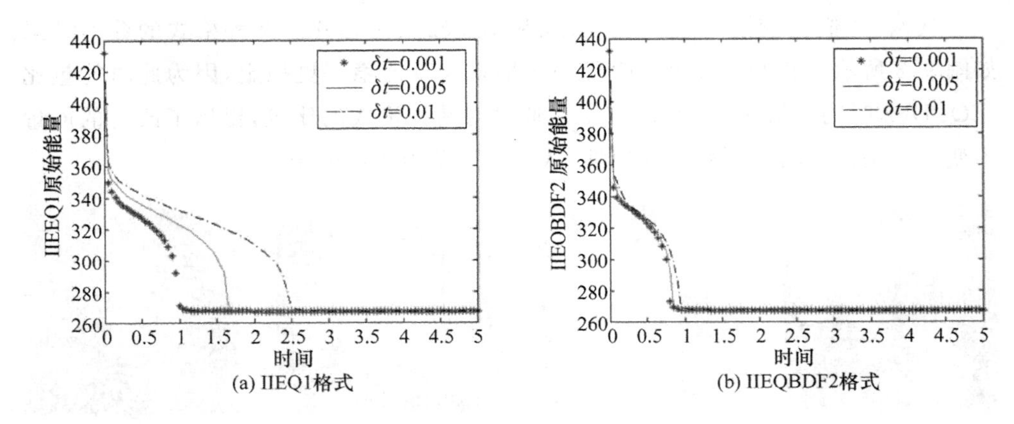

图 9.4 案例 2:在 $\delta t=0.001,0.005,0.01$ 下的能量演化图

这意味着对于 IIEQ1 格式,随着时间步长的增大,系统需要更长的时间来达到平衡。但是,IIEQBDF2 格式没有这种现象,参见图 9.4(b)。具体地说,使用 IIEQBDF2 格式时,不同时间步长的能量差要小得多。这说明 IIEQBDF2 格式比 IIEQ1 格式具有更高阶的时间精度。因此,它允许 IIEQBDF2 格式具有较大的时间步长而不会产生较大的误差。在以下情况下,我们采用 IIEQBDF2 格式对系统进行离散。

对于三维例子,我们选择的计算区域为 $\Omega=[0,6.4]\times[0,6.4]\times[0,6.4]$,网格为 $100\times100\times100$,给出初值条件:

$$\phi(x,y,z,0)=\begin{cases}1, & (x,y,z)\in\Omega_2\\ -1, & \text{其他}\end{cases}\tag{9-65}$$

其中 $\Omega_2=\{(x,y,z)\in\Omega \mid |x-3.2|\leqslant1\cap|y-3.2|\leqslant1\cap|z-3.2|\leqslant1\cup|x-5|\leqslant0.36\cap|y-5|\leqslant0.36\cap|z-5|\leqslant0.36\}$ 是两个正方体。在这个例子中,我们令参数 $\epsilon=0.064$。数值结果如图 9.5 所示。我们发现,小立方体先是变成了球体,然后变得越来越小,直到消失,然后大立方体变成球体而没有变化。图 9.6 显示了能量随时间的衰变。图 9.6 描述了总质量 $\int_\Omega\phi\mathrm{d}\boldsymbol{x}$ 的误差演化。初始的总质量定义为 $M_0=\int_\Omega\phi(x,y,z)\mathrm{d}\boldsymbol{x}$。总质量的绝对误差为 $|M_0-\sum_i\sum_j\sum_k\phi(x_i,y_j,z_k)h^3|$。粗略估计总质量的误差范围是 $2.4\times10^{-9}\sim2.6\times10^{-9}$,这说明了在数值上能够保证质量是守恒的。

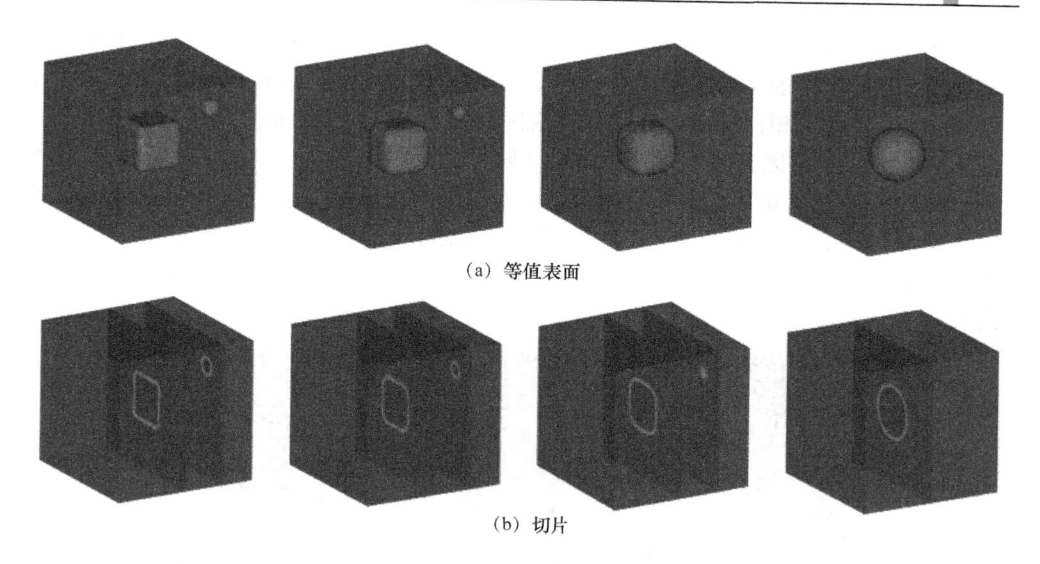

图 9.5 案例 2:在 $t=0.1,1,2,10$ 处的 ϕ 的三维等值线演化图

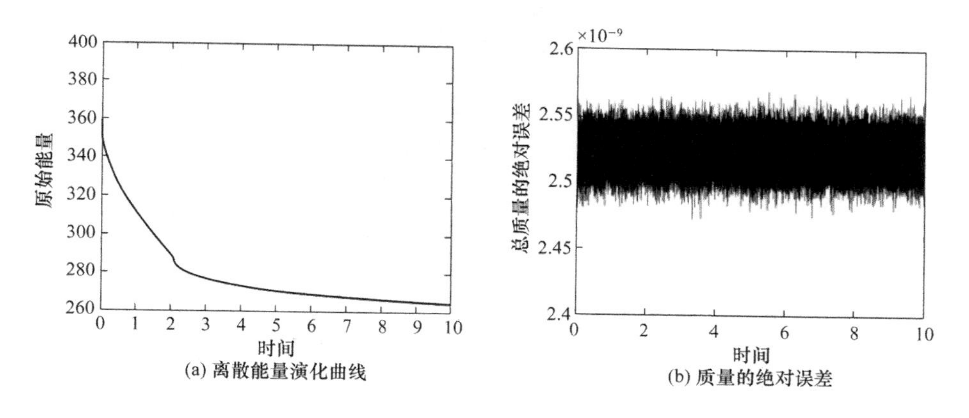

图 9.6 案例 2:离散能量演化曲线和质量的绝对误差

9.4.3 案例 3:多个小球的融合

在本节中,我们考虑在二维和三维情况下由 Cahn-Hilliard 方程控制的圆或者小球的融合。在二维情况下,我们令计算区域为[0,2]×[0,2],网格为 256×256。考虑在这个区域上有 9×9 个小圆,初始条件为

$$\phi(x,y,0)=\begin{cases}1, & (x,y)\in\Omega_3\\-1, & \text{其他}\end{cases}\tag{9-66}$$

其中 $\Omega_3=\bigcup_{i,j=1}^{9}\{(x,y)\in\Omega\mid(x-x_i)^2+(y-y_j)^2\leqslant R^2\}$ 是一个含有 9×9 个小圆的集合,小圆半径为 $R=0.085,x_i=0.2i,y_j=0.2j,i,j=1,2,\cdots,9$。

图 9.7 显示了两相之间形成的界面随时间的演化图。我们发现在 Cahn-Hilliard 能量项的驱动下，分离的相开始合并。具体地说，最初的 81 个圆最终合并在一起，形成单相区域，而较大的单相区域由于质量守恒而扩大其面积。最终，变为一个由 -1 相区包围的圆形 1 相区(见图 9.7 中的最后一个图)。图 9.8 显示了时间步长 $\delta t=0.001$ 的能量演化，证明了能量随时间衰减。在计算中，我们观察到无论时间步长是多少，最终都会得到正确的稳态解，这与无条件能量稳定性是一致的。我们还从数值上观察到 ϕ 的质量守恒，质量的绝对误差曲线与图 9.6 中的曲线相似。

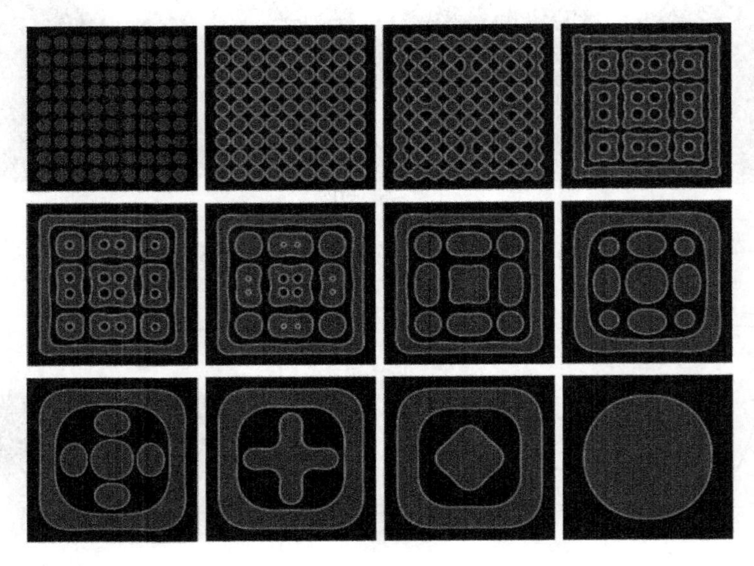

图 9.7　案例 3：在 $t=0,0.005,0.009,0.02,0.04,0.06,0.1,0.3,0.5,0.7,1,5$ 处的 ϕ 的二维等值线演化图

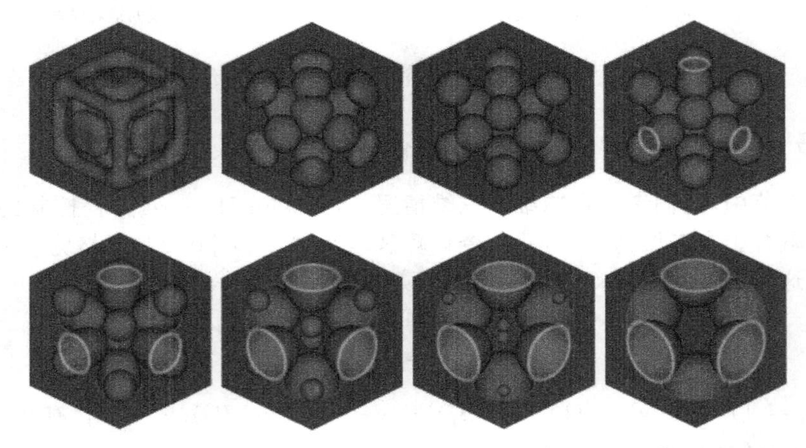

图 9.8　案例 3：在 $t=0.1,0.3,0.5,0.7,1,1.3,1.4,10$ 处的 ϕ 的三维等值线演化图

在三维的例子中，我们给出的立方体区域为[0,2]×[0,2]×[0,2]，网格为100×100×100，初始条件为

$$\phi(x,y,z,0)=\begin{cases}1, & (x,y,z)\in\Omega_4\\ -1, & \text{其他}\end{cases} \tag{9-67}$$

其中 $\Omega_4=\bigcup_{i,j,k=1}^{9}\{(x,y,z)\in\Omega\mid(x-x_i)^2+(y-y_j)^2+(z-z_k)\leqslant R^2\}$ 是含有 $9\times9\times9$ 个小球的集合，小球半径为 $R=0.085$，$x_i=0.2i$，$y_j=0.2j$，$z_k=0.2k$，$i,j,k=1,2,\cdots,9$。图 9.8 显示了 ϕ 在不同时间的演变。类似于二维的情况，我们发现球的数量减少，最后球合并成四个大的半球。图 9.9 也显示了原始能量是随时间衰减的。

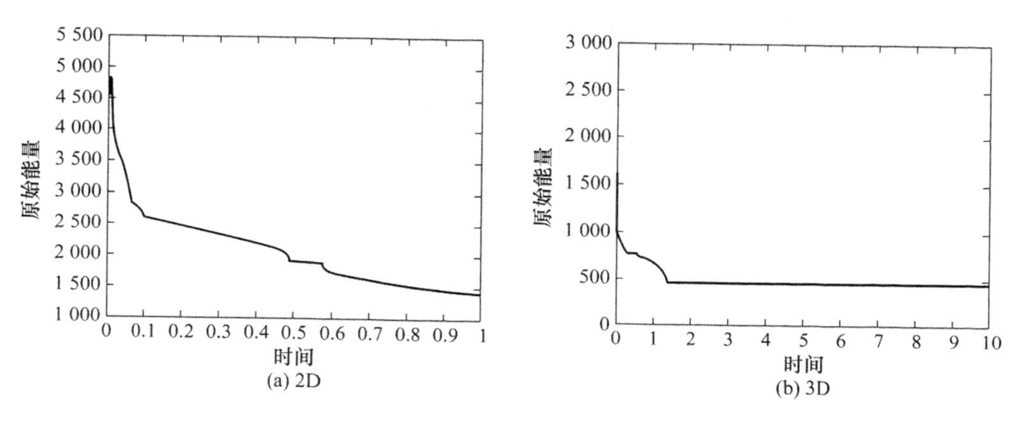

图 9.9 案例 3：能量随时间的演化图

9.4.4 案例 4：相分离现象

在该案例中，我们研究由 Cahn-Hilliard 方程控制的两相流体的旋节分解。对于二维情况，我们采用与案例 2 中相同的计算区域和网格。

初始条件为

$$\phi^0=\overline{\phi}+\mathrm{rand}(r) \tag{9-68}$$

其中 $\overline{\phi}=-0.1$，随机值 $\mathrm{rand}(r)\in[-0.01,0.01]$。在图 9.10 中，我们展示了 ϕ 在不同时间的二维数值状态的变化。我们观察到了与案例 3 类似的现象。

相得到粗化，最终达到平衡状态。这本质上就是相分离。能量随时间逐渐衰减，最终达到平衡，如图 9.11 所示。三维数值结果如图 9.12 所示。

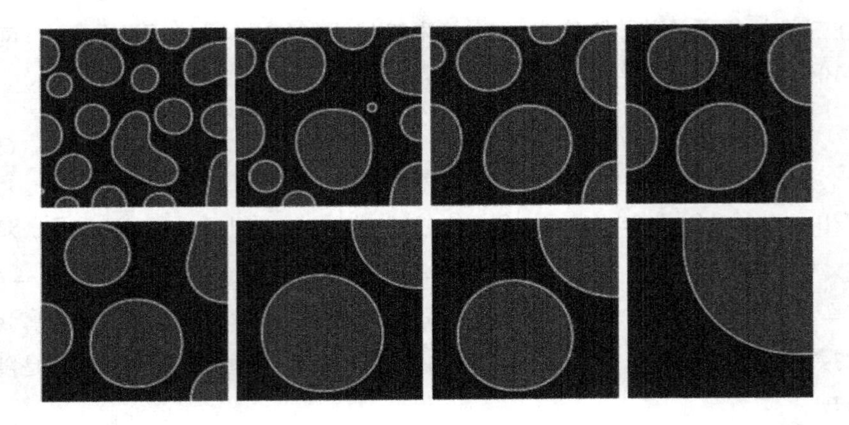

图 9.10　案例 4:在 t=0.1,0.3,0.5,0.7,1,5,10,100 处的 ϕ 的二维等值线演化图

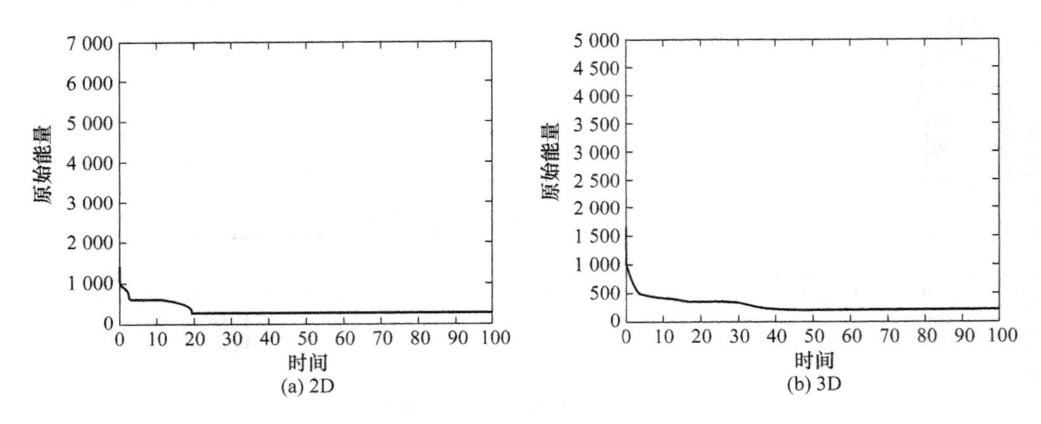

图 9.11　案例 4:能量随时间的演化图

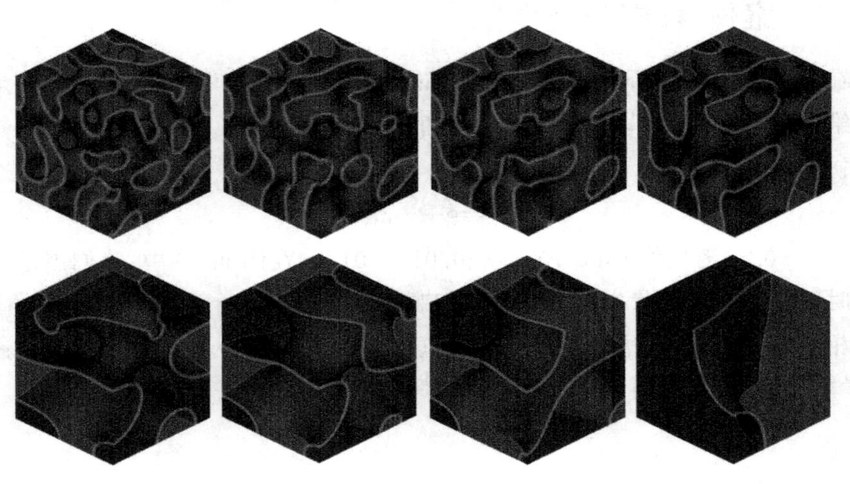

图 9.12　案例 4:在 t=0.3,0.5,0.1,1,3,5,7,100 处的 ϕ 的三维等值线演化图

9.5 小　　结

本章基于 IIEQ 方法，对具有四次多项式势的 Cahn-Hilliard 方程提出了两个线性的、能量耗散的一阶和二阶时间推进格式。与 IEQ 方法不同，IIEQ 方法注重原始能量的稳定性。此外，IIEQ 方法在时间上比 IEQ 方法要紧致得多。我们证明了我们的格式是严格适定的。最后，我们给出了大量的数值案例，验证了 IIEQ 方法的时间精度、初始能量的稳定性和鲁棒性。在未来的工作中，我们将考虑对 Cahn-Hilliard 方程的 IIEQ 格式做数值误差分析。

第10章　在二维柱区域下欧拉方程的GRP格式

10.1　背景介绍

在柱对称区域下关于可压缩流体的模拟已经得到了很大的关注，尤其是在区域中心处的数值边界条件和几何奇性的处理，其中在中心处的动力学量经常设置为零，并且在中心处的热力学量经常假设为对称延伸。这些处理加上几何源项的离散，经常给数值解和真实物理解带来巨大的差异。

在文献[131]中，针对径向对称可压缩流体研究了这个问题，构造了广义黎曼问题格式(GRP)[15,16,131,132]。我们在本章中将研究二维柱区域的欧拉方程以满足实际的要求。本章的贡献是：(1) 运用了守恒性质来提出理论上的数值边界条件；(2)在几何源项上运用了界面方法来离散。

在本章中我们研究的是二维柱区域下的可压缩流体。最近有很多工作研究了这方面内容。在文献[41]中，成娟、舒其望等人提出了中心型拉式格式，该格式建立在等角度的初始网格上，保证了网格的对称性和守恒性质。面积加权方法[28,164,165]在二维柱区域上得到了广泛的运用，并且能够保持球对称。但是，这些面积加权格式可能破坏严格的动量和总能量守恒的性质。在文献[221]和[222]中，Váchal 和 Wendroff 等人研究了交错型网格拉式格式来保证在等角度网格上的球对称性。但是，上述的格式都没有严格地讨论在球中心处的数值边界条件，并且部分格式用的是一阶格式，低阶格式会导致数值结果变得更加耗散。根据相同的思想[131]，我们运用 GRP 格式来研究二维柱区域下的可压缩流体。

本章的内容安排如下：在 10.2 节中，我们给出了柱坐标和局部坐标下的控制方程，并且描述了等角度网格下的二维可压缩流体的欧拉型 GRP 格式；在 10.3 节中，我们给出了数据重构，包含了梯度计算和限制器；在 10.4 节中，我们严格推导了在中心处的数值边界条件；在 10.5 节中，我们给出了若干案例来说明 GRP 格式的精度、高效性和可行性，并且说明了在中心处所提出的数值边界条件是非常有效的；在 10.6 节中，我们给出了一些总结。

10.2　欧拉方程的 GRP 格式简介

二维柱形区域可压缩欧拉方程具有如下形式：

$$\boldsymbol{U}_t+\boldsymbol{F}(\boldsymbol{U})_z+\boldsymbol{G}(\boldsymbol{U})_r=\boldsymbol{\Psi}(\boldsymbol{U})$$

$$\boldsymbol{U}=\begin{pmatrix}\rho\\ \rho u\\ \rho v\\ \rho E\end{pmatrix},\boldsymbol{F}(\boldsymbol{U})=\begin{pmatrix}\rho u\\ \rho u^2+p\\ \rho uv\\ u(\rho E+p)\end{pmatrix},\boldsymbol{\Psi}(\boldsymbol{U})=-\frac{2}{r}\begin{pmatrix}\rho v\\ \rho uv\\ \rho v^2\\ v(\rho E+p)\end{pmatrix}\tag{10-1}$$

其中 z 和 r 分别是母线方向和径向方向。总能量为 $E=e+(u^2+v^2)/2$。ρ、p、e、u、v 分别是密度、压力、内能、z 方向速度和 r 方向速度。源项 $\boldsymbol{\Psi}(\boldsymbol{U})$ 来源于几何变换，是从笛卡儿坐标转换到径向对称坐标得来的。

上述方程需要加上状态方程的一般形式 $p=p(\rho,e)$ 才能完备。特别地，如果我们考虑理想气体，状态方程就会有简单的形式 $p=(\gamma-1)\rho e$，其中 γ 是一个常数，代表了流体比热容的比率。

注释 10.2.1：

式(10-1)还可以写成

$$\frac{\partial r^2\boldsymbol{U}}{\partial t}+\frac{\partial r^2\boldsymbol{F}(\boldsymbol{U})}{\partial z}+\frac{\partial r^2\boldsymbol{G}(\boldsymbol{U})}{\partial r}=\widetilde{\boldsymbol{\Psi}}(\boldsymbol{U}),\quad \widetilde{\boldsymbol{\Psi}}(\boldsymbol{U})=2r(0,0,p,0)^{\mathrm{T}}\tag{10-2}$$

这个形式能够清楚地说明质量守恒和能量守恒，并且说明了几何转换对动量的影响。在 GRP 格式中，我们更倾向于用式(10-1)，因为它所有的计算都用的是原始变量。

我们关心的是图 10.1 中的柱形区域(z,r)。图 10.1 展示了等角度网格包含了 k 条径向线和 l 条角度方向线。等角度网格中的单元具有这样的性质：边长相等的两个单元的角度是一样的，其中，ξ 是径向方向，穿过了单元中心和原点，θ 是角度方向，正交于 ξ。

在每个单元中，应用了局部坐标转换，因此柱坐标下的欧拉方程(10-1)可以改写成如下形式：

$$\widetilde{\boldsymbol{U}}_t+\boldsymbol{F}(\widetilde{\boldsymbol{U}})_\xi+\boldsymbol{G}(\widetilde{\boldsymbol{U}})_\theta=\boldsymbol{\Psi}(\widetilde{\boldsymbol{U}})\tag{10-3}$$

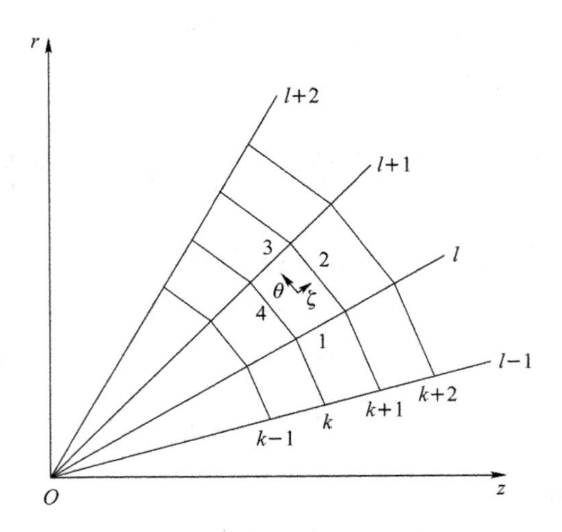

图 10.1　柱形区域下的等角度网格

$$\widetilde{\boldsymbol{U}}=\begin{pmatrix}\rho\\ \rho u_{\xi}\\ \rho u_{\theta}\\ \rho E\end{pmatrix},\quad \boldsymbol{F}(\widetilde{\boldsymbol{U}})=\begin{pmatrix}\rho u_{\xi}\\ \rho u_{\xi}^{2}+p\\ \rho u_{\xi}u_{\theta}\\ u_{\xi}(\rho E+p)\end{pmatrix}$$

$$\boldsymbol{G}(\widetilde{\boldsymbol{U}})=\begin{pmatrix}\rho u_{\theta}\\ \rho u_{\xi}u_{\theta}\\ \rho u_{\theta}^{2}+p\\ u_{\theta}(\rho E+p)\end{pmatrix},\quad \boldsymbol{\Psi}(\widetilde{\boldsymbol{U}})=-\frac{2}{\xi}\begin{pmatrix}\rho u_{\xi}\\ \rho u_{\xi}^{2}\\ \rho u_{\xi}u_{\theta}\\ u_{\xi}(\rho E+p)\end{pmatrix}$$

其中坐标变换时 $z=\xi\cos\theta, r=\xi\sin\theta$。

将二维计算区域 Ω 离散为 $K\times L$ 个计算单元，其中单元 $I_{k+\frac{1}{2},l+\frac{1}{2}}$ 是一个四边形单元，其中四个顶点为 $(z_{k,l},r_{k,l})$，$(z_{k+1,l},r_{k+1,l})$，$(z_{k+1,l+1},r_{k+1,l+1})$，和 $(z_{k,l+1},r_{k,l+1})$，$k>1$。注意到当 $k=1$ 时，$I_{k+\frac{1}{2},l+\frac{1}{2}}$ 是一个三角形单元，因此物理区域 Ω 被离散为一系列四角单元和三角单元。$S_{k+\frac{1}{2},l+\frac{1}{2}}$ 表示单元 $I_{k+\frac{1}{2},l+\frac{1}{2}}$ 的面积。

在中心型格式有限体积方法的框架中，按照单元平均的形式，所有的变量都定义在单元 $I_{k+\frac{1}{2},l+\frac{1}{2}}$ 的中心。因此单元平均 $\bar{\rho}_{k+\frac{1}{2},l+\frac{1}{2}}$，$\overline{M}^{\xi}_{k+\frac{1}{2},l+\frac{1}{2}}$，$\overline{M}^{\theta}_{k+\frac{1}{2},l+\frac{1}{2}}$，$\overline{E}_{k+\frac{1}{2},l+\frac{1}{2}}$ 定义如下：

$$\bar{\rho}_{k+\frac{1}{2},l+\frac{1}{2}}=\frac{1}{S_{k+\frac{1}{2},l+\frac{1}{2}}}\int_{I_{k+\frac{1}{2},l+\frac{1}{2}}}\rho\,\mathrm{d}r\mathrm{d}z \tag{10-4}$$

$$\overline{M}^{\xi}_{k+\frac{1}{2},l+\frac{1}{2}}=\frac{1}{S_{k+\frac{1}{2},l+\frac{1}{2}}}\int_{I_{k+\frac{1}{2},l+\frac{1}{2}}}\rho u_{\xi}\,\mathrm{d}r\mathrm{d}z \tag{10-5}$$

$$\overline{M}^{\theta}_{k+\frac{1}{2},l+\frac{1}{2}} = \frac{1}{S_{k+\frac{1}{2},l+\frac{1}{2}}}\int_{I_{k+\frac{1}{2},l+\frac{1}{2}}} \rho u_{\theta}\,\mathrm{d}r\mathrm{d}z \tag{10-6}$$

$$\overline{E}_{k+\frac{1}{2},l+\frac{1}{2}} = \frac{1}{S_{k+\frac{1}{2},l+\frac{1}{2}}}\int_{I_{k+\frac{1}{2},l+\frac{1}{2}}} \rho E\,\mathrm{d}r\mathrm{d}z \tag{10-7}$$

其中 $S_{k+\frac{1}{2},l+\frac{1}{2}} = \int_{k+\frac{1}{2},l+\frac{1}{2}} \mathrm{d}r\mathrm{d}z$。令 $\boldsymbol{U}^{n}_{k+\frac{1}{2},l+\frac{1}{2}} = (\bar{\rho}^{n}_{k+\frac{1}{2},l+\frac{1}{2}}, \overline{M}^{c,n}_{k+\frac{1}{2},l+\frac{1}{2}}, \overline{M}^{\theta,n}_{k+\frac{1}{2},l+\frac{1}{2}}, \overline{E}^{n}_{k+\frac{1}{2},l+\frac{1}{2}})^{\mathrm{T}}$。其中 n 代表了相关变量在第 n 个时间步长的值。假设时间区间$[0,T]$的划分如下：$\{t_{n+1} = t_n + \Delta t_n; t_0 = 0, \Delta t_n > 0, n \in \mathbf{N}\}$，其中时间步长 Δt_n 由稳定性条件决定。在图 10.2 中，控制体 $C_{k+\frac{1}{2},l+\frac{1}{2}} = I_{k+\frac{1}{2},l+\frac{1}{2}} \times [t_n, t_{n+1})$ 拥有 m 面 $A^{j}_{k+\frac{1}{2},l+\frac{1}{2}}$，其中 $m = 3$ 或 $4, j = 1,\cdots,m$。$I_{k+\frac{1}{2},l+\frac{1}{2}}$ 的边界是 $l^{j}_{k+\frac{1}{2},l+\frac{1}{2}}, j = 1,\cdots,m$。当 $1 < k < K, 1 < l < L$ 时，$I_{k+\frac{1}{2},l+\frac{1}{2}}$ 的相邻单元是 $I^{j}_{k+\frac{1}{2},l+\frac{1}{2}}, j = 1,2,3,4$，$\boldsymbol{x}^{c}_{k+\frac{1}{2},l+\frac{1}{2}}$，$\boldsymbol{x}^{j}_{k+\frac{1}{2},l+\frac{1}{2}}$ 分别是单元 $I_{k+\frac{1}{2},l+\frac{1}{2}}$ 和边 $l^{j}_{k+\frac{1}{2},l+\frac{1}{2}}$ 的中心。

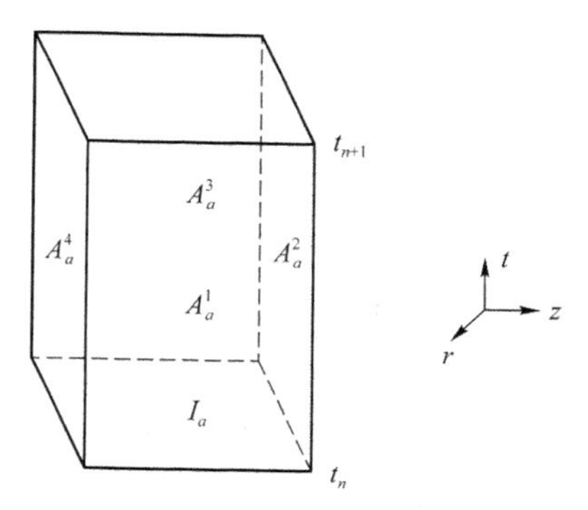

图 10.2 控制体 $C_a (a=(k+\frac{1}{2}, l+\frac{1}{2}))$

选定控制体 $C_{k+\frac{1}{2},l+\frac{1}{2}}$。我们在有限体积框架下重写式(10-3)：

$$\boldsymbol{U}^{n+1}_{k+\frac{1}{2},l+\frac{1}{2}} = \boldsymbol{U}^{n}_{k+\frac{1}{2},l+\frac{1}{2}} - \frac{1}{S_{k+\frac{1}{2},l+\frac{1}{2}}}\sum_{j=1}^{m}\int_{A^{j}_{k+\frac{1}{2},l+\frac{1}{2}}} \mathscr{F}(\boldsymbol{U}) \cdot \boldsymbol{n}^{j}_{k+\frac{1}{2},l+\frac{1}{2}}\,\mathrm{d}S + \frac{1}{S_{k+\frac{1}{2},l+\frac{1}{2}}}\int_{C_{k+\frac{1}{2},l+\frac{1}{2}}} \boldsymbol{\Psi}(\boldsymbol{U})\,\mathrm{d}x\mathrm{d}t, \tag{10-8}$$

其中 $\mathscr{F}=(\boldsymbol{F},\boldsymbol{G})$，$\boldsymbol{n}^{j}_{k+\frac{1}{2},l+\frac{1}{2}}$ 是边界 $l^{j}_{k+\frac{1}{2},l+\frac{1}{2}}$ 单位外法向量。在 GRP 格式中，定义在时间层 $t=t_n$ 上的是分片线性函数：

$$\boldsymbol{U}(\boldsymbol{x}) = U^{n}_{k+\frac{1}{2},l+\frac{1}{2}} + \boldsymbol{\sigma}^{n}_{k+\frac{1}{2},l+\frac{1}{2}} \cdot (\boldsymbol{x} - \boldsymbol{x}^{c}_{k+\frac{1}{2},l+\frac{1}{2}}), \quad \boldsymbol{x} \in I_{k+\frac{1}{2},l+\frac{1}{2}} \tag{10-9}$$

其中 $\boldsymbol{\sigma}^{n}_{k+\frac{1}{2},l+\frac{1}{2}}$ 是定义在单元 $I_{k+\frac{1}{2},l+\frac{1}{2}}$ 上 $\boldsymbol{U}$ 的梯度。

运用中点规则，在面 $A^{j}_{k+\frac{1}{2},l+\frac{1}{2}}$ 上的数值通量近似为

$$\int_{A^{j}_{k+\frac{1}{2},l+\frac{1}{2}}} \mathscr{F}(\boldsymbol{U}) \cdot \boldsymbol{n}^{j}_{k+\frac{1}{2},l+\frac{1}{2}}\,\mathrm{d}S \approx \mathscr{F}(\boldsymbol{U}^{n+\frac{1}{2}}_{A^{j}_{k+\frac{1}{2},l+\frac{1}{2}}}) \cdot \boldsymbol{n}^{j}_{k+\frac{1}{2},l+\frac{1}{2}} \mid A^{j}_{k+\frac{1}{2},l+\frac{1}{2}} \mid \tag{10-10}$$

其中 $|A^j_{k+\frac{1}{2},l+\frac{1}{2}}|=|l^j_{k+\frac{1}{2},l+\frac{1}{2}}|\Delta t_n$ 是面 $A^j_{k+\frac{1}{2},l+\frac{1}{2}}$ 的面积，$|l^j_{k+\frac{1}{2},l+\frac{1}{2}}|$ 是边 $l^j_{k+\frac{1}{2},l+\frac{1}{2}}$ 的长度。

式(10-8)中的源项用以下式子近似：

$$\frac{1}{S_{k+\frac{1}{2},l+\frac{1}{2}}}\int_{C_{k+\frac{1}{2},l+\frac{1}{2}}}\boldsymbol{\Psi}(\boldsymbol{U})\mathrm{d}x\mathrm{d}t\approx\Delta t_n\frac{1}{m}\sum_{j=1}^{m}\boldsymbol{\Psi}(\boldsymbol{U}^{n+\frac{1}{2}}_{A^j_{k+\frac{1}{2},l+\frac{1}{2}}})\tag{10-11}$$

在式(10-10)和式(10-11)中，中心值 $\boldsymbol{U}^{n+\frac{1}{2}}_{A^j_{k+\frac{1}{2},l+\frac{1}{2}}}$ 是通过计算局部一维广义黎曼问题得到的。

$$\begin{cases}\dfrac{\partial\boldsymbol{U}}{\partial t}+\dfrac{\partial}{\partial\eta}H(\boldsymbol{U};\boldsymbol{n}^j_{k+\frac{1}{2},l+\frac{1}{2}})=0,\\ \boldsymbol{U}(\eta,0)=\begin{cases}\boldsymbol{U}_{\mathrm{L}}+\eta\boldsymbol{U}'_{\eta\mathrm{L}} & \eta<0\\ \boldsymbol{U}_{\mathrm{R}}+\eta\boldsymbol{U}'_{\eta\mathrm{R}}, & \eta>0\end{cases}\end{cases}\tag{10-12}$$

其中 $\boldsymbol{U}_{\mathrm{L}},\boldsymbol{U}_{\mathrm{R}},\boldsymbol{U}'_{\eta\mathrm{L}},\boldsymbol{U}'_{\eta\mathrm{R}}$ 定义为

$$\begin{cases}\boldsymbol{U}_{\mathrm{L}}=\boldsymbol{U}_{I_{k+\frac{1}{2},l+\frac{1}{2}}}(\boldsymbol{x}^j_{k+\frac{1}{2},l+\frac{1}{2}},t_n)\\ \boldsymbol{U}_{\mathrm{R}}=\boldsymbol{U}_{I^j_{k+\frac{1}{2},l+\frac{1}{2}}}(\boldsymbol{x}^j_{k+\frac{1}{2},l+\frac{1}{2}},t_n)\end{cases}$$

$$\begin{cases}\boldsymbol{U}'_{\eta\mathrm{L}}=\boldsymbol{\sigma}^n_{k+\frac{1}{2},l+\frac{1}{2}}\cdot\boldsymbol{n}^j_{k+\frac{1}{2},l+\frac{1}{2}}\\ \boldsymbol{U}'_{\eta\mathrm{R}}=\boldsymbol{\sigma}^{j,n}_{k+\frac{1}{2},l+\frac{1}{2}}\cdot\boldsymbol{n}^j_{k+\frac{1}{2},l+\frac{1}{2}}\end{cases}\tag{10-13}$$

注释 10.2.2：

注意，局部广义黎曼问题的求解方式雷同于文献[101]中的求解方法。一旦界面值 $\boldsymbol{U}^n_{A^j_{k+\frac{1}{2},l+\frac{1}{2}}}$ 和 $\left(\dfrac{\partial\boldsymbol{U}}{\partial t}\right)^n_{A^j_{k+\frac{1}{2},l+\frac{1}{2}}}$ 得到了，我们就可以通过式(10-14)来定义在界面处 $A^j_{k+\frac{1}{2},l+\frac{1}{2}}$ 上的中心值：

$$\boldsymbol{U}^{n+\frac{1}{2}}_{A^j_{k+\frac{1}{2},l+\frac{1}{2}}}=\boldsymbol{U}^n_{A^j_{k+\frac{1}{2},l+\frac{1}{2}}}+\frac{\Delta t_n}{2}\left(\frac{\partial\boldsymbol{U}}{\partial t}\right)^n_{A^j_{k+\frac{1}{2},l+\frac{1}{2}}}\tag{10-14}$$

其中运用了式(10-10)和式(10-11)。$\boldsymbol{U}^n_{A^j_{k+\frac{1}{2},l+\frac{1}{2}}}$ 是通过标准的黎曼求解器[220]得到的，时间导数 $\left(\dfrac{\partial\boldsymbol{U}}{\partial t}\right)^n_{A^j_{k+\frac{1}{2},l+\frac{1}{2}}}$ 是通过求解广义黎曼问题[131]得到的。因此我们通过以下三个步骤应用 GRP 求解器。

步骤一：给出初始分片线性数据，通过求解局部广义黎曼问题来计算式(10-14)，然后得到每个单元 $I_{k+\frac{1}{2},l+\frac{1}{2}}$ 的中心值 $\boldsymbol{U}^{n+\frac{1}{2}}_{A^j_{k+\frac{1}{2},l+\frac{1}{2}}}$。

步骤二：通过式(10-8)、式(10-10)、式(10-11)来更新单元平均 $\boldsymbol{U}^{n+1}_{k+\frac{1}{2},l+\frac{1}{2}}$。

步骤三：通过梯度限制器来更新梯度 $\boldsymbol{\sigma}^{n+1}_{k+\frac{1}{2},l+\frac{1}{2}}$。

10.3 数据重构

在GRP格式中，根据需要的精度，数据重构是一个重要的步骤来得到分片线性函数。如果是结构型网格，那么在GRP方法框架下求出的解就可以拿来更新梯度。从图10.3中我们知道单元$I_{k+\frac{1}{2},l+\frac{1}{2}}$在坐标$(z,r)$下是非结构型的。现在有许多方法来计算单元的梯度，如最小二乘方法[132,166]、格林-高斯方法[10]和多斜度方法[24]。

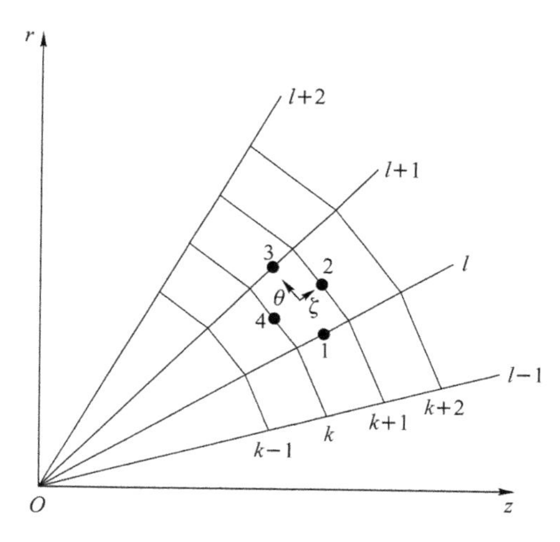

图10.3　单元$I_{k+\frac{1}{2},l+\frac{1}{2}}$的梯度

10.3.1 梯度计算

这里我们不用以上的方法来求解梯度$\boldsymbol{\sigma}_{k+\frac{1}{2},l+\frac{1}{2}}^{n+1}$。注意到单元$\boldsymbol{\sigma}_{k+\frac{1}{2},l+\frac{1}{2}}^{n+1}$在局部$\xi$轴上是对称的，因此我们可以在局部坐标$(\xi,\theta)$来计算物理量$q$的梯度$(q_\xi,q_\theta)_{k+\frac{1}{2},l+\frac{1}{2}}$。

首先，我们可以通过GRP求解器和黎曼求解器来得到单元每条边上物理量的值：

$$\boldsymbol{U}_{A_{k+\frac{1}{2},l+\frac{1}{2}}^{j}}^{n+1,-}=\boldsymbol{U}_{A_{k+\frac{1}{2},l+\frac{1}{2}}^{j}}^{n}+\Delta t_n\left(\frac{\partial \boldsymbol{U}}{\partial t}\right)_{A_{k+\frac{1}{2},l+\frac{1}{2}}^{j}}^{n},j=1,\cdots,4 \qquad (10\text{-}15)$$

在图10.3中，我们可以在局部坐标(ξ,θ)近似得到单元$I_{k+\frac{1}{2},l+\frac{1}{2}}$的梯度：

$$\boldsymbol{\sigma}_{k+\frac{1}{2},l+\frac{1}{2}}^{n+1,-}=(\boldsymbol{U}_\xi,\boldsymbol{U}_\theta)_{k+\frac{1}{2},l+\frac{1}{2}}^{n+1,-}\approx\left(\frac{\boldsymbol{U}_{A_{k+\frac{1}{2},l+\frac{1}{2}}^{2}}^{n+1,-}-\boldsymbol{U}_{A_{k+\frac{1}{2},l+\frac{1}{2}}^{4}}^{n+1,-}}{\|\boldsymbol{x}_{k+\frac{1}{2},l+\frac{1}{2}}^{2}-\boldsymbol{x}_{k+\frac{1}{2},l+\frac{1}{2}}^{4}\|},\frac{\boldsymbol{U}_{A_{k+\frac{1}{2},l+\frac{1}{2}}^{3}}^{n+1,-}-\boldsymbol{U}_{A_{k+\frac{1}{2},l+\frac{1}{2}}^{1}}^{n+1,-}}{\|\boldsymbol{x}_{k+\frac{1}{2},l+\frac{1}{2}}^{3}-\boldsymbol{x}_{k+\frac{1}{2},l+\frac{1}{2}}^{1}\|}\right)$$

(10-16)

10.3.2 限制器

为了压制在间断处的局部震荡，同时在物理解的考虑下，我们需要利用限制器来修正梯度。这里我们在$\boldsymbol{\sigma}^{n+1,-}_{k+\frac{1}{2},l+\frac{1}{2}}$上应用了满足单调规则的限制器，该限制器类似于一维的情形：

$$(\boldsymbol{U}_\xi)^{n+1}_{k+\frac{1}{2},l+\frac{1}{2}}=\min\bmod\left(\alpha\frac{\boldsymbol{U}^{n+1}_{k+\frac{1}{2},l+\frac{1}{2}}-\boldsymbol{U}^{n+1}_{k-\frac{1}{2},l+\frac{1}{2}}}{\|\boldsymbol{x}^c_{k+\frac{1}{2},l+\frac{1}{2}}-\boldsymbol{x}^c_{k-\frac{1}{2},l+\frac{1}{2}}\|},(\boldsymbol{U}_\xi)^{n+1,-}_{k+\frac{1}{2},l+\frac{1}{2}},\alpha\frac{\boldsymbol{U}^{n+1}_{k+\frac{3}{2},l+\frac{1}{2}}-\boldsymbol{U}^{n+1}_{k+\frac{1}{2},l+\frac{1}{2}}}{\|\boldsymbol{x}^c_{k+\frac{3}{2},l+\frac{1}{2}}-\boldsymbol{x}^c_{k+\frac{1}{2},l+\frac{1}{2}}\|}\right)$$

$$(\boldsymbol{U}_\theta)^{n+1}_{k+\frac{1}{2},l+\frac{1}{2}}=\min\bmod\left(\alpha\frac{\boldsymbol{U}^{n+1}_{k+\frac{1}{2},l+\frac{1}{2}}-\boldsymbol{U}^{n+1}_{k+\frac{1}{2},l-\frac{1}{2}}}{\|\boldsymbol{x}^c_{k+\frac{1}{2},l+\frac{1}{2}}-\boldsymbol{x}^c_{k+\frac{1}{2},l-\frac{1}{2}}\|},(\boldsymbol{U}_\theta)^{n+1,-}_{k+\frac{1}{2},l+\frac{1}{2}},\alpha\frac{\boldsymbol{U}^{n+1}_{k+\frac{1}{2},l+\frac{3}{2}}-\boldsymbol{U}^{n+1}_{k+\frac{1}{2},l+\frac{1}{2}}}{\|\boldsymbol{x}^c_{k+\frac{1}{2},l+\frac{3}{2}}-\boldsymbol{x}^c_{k+\frac{1}{2},l+\frac{1}{2}}\|}\right)$$

$$\boldsymbol{\sigma}^{n+1}_{k+\frac{1}{2},l+\frac{1}{2}}=(\boldsymbol{U}_\xi,\boldsymbol{U}_\theta)^{n+1}_{k+\frac{1}{2},l+\frac{1}{2}} \tag{10-17}$$

其中参数$\alpha\in[0,2)$。若是非锯齿情形，则$\alpha\in[0,1]$；若是锯齿情形，则$\alpha\in(1,2)$。在我们的格式中，α通常选取在[1.5,2)。最小模函数可以参考文献[14]和[88]。

注释 10.3.1：

在计算在边界上单元的梯度时需要格外小心。当$l=1$或者$l=L$时，我们有

$$\boldsymbol{\sigma}^{n+1}_{k+\frac{1}{2},l+\frac{1}{2}}=\boldsymbol{\sigma}^{n+1}_{k+\frac{1}{2},2+\frac{1}{2}},\quad \boldsymbol{\sigma}^{n+1}_{k+\frac{1}{2},L+\frac{1}{2}}=\boldsymbol{\sigma}^{n+1}_{k+\frac{1}{2},L-1+\frac{1}{2}},\quad k=2,\cdots,K-1 \tag{10-18}$$

当$k=K$，我们也有

$$\boldsymbol{\sigma}^{n+1}_{K+\frac{1}{2},l+\frac{1}{2}}=\boldsymbol{\sigma}^{n+1}_{K-1+\frac{1}{2},l+\frac{1}{2}},\quad l=1,\cdots,L \tag{10-19}$$

当$k=1$，我们令

$$(\boldsymbol{U}_\xi)^{n+1}_{l+\frac{1}{2},l+\frac{1}{2}}=\min\bmod\left(\alpha\frac{\boldsymbol{U}^{n+1,-}_{A^2_{1+\frac{1}{2},l+\frac{1}{2}}}-\boldsymbol{U}^{n+1}_{1+\frac{1}{2},l+\frac{1}{2}}}{\|\boldsymbol{x}^2_{l+\frac{1}{2},l+\frac{1}{2}}-\boldsymbol{x}_{l+\frac{1}{2},l+\frac{1}{2}}\|},(\boldsymbol{U}_\xi)^{n+1}_{2+\frac{1}{2},l+\frac{1}{2}}\right)$$

$$(\boldsymbol{U}_\theta)^{n+1}_{1+\frac{1}{2},l+\frac{1}{2}}=(\boldsymbol{U}_\theta)^{n+1}_{2+\frac{1}{2},l+\frac{1}{2}}$$

$$\sigma^{n+1}_{1+\frac{1}{2},l+\frac{1}{2}}=(\boldsymbol{U}_\xi,\boldsymbol{U}_0)^{n+1}_{l+\frac{1}{2},l+\frac{1}{2}},\quad l=1,\cdots,L \tag{10-20}$$

10.4 中心处的边界条件

我们在θ方向的边界应用输运边界条件：

$$U^{n+1}_{k+\frac{1}{2},l+\frac{1}{2}}=U^{n+1}_{k+\frac{1}{2},2+\frac{1}{2}},\quad U^{n+1}_{k+\frac{1}{2},L+\frac{1}{2}}=U^{n+1}_{k+\frac{1}{2},L-1+\frac{1}{2}},\quad k=2,\cdots,K-1 \tag{10-21}$$

在外边界应用

$$U^{n+1}_{K+\frac{1}{2},l+\frac{1}{2}}=U^{n+1}_{K-1+\frac{1}{2},l+\frac{1}{2}},\quad l=1,\cdots,L \tag{10-22}$$

但是应用在中心处$(z,r)=(0,0)$的边界主要有两个难点：其一是数值边界条件的设定；其二是中心处的奇性，源项与$1/\xi$成比例。后者相对来说容易一些，可以用CFL条件来处理。前者是一个本质的问题，已经在文献[131]中解决。

在这里我们采用与文献[131]同样的方式来处理中心处的边值条件。

命题 10.4.1 在中心处$(z,r)=(0,0)$(或者$(\xi,\theta)=(0,\theta)$),速度必须消失,也就是$u_\xi(0,\theta,t)\equiv0, u_\theta(0,\theta,t)\equiv0$,并且质量和能量的导数必须满足

$$\begin{cases}\left(\dfrac{\partial\rho}{\partial t}\right)_0+3\left(\dfrac{\partial(\rho u_\xi)}{\partial\xi}\right)_0=0\\\left(\dfrac{\partial(\rho E)}{\partial t}\right)_0+3\left(\dfrac{\partial(\rho E+p)u_\xi}{\partial\xi}\right)_0=0\end{cases}\tag{10-23}$$

假设流体是光滑的,其中下标0代表在中心处的流体状态。

证明:选定一个计算区域Ω,积分下的质量守恒可以写成如下形式:

$$\frac{\partial}{\partial t}\int_\Omega\rho\mathrm{d}V+\int_{\partial\Omega}\rho\boldsymbol{v}\cdot\boldsymbol{n}\mathrm{d}S=0\tag{10-24}$$

其中$\boldsymbol{v}$是速度向量,$\boldsymbol{n}$是区域边界$\partial\Omega$上的单位外法向量。

在球对称流当中,Ω是由半径$\Delta\xi$绕中心组成的一个球。在球坐标的转换下,式(10-24)可以改写成

$$\int_0^\pi\sin\phi\mathrm{d}\phi\int_0^{2\pi}\int_0^{\Delta\xi}\xi^2\frac{\partial\rho}{\partial t}\mathrm{d}\xi\mathrm{d}\theta+\int_0^\pi\sin\phi\mathrm{d}\phi\int_0^{2\pi}(\Delta\xi)^2\rho u_\xi(\Delta\xi,\theta,t)\mathrm{d}\theta=0\tag{10-25}$$

应用积分中值定理,式(10-25)可以简写成

$$\frac{\partial\rho(b\Delta\xi,\theta,t)}{\partial t}+3\frac{\rho u_\xi(\Delta\xi,\theta,t)}{\Delta\xi}=0\tag{10-26}$$

其中$b\in[0,1]$。根据对称性质,我们总结出速度(或者动量)在中心处必须消失,也就是$u_\xi(0,\theta,t)\equiv0, u_\theta(0,\theta,t)\equiv0$。因此,式(10-26)可以立即推出式(10-23)的第一条性质。类似地,我们可以得到第二条性质。

证毕。

命题 10.4.2 $U^{n+1}_{1+\frac12,l+\frac12}=(\rho,\rho u_\xi,\rho u_\theta,\rho E)^{n+1}_{1+\frac12,l+\frac12}$在中心处的数值边界条件可以描述为

$$\begin{cases}\rho^{n+1}_{1+\frac12,l+\frac12}=\rho^{n}_{1+\frac12,l+\frac12}-3\cdot\dfrac{\Delta t_n}{\|\boldsymbol{x}^2_{1+\frac12,l+\frac12}\|}(\rho u_\xi)^{n+\frac12}_{A^2_{1+\frac12,l+\frac12}}\\(\rho u_\xi)^{n+1}_{1+\frac12,l+\frac12}=0,\quad(\rho u_\theta)^{n+1}_{1+\frac12,l+\frac12}=0,\quad l=1,\cdots,L\\(\rho E)^{n+1}_{1+\frac12,l+\frac12}=(\rho E)^{n}_{1+\frac12,l+\frac12}-3\cdot\dfrac{\Delta t_n}{\|\boldsymbol{x}^2_{1+\frac12,l+\frac12}\|}(u_\xi(\rho E+p))^{n+\frac12}_{A^2_{1+\frac12,l+\frac12}}\end{cases}\tag{10-27}$$

其中中点值$U^{n+\frac12}_{A^2_{1+\frac12,l+\frac12}}$由式(10-14)给出。

证明:从命题10.4.1中,我们知道$u_\xi(0,\theta,t)\equiv0, u_\theta(0,\theta,t)\equiv0$,然后我们考虑单元$I_{1+\frac12,l+\frac12}=[0,\varepsilon\Delta\xi]\times[l\Delta\theta,(l+1)\Delta\theta]$上的动量:

$$(\rho u_{\xi})_{\beta}:=\frac{1}{\varepsilon\Delta\xi\Delta\theta}\int_{l\Delta\theta}^{(l+1)\Delta\theta}\int_{0}^{\varepsilon\Delta\xi}\rho u_{\xi}(\xi,\theta,t)\,\mathrm{d}\xi\mathrm{d}\theta \tag{10-28}$$

$$(\rho u_{\theta})_{\beta}:=\frac{1}{\varepsilon\Delta\xi\Delta\theta}\int_{l\Delta\theta}^{(l+1)\Delta\theta}\int_{0}^{\varepsilon\Delta\xi}\rho u_{\theta}(\xi,\theta,t)\,\mathrm{d}\xi\mathrm{d}\theta \tag{10-29}$$

其中下标 $\beta=(1+\frac{1}{2},l+\frac{1}{2})$。当 ε 充分小时，我们近似地有

$$(\rho u_{\xi})_{\beta}:=\frac{1}{\varepsilon\Delta\xi\Delta\theta}\int_{l\Delta\theta}^{(l+1)\Delta\theta}\int_{0}^{\varepsilon\Delta\xi}\rho u_{\xi}(\xi,\theta,t)\,\mathrm{d}\xi\mathrm{d}\theta\rightarrow\rho u_{\xi}(0,\frac{l+1}{2}\Delta\theta,t)=0 \tag{10-30}$$

$$(\rho u_{\theta})_{\beta}:=\frac{1}{\varepsilon\Delta\xi\Delta\theta}\int_{l\Delta\theta}^{(l+1)\Delta\theta}\int_{0}^{\varepsilon\Delta\xi}\rho u_{\theta}(\xi,\theta,t)\,\mathrm{d}\xi\mathrm{d}\theta\rightarrow\rho u_{\theta}(0,\frac{l+1}{2}\Delta\theta,t)=0 \tag{10-31}$$

当 $\varepsilon\rightarrow0$ 时，这与 $\rho u_{\xi}(0,\theta,t)\equiv0$，$\rho u_{\theta}(0,\theta,t)\equiv0$ 是相容的。因此当 ε 充分小时，我们令 $(\rho u_{\xi})_{\beta}^{n+1}=0$，$(\rho u_{\theta})_{\beta}^{n+1}=0$。

对于质量和能量的发展方程，我们在控制体 $C_{\beta}=I_{\beta}\times[t_n,t_{n+1}]$ 上应用有限体积方法，其中应用了加权因子 ξ^2：

$$\int_{C_{\beta}}\xi^{2}\frac{\partial\boldsymbol{U}}{\partial t}\mathrm{d}\xi\mathrm{d}\theta\mathrm{d}t+\int_{C_{\beta}}\xi^{2}(\frac{\partial\boldsymbol{F}}{\partial\xi}+\frac{\partial\boldsymbol{G}}{\partial\theta})\mathrm{d}\xi\mathrm{d}\theta\mathrm{d}t=\int_{C_{\beta}}\xi^{2}\boldsymbol{\Psi}\mathrm{d}\xi\mathrm{d}\theta\mathrm{d}t \tag{10-32}$$

其中因子 ξ^2 在笛卡儿坐标转换到球坐标中起到重要作用。当应用了该因子时，在中心处 $\xi=0$ 的奇性可以被消除以及源项也能得到有效的处理。

应用简单的数值积分，我们可以正式得到

$$\int_{C_{\beta}}\xi^{2}\frac{\partial\boldsymbol{U}}{\partial t}\mathrm{d}\xi\mathrm{d}\theta\mathrm{d}t=\frac{(\varepsilon\Delta\xi)^{3}\Delta\theta}{3}(\boldsymbol{U}_{\beta}^{n+1}-\boldsymbol{U}_{\beta}^{n})+O((\Delta\xi)^{5}) \tag{10-33}$$

其中$\boldsymbol{U}_{\beta}^{n}$ 是单元 I_{β} 上 $\boldsymbol{U}(\xi,\theta,t_n)$ 的均值：

$$\boldsymbol{U}_{\beta}^{n}=\frac{1}{\varepsilon\Delta\xi\Delta\theta}\int_{I_{\beta}}\boldsymbol{U}(\xi,\theta,t_n)\,\mathrm{d}\xi\mathrm{d}\theta \tag{10-34}$$

针对式(10-32)左边第二项应用分部积分，我们可以得到

$$\begin{aligned}\int_{C_{\beta}}\xi^{2}(\frac{\partial\boldsymbol{F}}{\partial\xi}+\frac{\partial\boldsymbol{G}}{\partial\theta})\mathrm{d}\xi\mathrm{d}\theta\mathrm{d}t=&\int_{t_n}^{t_{n+1}}\int_{l\Delta\theta}^{(l+1)\Delta\theta}\xi^{2}\boldsymbol{F}(\boldsymbol{U}(\cdot,\theta,t))\,\Big|_{0}^{\varepsilon\Delta\xi}\mathrm{d}\theta\mathrm{d}t-\int_{C_{\beta}}2\xi\boldsymbol{F}\,\mathrm{d}\xi\mathrm{d}\theta\mathrm{d}t+\\&\int_{t_n}^{t_{n+1}}\int_{0}^{\varepsilon\Delta\xi}\xi^{2}\boldsymbol{G}(\boldsymbol{U}(\xi,\cdot,t))\,\Big|_{l\Delta\theta}^{(l+1)\Delta\theta}\mathrm{d}\xi\mathrm{d}t\\=&(\varepsilon\Delta\xi)^{2}\int_{t_n}^{t_{n+1}}\int_{l\Delta\theta}^{(l+1)\Delta\theta}\boldsymbol{F}(\boldsymbol{U}(\varepsilon\Delta\xi,\theta,t))\,\mathrm{d}\theta\mathrm{d}t-2\int_{C_{\beta}}r\boldsymbol{F}\,\mathrm{d}\xi\mathrm{d}\theta\mathrm{d}t\end{aligned} \tag{10-35}$$

其中应用了关于角度对称的性质 $\boldsymbol{U}(\xi,l\Delta\theta,t)=\boldsymbol{U}(\xi,(l+1)\Delta\theta,t)$。

当分别考虑式(10-3)中的质量方程和能量方程时，合并式(10-32)和式(10-33)，我们可以得到

$$\rho_\beta^{n+1} = \rho_\beta^n - \frac{3}{\varepsilon\Delta\xi\Delta\theta}\int_{t_n}^{t_{n+1}}\int_{l\Delta\theta}^{(l+1)\Delta\theta}\rho \boldsymbol{u}_\xi(\varepsilon\Delta\xi,\theta,t)\mathrm{d}\theta\mathrm{d}t \tag{10-36}$$

$$(\rho E)_\beta^{n+1} = (\rho E)_\beta^n - \frac{3}{\varepsilon\Delta\xi\Delta\theta}\int_{t_n}^{t_{n+1}}\int_{l\Delta\theta}^{(l+1)\Delta\theta}u_\xi(\rho E + p)(\varepsilon\Delta\xi,\theta,t)\mathrm{d}\theta\mathrm{d}t \tag{10-37}$$

然后我们应用中点规则来求出关于时间上的积分，得到带二阶精度的式(10-27)。

注释 10.4.1：

在以往的研究当中，反射边界条件通常直接应用在中心处的密度和压力上，并且速度假设成零。因此，源项对中心单元不起任何作用，这就导致与控制方程(10-3)不相容。

注释 10.4.2：

我们将在 10.5 节中的数值案例中去验证这些边界条件的有效性。

最后我们总结一下在等角度网格下的 GRP 格式。

步骤一：在 $t_n=0, k=1,\cdots,K, l=1,\cdots,L$ 时，给出区域 Ω 初始的等角度网格，式(10-9)中的初始数据为 $U_{k+\frac{1}{2},l+\frac{1}{2}}^n$，初始梯度为$\boldsymbol{\sigma}_{k+\frac{1}{2},l+\frac{1}{2}}^n$。然后计算出每个单元 $I_{k+\frac{1}{2},l+\frac{1}{2}}$上的中心值，这可由式(10-14)通过求解局部广义黎曼问题计算出。

步骤二：根据式(10-8)、式(10-10)和式(10-11)求出新的单元平均 $U_{k+\frac{1}{2},l+\frac{1}{2}}^{n+1}$，其中 $k=2,\cdots,K-1, l=2,\cdots,L-1$。然后根据式(10-21)、式(10-27)得出新的边界单元平均。

步骤三：应用 10.3 节中满足单调规则的限制器来更新梯度$\boldsymbol{\sigma}_{k+\frac{1}{2},l+\frac{1}{2}}^{n+1}$。

步骤四：如果 $t_{n+1}<T$，则返回步骤一。

10.5 数值模拟

在这一节中我们将展示几个经典案例。目的是说明该格式的可行性。在我们的数值案例当中，$\gamma>1$ 是绝热指数，CFL 数 μ_{CFL} 定义为

$$\mu_{\mathrm{CFL}} = \Delta t \max_{k,l}\frac{\| w_{k+\frac{1}{2},l+\frac{1}{2}}^n \| + c_{k+\frac{1}{2},l+\frac{1}{2}}^n}{\Delta L_{k+\frac{1}{2},l+\frac{1}{2}}} \tag{10-38}$$

其中 $\Delta L_{k+\frac{1}{2},l+\frac{1}{2}}$是单元 $I_{k+\frac{1}{2},l+\frac{1}{2}}$ 的最短边长，$w_{k+\frac{1}{2},l+\frac{1}{2}}^n=(u_{k+\frac{1}{2},l+\frac{1}{2}}^n, v_{k+\frac{1}{2},l+\frac{1}{2}}^n)$，$c_{k+\frac{1}{2},l+\frac{1}{2}}^n$ 分别是该单元的速度和声速。在这里 $\| w_{k+\frac{1}{2},l+\frac{1}{2}}^n \| = \sqrt{(u_{k+\frac{1}{2},l+\frac{1}{2}}^n)^2+(v_{k+\frac{1}{2},l+\frac{1}{2}}^n)^2}$。

在所有的案例中我们令 $\mu_{\mathrm{CFL}}=0.4$。为了验证该格式，我们把 GRP 格式的数值解与相应的精确解作比较。

10.5.1 案例 1：Noh 问题

第一个案例是球状聚集流，中心处是零压力，$\gamma=5/3$，具有以下的初值分布：

$$(\rho,u_\xi,u_\theta,p)=(1,-1,0,0),\quad (\theta,\xi)\in[0,\pi/2]\times[0,1] \tag{10-39}$$

这是由 Noh[172] 提出的具有精确解(自相似)的测试案例,在文献[164]和[173]中也有类似的数值模拟。该解包含了扩展的球状激波,从中心开始发展。在激波身后的流体是静止的,拥有均匀的压力 p 和密度 ρ。我们设置初始压力为10^{-6},而不是零。我们还设置单元 $I_{K+\frac{1}{2},l+\frac{1}{2}}$ $(l=1,\cdots,L)$的边界值为

$$(\rho,u_{\xi},u_{\theta},p)^{n+1}(z,r)=\left(\left(1+\frac{t_{n+1}}{\sqrt{r^2+z^2}}\right)^2,-1,0,10^{-6}\right),\quad (z,r)\in I_{K+\frac{1}{2},l+\frac{1}{2}} \tag{10-40}$$

这是在 $t=t_{n+1}$时刻的精确解。我们在图 10.4 和图 10.5 展示了 Noh 问题的结果。这些解和精确解能大部分匹配上,除了在中心处的密度分布有一些差异外。在文献[15]中解释了该误差是在中心处激波的初始误差所造成的,其中数值耗散会产生比精确值更大的熵。这些差异可以通过在中心处的边界精确值[12]来减弱。

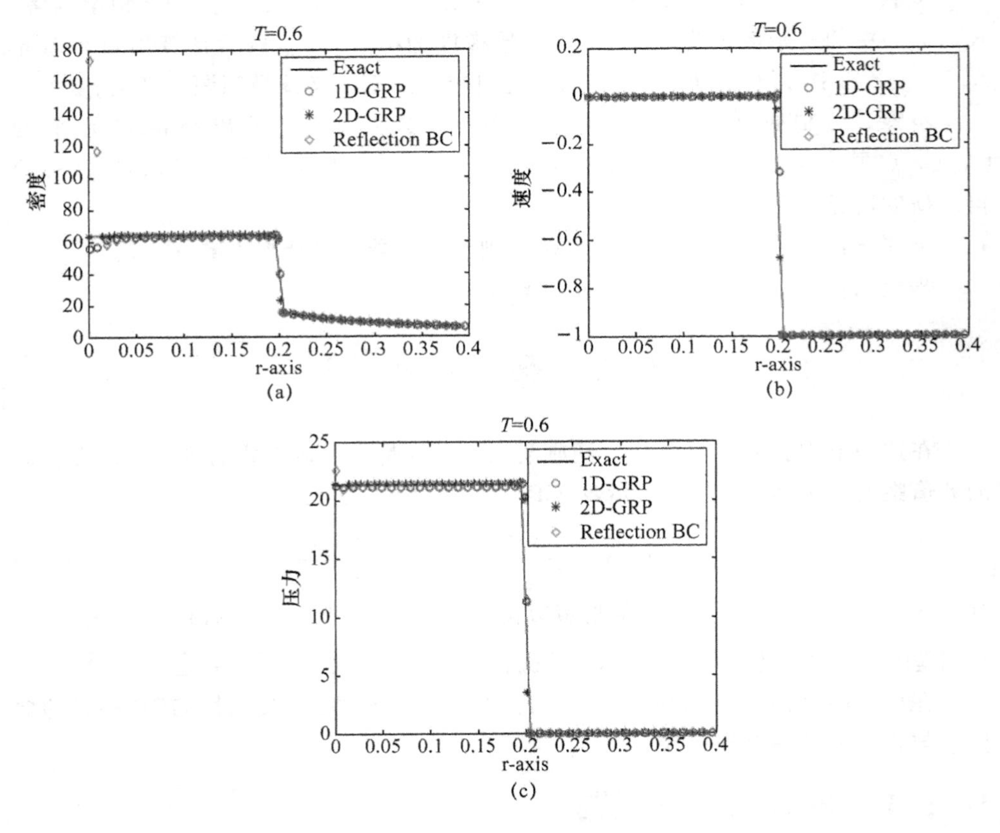

图 10.4 Noh 问题的数值结果

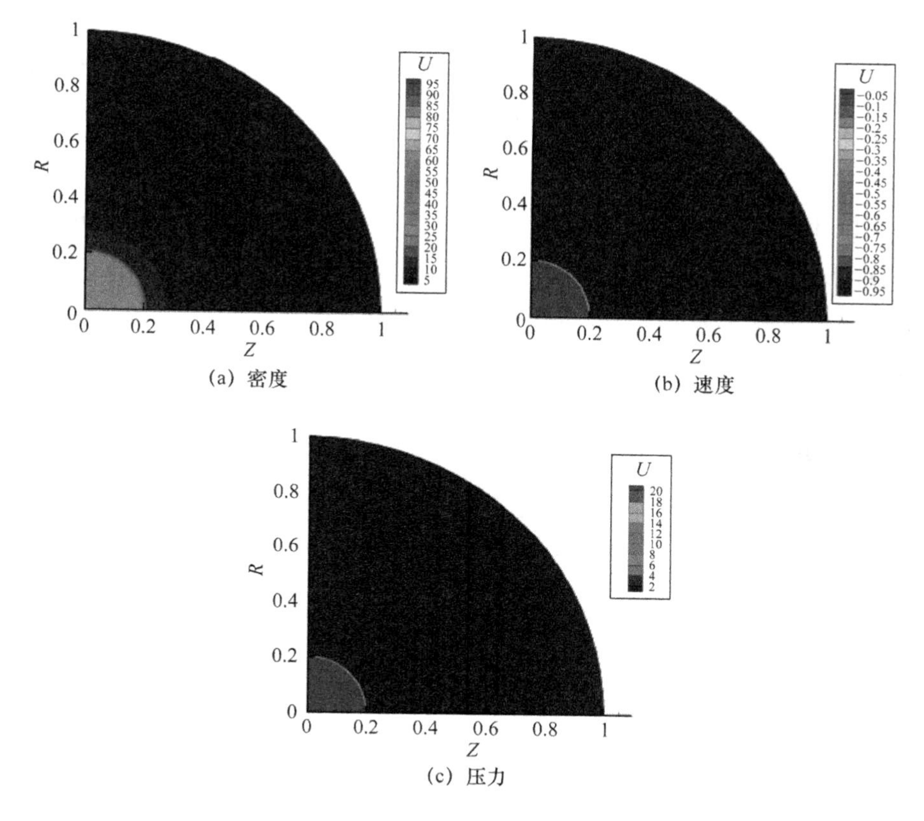

图 10.5 Noh 问题下 ρ, u, p 在 $T=0.6$ 的等值线图

在图 10.4 中可以看到我们的格式得出了一个比文献[164]、[173]更好的结果。由 GRP 格式得出的激波的分布位置和大小与解析解很接近。除此之外，在中心处的密度耗散比其他结果[41]要小一些。但是在中心处如果应用了反射边界条件，就会产生数值振荡。这就说明了反射边界条件不适用于该数值案例。更近一步，从图 10.5 中我们可以看到在二维情况下的密度分布与精确解的匹配度要比一维的高。这是因为在二维中中心处单元的中心要比一维的小，那么在中心处的耗散也就要小一些。除此之外，从图 10.5 中我们可以看到密度、压力、速度的分布是对称的。

10.5.2 案例 2：Sedov-Taylor Blast Wave 问题

在第二个案例中，我们通过 Sedov-Taylor Blast Wave 问题来模拟强激波的传播。由于在中心处的密度低和温度高，因此会产生数值困难。Sedov[193] 假设忽略了与爆炸内部压力相关的大气压力，给出了解析解。气体的绝热指数为 $\gamma=1.4$，拥有以下初值条件：

$$(\rho,u_\xi,u_\theta,p)(r,z)=\begin{cases}(1,0,0,0.340\,680\,8), & (r,z)\in I_{\frac{1}{2},l+\frac{1}{2}},l=1,\cdots,L\\(1,0,0,10^{-6}), & \text{其他}\end{cases}$$

(10-41)

初始计算区域是$\frac{1}{4}$圆$[0,\pi/2]\times[0,1.2]$，其被剖分成 300×20 等角度网格。解析是一个激波，$T=1$ 时刻时的位置是在 $r=1$。图 10.6 说明了 GRP 格式的数值解与解析解相一致，没有数值振荡。除此之外，反射边界条件对该数值案例没有任何影响。从图 10.7 可以看出数值结果是对称的。

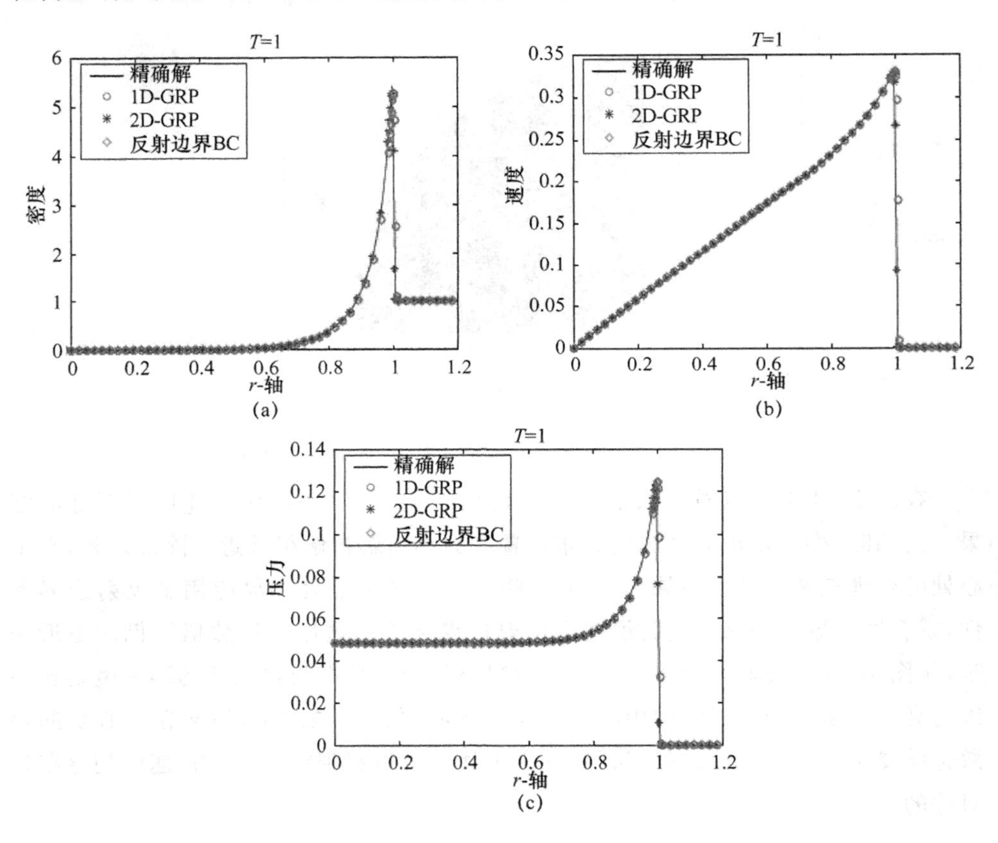

图 10.6 Sedov-Taylor Blast Wave 问题的数值结果

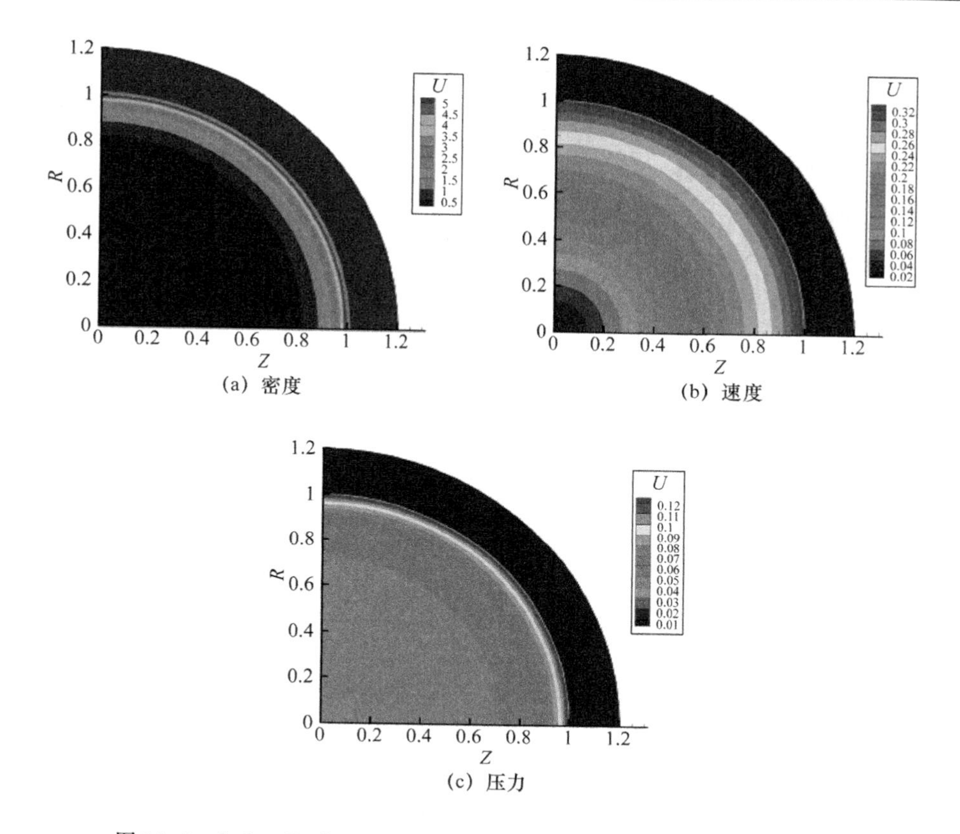

(a) 密度

(b) 速度

(c) 压力

图 10.7 Sedov-Taylor Blast Wave 问题下 ρ,u,p 在 $T=1$ 的等值线图

10.5.3 案例3:球爆炸问题

Brode[22]分析了球爆炸模型,文献[19]研究了该实验,文献[134]做了相应的数值模拟。该问题的绝热指数是 $\gamma=1.4$,并且具有以下初始条件:

$$(\rho,u_\xi,u_\theta,p)(r,z)=\begin{cases}(21.7333,0,0,15.514), & \sqrt{r^2+z^2}\leqslant 5\\ (2,0,0,1), & 5<\sqrt{r^2+z^2}\leqslant 50\end{cases} \tag{10-42}$$

从图 10.8 中可以看出,第二个激波形成之后,并且移动到大概的位置 $\xi=6.0$,该数值结果与文献[131]的结果相一致,还可以看出,不同的边界条件对该数值案例没有任何影响,并且二维的数值结果也具有对称的性质,如图 10.9 所示。

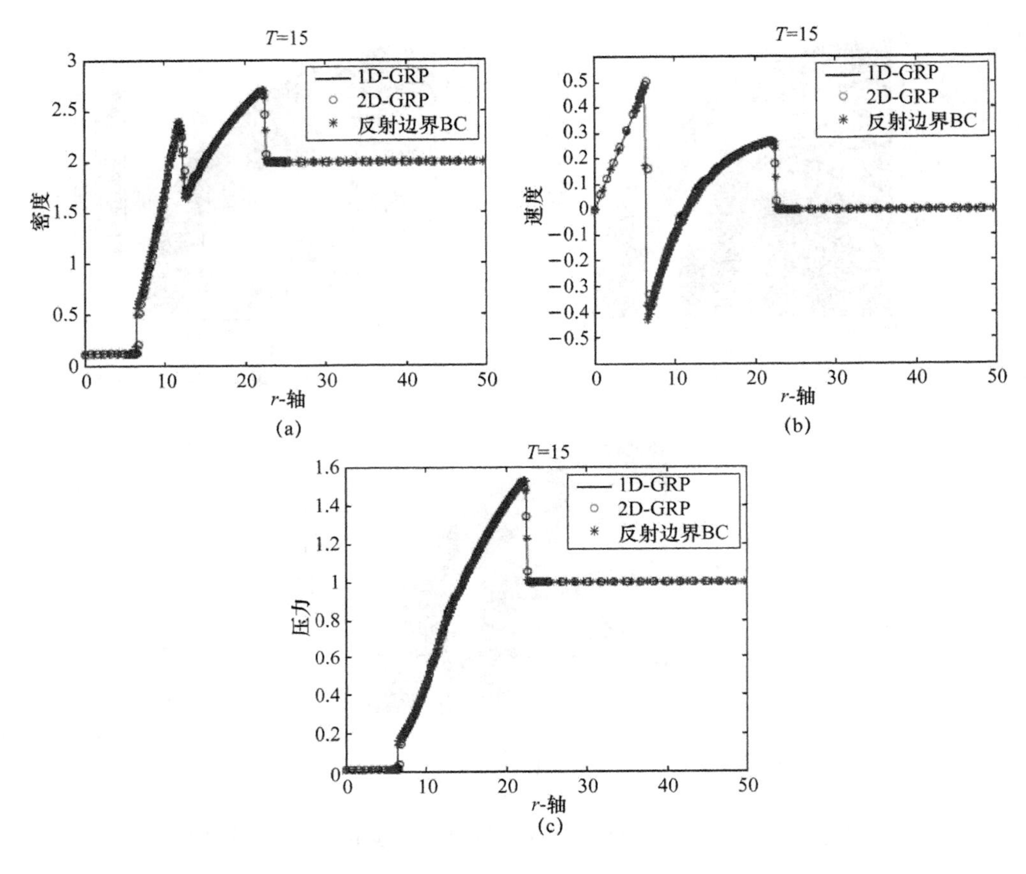

图 10.8　球爆炸问题的数值结果

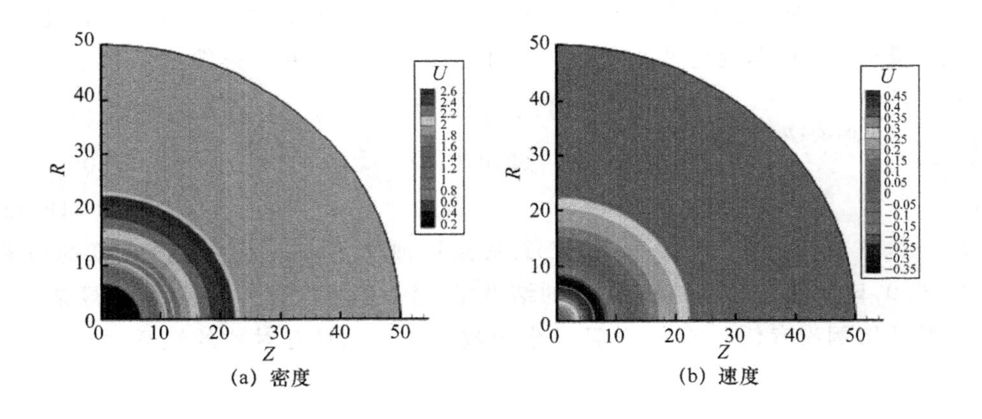

(a) 密度　　(b) 速度

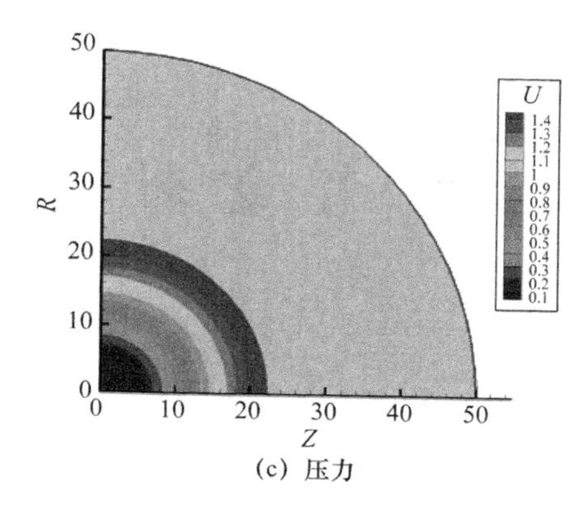

(c) 压力

图 10.9 球爆炸问题下 ρ,u,p 在 $T=15$ 的等值线图

10.6 小 结

在本章中我们针对柱坐标系下的欧拉方程给出了中心型 GRP 格式。GRP 格式在时间和空间上都具有二阶精度。然后我们把该格式应用到二维的情形中。若干数值案例验证了该格式的数值结果与精确解相一致,并且在球中心处应用反射边界条件可能会产生数值振荡。因此数值边界条件比反射边界条件要好一些。而且,二维的数值结果具有对称的性质。

参考文献

[1] Abdou M A, et al. On the exploration of innovative concepts for fusion chamber technology fusion[J]. Fusion Eng. Des. , 2001, 54: 181-247.

[2] Alvarez-Lacalle E, Ortín J, Casademunt J. Low viscosity constrant fingering in a rotating hele-shaw cell[J]. Phy. Fluids, 2004, 16(4): 908-924.

[3] Ames W F. Numerical methods for partial differential equations[M]. [S. l.]: Academic press, 2014.

[4] Aminfar H. Mohammadpourfard M. , Kahnamouei Y N. A 3d numerical simulation of mixed convection of a magnetic nanouid in the presence of non-uniform magnetic field in a vertical tube using two phase mixture model [J]. Journal of Magnetism and Magnetic Materials, 2011, 323(15): 1963-1972.

[5] Babuska I, Flaherty J E, Henshaw W D, et. al. Modeling, mesh generation, and adaptive numerical methods for partial differential equations, volume 75[M]. [S. l.]: Springer Science & Business Media, 2012.

[6] Badia S, Gonzaléz F G, Gutierrez-Santacreu J V. Finite element approximation of nematic liquid crystal flows using a saddle-point structure[J]. J. Comput. Phys. , 2011, 230 : 1686-1706.

[7] Badia S, Gonzaléz F G, Gutierrez-Santacreu J V. An overview on numerical analyses of nematic liquid crystal flows[J]. Arch. Comput. Methods Eng. , 2011, 18: 285-313.

[8] Bao K, Shi Y, Sun S, et al. A finite element method for the numerical solution of the coupled Cahn-Hilliard and Navier-Sotkes system for moving contact line problems[J]. J. Comput. Phys. , 2012, 231: 8083-8089.

[9] Bao W Z, Zhang Y Z. Dynamics of the ground state and central vortex states in Bose-Einstein condensation[J]. M3AS, 2005,15(12): 1863-1896.

[10] Barth T, Jesperson D C. The design and application of upwind schemes on

unstructed meshes[R]. AIAA Report, 1989, 89-0366, .

[11] Bateman G. Mhd instabilities[M]. [S. l.] MIT Press, 1978.

[12] Ben-Artzi M, Birman A. Computation of reactive duct flows in external Fields[J]. J. Comput. Phys. , 1990, 86: 225-255.

[13] Ben-Artzi M, Generalized Riemann problem for reactive flows[J]. J. Comput. phys. ,1989, 81(1):70-101.

[14] Ben-Artzi M, Falcovitzi J. A second-order Godunov-type scheme for compressible fluid dynamics[J]. J. Comput. Phys. , 1984, 55 (1): 1-32.

[15] Ben-Artzi M, Falcovitzi J. Generalized riemann problems in computational gas dynamics[M]. [S. l.]: Cambridge University Press, 2003.

[16] Ben-Artzi M, Li J, Warnecke G. A direct Eulerian GRP scheme for compressible fluid flows[J]. J. Comput. Phys. , 2006, 218: 19-34.

[17] Berrenman D W, Meiboom S. Tensor representation of Oseen-Frank strain energy inuniaxial cholesterics[J]. Phys. Rev. A, 1984, 30: 1955-1959.

[18] Bethue F, Brezis H, Helein F. Asymptotics for the minimization of a Ginzburg-Landau functional [J]. Calc. Var. Partial Differential Equations, 1993, 1: 123-148.

[19] Boyer D W. An experimental study of the explosion generated by a pressurized Sphere[J]. J. Fluid Mech. , 1960, 9: 401-429.

[20] Boyer F, Lapuerta C. Study of a three component Cahn-Hilliard flow model[J]. ESAIM: Math. Model. Num. Ana. , 2006, 40: 653-687.

[21] Boyer F, Minjeaud S. Numerical schemes for a three component Cahn-Hilliard model[J]. ESAIM Math. Model. Numer. Anal. , 2011, 45: 697-738.

[22] Brode H L. Theoretical solutions of spherical shock tube blasts, the RAND corporation[R]. RM-1974, 1957.

[23] Brogioli D, Vailati A. Diffusive mass transfer by nonequilibrium fluctuations: Fick's law revisited[J]. Phys. Rev. E, 2000, 63: 012105.

[24] Buffard T, Clain S. Monnoslope and multislope MUSCL methods for unstructured meshes[J]. J. Comput. Phys. , 2010, 229: 3745-3776.

[25] Cahn J W, Allen S M. A microscopic theorey for domain wall motion and

its experimental verification in fe-al alloy domain growth kinetics[J]. J. Phys. Colloque, 1997, C7 : C7-51.

[26] Cahn J W, Hillard J E. Free energy of a nonuniform system. I. Interfacial free energy[J]. J. Chem. Phys., 1958, 28: 258-267.

[27] Calderer M C, Joo S. A continuum theory of chiral smectic C liquid crystals[J]. SIAMJ. Appl. Math., 2008, 69: 787-809.

[28] Caramana E J, Burton D E, Shashkov M J, et al. The construction of compatible hydrodynamics algorithms utlizing conservation of total energy [J]. J. Comput. Phys., 1998, 146: 227-262.

[29] Carrillo L, Magdaleno F X, Casademunt J, et al. Experiments in a rotating hele-shaw cell[J]. Phy. Rev. E, 1958, 54(6):6260-6267.

[30] Chan C T, Yu Q L, Ho K M. Order-n spectral method for electromagnetic waves [J]. Physical Review B, 1995, 51(23):16635.

[31] Chandrasekhar S. Liquid crystals[M]. [S. l.]: Cambridge University Press, 1977.

[32] Chen C, Yang X. Efficient numerical scheme for a dendritic solidification phase field model with melt convection[J]. J. Comp. Phys., 2019, 388: 41-62.

[33] Chen J, Lubensky T. Landau-ginzburg mean-field theory for the nematic-c and nematic to smectic-A phase transitions[J]. Phys. Rev. A., 1976, 14: 1202-1207.

[34] Chen R, Ji G, Yang X, et al. Decoupled energy stable schemes for phase-field vesicle membrane model [J]. J. Comput. Phys., 2015, 302: 509-523.

[35] Chen R, Yang X, Zhang H. Second order, linear, and unconditionaly energy stable schemes for a hydrodynamic model of smectic-A liquid crystals[J]. SIAM J. Sci. Comput., 2017, 39: A2808-A2833.

[36] Chen R, Yang X, Zhang H. Decoupled, energy stable scheme for hydrodynamic Allen-Cahn phase field moving contact line model[J] J. Comput. Math., 2018, 36: 661-681.

[37] Chen W, Feng W, Liu Y, et al. A second order energy stable scheme for the Cahn-Hilliard-Hele-Shaw equations [J]. Discrete and Continuous Dynamical System-Series B, 2016, 24 (1):149-182.

[38] Chen H, Mao J, Shen J. Optimal error estimates for the scalar auxiliary variable finite-element schemes for gradient flows [J]. Numerische Mathematik, 2020, 145(6):1-30.

[39] Chen C Y, Huang Y S. Diffuse-interface approach to rotating hele-shaw flows[J]. Phys. Rev. E, 2011, 84(4): 046302.

[40] Cheng Q, Liu C, Shen J. A new lagrange multiplier approach for grdient flows[J]. Comput. Methods Appl. Mech. Engrg. , 2020, 367: 113070.

[41] Cheng J, Shu C-W. A cell-centered Lagrangian scheme with preservation of symmetry and conservation properties for compressible fluid flows in two-dimensional cylindrical geometry[J]. J. Comput. Phys. , 2010, 229: 7191-7206.

[42] Cheng Q, Yang X, Shen J. Effcient and accurate numerical schemes for a hydro-dynamically coupled phase field diblock copolymer model[J]. J. Comput. Phys. , 2017, 341: 44-60.

[43] Choi H, Cai Y, Shen J. Error estimates for time discretizations of cahn-hilliard and allen-cahn phase-field models for two-phase incompressible flows[J]. Numerische Mathematik, 2017, 137(2):417-449.

[44] Chonoa S, Tsujia T, Denn M M. Spatial development of director orientation of tumbling nematic liquid crystals in pressure-driven channel flow[J]. J. Non-Newtonian Fluid Mech. , 1998, 79: 515-527.

[45] Chu M S, Jensen T H, Lee J K. Energy principle for stability of general force-free mhd equilibria[J]. Nuclear Fusion, 1982, 22(2): 213.

[46] Ciarlet P G. Introduction to linear shell theory[M]. Paris: Series in Applied Mathematics (Paris), vol. 1, Gauthier-Villars, Editions Scientifiques et Medicales Elsevier, 1998.

[47] Ciarlet P G. Mathematical elasticity[M]. vol. Ⅲ, in: Studies in Mathematics and its Applications, vol. 29, North-Holland, Amsterdam, Theory of shells, 2000.

[48] Climent-Ezquerra B, Guillén-González F. Global in time solution and time-periodicity for asmectic-A liquid crystal model [J]. Commun. Pure Appl. Anal. , 2010, 9: 1473-1493.

[49] Climent-Ezquerra B, Guillén-González F. A review of mathematical analysis of nematic and smectic-A liquid crystal models[J]. European J. Appl. Math. , 2014,

25: 133-153.

[50] Cueto-Felgueroso L, Juanes R. A phase-field model of two-phase hele-shaw flow[J]. J. Fluid Mech., 2014, 758: 522-552.

[51] Cyr E C, Shadid J N, Tuminaro R S, et al. A new approximate block fractorization preconditioner for two-dimensional incompressible (reduced) resistive MHD[J]. SIAM J. Sci. Comput., 2013, 35:701-730.

[52] Davis T W, Thermal Conductivity Values, A-to-Z Guide to Thermodynamics, Heat and Mass Transfer, and Fluids Engineering, Begellhouse, Redding, Connecticut[R], 2006.

[53] Davis T A, Gartland E C. Finite element analysis of the Landau de Gennes min-imization problem for liquid crystals[J]. SIAM J. Numer. Anal., 1998, 35: 336-362.

[54] Doi M, Edwards S F. The theory of polymer dynamics[M]. New York: Oxford University Press, 1986.

[55] Dong S, Shen J. A time-stepping scheme involving constant coefficient matrices for phase-field simulations of two-phase imcompressible flows with large density ratios[J]. J. Comput. Phys., 2012, 231: 5788-5804.

[56] Dong X, He Y. Two-level newton iterative method for the 2d/3d stationary incompressible magnetohydrodynamics [J]. Journal of Scientific Computing, 2015, 63(2):426-451.

[57] Du Q, Guo B Y, Shen J. Fourier spectral approximation to a dissipative system modeling the flow of liquid crystals[J]. SIAM J. Numer. Anal., 2001, 39(3): 735-762.

[58] Du Q, Liu C, Wang X. A phase field approach in the numerical study of the elastic bending energy for vesicle membranes[J]. J. Comput. Phys., 2004, 198: 450-468.

[59] Du Q, Liu C, Wang X. Retriving topological information for phase field models[J]. SIAM J. Appl. Math., 2005, 65: 1913-1932.

[60] Du Q, Liu C, Ryham R, et al. Modeling the spontanous curvature effects in static cell membrane deformations by a phase field formulation[J]. Commun. Pure Appl. Analy., 2005, 4: 537-548.

[61] Du Q, Liu C, Ryham R, et al. A phase field formulation of the willmore

problem[J]. Nonlinearity, 2005, 18; 1249-1267.

[62] E W N. Dynamics of vortices in Ginzburg-Landau theories with applications to superconductivity[J]. Phys. D, 1994, 77: 383-404.

[63] E W N. Nonlinear continuum theory of smectic-A liquid crystal[J]. Arch. Rational Mech. Anal., 1997, 137: 1159-175.

[64] E W N, Liu J-G. Projection method. I. Convergence and numerical boundary layers[J]. SIAM J. Numer. Anal., 1995, 32: 1017-1057.

[65] Ericksen J L, Anisotropic fluids[J]. Arch. Rational Mech. Anal., 1960, 4: 231-237.

[66] Ericksen J L, Conservation laws for liquid crystals[J]. Trans. Soc. Rheol., 1961, 5(1): 23-34.

[67] Ericksen J L, Hydrostatic theory of liquid crystal[J]. Arch. Rational Mech. Anal., 1962, 9: 371-378.

[68] Eyre D J. Unconditionally gradient stable time marching the Cahn-Hilliard equation, in computational and mathematical models of microstructural evolution (San Francisco, CA, 1998)[R]. Mater. Res. Soc. Sympos. Proc. 529, MRS, Warrendale, PA, 1998, 39-46.

[69] Faghri A, Zhang Y. Transport phenomena in multiphase systems[M]. [S. l.]: Elsevier, 2006.

[70] Feng J J, Tao J, Leal L G. Roll cells and disclinations in sheared nematic polymers[J]. J. Fluid Mech., 2001, 449: 179-200.

[71] Feng X, He Y, Liu C. Analysis of finite element approximations of a phase field model for two-phase fluids[J]. Math. Comp., 2007, 76: 539-571.

[72] Feng X. Fully discrete finite element approximations of the Navier-Stokes-Cahn-Hilliard diffuse interface model for two-phase fluid flows[J]. SIAM J. Numer. Anal., 2006, 44: 1049-1072.

[73] Feng X, Wise S M. Analysis of a darcy-cahn-hilliard diffuse interface model for the hele-shaw flow and its fully discrete finite element approximation[J]. SIAM J. Numer. Anal., 2012, 50:1320-1343.

[74] Feng X, Prol A. Numerical analysis of the Allen-Cahn equation and approximation for mean curvature flows[J]. Numer. Math., 2003,

94：33-65.

[75] Feng X，Tang T，Yang J. Stabilized crank-nicolson/adams-bashforth schemes for phase field models[J]. East Asian Journal on Applied Mathematics，2013，3(1)：59-80.

[76] Forest M G，Heidenreich S，Hess S，et al. Robustness of pulsating jet-like layers in sheared nano-rod dispersions[J]. J. Non-Newtonian Fluid Mech.，2008，155：130-145.

[77] Frey N A，Peng S，Cheng K，et al. Magnetic nanoparticles：synthesis，functionalization，and applications in bioimaging and magnetic energy storage[J]. Chemical Society Reviews，2009，38(9)：2532-2542.

[78] Forest M G，Heidenreich S，Hess S，et al. Dynamic texture scaling of sheared nematic polymers in the large Ericksen number limit[J]. J. Non-Newtonian Fluid Mech.，2010，165：687-697.

[79] Forest M G，Wang Q，Yang X. LCP droplet dispersions：a two-phase，diffuse-interface kinetic theory and global droplet defect predictions[J]. Soft Matter，2012，37：9642-9660.

[80] Gao H，Qiu W. A semi-implicit energy conserving finite element method for the dynamical incompressible magnetohydrodynamics equations[J]. Computer Methods in Applied Mechanics and Engineering，2019，346：982-1001.

[81] Garcke H，Nestler B，Stoth B. On anisotropic order parameter models for multi-phase systems and their sharp interface limits[J]. Physica D：Nonlinear Phenomena，1998，115(1-2)：87-108.

[82] García-Cervera C J，Giorgi T，Joo S. The phase transitions from chiral nematic toward smectic liquid crystals[J]. Comm. Math. Phys.，2007，269：367-399.

[83] García-Cervera C J，Giorgi T，Joo S. Sawtooth profile in smectic a liquid crystals[J]. SIAM J. Appl. Math.，2016，76：217-237.

[84] García-Cervera C J，Joo S. Layer undulations in smectic a liquid crystals[J]. J. Comput. Theor. Nanosci.，2010，7：1-7.

[85] García-Cervera C J，Joo S. Analytic description of layer undulations in smectic a liquid crystals[J]. Arch. Rational Mech. Anal. 2012，203：

1-43.

[86] Gerbeau J F, Le Bris C, Lelièvre T. Mathematical methods for the magnetohydrodynamics of liquid metals[M]. [S. l.]: Oxford University Press, 2006.

[87] de Gennes P G, Prost J. The physics of liquid crystals[M]. 2nd ed. [S. l.]: Oxford Science, 1993.

[88] Godlewski E, Ravilart P-A. Numerical approximation of hyperbolic systems of conservation laws[M]. [S. l.]: Applied Mathematical Science, 1996.

[89] Grün G. On convergent schemes for diffuse interface models for two-phase ow of incompressible fluids with general mass densities[J]. SIAM J. Numer. Anal. , 2013, 51: 3036-3061.

[90] Guermond J L, Minev P, Shen J. An overview of projection methods for incompressible flows[J]. Comput. Meth. Appl. Mech. Engrg. , 2006, 195:6011-6045.

[91] Guermond J L, Shen J, Yang X. Error analysis of fully discrete velocity-correction methods for incompressible flows[J]. Math. Comp. , 2008, 77: 1387-1405.

[92] Guillén-González F, Tierra G. Approximation of smectic-A liquid crystals [J]. Comput. Methods Appl. Mech. Engrg. , 2015, 290: 342-361.

[93] Guillén-González F, Tierra G. On linear schemes for a Cahn-Hilliard diffuse interface model[J]. J. Comput. Phys. , 2013, 234: 140-171.

[94] Gunzburger M D, Meir A J, Peterson J S. On the existence, uniqueness, and finite element approximation of solutions of the equations of stationary incompressible magnetohydrodynamics [J]. Math. Comp. , 1991, 56: 523-563.

[95] Guo R, Xia Y, Xu Y. An efficient fully-discrete local discontinuous galerkin method for the cahn- hilliard-hele-shaw system[J]. J. Comput. Phys. , 2014, 264:2834-2846.

[96] Guo Z, Lin P, Lowengrub J S. A numerical method for the quasi-incompressible Cahn-Hilliard-Navier-Stokes equations for variable density flows with a discrete energy law[J]. J. Comput. Phys. , 2014, 276: 486-507.

[97] Gurtin M E, Polignone D, Vinals J. Two-phase binary fluids and immiscible uids

described by an order parameter[J]. Mathematical Models and Methods in Applied Sciences, 1996, 6(06):815-831.

[98] Hadjiconstantinou N G. Hybrid atomistic-continuum formulations and the moving contact-line problem[J]. J. Comput. Phys., 1999, 154: 245-265.

[99] Han D, Brylev A, Yang X, et al. Numerical analysis of second order, fully discrete energy stable schemes for phase field models of two phase incompressible flows[J]. J. Sci. Comput., 2017, 70: 965-989.

[100] Han D, Wang X. A second order in time, decoupled, unconditionally stable numerical scheme for the Cahn-Hilliard-Darcy system[J]. J. Sci. Comput., 2018, 77: 1210-1233.

[101] Han E, Li J, Tang H. An daptive GRP scheme for compressible fluid Flows[J]. J. Comput. Phys., 2010, 229: 1448-1466.

[102] Hiptmair R, Li L, Mao S, et al. A fully divergence-free finite element method for magneto-hydrodynamic equations[J]. Math. Mod. Meth. Appl. Sci., 2018, 24: 659-695.

[103] He Q, Glowinski R, Wang X P. A least-squares/finite dlement method for numerical solution of theNavier-Stokes-Cahn-Hilliard system modeling the motion of the contact line[J]. J. Comput. Phys., 2011, 230: 4991-5009.

[104] He Y. Two-level method based on finite element and crank-nicolson extrapolation for the time-dependent navier-stokes equations[J]. SIAM J. Numerical Analysis, 2003, 41(4):1263-1285.

[105] He Y. The Euler implicit/explicit scheme for the 2D time-dependent Navier-Stokes equations with smooth or non-smooth initial data[J]. Math. Comp., 2008, 77: 2097-2124.

[106] He Y, Feng X. Uniform h2-regularity of solution for the 2d navier-stokes/cahn-hilliard phase field model[J]. Journal of Mathematical Analysis and Applications, 2016, 441(2): 815-829.

[107] He Y, Li J. A stabilized finite element method based on local polynomial pressure projection for the stationary Navier-Stokes equations[J]. Appl. Numer. Math., 2008, 58: 1503-1514.

[108] He Y, Liu Y, Tang T. On large time-stepping methods for the Cahn-

Hilliard equation[J]. Appl. Numer. Math., 2007, 57: 616-628.

[109] He Y, Sun W. Stability and convergence of the Crank-Nicolson/Adams-Bashforth scheme for the time-dependent Navier-Stokes equations[J]. SIAM J. Numer. Anal., 2007, 45: 837-869.

[110] Hess S Z. Fokker-Planck-equation approach to flow alignment in liquid crystals[J]. Z. Naturforsch, 1976, 31A: 1034-1037.

[111] Hua J, Lin P, Liu C, et al. Energy law preserving c0 finite element schemes for phase field models in two-phase flow computations[J]. J. of Comput. Phys., 2011, 230: 7115-7131.

[112] Huang F, Shen J, Yang Z. A highly efficient and accurate new sav approch for gradient flows[J]. SIAM J. Sci. Comput.

[113] Huang Z, Wang J. A theory of hyperelasticity of multi-phase media with surface/interface energy effect[J]. Acta Mechanica, 2006, 182(3-4): 195-210.

[114] Ingram R. A new linearly extrapolated Crank-Nicolson time-stepping scheme for the Navier-Stokes equations[J]. Math. Comp., 2013, 82: 1953-1973.

[115] Johnston H, Liu J G. Accurate, stable and efficient Navier-Stokes solvers based on explicit treatment of the pressure term[J]. J. Comput. Phys., 2004, 199: 221-259.

[116] Klein D H, Garcia-Cervera C J, Ceniceros H D, et al. Ericksen number and deborah number cascade predictions of a model for liquid crystalline polymers for simple shear flow[J]. Phys. Fluids, 2007, 19: 023101.

[117] Kapustina M, Tsygakov D, Zhao J, et al. Modeling the excess cell surface stored in a complex morphology of bleb-like protrusions [J]. PLOS Computational Biology, 2016, 12: e1004841.

[118] Kessler D, Nochetto R H, Schmidt A. A posteriori error control for the Allen-Cahn problem : circumventing Gronwall's inequality[J]. M2AN Math. Model. Anal., 2004, 38: 129-142.

[119] Kim J. Phase field computations for ternary fluid flows[J]. Comput. Meth. Appl. Mech. Engrg. , 2007,196 :4779-4788.

[120] Kim J, Lowengrub J. Phase field modeling and simulation of threephase Flows[J]. Interfaces and Free Boundaries, 2005, 7 : 435-466.

[121] Koplik J, Banavar J R, Willemsen J F. Molecular dynamics of poiseuille flow and moving contact lines [J]. Phys. Rev. Lett., 1988, 60: 1282-1285.

[122] Koplik J, Banavar J R, Willemsen J F. Molecular dynamics of fluid flow at solid surfaces[J]. Phys. Fluids A. Fluid Dyn., 1989, 1: 781-794.

[123] Leslie F M. Some constitutive equations for liquid crystals[J]. Arch. Rational Mech. Anal., 1968, 28: 265-283.

[124] Leslie F M, Stewart I W, Nakagawa M. A continuum theory for smectic cliquid crystals[J]. Molecular Crystals and Liquid Crystals, 1991, 198: 443-454.

[125] Lee H, Lowengrub J S, Goodman J. Modeling pinchoff and reconnection in a hele-shaw cell. i. the models and their calibration[J]. Physics of Fluids, 2002, 14(2): 492-513.

[126] Lee H, Lowengrub J S, Goodman J. Modeling pinchoff and reconection in a Hele-Shaw cell. Ⅱ. analysis and simulation in the nonlinear regime [J]. Phys. Fluids., 2002, 14: 514-545.

[127] Li L, Zheng W. A robust solver for the finite element approximation of stationary incompressible MHD equations in 3D[J]. J. Comput. Phys., 2017, 351: 254-270.

[128] Li X, Qiao Z H, Zhang H. An unconditionally energy stable finite difference scheme for a stochastic Cahn-Hilliard equation[J]. Sci. China Math., 2016, 59: 1815-1834.

[129] Li X, Qiao Z H, Zhang H. A second-order convex-splitting scheme for the Cahn-Hilliard equation with variable interfacial parameters[J]. J. Comput. Math., 2017, 35 : 693-710.

[130] Li J, He Y. A stabilized finite element method based on two local Gauss integrations for the Stokes equations[J]. J. Comput. Appl. Math., 2018, 214: 58-65.

[131] Li J, Liu T G, Sun Z. Implementation of the GRP scheme for computing radially symmetric compressible fluid flows[J]. J. Comput. Phys. 2009, 228: 5867-5887.

[132] Li J, Zhang Y. The adaptive GRP scheme for compressible fluid flows

over unstructuredmeses[J]. J. Comput. Phys. 2013, 242: 367-386.
[133] Li Z, Lai M C, He G, et al. An augmented method for free boundary problems with moving contact lines[J]. Comput. Fluids, 2010, 39 : 1033-1040.
[134] Liu T G, Khoo B C, Yeo K S. The numerical simulations of explosion and imposion in air: use of a modified Harten's TVD scheme[J]. Int. J. Numer. Meth. Fluids, 1999, 31: 661-680.
[135] Larson R G. The structure and rheology of complex fluids[M]. [S. l.]: Oxford Unversity Press, 1999.
[136] Li Z, Lubkin S R, Wan X. An augmented IIM-level set method for Stokes equations with discontinuous viscosity[J]. Electronic Journal of Differential Equations, 2007.
[137] Li J, Wang Q. Mass conservation and energy dissipation issue in a class of phase field models for multiphase fluids[J]. J. Appl. Mech. , 2013, 81: 021004.
[138] Li R, Tang T, Zhang P. Moving mesh methods in multiple dimensions based on harmonic maps[J]. J. Comput. Phys. , 2001, 170 : 562-588.
[139] Li R, Tang T, Zhang P. A moving mesh finite element algorithm for singular problems in two and three dimensions[J]. J. Comput. Phys. , 2002, 177: 365-393.
[140] Li J, Renardy Y. Numerical study of flows of two immiscible liquids at low Reynolds number[J]. SIAM Reviw, 2000, 42 : 417-439.
[141] Lipowsky R. The morphology of lipid membranes[J]. Current Opinion in Sructural Biology, 1995, 5(4): 531-540.
[142] Lin F H. On nematic liquid crystals with variable degree of orientation [J]. Comm. Pure Appl. Math. , 1991, 44: 453-468.
[143] Lin F H, Liu C. Global existence of solutions for Ericksen-Leslie system [J]. Arch. Rat. Mech. Anal. , 2001,154: 135-156.
[144] Lin P, Liu C. Simulations of gingularity dynamics in liquid crystal flows: a C0 finite element approach[J]. J. Comput. Phys. , 2006, 215 (1): 348-362.
[145] Lin F H, Liu C, Zhang P. On viscoelastic fluids[J]. Commun. Pure

Appl. Math. , 2005, 58: 1-35.

[146] Lin F H, Xin J X. On the dynamical law of the Ginzburg-Landau vortices on the plane[J]. Commun. Pure Appl. Math. , 1999, L2: 1189-1212.

[147] Lin P, Liu C, Zhang H. An energy law preserving C0 finite element scheme for simulating the kinematic effects in liquid crystal dynamics [J]. J. Comput. Phys. , 2007, 227(2): 1411-1427.

[148] Little T S, Mironov V, Nagy-Mehesz A, et al. Engineering a 3d, biological construct: representative research in the southcarolina project for organ biofabrication[J]. Biofabrication, 2011, 3: 030202.

[149] Liu C. The dynamic for incompressible smectic-A liquid crystal: Existence and regularity[J]. Discrete and Continuons Dynamical Systems-Series B, 2006, 6: 591-608.

[150] Liu C, Shen J, Yang X. Dynamics of defect motion in nematic liquid crystal flow: modeling and numerical simulation [J]. Commun. Comput. Phys. , 2007, 2: 1184-1198.

[151] Liu C, Shen J, Yang X. Decouppled energy stable schemes for a phase-field model of two-phase incompressible flows with variable density[J]. J. Sci. Comput. , 2014, 62: 601-622.

[152] Liu C, Sun H. On energetic variational approaches in modeling the nematic liquid crystal flows[J]. Discrete and Continuous Dynamical Systems-Series B, 2009, 23(2): 455-475.

[153] Liu C, Walkington N J. Approximation of liquid crystal flows[J]. SIAM J. Numer. Anal. , 2000, 37(3): 725-741.

[154] Liu C, Walkington N J. Mixed methods for the approximation of liquid crystal flows[J]. M2AN, 2002, 36(2): 205-222.

[155] Liu C, Shen J. A phase field model for the mixture of two incompressible fluids and its approximation by a fourier-spectral method[J]. Physica D, 2003, 179: 211-228.

[156] Liu C, Shen J. On liquid crystal flows with free-slip boundary conditions [J]. Dsicrete and Continuous Dynamic Systems, 2001, 7(2): 307-318.

[157] Lai M, Liu C, Wenston P. Numerical simulations on two nonlinear biharmonic evolution equations[J]. Applicable Analysis, 2004, 83(6):

563-577.

[158] Liu C, Liu H L. Boundary conditions for the microscopic FENE models [J]. SIAM J. Numer. Anal., 2008, 68(5): 1304-1315.

[159] Lopez J M, Maques F, Shen J. An efficent spectral-projection method for the Navier-Stokes equations in cylidrical geometries[J]. J. Comput. Phys., 1998, 139 : 308-326.

[160] Ma L, Chen R, Yang X, et al. Numerical approxiamations Allen-Cahn type phase field model of two-phase incompressible fluids moving contact line[J]. Commun. Comput. Phys., 2017, 21: 867-889.

[161] Ma Y, Hu K, Hu X, et al. Robust preconditioners for incompressible MHD models[J]. J. Comput. Phys., 2016, 316 : 721-746.

[162] Moreau R. Magnetohydrodynamics[M]. Dordrecht: Kluwer Academic Publishers, 1990.

[163] MacDonald C S, Mackenzie J A, Ramage A, et al. Efficient moving mesh method for Q-tensor models of nematic liquid crystals[J]. SIAM J. Sci. Comput., 2015, 37: 215-238.

[164] Maire P, Nkonga B. Multi-scale Godunov-type method for cell-centered discreteLagrangian hydrodynamics[J]. J. Comput. Phys. 2009, 228(3): 799-821.

[165] Maire P. A hign-order cell-centered Lagrangian scheme for compressible fluid flows in two-dimensional cylindrical geometry [J]. J. Comput. Phys. 2009, 228: 6882-6915.

[166] Marvriplis D J. Revisiting the least-squares procedure for gradient reconstruction on unstructured meshses[J]. AIAA-Paper, 2003: 2003-3986.

[167] Miehe C, Hofacker M, Welschinger F. A phase field model for rateindependentcrack propagation: robust algorithmic implementation based on operator splits [J]. Comput. Meth. Appl. Mech. Engrg., 2010, 199 : 2765-2778.

[168] Minjeaud S. An unconditionaly stable uncoupled scheme for a triphasic Cahn-Hilliard/Navier-Stokes model [J]. Commun. Comput. Phys., 2013, 29 : 584-618.

[169] Mori H, Gartland E C, Kelly J R, et al. Multidimensional director modeling using the Q tensor representation in a liquid crystal cell and its

application to the π cell with patterned electrodes[J]. Jpn. J. Appl. Phys., 1999, 38: 135-146.

[170] Mottram N, Newton C. Introduction to Q-tensor theory[R]. University of Strathclyde Mathematics, Research Report, 2004.

[171] Nayanajithl P G H, Saha S C, Gu Y T. Deformation properties of single red blood cell in a stenosed microchannel[R]. APCOM ISCM 11-14th December, 2013.

[172] Ni M-J, Munipalli R, Huang P, et al. A current density conservative scheme for incompressible MHDows at a low magnetic reynolds number. Part I. On a rectangular collocated grid system[J]. J. Comp. Phys., 2007, 227 : 174-204.

[173] Ni M-J, Munipalli R, Huang P, et al. A current density conservative scheme for incompressible MHD flows at a low magnetic Reynolds number. part Ⅱ: On an arbitrary collocated mesh[J]. J. Comp. Phys., 2007, 227 : 205-228.

[174] Noh W F. Errors for calculations of strong shocks using an artificial viscosity and artificial heat flux[J]. J. Comput. Phys. 1987, 72: 78-120.

[175] Omang M, Børve S, Trulsen J. SPH in spherical and cylindrical coordinates[J]. J. Comput. Phys. 2006, 213: 391-412.

[176] Oswald P, Ben-Abraham S I. Undulation instability under shear in smectic A liquid crystals[J]. J. de Physique, 1982, 43: 1193-1197.

[177] Parshin A M, Gunyakov V A, Zyryanov V Y, et al. Electric and magnetic field-assisted orientational transitions in the ensembles of domains in a nematic liquid crystal on the polymer surface[J]. Inter. J. Molecular Sci., 2014, 15: 17838-17851.

[178] Phillips E G, Elman H C, Cyr E C, et al. A block pre-conditioner for an exact penalty formulation for stationary MHD [J]. SIAM J. Sci. Comput., 2014, 36 : 930-B951.

[179] Phillips E G, Elman H C, Cyr E C, et al. Block preconditioners for stable mixed nodal and edge finite element representations of incompressible resistive MHD[J]. SIAM J. Sci. Comput., 2016, 38:

1009-1031.

[180] Planas R, Badia S, Codina R. Approximation of the inductionless MHD problemusing a stabilized finite element method[J]. J. Comput. Phys., 2011, 230: 2977-2996.

[181] Prohl A. Convergent finite element discretizations of the nonstationary incompressible magnetohydrodynamics system[J]. ESAIM Math. Model Num. Anal., 2008, 42: 1065-1087.

[182] Pyo J, Shen J. Gauge-uzawa methods for incompressible flows with variable density[J]. J. Comput. Phys., 2007, 221: 181-197.

[183] Qian T, Wang X, Shen P. Molecular scale contact line hydrodyanmics of immiscible flows[J]. Phys. Rev. E, 2003, 68: 016306.

[184] Qian T, Wang X, Shen P. Molecular hydrodynamics of the moving contact line in two phase immiscible flows [J]. Commun. Comput. Phys., 2006, 1: 1-52.

[185] Qian T, Wang X, Shen P. A variational approach to moving contact line hydrodynamics[J]., J. Fluid Mech., 2006, 564 : 333-360.

[186] Rey A D. Capillary models for liquid crystal fibers membranes, films, and drops[J]. Soft Matter, 2007, 3: 1349-1368.

[187] Qiao Z H, Tang T, Xie H. Error analysis of a mixed_nite element method for molecular beam epitaxy model[J]. SIAM J. Numer. Anal., 2015, 53: 184-205.

[188] Qiao Z H, Sun Z, Zhang Z. Stability and convergence of second-order schemes for the nonlinear epitaxial growth model without slope selection [J]. Math. Comp., 2015, 84(292): 653-674.

[189] Ren W, E W N. Heterogeneous multiscale method for the modeling of complex fluids and micro-fluids [J]. J. Comput. Phys., 2005, 204 : 1-26.

[190] Renardy M, Renardy Y, Li J. Numerical simulation of moving contact line problems using a volume of fluid method[J]. J. Comput. Phys., 2001, 171: 243-263.

[191] Sakamoto A, Yoshino K, Kubo U, et al. Effects of the magnetic field on the phase transition temperature between smectic-A and nematic states

[J]. Jpn. J. Appl. Phys., 1976, 15: 545-546.

[192] Satiro C, Moraes F. Lensing effects in a nematic liquid crystal with topological defects[J]. Eur. Phys. J. E, 2006, 20: 173-178.

[193] Sato T, Hayashi T. Externally driven magnetic reconnection and a powerful magnetic energy converter[J]. The Physics of Fluids, 1979, 22(6):1189-1202.

[194] Schötzau D. Mixed finite element methods for stationary incompressible magneto-hydrodynamics[J]. Numer. Math., 2004, 96: 771-800.

[195] Sedov L I. Similarity and Dimensional Methods in Mechanics[M]. New York: Academic Press, 1959.

[196] Segatti A, Wu H. Finite dimensional reduction and convergence to equilibrium for incompressible smectic-A liquid crystal flows[J]. SIAM J. Math. Anal., 2011, 43(6):2445-2481.

[197] Shen J. On error estimates of the projection methods for the Navier-Stokes equations: Second-order schemes[J]. Math. Comp., 1996, 65: pp. 1039-1065.

[198] Shen J. Efficient spectral-galerkin method Ⅲ: polar and cylindrical geometries [J]. SIAM J. Sci. Comput., 1997, 18 : 1583-1604.

[199] Shen J. Modeling and numerical approximaton of two-phase incompressible flows by a phase-field approach[R]. In Multiscal Modeling and Anaysis for Materials Simulation, LectureNote Serires, Vol. 9. IMS, National University of Singapore, 2011.

[200] Shen J, Wang C, Wang X, et al. Second-order convex splitting schemes for gradient flows with Ehrlich-Schewoebel type energy: application to thin film epitaxy[J]. SIAM J. Numer. Anal.,2012,50 : 105-125.

[201] Shen J, Xu J, Yang J. A new class of efficient and robust energy stable schemes for gradient flows[J]. SIAM Review, 2019, 61(3): 474-506.

[202] Shen J, Yang X. Error estimates for finite element approximations of consistent splitting schemes for incompressible flows[J], Discrete and Continuons Dynamical Systems-Series B, 2007, 8: 663-676.

[203] Shen J, Yang X. An efficient moving mesh spectral method for the phase-field model of two-phase flows[J]. J. Comput. Phys., 2009,

288: 2978-2992.

[204] Shen J, Yang X. Energy stable schemes for Cahn-Hilliard phase-field model of two phase incompressible flows[J]. Chin. Ann. Math., Series B, 2010, 31: 743-758.

[205] Shen J, Yang X F. Numerical approximations of Allen-Cahn and Cahn-Hilliard equations [J]. Discrete and Continuons Dynamical Systems-Series A, 2010, 28 : 1669-1691.

[206] Shen J, Yang X F. A phase field model and its numerical approximation for two-phase incompressible flows with different densities and viscosities[J]. SIAM J. Sci. Comput., 2010, 32: 1159-1179.

[207] Shen J, Yang X F. Decoupled energy stable schemes for phase-field models of two-phase complex fluids[J]. SIAM J. Sci. Comput., 2014, 36: 122-145.

[208] Shen J, Yang X F. Decoupled, energy stable schemes for phase-field models of two-phase incompressible flows [J]. SIAM J. Numer. Anal., 2015, 53: 279-296.

[209] Shen J, Yang X F, Wang Q. On mass conservation in phase field models for binary fluids[J]. Comm. Compt. Phys, 2012,13: 1045-1065.

[210] Shen J, Yang X F, Yu H. Efficient energy stable numerical schemes for a phase field moving contact line model[J]. J. Comput. Phys., 2015, 284: 617-630.

[211] Soddemann T, Auernhammer G, Guo H, et al. Shear-induced undulation of smectic-A: molecular dynamics simulations vs. analytical theory[J]. Eur. Phys. J. E, 2004, 13: 141-151.

[212] Spatschek R, Brener E, Karma A. A phase field model for rateindependent crack propagation: Robust algorithmic implementation based on operator splits[J]. Philos. Mag., 2010, 91: 75-95.

[213] Spatschek R, Hartmann M, Brener E, et al. Phase field modeling of fast crack propagation[J]. Phys. Rev. Lett., 2006, 96: 015502.

[214] Straughan B. The energy method, stability, and nonlinear convection [M]. New York: Springer, 1992.

[215] Su H, Feng X, Zhao J. Two-level penalty newton iterative method for

the 2d/3d stationary incompressible magnetohydrodynamics equations [J]. Journal of Scientific Computing, 2017, 70(3): 1144-1179.

[216] Szekely J. Fluid flow phenomena in metals processing[M]. [S. l.]: Elsevier, 2012.

[217] Tabata M, Tagamai D. Error estimates for finite element approximations of drag and lift in nonstantionary Navier-stokes flows[J]. Jpn. J. Indust. Appl. Math., 2000, 17: 371-389.

[218] Tabeling P, Zocchi G, Libchaber A. An experiment study of the saffman-taylor instability[J]. J. Fluid Mech., 1987, 177: 67-82.

[219] Tang T. The hermite spectral method for gaussian-type functions[J]. SIAM Journal on Scientific Computing, 1993, 14(3): 594-606.

[220] Témam R. Sur l'approximation de la solution des équations de Navier-Stokespae lameéhode des pas fractionnaries II[J]. Arch. Rational Mech. Anal., 1969,33: 377-385.

[221] Tierra G, Guillén-González F. Numerical methods for solving the Cahn-Hilliard equation and its applicability to related energy-based models[J]. Arch. Comput. Methods Eng., 2015, 22: 269-289.

[222] Toro E F. Riemann solvers and numerical methods for fluid dynamics: a pratical introduction[M]. [S. l.]Springer, 1997.

[223] Váchal P, Wendroff B. A symmetry preserving dissipative artificial viscosity in r-z geometry[J]. J. Comput. Phys. 2014, 258: 118-136.

[224] Váchal P, Wendroff B. Symmetry preservation and voluume consistency in an r-z staggered scheme[R]. 11th Word Congress on Computational Mechanics, 2015.

[225] Van Kan J. A second-order accurate pressure-correction scheme for viscous incompressible flow[J]. SIAM J. Sci. Statist. Comput., 1986, 7: 870-891.

[226] Vanherpe L, Moelans N, Blanpain B, et al. Bounding box framework for efficient phase field simulation of grain growth in anisotropic systems [J]. Comput. Materials Sci., 2011, 50: 2221-2231.

[227] Wang C, Wise S M. An energy stable and convergent finite-difference scheme for the modified phase field crystal equation[J]. SIAM J. Numer. Anal. 2011, 49: 945-969.

[228] Wang Q, Forest M G, Zhou R. A kinetic theory for solutions of nonhomogeneous nematic liquid crystalline polymers with density variations[J]. J. Fluids Eng., 2004, 126: 180-188.

[229] Wang Q. A hydrodynamic theory for solutions of nonhomogeneous nematic liquid crystalline polymers of different configurations[J]. J. Chem. Phys., 2002, 116(20): 9120-9136.

[230] Wang Q, Yang X, Adalsteinsson D, et al. Computational and modeling strategies for cell motility[M]. New York: [s. n.], 2012.

[231] Wise S M. Unconditionally stable finite difference, nonliear multigrid simulation of the cahn-hilliard-hele-shaw system of equations[J]. J. Sci. Comput., 2010, 44: 38-68.

[232] Xu C, Tang T. Stability analysis of large time-stepping methods for epitaxial growth models[J]. SIAM. J. Numer. Anal., 2006, 44: 1759-1779.

[233] Xu K, Forest M G, Yang X. Shearing the I-N phase transition of liquid crystalline polymers: Long-time memory of defect initial data[J]. Discrete and Continuous Dynamical Systems-Series B, 2010, 15: 457-474.

[234] Zwieten G J V, van der Zee K G. Stabilized second-order convex splitting schemes for Cahn-Hilliard models with application to diffuse-interface tumor-growth models [J]. Int. J. Numer. Methods Biomed. Eng., 2014, 30: 180-203.

[235] Xu Z, Zhang H, Stabilized semi-implicit numerical scheme for the Cahn-Hilliard with variable interfacial parameters [J]. J. Comput. Appl. Math., 2019, 346 307-322.

[236] Xu Z, Yang X F, Zhang H, et al. Efficient and linear schemes for anisotropic Cahn-Hilliard equations using the stabilized invariant energy quadrati-zation (S-IEQ) approach[J]. Comm. Comput. Phys. , 2019.

[237] Yang X. Error analysis of stabilized semi-implicit method of Allen-Cahn Equation [J]. Discrete and Continuous Dynamical Systems-Series B, 2009, 11:1057-1070.

[238] Yang X. Linear, first and second order and unconditionally energy stable numerical schemes for the phase field model of homopolymer blends[J].

J. Comput. Phys., 2016, 327: 294-316.

[239] Yang X, Feng J J, Liu C, et al. Numerical simulations of jet pinching-off and drop formation using an energetic variational phase-field method [J]. J. Comput. Phys., 2006, 218 :417-428.

[240] Yang X, Han D. Linearly first- and second-order, unconditionally energy stable schemes for the phase field crystal equation[J]. J. Comput. Phys., 2017, 330 : 1116-1134.

[241] Yang X, Ju L. Efficient linear schemes with unconditionally energy stability for the phase field elastic bending energy model[J]. Comput. Meth. Appl. Mech. Engrg., 2017, 315 : 691-712.

[242] Yang X, Ju L. Linear and unconditionally energy stable schemes for the binary fluid-surfactant phase field model[J]. Comput. Meth. Appl. Mech. Engrg., 2017, 318 :1005-1029.

[243] Yang X, Wang Q, Mironov V. Modeling fusion of cellular aggregates inbiofabrication using phase field theories[J], J. Theoret. Biol., 2011, 303: 110-118.

[244] Yang X, Zhao J, Wang Q. Numerical approximations for the molecular beam epitaxial growth model based on the invariant energy quadratization method[J]. J. Comput. Phys., 2017, 333 : 104-127.

[245] Yang X, Zhao J, Wang Q, et al. Numerical approximations for a three components Cahn-Hilliard phase-field model based on the invariant energy quadratization method[J]. Mathematical models and methods in applied sciences, 2017, 27(11): 1993-2030.

[246] Yang J, Mao S, He X, et al. A diffuse interface model and semiimplicit energy stable finite element method for two-phase magnetohydrodynamic flows[J]. Computer Methods in Applied Mechanics and Engineering, 2019, 356: 435-464.

[247] Yu H, Yang X. Decoupled energy stable schemes for phase field model with contact lines and variable densities[J]. J. Comput. Phys., 2017, 334 : 665-686.

[248] Yu H, Zhang P. A kinetic-hydrodynamic simulation of microstructure of liquid crystal polymers in plane shear flow[J]. J. Non-Newtonian Fluid

Mech., 2007, 141: 116-227.

[249] Yue P, Feng J J, Liu C, et al. A diffuse-interface method for simulating two-phase flows of complex fluids[J]. J. Fluid Mech., 2004, 515 : 293-317.

[250] Zhang Y, Hou Y, Shan L. Numerical analysis of the crank-nicolson extrapolation time discrete scheme for magnetohydrodynamics flows[J]. Numerical Methods for Partial Differential Equations, 2015, 31(6): 2169-2208.

[251] Zhang H, Bai Q. Numerical investigation of tumbling phenomena based on a macroscopic model for hydrodynamic nematic liquid crystals[J]. Commun. Comput. Phys., 2010, 7(2):317-332.

[252] Zhang J, Du Q. Numerical studies of discrete approximations to the allen-cahn equation in the sharp interface limit[J]. SIAM Journal on Scientific Computing, 2009, 31(4): 3042-3063.

[253] Zhang J, Han T Y, Yang J C, et al. On the spreading of impacting drops under the inuence of a vertical magnetic field[J]. J. Fluid Mech., 2016.

[254] Zhang J, Ni M J. What happens to the vortex structures when the rising bubbletransits from zigzag to spiral[J]. J. Fluid Mech., 2017, 828: 353-373.

[255] Zhang J, Ni M J. Direct numerical simulations of incompressible multiphase mag- netohydrodynamics with phase change[J]. J. Comput. Phys., 2018, 375: 717-746.

[256] Zhang Y Z, Bao W Z, Du Q. The dynamics and interaction of quantized vortices in the Ginzburg-Landau-Schorödinger equation[J]. SIAM J. Appl. Math., 2007, 67(6): 1740-1775.

[257] Zhang S, Liu C, Zhang H. Numerical simulations of hydrodynamics of nematic liquid crystals: effects of kinematic transports[J]. Commun. Comput. Phys., 2011, 9(4): 974-993.

[258] Zhao J, Li H, et al. A linearly decoupled energy stable scheme for phase-field models of three-phase incompressible flows[J]. J. Sci. Comput., 2017, 70 : 1367-1389.

[259] Zhao J, Wang Q, Yang X F. Numerical approximations to a new phase field model for immiscible mixtures ofnematic liquid crystals and viscous fluids[J]. Comput. Meth. Appl. Mech. Engrg., 2016, 310: 77-97.

[260] Zhao J, Wang Q, Yang X F. Numerical approximations for a phase field dendritic crystal growth model based on the invariant energy quadratization approach[J]. Inter. J. Num. Meth. Engr., 2017, 110 (3).

[261] Zhao J, Yang X, Gong Y, et al. A novel linear second order unconditionally energy stable scheme for a hydrodynamic q-tensor model of liquid crystals[J]. Comput. Meth. Appl. Mech. Engrg., 2017, 318(MAY1): 803-825.

[262] Zhao J, Yang X, Li J, et al. Energy stable numerical schemes for a hydrodynamic model of nematic liquid crystals [J]. SIAM. J. Sci. Comput., 2016, 38: 3264-A3290.

[263] Zhao J, Yang X, Shen J, et al. A decoupled energy stable scheme for a hydrodynamic phase-field model of mixtures of nematic liquid crystals and viscous fluids[J]. J. Comput. Phys., 2016, 305: 539-556.

[264] Zhou C, Yue P, Feng J J. Dynamic simulation of droplet interaction and self-assembly in a nematic liquid crystal [J]. Langmuir, 2008, 24: 3099-3110.

[265] Zhu J, Chen L Q, Shen J, et al. Coarsening kinetics from a variable-mobility cahn-hilliard equation: application of a semi-implicit fourier spectral method[J]. Physical Review E, 1999, 60(4): 3564.